U0608632

石油与天然气工程专业学位研究生规划教材

油气井工程设计与应用

主　　　编　　步玉环
副　主　编　　燕修良　金业权
　　　　　　　黄根炉
编委会成员　　闫振来　窦玉玲
　　　　　　　陈鸿侠　陈永明

中国石油大学出版社
CHINA UNIVERSITY OF PETROLEUM PRESS

图书在版编目（CIP）数据

油气井工程设计与应用 / 步玉环主编. —东营：
中国石油大学出版社，2017.4
石油与天然气工程专业学位研究生规划教材
ISBN 978-7-5636-5564-9

Ⅰ. ①油… Ⅱ. ①步… Ⅲ. ①油气井－工程设计－研
究生－教材 Ⅳ. ①TE2

中国版本图书馆 CIP 数据核字（2017）第 092735 号

丛　书　名：石油与天然气工程专业学位研究生规划教材
书　　　名：油气井工程设计与应用
主　　　编：步玉环
责任编辑：潘海源（电话 0532—86981537）
封面设计：李尘工作室
出　版　者：中国石油大学出版社
　　　　　　（地址：山东省青岛市黄岛区长江西路 66 号　邮编：266580）
网　　　址：http://www.uppbook.com.cn
电子邮箱：haiyuanpan@163.com
排　版　者：青岛天舒常青文化传媒有限公司
印　刷　者：沂南县汶凤印刷有限公司
发　行　者：中国石油大学出版社（电话 0532—86983560，86983437）
开　　　本：185 mm×260 mm
印　　　张：24.25
字　　　数：590 千
版 印 次：2017 年 8 月第 1 版　2017 年 8 月第 1 次印刷
书　　　号：ISBN 978-7-5636-5564-9
定　　　价：56.00 元

前　言
Preface 》》

　　《油气井工程设计与应用》主要是为石油与天然气工程专业的专业硕士进行油气井工程设计的必修课程教材,既考虑理论知识的系统性,又考虑实践各环节的可操作性。为此,在教材编写时以在生产实际中使用的理论和工艺技术为基础,系统而全面地讲述了油气井工程设计中各项内容的基本原理和计算方法。为了便于使用,本书还给出了钻井工程设计格式和设计中所用到的行业、企业标准目录,以供参考使用。

　　《油气井工程设计与应用》由中国石油大学(华东)油气井工程系组织编写,中石化胜利石油工程有限公司钻井工艺研究院参加编写。为了使油气井工程设计与应用这一理论与实践教学相统一的综合设计课程达到预期目的,本教材编写组组织有关老师和中石化胜利石油工程有限公司的部分专家就该设计的教学形式、训练内容等进行了大量的研讨工作。本教材的内容主要包括:绪论(步玉环、闫振来编写),井身结构设计(步玉环编写),定向井井眼轨道设计(黄根炉编写),钻头选型及钻进参数设计(金业权编写),钻柱及钻具组合设计(金业权编写),钻机选择(陈鸿侠、燕修良编写),钻井液设计(黄根炉编写),套管柱强度设计(步玉环编写),固井工程设计(步玉环编写),油气井压力控制(燕修良、窦玉玲编写),欠平衡钻井设计(燕修良、陈永明编写),钻井工程周期预测和成本预算(步玉环、燕修良编写)和附录(金业权编写)等。

　　本教材在编写过程中得到了许多老师和专家的关心指导,并提出了许多建设性的意见,在此表示由衷的感谢!同时感谢固完井工程团队的研究生们对该教材校对工作付出的辛勤劳动!

　　本教材由中石化胜利石油工程有限公司的苗锡庆、孙铭新等多位教授级高工进行通稿,并提出了宝贵的修改意见;同时,中石化胜利石油工程有限公司钻井工艺研究院的曲晓红、李斌、刘晓艳、贾江鸿、杨衍云、陈鸿侠、周尚奎、柳亚芳、付怀刚、张琳等钻井工程设计专家对本教材给出的设计依据和内容修正。在此并表示衷心感谢!

　　由于本教材涵盖内容较多,不同企业之间也存在着差别,编写难度较大,不足之处在所难免,敬请各单位及个人对教材提出宝贵意见和建议,以便教材修订时补充更正。

编　者

2017 年 2 月

目　录 >> *Contents*

第一章 绪 论

钻井工程设计是根据地质条件、油藏条件、开发要求、钻井技术需求等方面的综合条件，对一口井的施工参数、技术措施、进度预测、钻井成本进行的系统设计。它是组织一口井生产和技术协作的基础和依据。钻井设计的科学性、先进性关系到一口井作业的成败和效益。

第一节 钻井工程设计的主要内容

钻井工程设计的任务是根据地质部门提供的地质设计书内容，进行一口井施工工程参数及技术措施设计，并给出钻井进度预测和成本预算。

钻井工程设计应包括以下方面的内容：

（1）地质概况。井位所处的地理及构造位置、环境资料、地质要求、地层压力预测、地温梯度、邻井资料等。

（2）质量要求。包括井身质量、取心质量、固井质量及甲方提出的其他特殊要求。

（3）井身结构设计。包括井身结构设计依据、设计系数、设计方法、井身结构示意图、井身结构设计数据及说明。井身结构设计应考虑不同区块的地质情况，选择合理的钻头-套管尺寸，确定套管层次及下深，封住易漏、易喷、易塌、易卡等复杂井段，满足地质和开发的要求。探井井身结构应考虑地质的复杂性和不可预知性，套管层次要留有一定余地。

（4）井眼轨道设计。包括轨道参数设计、轨道设计投影示意图、轨道防碰扫描。轨道设计投影示意图包括轨道水平投影图与轨道垂直投影图，防碰井须根据需要绘出防碰扫描图，并说明设计井与防碰井最近距离是多少，深度是多少。

（5）钻头选型与钻井参数设计。分井段、分地层给出所使用的钻头类型、数量及预测的钻井速度和进尺，并对每一只钻头进行钻井参数及水力参数设计。

（6）钻具组合设计与强度校核。依据井型、井径及井身质量要求选择不同形式钻具组合，提出使用的钻柱参数，并进行强度校核，绘出钻柱强度校核图（包括轴向力、扭矩、综合应力、弯曲应力、摩擦力）。复杂结构井应做钻柱的摩阻、扭矩计算和分析。

（7）钻井主要设备。依据设计井深及施工中钻机最大可能负荷选择合适的钻机类型及配套设施。并结合钻机使用年限、井身结构、钻具组合、地层特点、摩擦阻力、井控需要、特殊要求等因素进行全面考虑。

（8）钻井液设计。包括所使用钻井液体系、配方、钻井液分段性能、钻井液维护处理措施、钻井液数量及材料用量、固控设备及其使用要求、加重装置要求，打开油气层保护措施。

1

（9）套管柱设计。包括套管柱受力分析、套管柱设计、各层次套管串结构数据、扶正器合理安放位置、套管试压要求等。套管柱强度设计应给出校核图（包括抗外挤强度、抗内压强度和抗拉强度校核图）。

（10）注水泥设计。油井水泥、水泥浆性能参数及体系、注水泥设计、固井添加剂及附件、固井完井技术要求。

（11）油气井压力控制。包括井控装置选择依据、井控装置、井控装置示意图、井控装置试压要求、钻具内防喷工具要求、地层孔隙压力监测、探井地层漏失试验要求、井控技术措施等。

（12）钻井施工重点技术要求。包括钻前及安装工程要求、各开次钻井重点技术要求、特殊工艺技术要求。设计时，若有特殊工艺技术，如气体钻井技术、控压钻井技术、欠平衡钻井技术等的应用，应增加相应设计的内容。

（13）其他设计。主要包括：完井井口装置，取心设计，中途测试要求，弃井要求，钻井资料要求，职业健康、安全、环保要求，钻井进度计划与成本预算等。

第二节　钻井工程设计的基本原则和设计流程

一、钻井设计遵循的基本原则

钻井设计应遵循以下基本原则：

（1）钻井工程设计应严格按照国家、行业以及相应企业的有关标准执行。

（2）钻井工程设计必须以地质设计为依据，既要有利于取全取准各项地质工程资料，有利于发现油气层，保护油气层，充分发挥每个产层的生产能力，又要保证安全、优质、快速钻井，实现最佳的技术经济效益。

（3）钻井工程设计必须保证油气井井眼轨迹符合勘探开发的要求，完井质量满足油田各种作业的要求，保证油气井长期开采的需要。

（4）钻井工程设计应根据地质设计提供的钻探深度和工程施工的最大负荷，合理地选择钻井装备。选用钻机负荷不得超过钻机最大额定负荷能力的80%。

（5）钻井工程设计应根据地质设计提供的地层孔隙压力梯度曲线及地层破裂压力梯度曲线或邻井试油气压力资料，设计合理的钻井液密度、水泥浆密度和套管程序。对设计钻探多套压力层系的探井，应采用多层套管程序，以利于保护油气层、钻杆中途测试和安全钻井。

（6）开发调整井钻井液密度设计应根据钻井区块所提供的地层压力以及目的层地层压力与地层原始压力之间的关系进行设计。开发调整井钻井液的密度附加值，可根据各油田所钻区块统计资料实际值附加或经验公式附加。

（7）开发调整井设计过程中，根据区域压力的状况，提出在调整井开钻前，提前若干天对区块内的注水井采取注水井停注和放回压、油井转抽降压等具体措施，以降低区块内地层压力，为钻井安全施工、确保固井质量、保护油气层产能、提高综合经济效益创造条件。同时调整井钻井设计应考虑新钻井的套管防断、防挤毁问题。

（8）在探井钻井设计中,应开展随钻压力监测,如 dc 指数压力监测等方法。若随钻压力监测值与地质设计提供的地层孔隙压力梯度不符,应以随钻压力监测值为参考及时调整钻井液密度。并根据地质需要,提出进行钻井取心设计。

（9）费用预算和施工进度计划应建立在本地区切实可靠的定额基础上。每隔 2～3 年要对定额指标进行修订与核算。

（10）钻井工程设计应提出 HSE 在钻井施工过程中的要求。

（11）钻井工程设计应严格遵守国家及当地法律、法规。

二、钻井工程设计流程

钻井工程设计必须以地质设计为依据,由甲方或甲方委托具有钻井工程设计资质的单位承担钻井工程设计工作。一口井的钻井工程设计流程为:

（1）井位踏勘。

根据勘探开发部署,在确定井位后,钻井工程设计单位应与地质部门相结合,进行井位踏勘,配合对拟定井位所处地区气候特点、风土人情进行调研,对周边范围内的居民住宅、公共设施、交通设施等进行勘测,向当地相关部门咨询规划情况。若拟定井位周围有煤矿、金属和非金属矿等,需要勘明地下矿井、坑道的层位、分布、深度和走向,确定与拟定井的走向关系。若拟定井位周围有江河、沟谷,则需要勘明井场与沟谷、河床的水平距离及相对高差。

（2）相同构造或邻近区域已钻井资料调研与分析。

在接收井位地质任务后,钻井设计单位应对相同构造内或相邻构造已钻井实钻资料进行分析,主要应包括实钻井身结构、钻头使用、钻井液体系配方及性能、复杂情况与事故分析、钻井速度与时效等,作为新布井设计的参考依据。

（3）钻井工程设计。

由井身结构设计、井眼轨道设计、钻头选型与钻井参数设计、钻具组合设计与强度校核、钻机设备的选择、钻井液设计、油气井压力控制、套管柱设计、固井及注水泥设计、特殊钻井作业设计、健康安全与环保（HSE）、周期预测与成本预算等主要部分组成。生产井应以安全、快速、优质、经济为目标进行设计。对于探井,钻井设计应更着重于钻井安全和地质目标的实现。

（4）钻井设计的审批。

钻井工程设计完成后,应先由设计单位进行审核,按照相关程序逐级审批,批准之后方可生效。

（5）设计的执行与更改。

若因地质认识不清,地层发生变化,或钻井过程中钻遇原设计未预测的层位、压力等复杂情况,必须对设计方案进行调整和补充时,须由原钻井工程设计单位根据已钻井段实际情况及地质预测,按照程序进行设计的变更与审批。

（6）钻井工程设计的跟踪与改进。

钻井设计单位应对钻井过程进行跟踪分析,及时寻求针对性的技术措施与解决方案,并作为主要技术依据,支撑后续部署井位的钻井设计。

钻井工程设计运行程序如图 1-1 所示。

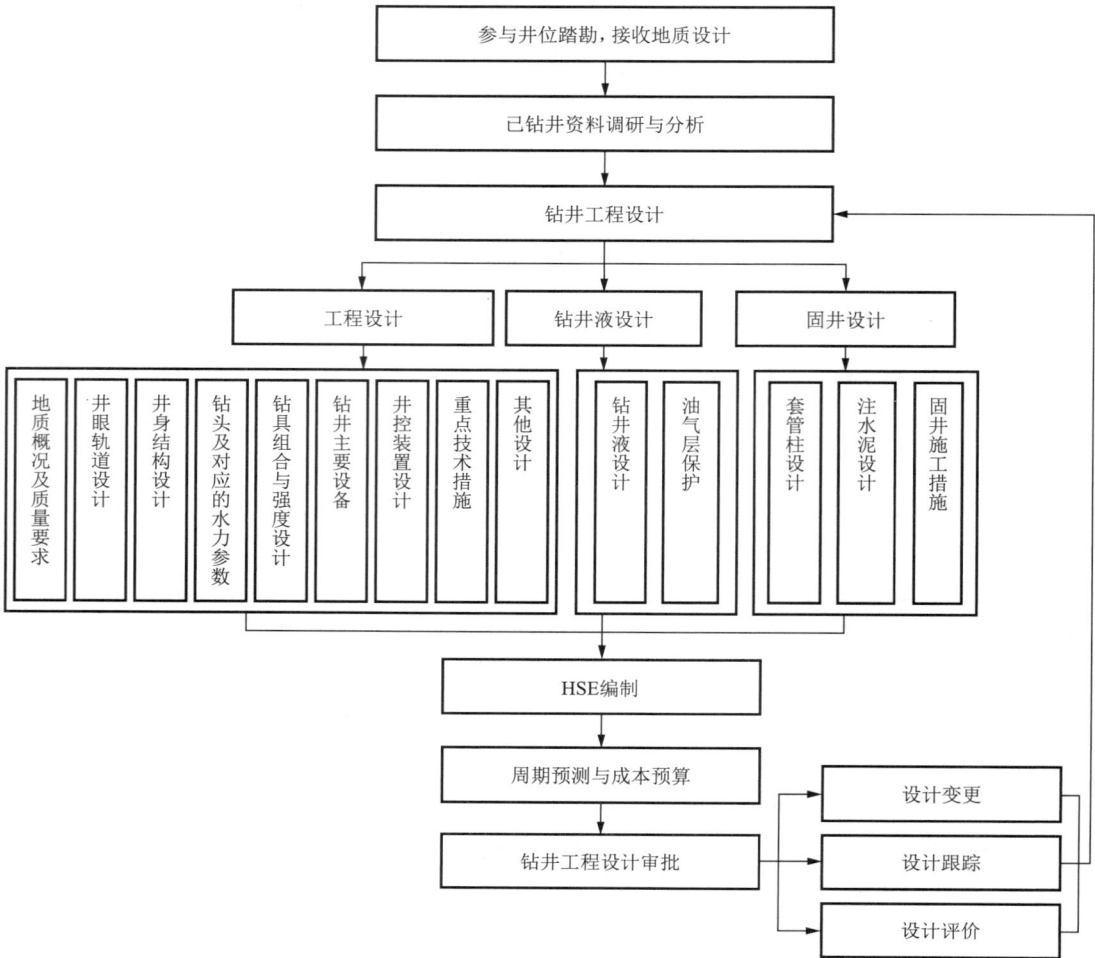

图 1-1　钻井工程设计运行程序

第三节　钻井工程设计基础资料

钻井工程的目的是针对产层的特点为勘探开发提供优质的井眼条件。钻井工程设计和钻井施工中关键之一就是确定该井将遇到的复杂问题和预期的特征。如果不能完整、系统地理解地质设计预告、周边已经完成井的经验教训和详尽的施工资料，则难以满足新设计井的完整的适应性。所以，钻井工程设计前期必须从搜集各种所需不同的资料入手，从而获得详细的情况，以满足适应钻井工程设计的条件。

一、储层敏感性分析

完井工程中钻开生产层之前必须通过储层的岩心分析和敏感性评价，全面了解产层岩石的基本情况,如岩石的常规物性分析、矿物组成、孔隙结构、黏土矿物、粒度分析以及岩石的敏感性等,为选择合理的钻井液、完井液、射孔液、井底结构以及制定合理的生产制度奠定基础。

1. 储层的岩心分析

(1)岩矿分析。

岩矿分析有多种实验手段,最常应用的是铸体薄片、X 射线衍射和电镜扫描,有时也包括电子探针分析。主要了解和确定岩石内部细微结构,岩石矿物化学组成,胶结物中黏土矿物结构及组成,孔隙大小、结构和喉道类型、尺寸等。

① 铸体薄片。

用铸体薄片技术可以较准确地测定岩石的孔隙结构,面孔率,裂缝率,裂缝密度、宽度和孔喉配合数等。铸体薄片结合偏光薄片、阴极发光薄片和荧光薄片以及薄片染色技术,可以测定骨架颗粒、基质、胶结物及其分布,并能描述孔隙类型及成因,了解敏感性矿物的组成、含量、分布以及内在因素引起油气层伤害的程度。这对于在完井过程中保护油层非常重要。

② X 射线衍射(XRD)。

X 射线衍射是鉴定晶质矿物应用最广泛且有效的一项技术,由于大多数岩石矿物都属于结晶物质,当 X 射线通过某一晶体时,必然会显示出该晶体特有的衍射特征值——反射面网间的距离(d)和反射线的相对强度(I/I_0),因此该项技术已成为鉴别储层矿物的重要手段。XRD 分析不仅可以确定混层矿物的类型,还可以确定混层矿物中蒙脱石所占的比例,如伊/蒙混层矿物中蒙脱石的比例占多少,此外还可以进一步确定黏土矿物的结构类型。

③ 扫描电镜(SEM)分析。

扫描电镜(SEM)分析提供孔隙内充填物的矿物类型、产状和含量的直观资料,同时也是研究孔隙结构的重要手段。利用 SEM 分析可以充分地认识敏感性矿物的大小、产状、孔隙形状、喉道大小、颗粒表面和孔喉壁的结构等,还能观察岩石与外来流体接触后的孔喉堵塞情况。如果再配合能谱仪,还能进行单元素分析。比如对与油气层伤害有关的铁离子鉴定等。

④ 电子探针分析。

电子探针 X 射线显微分析是运用高速细电子束作为荧光 X 射线的激发源进行显微 X 射线光谱分析的一种技术。电子束细得像针一样,可以穿透样品 1~3 μm 且不破坏样品测量微区的化学成分,因此可以用作样品的微区分析。对于细微矿物的鉴定、晶体结构分析、成岩演化、成岩环境、地层伤害类型及程度的研究有一定帮助。

(2)储层孔隙结构分析。

孔隙结构分析主要基于前述的铸体薄片和孔隙铸体分析,并结合岩心毛细管压力曲线的测定,从而确定孔隙类型、孔隙直径、喉道大小及分布规律。这对于研究地层微粒在岩石孔隙中的运移规律、研究外来固相堵塞油气层的机理、设计钻开油气层的屏蔽式暂堵完井液是非常重要的。

(3)黏土矿物分析。

油气层中黏土矿物的组成、含量、产状和分布特征不仅直接影响到储集性质的好坏和产能大小,而且也是决定油层敏感性特征的最主要因素。通常用矿物分析中的各种手段确定黏土的矿物成分及分布特点,如蒙脱石、伊利石、高岭土等的成分和含量,以及在砂岩中的分布。有条件时还应做黏土矿物在高温下的稳定性实验,以确定高温环境下胶结物遭受破坏的可能;黏土的吸水性实验可以分析砂岩遇水后强度的变化,从而确定生产层是否会出砂。

碎屑岩填隙物的成分对岩石的性质有较大影响。砂岩内的黏土矿物极易吸水膨胀并脱落而堵塞喉道,降低渗透率,影响产量;同时也容易使砂粒从砂岩母体上脱落,造成出砂。

(4)粒度分析。

砂岩是由不同直径的砂粒组成的。粒度分析是指确定岩石中不同粗细质点的含量。它不仅广泛应用于研究沉积岩的成因和沉积环境、储集层岩石的分类和评价,而且粒度参数还是疏松弱胶结储层砾石充填完井设计的重要参数和储层均质性好坏的重要依据。

测定岩石粒度的实验方法主要有筛析法、沉降法、薄片图像统计法和激光衍射法。筛析法是最常用的粒度分析测定方法。筛析前,首先对样品进行清洗、烘干和颗粒分解处理。然后放入一组不同尺寸筛子的顶部筛子中,把这组筛子放置于声波振筛机或机械振筛机上,经振动筛析后,称量每个筛子中的颗粒质量,从而得出样品的粒度分析数据。筛析法的分析范围一般从 4 mm 的细砾至 0.037 2 mm 的粉砂。

2.储层敏感性评价

地层敏感性指地层某种损害的发生对外界诱发条件的敏感程度。它主要包括速敏、水敏、盐敏、酸敏和碱敏等。地层敏感性评价主要是通过流动实验来实现的,实验采用中华人民共和国石油天然气行业标准 SY/T 5358—2002。

(1)速敏。

速敏是指因流体流动速度变化而引起地层中微粒运移,堵塞喉道,造成储层渗透率下降的现象。速敏评价实验的目的在于了解地层渗透率的变化与地层中流体流速变化的关系,找出其临界流速或临界流量值,并评价速敏的程度(见表 1-1),为现场选择合适的采油强度和注入速度提供依据。

表 1-1　速敏程度与速敏指数的关系

速敏程度	强	中等偏强	中等偏弱	弱	无
速敏指数	>0.70	0.4~0.70	0.10~0.40	0.05~0.10	<0.05

(2)水敏。

水敏是指当与地层不配伍的外来流体进入地层后引起岩石中黏土矿物变化,黏土矿物出现絮凝、膨胀、收缩、分散、流失、运移、沉降和堵塞孔隙的过程,并最终使岩石的渗透率下降的现象。

参照美国 Marathon 石油公司对水敏强度的分级标准,水敏强度与水敏指数的对应关系见表 1-2。

表 1-2　水敏程序分级标准

水敏程度	极强	强	中等偏强	中等偏弱	弱	无
水敏指数	>0.90	0.70~0.90	0.50~0.70	0.30~0.50	0.05~0.30	<0.05

(3)盐敏。

盐敏是指与储层岩石接触的流体矿化度的变化引起储层黏土矿物膨胀、分散、收缩、失稳、脱落,导致渗透率下降的现象。

盐敏程度的评价指标见表 1-3。

表 1-3 盐敏程序分级标准

盐敏程度	极强	强	中等偏强	中等偏弱	弱	无
临界盐度/(mg·L^{-1})	≤1 000	1 000~2 500	2 500~5 500	5 500~8 000	8 000~25 000	≥25 000

水敏与盐敏的损害机理:若储集层中含有蒙脱石、伊/蒙混层等黏土矿物,当外来流体与储集层不配伍时,这些黏土矿物就会膨胀、分散、运移,堵塞或减小渗流通道,产生水敏、盐敏损害。水敏损害程度主要取决于储集层黏土中不同矿物的含量、类型,同时还与其在孔隙中的分布状态、地层的孔隙结构特征、注入流体的性质密切相关。

(4)酸敏。

酸敏是指酸液进入储层后与储层酸敏性矿物发生反应,产生沉淀或释放出微粒,导致储层渗透率降低的现象。酸敏评价的是残酸对地层的损害程度而非酸的解堵效果。影响酸敏的因素很多,储集层的结构特征和流体性质、酸敏性矿物的含量、酸的种类和注入量等都直接影响酸敏结果。

(5)碱敏。

碱敏是指碱液进入储层后与储层碱敏性矿物发生反应,产生沉淀或释放出微粒,导致储层渗透率降低的现象。当外来的碱性流体进入储集层时,可与储集层中的碱敏性矿物(长石、微晶石英、黏土矿物等)反应,造成碱敏性矿物分散、脱落或生成新的硅酸盐沉淀和硅凝胶体,从而损害储集层。总体上看,碱敏损害不是油区的主要损害因素,但对易发生中等碱敏损害的储集层,在各项作业过程中应引起高度重视,合理控制入井液的 pH。

二、完井方式的选择

选择完井井底结构要考虑的诸因素有:储集层类型、地层岩性、储集层含油气情况、油气分布情况、完井层段的岩石稳定程度、生产层附近有无高压层和复杂层、储层有无底水或气顶、生产层的孔隙度和渗透率、采油气生产的工艺要求等。例如,对于均质硬地层可采用裸眼完井,而非均质硬地层则采用射孔完井;非稳定地层采用非固井式筛管完井;产层胶结性差,存在出砂问题时,则应采用防砂筛管完井;要进行压裂、酸化的井应下套管固井。

1.完井的井底结构

基本的完井井底结构如图 1-2 所示。井底结构大体可分为四大类。

第一类是封闭式井底,即钻达目的层,下油层套管或尾管后固井封堵产层,然后射孔打开产层,使产层与井眼相连,如图 1-2(a)、(b)所示。

第二类是敞开式井底,即钻开产层后不封闭井底,产层岩石裸露,直接与井眼连通;或是在产层段下带孔眼的各种筛管支撑地层,但不用水泥固井,如图 1-2(c)、(d)、(e)所示。

第三类是混合式井底,即产层下部是不封闭的裸眼,直接与井眼连通,上部下套管封闭后射孔与井眼连通,如图 1-2(f)、(g)所示。

第四类是防砂完井,主要是针对弱的砂岩层的完井。产层可封闭或不封闭,但均应下筛管,再用砾石充填在筛管或其他生产管柱与产层之间,用于防砂,如图 1-2(h)、(i)、(j)、(k)所示。

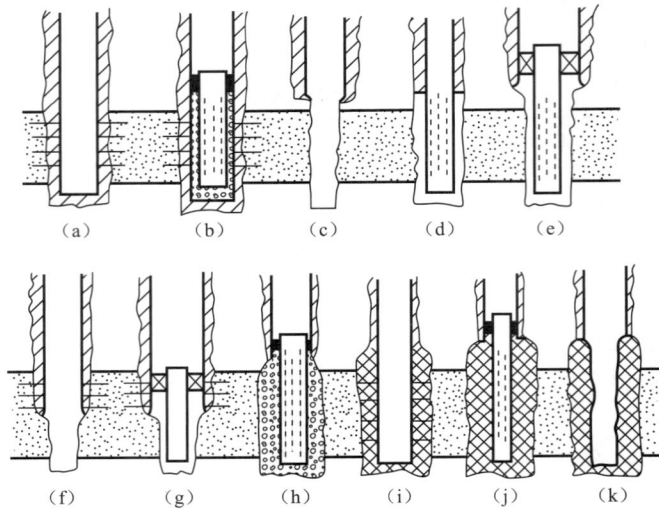

图 1-2 完井的井底结构简图

2.完井方法的类型

在四大类的完井井底结构中又可细分为 11 种常见的完井方法。

(1) 单管射孔完井,是典型的封闭式井底结构,如图 1-2(a)所示。在钻出的井眼中只下一种管串固井。除单管射孔完井之外还有多管射孔及封隔器射孔完井等。

(2) 先期裸眼完井,是典型的敞开式井底结构,如图 1-2(c)所示。除此之外还有后期裸眼完井。

(3) 贯眼完井,是敞开式井底的一种,是在裸眼段下筛管的完井方法,如图 1-2(d)所示。由于该种完井方法操作比较烦琐,且对油气层污染较严重,目前基本不采用。

(4) 衬管完井,也是敞开式井底的一种,是在裸眼段下衬管的完井方法,如图 1-2(e)所示。

(5) 半封闭式裸眼完井,即产层的下部是裸眼直接与井眼连通,上部下入套管,固井并射孔的完井方法,如图 1-2(f)所示。这是混合式井底结构。

(6) 半封闭式衬管完井法,即产层的下部裸眼中下入衬管,上部下入套管并射孔的完井方法,如图 1-2(g)所示。这也是半封闭式井底的一种。

(7) 管内砾石充填防砂完井,即砂岩层射孔后在井中下入各种防砂筛管并在套管和筛管的环形空间充填砾石的完井方法,如图 1-2(b)所示。这是封闭式井底的一种,也是防砂完井井底结构的一种,属于二次完井。

(8) 裸眼砾石充填完井,是常用的一种防砂完井方法,如图 1-2(h)所示。这是在裸露的砂岩层中下筛管,在环形空间用砾石充填的完井方法。

(9) 渗透性人工井壁射孔完井法,即用渗透性良好的可凝材料注入套管和砂岩层之间,再用小功率射孔弹射开套管但不破坏注入的渗透层的完井方法,如图 1-2(i)所示。这是防砂完井的一种。

(10) 渗透性人工井壁衬管完井法,即在砂岩层下衬管,并在衬管与岩层之间注入可凝性渗透性材料完井的方法,如图 1-2(j)所示。

（11）渗透性人工井壁裸眼完井法,即在裸眼井段注入可凝性渗透性材料形成渗透性人工井壁的完井方法,如图 1-2（k）所示。

3.常用的完井方法

完井工程包括连通井眼和油气层、安装井底的完井管柱、试采等。直井、复杂结构井（包括水平井、大位移井、大斜度井等）的完井中应考虑的问题基本相似。相比较而言,完井应当考虑钻井完井中最低程度的产层污染、井的最大产出量、最少的修井次数和最简便的修井操作、最低的开发成本和井的最长寿命等。除此之外,复杂结构井还应考虑井眼的弯曲程度对管柱的影响以及水平井段的长度对井眼稳定程度的影响。

常用的完井方法的特点是:

（1）裸眼完井是最简单的、最早的完井方法,只能用于产层段不破裂和不坍塌的坚硬岩石。多用于中、短半径的水平井,因为在这种井中套管通过弯曲段往往有较大的应力,引起套管的强度问题。优点是井的完善系数高,产量高,污染易消除。缺点是岩石强度不够高时,在生产中会有井壁坍塌,井壁条件限制了增产措施的应用。

（2）套管或尾管完井是传统的完井方法,在直井中有成熟的应用,在水平井中多用于长半径井。优点是对井下各种地层的封隔良好,能克服井壁的复杂情况,能采取各种增产措施,能选择性地射开需要的层段。但在井眼弯曲幅度大的中、短半径的水平井中应用受限制。

（3）割缝衬管完井是较简单的完井方式,可以用于各种半径的井,使用较普遍。在水平井眼中下割缝衬管,顶部用裸眼封隔器或套管封隔器挂在套管或裸眼地层上。衬管的作用是支撑弱的岩层。衬管可不用水泥封固,也可在局部井段注水泥。

（4）筛管完井是防砂完井,筛管不用水泥封固,多半是在筛管外充填砾石,也有的事先在筛管外进行砾石的预充填。

（5）封隔器完井是水平井中经常使用的完井方式。在可能会出现问题的水平井段前后都用裸眼封隔器封隔。这种完井通常和割缝衬管或筛管配合使用。

4.完井方法优选的基本思路

（1）完井方式优选需要考虑的主要因素。

完井方法的选择主要是针对单井而言。储层的类型及其均质程度,岩石的粒度组成,井底附近岩层的稳定性,产层的渗透性,产层附近有无高压层、底水或气顶等,是选择完井方法的主要依据。单井虽然属于同一油气藏类型,但其所处构造位置不同,所选定的完井方法也不尽相同,如油藏有气顶、底水,若采用裸眼完井,技术套管则应将气顶封隔住,再钻开油气层,而不钻开底水层。若采用套管射孔完井,则应避射气顶和底水层。如油藏有边水,套管射孔完井时,要充分利用边水驱动作用,避免射开油（气）水过渡带。

完井方法选择要考虑的主要因素如图 1-3 所示。

（2）完井方法优选的基本思路。

油气井的完井根据所要考虑的主要因素,通常按照图 1-4 所示的基本思路进行优选。

三、邻井及区块钻井资料分析

应对相同构造内或相邻构造的已钻井实钻资料进行分析,主要应包括实钻井身结构、钻头使用、钻井液体系及性能、复杂情况与事故分析、钻井速度与时效等进行完整和系统的收集,并做好分析,作为新布井设计的重要参考依据。

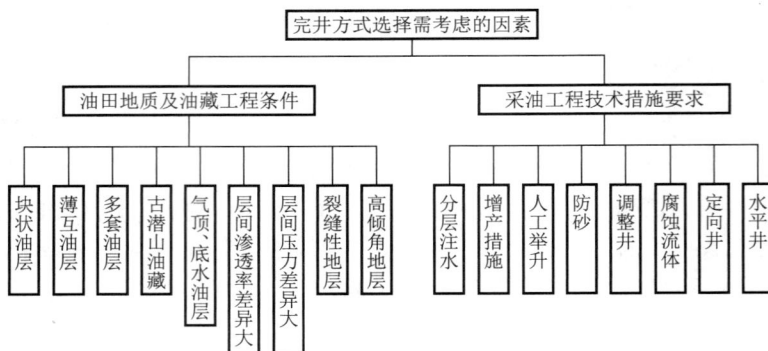

图 1-3　完井方法选择要考虑的主要因素

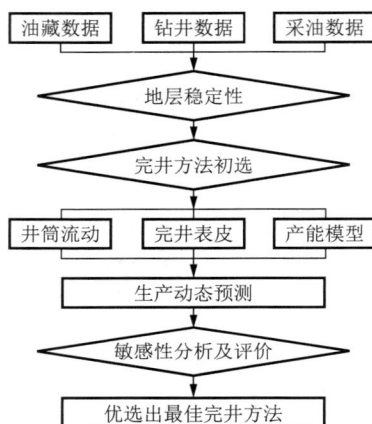

图 1-4　完井方法优选的基本思路

（1）地质资料。

地质资料是钻井工程设计的第一手资料，在收集地质资料时主要收集设计井的地质分层、地层岩性、地层倾角、岩石可钻性、岩石研磨性、地温梯度、不稳定地层的原因及其他复杂情况预测等。

（2）实钻井身结构及井眼轨迹。

收集设计区块邻井的井身结构和轨道设计状况、实钻井眼的井身结构和井眼轨迹的变化，分析引起井身结构和井眼轨迹变化的原因，分析必封点是否到位，井眼轨迹变化的井深位置、对应的地层特性等。

（3）钻头使用。

收集设计区块的全井实际钻头使用资料，包括每只钻头的类型，所钻地层井深、层、段、的主要岩性，钻头进尺，钻头工作时间，主要技术参数（钻压、转速、排量），钻头磨损特点，钻头成本。

（4）钻井液。

收集邻井钻井液资料，总结对分层钻井液性能的要求，使用过程中遇到的问题，如何处理维护钻井液性能，全井钻井液材料及处理剂消耗情况，钻井液成本，钻井液净化系统情况、数量、规格、使用效果和存在问题。

（5）技术参数。

收集邻井钻井技术参数资料，如钻压、转速、排量、钻井液密度、泵压、钻头尺寸等，并对应收集不同技术参数条件下的机械钻速、钻头磨损状况、钻井过程中的事故发生情况等。

（6）钻具组合。

收集邻井的钻头尺寸与钻具尺寸的配合，常用钻具尺寸、类型、钢级、壁厚合理使用钻具的措施，易斜井段所用钻具结构的防斜效果，稳定器的使用情况。

（7）井控。

收集设计区块各地层的地层压力值，所采用的附加压力数值，井口装置及管汇、控制系统、除气装置等设备，在含有硫化氢地区，收集硫化氢的含量、压力，配备的气防器材等。

（8）固井。

收集设计井区块所用的实际套管柱的规格，套管柱下部结构，水泥浆浆柱结构、性能，所用注水泥措施，环空憋压候凝，注水泥计算，水泥量附加数，井径扩大情况，提高固井质量的措施与方法。

（9）完井方式与其对应的后期产能。

要了解设计井所在区块的各种完井方式及其所对应的井身结构，施工和生产中的情况，各种完井方式和井身结构的优缺点，后期生产和增产措施实施过程中遇到的问题等。

第二章 井身结构设计

井身结构设计是整个钻井工程设计的基础,也是保证一口井能顺利钻进的前提。合理的井身结构可以保证一口井能顺利钻达预定的地质目的层,保证钻进过程的安全,有效地保护和发现油气层,并尽可能地降低钻井费用;而且还关系到这口井的长远效益。井身结构优化设计的主要任务是通过套管的下入层次、下入深度实现必封点的封固,为下一开次或完井提供安全、高效的井筒条件。同时要考虑套管与钻头尺寸及配合、水泥返深、水泥环厚度及钻头尺寸等。

第一节 地层-井眼压力系统

一、地层条件下的各种压力

1. 静液压力

静液压力是指在静止液体中的任意点液体所产生的压力,是液柱密度和垂直高度的函数。考虑地层中的孔隙是可以上下连通的,若地层的孔隙内充满液体,则地层某深度处由于液柱压力作用就表现为静液压力;另外,钻井过程中钻井液的液柱同样在井底产生静液压力。静液压力梯度定义为单位垂直高度静压的变化,单位 MPa/m。

因此有:

$$p_h = 10^{-3} \rho g H \tag{2-1}$$

$$G_h = \frac{p_h}{H} \tag{2-2}$$

式中　p_h ——静液压力,MPa;

　　　G_h ——静液压力梯度,MPa/m;

　　　ρ ——液体的密度,g/cm³;

　　　g ——重力加速度,9.81 m/s²;

　　　H ——液柱的垂直高度,m。

各种压力也可以用钻井液当量密度的方式表示。静液压力的钻井液当量密度就是指将静液压力采用等深度或等高度的钻井液来等效,所需要的钻井液密度,用 ρ_h 表示,单位 g/cm³。可表示为:

$$\rho_h = \frac{10^{-3} p_h}{g H} \tag{2-3}$$

静液压力梯度的大小与液体中所溶解的矿物及气体的浓度有关。在油气钻井中所遇到的地层水一般有两类:一类是淡水或淡盐水,其静液压力梯度平均为 0.009 81 MPa/m,即静液压力当量密度为 1.0 g/cm³;另一类为盐水,其静液压力梯度平均为 0.010 5 MPa/m,即其当量密度为 1.07 g/cm³。

在钻井过程中,钻井液形成的静液压力一般自转盘方钻杆补心算起,则有:

$$p_h = 10^{-3} \rho_m g D \tag{2-4}$$

式中　ρ_m——钻井液的密度,g/cm³;

　　　D——钻盘方补心至目的层的垂直深度,m。

2.上覆岩层压力和压力梯度

任意深度岩层的上覆岩层压力是指上覆岩层的岩石骨架及孔隙中流体的总重量所产生的压力,有如下公式:

$$p_o = \int_0^h 10^{-3} \rho_b(H) g \, dh \tag{2-5}$$

式中　p_o——上覆岩层压力,MPa;

　　　$\rho_b(h)$——深度为 h 处的岩层的体积密度,g/cm³;

　　　H——目的层深度,m。

岩层的体积密度是指目的层深度处岩石骨架本身的密度与孔隙内流体密度的综合值,用公式表示为:

$$\rho_b = \phi \rho_f + (1 - \phi) \rho_{ma} \tag{2-6}$$

式中　ρ_b——岩层的体积密度,g/cm³;

　　　ϕ——孔隙度,%;

　　　ρ_f——孔隙中流体的密度,g/cm³;

　　　ρ_{ma}——岩石骨架的密度,g/cm³。

同样,上覆岩层压力梯度表示如下:

$$G_o = p_o/H = \frac{1}{H} \int_0^H 10^{-3} \rho_b(h) g \, dh \tag{2-7}$$

由于压实作用随深度变化而不同,因而上覆压力梯度不是常数,而是深度的函数,并且不同的构造,压实程度也是不同的,所以上覆压力梯度随深度的变化关系也不同。

通常有两种方法可以求得上覆压力梯度与深度的变化关系,第一种方法是利用密度测井资料,即取测井质量良好的密度曲线,按 5～10 m 的间隔,密度值相近的地层,读取其平均密度值。将这些采样点与深度的散点关系绘制成图,根据散点分布,用统计回归的方法做出密度和深度关系的拟合公式;第二种方法是借用地质条件相近的邻近构造的密度资料或其他油田已经拟合的公式,适用于无完整合格密度资料地区,但这种方法存在一定的误差,如果条件允许,尽量还是使用本地区的资料为好。

由于沉积压实作用,上覆岩层压力随深度增加而增大。一般沉积岩的平均密度约为 2.5 g/cm³,岩石的孔隙度为 20%,孔隙内淡水充满地层,则沉积岩的上覆岩层压力梯度一般为 0.022 7 MPa/m。在实际钻井过程中,以钻台作为上覆岩层压力的基准面进行计算。在海上钻井时,从钻台面到海平面,海水深度和海底未固结沉积物对上覆岩层压力梯度都有影响,因此实际上覆岩层压力梯度值远小于 0.022 7 MPa/m。

3.地层压力

地层压力是指岩石孔隙中的流体所具有的压力,也称地层孔隙压力,用 p_p 表示。在各种地质沉积中,正常地层压力等于从地表到地下某处的连续地层水的静液压力。其值的大小与沉积环境有关,主要取决于孔隙内流体的密度和环境温度。若地层水为淡水,则正常地层压力梯度(用 G_p 表示)为 0.009 81 MPa/m;若地层水为盐水,则正常地层压力梯度随地层水的含盐量的大小而变化,一般为 0.010 5 MPa/m。石油钻井中遇到的地层水多数为盐水。

在钻井实践中,常常会遇到实际的地层压力大于或小于正常地层压力的现象,即压力异常现象。超过正常地层静液压力的地层压力($p_p > p_h$)称为异常高压,而低于正常地层静液压力的地层压力($p_p < p_h$)称为异常低压。

地层压力的检测方法主要有钻前预测和随钻地层压力监测两大类。

(1)钻前预测法。

钻前预测主要有地震资料法、邻井测井检测法。

地震钻前压力预测是利用地震的速度资料,根据它与地层孔隙压力的关系计算出地层压力,这对无钻井资料可提供的新探区极为重要。这种方法简单易行,国内外普遍重视这一方法的研究和使用。由于地震预测压力的计算公式是根据某一局部地区的实际资料建立起来的,所以,其各计算参数不具有普遍意义。此方法适用于砂泥岩地层,其他地层及深度超过 6 000 m 的深部地层还有待研究。

测井检测方法主要是根据泥岩的压实程度直接反映地层压力变化的方法,所以可用泥岩孔隙度来量度地层压力。在岩性和地层水变化不大的地层剖面中,正常压实地层的特点是,随着深度的增加,上覆岩层载荷增加,泥岩的压实程度增大,导致地层孔隙度减小,密度增大。在当前的测井系列中,有许多种测井方法都能精确地反映地层孔隙度,所有这些测井方法都可用来评价地层压力。直接用于评价地层压力的常用测井方法包括:声波测井法、感应电导率测井法、密度测井法、中子测井法等。利用测井资料判断和计算地层压力有许多优点:首先可以对一口井的纵向地层剖面做连续的地层压力评价;在地质构造比较了解的地区,如果已钻探一口井或多口井,就能借助这些井的测井资料得到单井和区域的纵横向地层压力随深度变化的分布规律,这不仅能帮助人们了解地区地层压力的分布状况,提供给钻井设计和地质分析等应用,而且还有利于与本地区相邻的新钻井剖面的压力检测;可将这些检测资料与地震资料的压力预测及随钻压力检测资料进行综合分析,提高压力预测精度。测井方法评价地层压力以泥岩测井参数与深度的变化关系为基础,对砂泥岩剖面以外的储集层是不适用的。在全部的测井方法中,声波测井法在理论分析、实际应用情况等方面均表明,它在定性判断异常压力、定量计算地层压力上都是最好的一种测井方法。它的优点在于受井眼条件、地层水矿化度、温度变化等影响小,取值简单,计算简便,精度高。

(2)随钻压力监测法。

随钻压力监测法主要是指钻井参数检测法。它包括机械钻速法、d 指数法及 dc 指数法、标准化(正常化)钻速、页岩密度法和 c 指数法等。

这些方法中,dc 指数法较为简单易行,但只适用于泥岩页岩地层。由于异常高压形成的地质条件复杂,要准确地评价该地区的地层压力,只应用一种方法是不够的,应当采用包括地震和测井资料在内的多种预测方法进行科学的综合分析和解释。

在陆上和海上石油勘探的实践中已经表明,异常地层压力的存在具有普遍性,钻遇高压地层的可能性又多于低压地层。地层异常压力的分布范围十分广泛,且变化范围大,从浅层到深层以及从新生界到古生界都有大小不等的异常压力分布。压力梯度的变化最高甚至可达上覆岩层的压力梯度值;但有的很低,只是正常静压值的 $60\%\sim70\%$。这些分布广泛的异常压力地层严重地影响了钻井的安全。

钻井中,如果未能预测到可能钻遇到的异常高压层,使用的钻井液柱压力小于地层压力时,会引起严重的井喷失控事故。反之,为了控制井喷而使用过高的钻井液密度,一旦使用的钻井液密度较高,导致作用在井底的压力值超过地层破裂压力梯度,又会导致井漏的发生,对油气层造成更大的污染,甚至压死油气层。所以在石油勘探,尤其在深井钻井中,对地层压力和破裂压力的评价显得十分重要,搞好压力评价工作,可为设计钻井参数、井身结构提供重要的压力技术数据,对保护油气层,提高钻井成功率具有重要意义。

4.基岩应力

基岩应力是指由岩石颗粒之间相互接触来支撑的那部分上覆岩层压力,亦称有效上覆岩层压力或颗粒间压力或骨架应力,这部分压力是不被孔隙流体所承担的。基岩应力用 σ_1 来表示。

上覆岩层压力由岩石骨架和孔隙中的流体共同承担,因此上覆岩层压力、地层压力和基岩应力之间存在着以下平衡关系,可用式(2-8)和图(2-1)来表示。

$$p_{\circ} = p_{\mathrm{p}} + \sigma_1 \tag{2-8}$$

式中 $p_{\circ}$——上覆岩层压力,MPa;

  p_{p}——地层孔隙压力,MPa;

  σ_1——基岩应力,MPa。

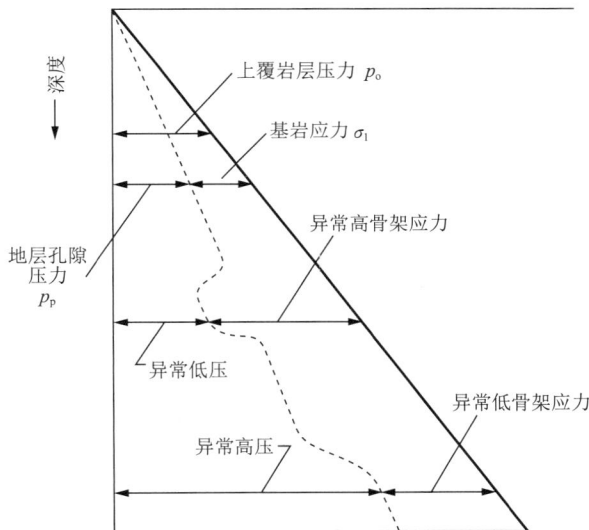

图 2-1 上覆岩层压力、地层压力和基岩应力之间的平衡关系

所以,不管由于什么原因造成基岩应力改变都会导致地层压力的改变:基岩应力降低,导致地层孔隙压力增大;基岩应力增大,会导致地层孔隙压力降低。

5.地层破裂压力

在井下一定深度裸露的地层,承受流体压力的能力是有限的,当流体压力达到一定数值时会使地层破裂,这个流体压力称为地层破裂压力。从 20 世纪 40 年代,利用水力压裂地层就开始用作油井的增产措施。但对钻井工程而言并不希望地层破裂,因为这样容易引起井漏甚至垮塌,造成一系列的井下复杂情况。故了解地层的破裂压力,对合理的油井设计和钻井施工十分重要。

影响地层破裂压力大小的因素主要有地层自身特性、地层压力、沉积年代、地应力的分布特征等。地层自身特性主要包括地层中天然裂缝的发育情况、岩石的强度(主要是抗拉伸强度)及其弹性常数(主要是泊松比)的大小。一般来说,地层中天然裂缝越发育,地层的破裂压力越小;岩石的强度越高,地层破裂压力越大;地层的泊松比越大,地层越不易破裂。另外,地层中孔隙压力的大小也对其破裂压力有很大影响,地层的孔隙压力越大,其破裂压力也越大。从力学角度来看,地层的破裂是地层受力作用的结果,除了流体压力的作用外,也和地层中存在的地应力大小有很大关系。

目前对于地层破裂的起因有两种基本不同的看法。其一是认为地下岩层充满着层理、节理和裂缝,井内流体压力只是沿着这些薄弱面侵入,使其张开。因此,使裂缝张开的流体压力只需克服垂直于裂缝面的地应力。其二是认为地层的破裂取决于井壁上的应力集中现象。增大井内的流体压力会改变井壁上的应力状态,此应力超过井壁岩石强度时,地层便被压裂。井壁上的应力与地应力密切相关,地层的破裂压力和所产生裂缝的方向都受到地应力的影响和控制。

地层破裂压力(用 p_f 表示)的计算方法可以分为预测法和实验测定法。预测法主要包括休伯特和威利斯(Hubbert & Willis)法、马修斯和凯利(Mathews & Kelly)法、伊顿(Eaton)法、黄氏计算法。

(1)休伯特和威利斯法。

1957 年休伯特和威利斯根据岩石水力压裂机理和实验做出推论,在发生正断层作用的地质区域,地下应力状态以三维不均匀主应力状态为特征,且三个主应力互相垂直。最大主应力 σ_1 为垂直方向,大小等于有效上覆岩层压力(即骨架应力),最小主应力 σ_3 和介于 σ_1 与 σ_3 之间的主应力 σ_2 在水平方向上互相垂直,最小主应力 σ_3 的大小等于 $(1/3 \sim 1/2)\sigma_1$。地层所受的注入压力或破裂传播压力必须能够克服地层压力和水平骨架应力,地层才能破裂。即

$$p_f = p_p + \left(\frac{1}{2} \sim \frac{1}{3}\right)(p_o - p_p) \tag{2-9}$$

休伯特和威利斯从理论和技术上为检测地层破裂压力奠定了基础。但是,由于很少在正断层区域钻井,所以休伯特和威利斯的理论在工业应用中受到限制。

(2)马修斯和凯利法。

1967 年马修斯和凯利根据海湾地区的一些经验数据,提出了检测海湾地区砂岩储集层破裂压力的方法。他们选择最小破裂压力等于地层压力,最大破裂压力等于上覆岩层压力。如果实际破裂压力大于地层压力,则认为是由于克服骨架应力所致。骨架应力的大小与地层压实程度有关,并非固定为 $(1/3 \sim 1/2)\sigma_1$。地层压得越实,水平骨架应力越大。根据地层破裂压力与地层压力和骨架应力之间的关系,则有:

$$p_f = p_p + K_i(D)(p_o - p_p) \tag{2-10}$$

式中 $K_i(D)$ ——骨架应力系数,是井深的函数,与岩性有关,通常泥质含量高的砂岩比一

般砂岩的应力系数要高。在正常地层压力情况下，$K_i(D)$ 随井深增加而增加。如遇异常高压，地层的压实程度降低，地层压力增大，则 $K_i(D)$ 减小。

（3）伊顿法。

伊顿 1969 年发表了更合适的计算地层破裂压力的方法。这种方法把上覆岩层压力梯度作为一个变量来考虑，并且把泊松比也作为一个变量引入地层破裂压力梯度的计算中。一般来说，在一个弹性体的极限之内，它在纵向压力的作用下将产生横向和纵向应变。横向应变和纵向应变之间的比值被定义为泊松比。把岩石作为弹性体考虑，那么泊松比就反映了岩石本身的特性。然而伊顿的泊松比不是作为岩石本身特性的函数，而是作为区域应力场的函数来考虑。于是，伊顿的泊松比即为水平应力与垂直应力的比值。如果上覆地层仅作为压力源，并且岩石周围受水平方向的约束而不发生水平应变，可导出水平应力和垂直应力之间的关系，即

$$\sigma_3 = \sigma_2 = \frac{\mu}{1-\mu}\sigma_1 \tag{2-11}$$

式中　μ——泊松比。

即可得到：

$$p_f = p_p + \frac{\mu}{1-\mu}(p_o - p_p) \tag{2-12}$$

伊顿提出了上覆岩层压力梯度可变的概念。通过研究发现，由于上覆岩层压力梯度的变化，岩石的泊松比随深度成非线性变化。在破裂压力的计算中，上覆岩层压力起着重要作用，若能求得上覆岩层压力梯度的准确增量，可提高破裂压力的计算精度。

（4）黄荣樽方法。

上面的三种计算地层破裂压力梯度的方法中，均没考虑地层的抗拉强度和地质构造应力对破裂压力的影响，因而计算结果与实际情况有一定差距。中国石油大学黄荣樽教授在总结分析国外各种计算地层破裂压力方法的基础上，综合考虑各种影响因素，进行了严格的理论推导和一系列的室内实验，提出了预测地层破裂压力的新模式，即

$$p_f = p_p + \left(\frac{2\mu}{1-\mu} + K_{ss}\right)(p_o - p_p) + S_t \tag{2-13}$$

式中　K_{ss}——构造应力系数；

　　　S_t——岩石的抗拉强度，MPa。

黄荣樽方法与前述三个模式相比有两个显著特点：

① 地应力一般是不均匀的，模式中包括了三个主应力的影响。垂直应力可以认为是由上覆岩层重力引起的。水平地应力由两部分组成：一部分是由上覆岩层的重力作用引起的，它是岩石泊松比的函数；另一部分是地质构造应力，它与岩石的泊松比无关，且在两个方向上一般是不相等的。

② 地层的破裂是由井壁上的应力状态决定的。深部地层的水压致裂是由于井壁上的有效切向应力达到或超过了岩石的抗拉强度。岩石的抗拉强度 S_t 是利用钻取的地下岩心，在室内采用巴西实验求得的。构造应力系数 K_{ss} 对不同的地质构造是不同的，但它在同一构造断块内部是一个常数，且不随埋藏深度变化。构造应力系数是通过现场实际破裂压力实验和在室内对岩心进行泊松比实验相结合的办法来确定的。如果准确地掌握泊松比 μ 和

破裂压力 p_f 以及抗拉强度 S_t，便能精确地求出构造应力系数 K_{ss}。

（5）液压实验法

上述四种计算地层破裂压力的方法均是在一定假设的基础上进行的，假设条件与实际地层状况不可能完全一致，存在一定的局限性，致使计算值与实际值之间存在一定误差。现场针对某一地层实施的液压实验法是准确有效地计算地层破裂压力的唯一方法。液压实验法也称漏失试验，是在下完一层套管，注完水泥和钻过水泥塞后进行的。液压实验时地层的破裂易发生在套管鞋处，原因是套管鞋处地层压实的程度比其下部地层的压实程度差。液压实验法的步骤如下：

① 循环调节钻井液性能，保证钻井液性能稳定，上提钻头至套管鞋内，关闭防喷器。

② 用较小且固定的排量（0.66～1.32 L/s）向井内注入钻井液，并记录各个时期的注入量及立管压力。

③ 作立管压力与泵入量（累计）的关系曲线，如图 2-2 所示。

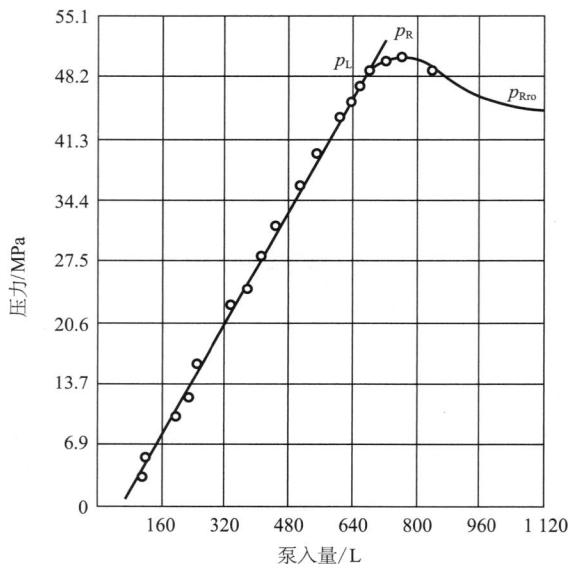

图 2-2　立管压力与泵入量（累计）的关系曲线

④ 从图上确定各个压力值，漏失压力为 p_L，即开始偏离直线点的压力，其后压力继续上升；压力升到最大值，即为开裂压力 p_R；最大值过后压力下降并趋于平缓，平缓的压力称为传播压力，即图中的 p_{Rro}。

⑤ 求地层破裂压力当量密度。

地层破裂压力为：

$$\rho_f = p_L + 0.009\,81H\rho_d \tag{2-14}$$

地层破裂压力当量密度为：

$$\rho_f = \rho_d + \frac{p_L}{0.009\,81H} \tag{2-15}$$

式中　ρ_d——实验用钻井液的密度，g/cm³；

p_L——漏失压力，MPa；

H——实验井深，m。

有时钻进几天后再进行液压实验时，可能出现试压值升高的现象，这可能是由于岩屑堵塞岩石孔隙喉道所致。实验压力不应超过地面设备和套管的承载能力，否则可提高实验用钻井液的密度。液压实验法适用于砂泥岩为主的地层，对石灰岩、白云岩等硬地层的液压实验有待研究。

二、钻井过程中井筒内存在的压力

1. 钻井液液柱压力

钻井过程中井筒内存在钻井液，钻井液对不同深度的井筒产生液柱压力，其大小为：

$$p_h = 0.009\ 81\rho_d D \tag{2-16}$$

式中　p_h——钻井液在井深 D 处产生的液柱压力，MPa；

　　　ρ_d——钻井液密度，g/cm³；

　　　D——井深，m。

2. 环空循环压降

由于钻井液的黏滞作用，钻井液在循环过程中产生流动阻力。表现在井口立管压力虽然是不变的，但是由于流动阻力的产生，必然产生压降，这个压降就叫作循环压耗。作用在环空部分的循环压耗会作用在井底，增加井底作用压力。其环空循环压耗计算为：

$$\Delta p_{la} = 0.575\ 03\rho_d^{0.8}\mu_{pv}^{0.2}Q^{1.8}\left[\frac{L_p}{(d_h - d_p)^3 (d_h + d_p)^{1.8}} + \frac{L_c}{(d_h - d_c)^3 (d_h + d_c)^{1.8}}\right] \tag{2-17}$$

式中　Δp_{la}——钻井液在井深 D 处的循环压耗，MPa；

　　　μ_{pv}——钻井液的塑性黏度，mPa·s；

　　　Q——钻井液排量，L/s；

　　　d_h——井眼直径，cm；

　　　d_p——钻杆直径，cm；

　　　d_c——钻铤直径，cm；

　　　L_p——钻杆使用长度，m；

　　　L_c——钻铤使用长度，m。

3. 波动压力

管柱（钻柱、套管柱、油管柱等）在充有钻井液的井内运动会产生波动压力。下放管柱主要是产生激动压力，使作用在井底的附加压力增加；上提管柱产生的主要是抽汲压力，使作用在井底的附加压力减小。波动压力以弹性波的方式在井内传播，这两个压力称为管柱在充有流体的井内运动时的波动压力。

波动压力有时会破坏井内压力系统的平衡而引起井下复杂情况和事故。现场资料表明，25%的井喷是由于起钻速度过高产生的抽汲压力而引起的；下放速度过快产生的井内激动压力会压漏地层，进而导致井漏、卡钻等恶性工程事故；激动压力和在环空中产生的高环空返速是损害产层的两个主要宏观因素。

抽汲压力：　　　　$p_{sb} = 0.009\ 81s_b D，s_b = 0.015 \sim 0.04\ \text{g/cm}^3$ 　　　(2-18)

激动压力：　　　　$p_{sg} = 0.009\ 81s_g D，s_g = 0.015 \sim 0.04\ \text{g/cm}^3$ 　　　(2-19)

式中　p_{sb}——抽汲压力，MPa；

p_{sg} ——激动压力，MPa；

s_b ——抽汲压力系数，g/cm^3；

s_g ——激动压力系数，g/cm^3。

4. 岩屑重力引起的附加压力

钻井过程中产生的岩石碎屑随着钻井液的环空循环而被携带到地面。因此，固相颗粒的增加增大了环空钻井液的密度，致使产生附加的压力。

$$\Delta p_r = 0.009\ 81\Delta\rho_r D \tag{2-20}$$

式中 Δp_r ——由岩屑在环空中造成的附加液柱压力值，MPa；

$\Delta\rho_r$ ——岩屑在环空中造成的附加密度值，g/cm^3；

D ——井眼垂深，m。

5. 作用在井底的压力

考虑不同工况条件下作用在井底的压力值不同，则有不同工况条件下的井底压力值表达式：

正常钻进时 $\quad p_b = p_h + \Delta p_{la} + \Delta p_r$

起钻时 $\quad p_b = p_h + \Delta p_r - p_{sb}$

下钻时 $\quad p_b = p_h + \Delta p_r + p_{sg}$

同时，在正常钻进时由于钻头的上下振动，造成井内存在波动压力。即钻头向下运动时在井底附加激动压力，钻头向上运动时井底作用压力减小一个抽汲压力值。因此，作用在井底的最大压力和最小压力可以采用式(2-21)和式(2-22)表示。

最大井底压力 $\quad p_{bmax} = p_h + \Delta p_{la} + \Delta p_r + p_{sg}$ \tag{2-21}

最小井底压力 $\quad p_{bmin} = p_h + \Delta p_r - p_{sb}$ \tag{2-22}

三、井眼内的压力体系

在井身结构设计过程中，各种压力一般采用钻井液当量密度的方式表示。

在裸眼井段中存在着地层压力、地层破裂压力和井内钻井液有效液柱压力这三个相关的压力。此压力系统必须满足以下条件：

$$\rho_f \geqslant \rho_{mE} \geqslant \rho_p \tag{2-23}$$

式中 ρ_f ——地层破裂压力当量密度，g/cm^3；

ρ_{mE} ——钻井液有效液柱压力当量密度，g/cm^3；

ρ_p ——地层孔隙压力当量密度，g/cm^3。

式(2-23)的工程意义在于：裸眼井内钻井液有效液柱压力必须大于或等于地层压力，防止井喷，但又必须不大于地层破裂压力，防止压裂地层发生井漏。

考虑到井壁的稳定，还应满足：

$$G_m(t) \geqslant G_t(t) \tag{2-24}$$

式中 $G_m(t)$ ——该截面岩层的坍塌压力梯度；

$G_t(t)$ ——钻该截面岩层钻井液有效压力梯度。

对于某一裸眼段来说，若裸眼段地层能够同时满足式(2-23)和式(2-24)，则该井段不需要套管封隔；反之，则需要用套管封隔。因此，井身结构设计有严格的力学依据，即压力系统的平衡和失稳。

第二节 井身结构设计的内容及套管层次

一、井身结构设计的主要内容

井身结构设计是指一口井开钻之前依据油气藏地质目的、不同层段地层因素、钻井的深度设计要求、工程因素及地层必封点的限制,对需要钻进的井进行的有关套管下入层次、下入深度以及井眼尺寸与套管尺寸合理配合的综合设计。

井身结构设计的主要内容包括:

(1)套管层次的确定。在给定目的层深度和位置、地质分层剖面和必封点要求的条件下,设计需要下入多少层套管才能满足安全钻进、有效保护油气层的需要。

(2)各层套管的下入深度的确定。每层套管使用的直径尺寸不同,那么用途不同,在设计套管层次的同时确定出每层套管对应的下入深度。

(3)各层套管外水泥返高的确定。各层套管需要封隔地层的技术要求不同。一般来说,表层套管外水泥上返到地面;中间套管外水泥高度应根据封固地层的特性不同而不同,一般返至拟封固地层以上 50～200 m(若封固油层,需要返至油层顶界以上 200 m);油层套管外水泥上返高度应由封固的最上部油层位置决定,应返到最上部油层顶部以上 200 m。若封固的目的层为高压气层,则水泥需要返至地面。

(4)套管和井眼尺寸及所用管柱尺寸的配合。考虑在某一井眼尺寸下入多大尺寸的套管合适,并在该套管内能允许多大尺寸的钻头和合适的管柱尺寸钻进后续的井眼。

二、套管层次和管柱类型

套管层次是根据地质条件、设备能力、钻井技术水平和采油采气的要求确定的。这些套管柱包括:导管、表层套管、技术套管(或称中间套管,一层或多层或没有)、生产套管(或称油层套管,或称产层套管)、尾管。浅井、简单井往往只需要表层套管及油层套管两级套管柱,深井、复杂井需要多级套管柱。

(1)导管。

第一次开钻前井口下入的一段钢管称为导管,其作用为:

① 封隔地层疏松层,防止钻井液渗入地基影响井架稳定。

② 在钻表层井眼时将钻井液从地表引导至钻井装置平面上来形成有控循环。

这一层套管柱下入深度变化较大,在坚硬的地层中仅用 10～20 m,而在沼泽地区则可能上百米。

(2)表层套管。

表层套管是为防止井眼上部疏松地层的坍塌、污染饮用水源及上部流体的侵入,并为安装井口防喷装置等而下的套管。其作用为:

① 封隔浅层流砂、砾石层及浅层气等,防护浅水层受污染并为继续钻井提供安全通道。

② 为安装井口装置防止井喷提供条件。

③ 承托后续各层套管的重量,支撑井口设备(套管头及采油树)。

表层套管下入深度一般在 30～1 500 m。不下导管的井,表层套管兼有导管的作用。

（3）技术套管。

也称为中间套管,是指表层套管与生产套管之间的套管。其作用为:

① 封隔难以控制的复杂地层(坍塌地层、高压水层等),防止井径扩大,减少阻卡及键槽的发生,为向深部钻井提供安全的施工通道。

② 用来封隔不同的压力层系,以便建立正常的钻井液循环。当所钻井段的油、气、水层与更深井段的油、气、水层的地层压力梯度相差较大,要求的钻井液性能矛盾时,保护已钻井段油、气层,防止油气水互窜。

③ 为井控设备的安装、防喷、防漏以及悬挂尾管提供条件。

技术套管的下深因不同井深、钻遇地层的不同而异,有的井需要下入多层技术套管,而有些井则不需要技术套管。

（4）生产套管。

也称为油层套管,是指为生产层建立一条牢固通道,保护井壁,满足分层开采、测试及改造作业而下入的套管。

其作用为:

① 封隔油气层水,防止互窜,形成分层采油、分层改造的目的。

② 形成安全、有效、长期使用的油气水通道和试油、采油作业的施工通道。

油层套管的下深需要根据完井方式的选择而定。封闭式的完井方式需要下到油层底界以下某个深度;而敞开式的完井方式油层套管下到油层顶界以上 10～20 m。

（5）尾管(衬管)。

套管顶端不延伸至井口的套管。

按作用不同,可分为钻井尾管和生产尾管。功能相当于技术套管的尾管称作钻井尾管(或衬管);功能相当于生产套管的尾管称为生产尾管。

其优点在于套管下入长度短、费用低。而在深井钻井中,尾管的突出优点是允许使用异径钻具组合,在顶部使用大直径钻具以提供更高的抗拉伸强度,在尾管内使用小直径钻具具有更高的抗内压能力。

其缺点在于固井施工相对困难,通常在其顶部进行抗内压试验以保证其密封性。

第三节　井身结构设计依据与原理

一、井身结构设计原则

由于地区及钻探目的层的不同,钻井工艺技术水平的差异,国内外各油田井身结构设计变化较大,但钻井工程设计所依据的原则是一致的。通常需要封隔并保护淡水层和不稳定地层;封隔块状的蒸发岩(蒸发盐)和易出故障的页岩层段;在钻异常高压层段前先封隔易漏失层位;在钻正常压力层段时先隔开异常高压层;采用密度相差较大的钻井液来控制的不同压力层系地层不处于同一裸眼段;避免过长的裸眼。

井身结构设计遵循的具体原则如下:

（1）有利于发现、认识和保护油气层，能有效地保护油气藏。尽量采用较低钻井液密度，减小产层污染。

（2）能避免漏、喷、塌、卡等井下复杂情况，为安全、优质、高速和经济钻井创造条件。

（3）钻下部地层采用重钻井液时产生的井内压力，不致压裂上层套管鞋处最薄弱的裸露地层。

（4）下套管过程中，井内钻井液液柱压力和地层压力间的压差不至于导致压差卡套管。

（5）当实际地层压力超过预测值发生溢流时，具有压井处理溢流的能力，在井涌压井时不压漏地层。

（6）符合当地法律法规，满足安全、环境、健康体系管理的要求。

二、井身结构设计依据

井身结构设计的依据主要包括以下几个方面：

（1）钻井地质设计。

① 地层孔隙压力、地层破裂压力及坍塌压力剖面。

② 地层岩性剖面及故障提示。

③ 完井方式和油层套管尺寸要求。

④ 邻区邻井试油气试采资料。

（2）相邻区块参考井、同区块邻井实钻资料。

（3）钻井装备及工艺技术水平。

（4）井位附近河流河床底部深度，饮用水水源的地下水底部深度，附近水源分布情况，地下矿产采掘区开采层深度、巷道走向，开发调整井的注水（汽）层位深度。

（5）钻井技术规范。

（6）国家法律法规。

三、井身结构设计系数的确定

井身结构设计的基础参数包括地质方面数据和工程数据等。地质数据主要根据本井地质设计书及邻井资料，工程数据主要根据当地区域统计数据分析确定。下面详细说明工程设计系数及其取值。

1. 抽汲压力系数和激动压力系数

抽汲压力系数 s_b 和激动压力系数 s_g 一般取 $0.015 \sim 0.04 \ \text{g/cm}^3$。

石油钻井过程中，下放管柱产生激动压力，上提管柱产生抽汲压力（激动压力和抽汲压力统称为波动压力）。由于现代井身结构设计方法是建立在井眼与地层间的压力平衡基础上的，这种由起下钻或起下套管引起的井眼压力波动势必引入到井身结构设计中。

抽汲压力发生在井内起钻时，其结果是降低有效井底压力。激动压力产生于下钻及下套管时，其结果是增大有效井底压力。波动压力的影响在井身结构设计中是以当量钻井液密度的形式引入的，而当量钻井液密度与井内压力的关系是通过垂深来换算的。

波动压力计算有稳态和瞬态两种模型。稳态波动压力分析模型是在"刚性管-不可压缩流体"理论基础上建立的，不考虑流体的可压缩性和管道的弹性。据有关试验证明，井深小于 5 000 m 的井，其稳态分析的理论值与实测值较吻合。瞬态井内波动压力分析模型是建立在"弹性管-可压缩流体"理论基础上,认为运动管柱在井内引起压力变化,它考虑了液体的压缩性和管道的弹性。瞬态井内波动压力计算模式较精确,但计算复杂。同样条件下,瞬态计算值要比稳态计算值小。所以,浅井采用稳态计算波动压力,偏于安全,但稳态计算的波动压力值随井深的增加误差增大。抽汲压力和激动压力的大小受管柱的起下速度,钻井液密度、流变性,井眼与管柱间隙等因素的影响。

在相同的条件下,波动压力变化与井眼的垂直深度成正比,与环空间隙成反比:即井眼越深波动压力越大,井眼越浅波动压力越小;环空间隙越大,波动压力越小;对于定向井其偏心度越大波动压力越小,即偏心环空的波动压力总是小于同样条件下同心环空的波动压力。在定向井钻井设计中,选用同心环空波动压力系数,偏于安全;在大斜度井和水平井中,由于岩屑床的存在,会使环空有效过流断面面积减小,从而影响到波动压力。在相同条件下,大斜度井和水平井井眼中,单位长度井眼的波动压力比单位长度直井眼的波动压力小。

为方便使用,可采用如下近似假定:压力波动值随测深线性增大,水平井段单位长度井眼的压力波动值与直井相同。则斜井段内某截面的抽汲压力系数 s'_b 和激动压力系数 s'_g 近似为:

$$s'_b = D/D_v s_b \tag{2-25}$$

$$s'_g = D/D_v s_g \tag{2-26}$$

式中 D ——该截面的测深,m;

D_v ——该截面的垂深,m;

s_b ——相同条件下直井的抽汲压力系数,g/cm^3。

s_g ——相同条件下直井的激动压力系数,g/cm^3。

式(2-25)和(2-26)表明:在定向井、水平井钻进中抽汲压力系数和激动压力系数不是定值,它不但与钻井液的流变性、井眼的几何参数以及起下钻速度等因素有关,还与井眼轨迹有关。波动压力随测深与垂深比值的增加而增大,在井底处最大。

设计时的具体取值通常根据各油田的具体情况和设计经验选取。

2. 压裂安全系数

压裂安全系数 s_f 也称为地层破裂压力当量密度安全允许值,考虑地层破裂压力当量密度检测的精度,地层破裂压力当量密度允许存在的最大误差值一般取 0.03 g/cm^3。

s_f 是考虑地层破裂压力预测可能的误差而设的安全系数,它与破裂压力预测的精度有关。在工程设计中,可根据对地层破裂压力预测或测试结果的可信程度来确定。对测试数据充分、生产井或在地层破裂压力预测较准确时,s_f 取值可小一些;而对测试数据较少、探井或在地层破裂压力预测中把握较小时,s_f 取值应大一些。

3. 井涌允量

井涌允量 s_k 也称为溢流允许值,是根据井控技术水平确定的,一般取 0.05~0.10 g/cm^3。

井涌允量 s_k 是由于地层压力预测的误差所产生溢流量的允许值,用当量密度表示,它与地层流体的侵入量、地层流体在井筒中的分布、关井套管等有关。s_k 表示井涌的风险程度,根据估计的最大井涌地层的压力与钻井液密度的差别来确定。该值也取决于现场控制井涌的能力和设备技术状况,风险较大的高压气层和浅层气在设计中取高值。

4. 压差允值

正常压力地层压差允值 Δp_N:裸眼井段中,钻井液液柱压力与正常地层孔隙压力当量密度最深处不产生压差卡钻的最大差值,一般取 12~15 MPa。

异常压力地层压差卡钻临界值 Δp_A:裸眼井段中,钻井液液柱压力与最小地层孔隙压力当量密度最深处不产生压差卡钻的最大差值,一般取 15~20 MPa。

裸眼中,钻井液液柱压力与地层孔隙压力的差值过大时,除使机械钻速降低外,也是造成压差卡钻的直接原因,这会使下套管过程中发生压差卡套管事故,使已钻成的井眼无法进行固井和下套管作业。在斜井眼中,由于钻具倾向于与下井壁接触,卡钻事故更易发生。不同地区,由于地层条件、所采用的钻井液体系、钻井液性能、钻具结构、钻井工艺措施等有所不同,因此压差允许值也不同,应通过大量的现场统计获得。

造成卡钻的原因很多,除压差外,还有地层条件、滤饼质量、钻具在井下静止时间、井眼不均匀扩大、不规则曲率变化、键槽、井眼清洁程度等,特别是在高渗透地层、钻井液失水较大并且钻具在井下长时间静止时容易发生卡钻。对于国内大多数油田,特别是东部油田,正常地层压力一般在上第三系地层,属高渗疏松沙泥岩互层。因此,规定正常地层压力压差可钻临界值比异常地层压力压差可钻临界值要小。压力允许值的确定:各油田可以从卡钻资料中(卡点深度、当时钻井液密度、卡点地层孔隙压力等)反算出当时的压差值,再由大量的压差值进行统计分析得出该地区适合的压差允许值。

5.钻井液密度附加值

钻井液密度附加值应根据不同的井下情况、不同的产层情况确定,根本的原则是确保具备安全作业条件。钻井液密度附加值 $\Delta\rho$ 执行 SY/T 6426—2005 中第 3.4 条的规定。

根据地质提供的资料,钻井液密度设计以各裸眼井段中的最高地层孔隙压力当量钻井液密度值为基准,另加一个安全附加值。油井、水井为 0.05~0.10 g/cm³ 或控制井底压差 1.5~3.5 MPa;气井为 0.07~0.15 g/cm³ 或控制井底压差 3.0~5.0 MPa。

具体选择钻井液密度安全附加值时,应根据实际情况考虑下列影响因素:

(1)地层孔隙压力预测精度。

(2)油层、气层、水层的埋藏深度。

(3)地层油气中硫化氢的含量。SY/T 5087—2005《含硫化氢油气井安全钻井推荐做法》中第 7.2.4 条作了明确规定:"钻开高含硫地层的设计钻井液密度,其安全附加密度在规定的范围内(油井、水井为 0.05~0.10 g/cm³;气井为 0.07~0.15 g/cm³)时应取上限值;或附加井底压力在规定的范围内(油井、水井为 1.5~3.5 MPa;气井为 3.0~5.0 MPa)时应取上限值。"其目的就是不让硫化氢溢流进入井筒,尽量减少硫化氢对套管、钻杆、钻井液以及返出地面后对作业人员造成伤害。

(4)地应力和地层破裂压力。

(5)井控装置配套情况。

6.固井回压值

固井回压值 p_w 根据工艺条件确定,一般取 2~4 MPa。有些井,特别是高压气井的回压有时达到十几兆帕。

四、井身结构设计原理

井身结构设计的基本原理在于合理地封隔井段,使得同一裸眼井段中压力系数尽可能相同或相近,既不会在钻进过程以及各种工况作业中压裂地层进而发生井漏,也不会在下套

管时发生压差卡套管事故,实现近平衡压力钻井技术钻进。具体关系如下:

1. 正常钻进时控制地层压力

某一钻井井段中所用的最大钻井液密度和该井段中的最大地层压力有关,其相互关系为最小液柱压力当量密度大于或等于裸眼井段的最大地层孔隙压力当量密度,以保证在钻进过程中控制地层压力,防止井涌的发生。即

$$\rho_d \geqslant \rho_{p\,max} + s_b \tag{2-27}$$

式中　　ρ_m——钻井液密度,g/cm^3;

　　　　$\rho_{p\,max}$——裸眼井段最大地层孔隙压力当量密度,g/cm^3;

　　　　s_b——抽汲压力系数,即钻井液密度附加值,g/cm^3。

考虑地层坍塌压力对井壁稳定的影响,确定裸眼井段的最大钻井液密度。

$$\rho_{d\,max} = \max\{(\rho_{p\,max} + s_b), \rho_{c\,max}\} \tag{2-28}$$

式中　　$\rho_{c\,max}$——裸眼井段最大地层坍塌压力当量密度,g/cm^3。

考虑起钻产生的激动压力以及压裂安全系数,则正常钻井条件下控制地层压力应满足:

$$\rho_f = \rho_{p\,max} + s_b + s_g + s_f \tag{2-29}$$

2. 防止压差卡套管

在下套管过程中,若钻井液液柱压力与裸眼段最小地层压力的差值过大,当井内套管由于某种原因在井内静止时,在压差的作用下,会把套管推向井壁的一侧,有可能会造成压差卡套管,使得套管不能继续下入。为此,需要控制钻井液的密度值,使得液柱压力与裸眼段最小地层压力的差值在允许的范围内,即

$$(\rho_{d\,max} - \rho_{p\,min})D_{p\,min} \times 0.009\,81 \leqslant \Delta p_N (\text{或} \Delta p_A) \tag{2-30}$$

式中　　$\rho_{d\,max}$——裸眼井段内使用的最大钻井液密度,g/cm^3;

　　　　$\rho_{p\,min}$——裸眼井段钻遇的最小地层压力的当量钻井液密度,g/cm^3;

　　　　$D_{p\,min}$——该裸眼井段最小地层孔隙压力所对应的最大井深,m;

　　　　Δp_N——正常压力地层压差卡钻临界值,MPa;

　　　　Δp_A——异常压力地层压差卡钻临界值,MPa。

3. 防止发生井漏

$$\rho_{d\,max} + s_g + s_f \leqslant \rho_{f\,min} \tag{2-31}$$

式中　　$\rho_{f\,min}$——裸眼井段最小地层破裂压力的当量钻井液密度,g/cm^3;

　　　　s_g——激动压力系数,g/cm^3;

　　　　s_f——压裂安全系数,g/cm^3。

4. 关井处理溢流防止发生井漏

$$\rho_{d\,max} + s_f + s_k \frac{D_{p\,max}}{D_x} \leqslant \rho_{fx} \tag{2-32}$$

式中　　$\rho_{d\,max}$——裸眼井段最大钻井液密度,g/cm^3;

　　　　$D_{p\,max}$——裸眼井段最大地层孔隙压力当量密度对应的顶部井深,m;

　　　　D_x——裸眼井段最浅井深(即上层套管下深),m;

　　　　s_f——压裂安全系数,g/cm^3;

　　　　s_k——溢流允许值,g/cm^3;

　　　　ρ_{fx}——套管鞋处地层破裂压力的当量钻井液密度,g/cm^3。

五、地质复杂必封点

钻井过程中允许裸露段的长度是由工程和地质条件决定的井深区间,其顶界是上一层套管的必封点,其底界为该层套管的必封点。也就是说,必封点包括工程必封点和地质复杂必封点。工程必封点可根据压力剖面计算出套管的下深位置,作为其深度位置。地质复杂必封点则可根据所钻遇的地层岩性来考虑其位置。目前,套管层次及下深主要是依据井眼与地层的压力平衡及稳定来确定的,并没有将井身结构设计的所有因素考虑进来,其中一个重要的因素就是必封点问题。

在井身结构设计中,考虑工程必封点和地质复杂必封点深度是对以地层压力剖面及设计系数为基础的设计方法的补充和完善。

主要的必封点原因和类型:

(1)钻进过程中钻遇易坍塌页岩层、塑性泥岩层、盐岩层、岩膏层、煤层等,易造成井壁坍塌和缩径。多数情况下控制这些层位的合理钻井液密度是未知的,而且与地层裸露时间有关。

(2)裂缝溶洞型、破碎带地层、不整合交界面,钻遇这些层位时,钻井液液柱压力稍大于地层压力即发生井漏。而且浅部疏松地层的地层破裂压力预测方法还不完善。

(3)含 H_2S 等有毒气体的油气层。

(4)低压油气层的防污染问题。对于一些低压油气层,其顶部往往存在泥页岩易坍层。泥页岩层防坍需要高的钻井液密度,这与保护产层需要低钻井液密度产生了矛盾,按压力剖面进行设计的结果可能没有充分考虑到低压油气层防污染的需要或不能有效地解决钻井液密度选择的矛盾。

(5)井眼轨迹控制等施工方面的特殊要求。丛式井组的表层套管和技术套管设计深度执行 SY/T 6396—2009 中第 4.6 条的规定:"井身结构除按 SY/T 5431 的规定执行外,丛式井组各井的表层下深宜交替错开 10 m 以上。"

(6)在采用欠平衡压力钻井时,为了维持上部井眼的稳定性,通常将技术套管下至产层顶部。

(7)表层套管的下入深度应满足环境保护的要求。井位附近河流河床底部深度,饮用水水源的地下水底部深度,煤矿等采掘矿井坑道的分布、走向、长度和离地表深度。一般需要封隔浅部疏松层、淡水层,有时还考虑浅层气的影响。

地质复杂必封点则可根据所钻遇的地层岩性来考虑其位置:

(1)未胶结的砂岩层和砾石层,地层特点是疏松易坍,钻进过程一般采用高黏度钻井液钻穿后下入表层套管封固。

(2)为安全钻入下部高压地层而提前准备一层套管并提高钻井液密度。

(3)封隔复杂膏盐层及高压盐水层,为钻开目的层做准备。

(4)钻开目的层。

(5)考虑备用一层套管,以应对地质加深的要求和应付预想不到的复杂情况发生。

第四节　井身结构设计方法

目前,国内外普遍使用的井身结构设计方法是相同的。其主要的依据是:两条压力剖面

（地层孔隙压力剖面和地层破裂压力剖面）及相应的地层坍塌压力分布,六个基础设计系数（抽汲压力系数、激动压力系数、井涌系数、破裂压力允许值、压差卡钻临界值和异常压力卡钻值附加压力系数）。

一、设计方法

设计方法主要有三种。

1. 自下而上井身结构设计方法

自上而下井身结构设计方法是根据裸眼井段安全钻进应满足的压力平衡、压差卡钻约束条件,自全井最大地层孔隙压力处开始,自下而上依次设计各层套管下入深度的井身结构设计方法。这是传统的井身结构设计方法。

一般设计步骤为:从目的层开始,根据裸眼井段需满足的约束条件,确定生产套管的尺寸,再根据生产套管的外径并留有足够的环隙选择相应的钻头尺寸,然后以上一层套管内径必须让下部井段所用的套管和钻头顺利通过为原则来确定上一层套管柱的最小尺寸。依此类推,选择更浅井段的套管和钻头尺寸。

传统的设计方法具有以下特点:

（1）每层套管下入的深度最浅,套管费用最低。适合已探明地区开发井的井身结构设计。

（2）上部套管下入深度的合理性取决于对下部地层特性了解的准确程度和充分程度。

（3）应用于已探明地区的开发井的井身结构设计比较合理。

（4）在保证钻井施工顺利的前提下,自下而上的设计方法可使井身结构的套管层次最少,每层套管下入的深度最浅,从而达到成本最优的目的。能否达到钻井设计思想的目的,主要取决于基础数据的准确性。对于深探井,由于对下部地层了解不充分,难以应用这种方法确定每层套管的下深。因此,需对传统的井身结构设计方法进行改进。

2. 自上而下井身结构设计方法

自上而下井身结构设计方法是根据裸眼井段安全钻进应满足的压力平衡、压差卡钻约束条件,在已确定了表层套管下入深度的基础上,从表层套管鞋处开始自上而下逐层设计各层套管下入深度的井身结构设计方法。

在深井及探井中存在地层压力的不确定性、地层状态和岩性的不确定性、地层分层深度和完井深度的不确定性。认为井身结构设计不应以套管下入深度最浅、套管费用最低为主要目标,而应以确保钻井成功率,顺利钻达目的层为首选目标。要提高钻探的成功率,就必须有足够的套管层次储备,以便一旦钻遇未预料到的复杂层位时能够及时封隔,并继续钻进。同时希望上部大尺寸套管尽量下深,以便在下部地层钻进时有一定的套管层次储备和不至于用小尺寸井眼完井。因此,可考虑采用自上而下的设计方法。该方法除考虑裸眼井段必须满足的压力平衡约束条件外,还考虑了井眼坍塌压力的影响。在已确定了表层套管下深的基础上,根据裸眼井段需满足的约束条件,从表层套管鞋处开始向下逐层设计每一层技术套管的下入深度,直至目的层的生产套管。

该设计方法具有以下特点:

（1）套管下深是根据上部已钻地层的资料确定的,不受下部地层的影响,有利于井身结构的动态设计。

（2）自上而下的设计方法可以使设计的套管层次最少，每层套管下入的深度最深。有利于保证实现钻探目的，顺利钻达目的层位。

（3）由于工程技术条件的限制，有些井可能会暂时打水泥塞弃井，当条件合适的时候，再钻开水泥塞，重新钻进。这种井采用自上而下的设计方法更合适。

3.重点层位井身结构设计方法

针对复杂地质条件下深井钻探的实际需要，以保证封隔主要目的层段的套管具有足够大的尺寸和为深层钻进留有足够的套管层次储备为目的，建立了重点层位井身结构设计新方法。其基本原理如下：

（1）综合考虑有效封隔主要目的层位和继续深层钻探的技术要求，兼顾套管的抗内压能力，确定封隔主要目的层段的套管尺寸和下深。

（2）从重点关注的主要目的层位开始，采用自下而上的井身结构设计方法，确定安全钻达主要目的层位所需要的套管层次和各层套管的下入深度。

（3）从重点关注的主要目的层位开始，采用自上而下的井身结构设计方法，确定自主要目的层开始向下继续深层钻探时，可能提供的套管层次和下深。

（4）综合考虑固井作业、安全快速钻进、井控等对套管与井眼尺寸配合关系的要求，确定套管与钻头尺寸的配合方案。

与传统的自下而上设计方法和改进的自上而下设计方法相比，重点层位井身结构设计方法具有以下特点：

（1）具有传统的自下而上设计方法和改进的自上而下设计方法的全部优点。

（2）首先设计的是重点层位处的套管尺寸和下深，可以保证重点目的层处的套管有足够大的尺寸，为下部地层钻进提供足够的井眼空间。

（3）尤其适应于高压深气井，首先考虑在高压气层之上套管的抗内压强度，选择合适的技术套管，然后根据地层的各种压力和必封点的情况向两边推导，可以保证钻井过程中发生溢流后压井的安全。

二、设计方法的选择

自下而上的设计方法为传统的设计方法，可以确定每层套管的最小下深，经济性高，适用于已探明区块的开发井或地质环境清楚的地区的井。

自上而下的设计方法是在已确定了表层套管下深的基础上，从表层套管鞋处开始向下逐层设计每一层技术套管的下入深度，直至目的层位，有利于保证实现钻探目的，顺利钻达目的层位。适用于新探区的探井或下部地层地质环境不清楚的井。

重点层位井身结构设计方法是以重点层位为分界，该层位以上部分采用自下而上的设计方法，可以保证重点目的层处的套管有足够大的尺寸，为下部地层钻进提供足够的井眼空间；该层位以下部分采用自上而下的设计方法，直至目的层，充分保证了钻探目的的实施。

三种设计方法各有其优势，在进行井身结构设计时必须根据要设计井的实际条件，选择适合的设计方法。一般在有比较完整的地层压力及破裂压力剖面的地区钻井，为了节约成本，采用自下而上的设计方法；在探井及深井设计中，为了使钻井达到预先的期望，采用自上而下的设计方法；若知道待钻井中间的具体层位和该段以上的地层压力及破裂压力剖面，且后续钻井有可能会钻遇未知的不同复杂状况,则该井应该采用重点层位法进行设计。

三、井身结构的设计步骤

1. 自下而上设计方法的设计步骤

油层套管的下入深度是根据完井方式的选择进行确定的。故在钻井工程设计中套管下入深度及下入层次的确定,不包含油层套管下入深度的确定。具体的设计方法与步骤如下:

(1) 求中间套管下入深度的假定点 D_{21}。

确定套管下入深度的依据,是在钻下部井段的过程中所预计的最大井内压力不致压裂套管鞋处的裸露地层。利用压力剖面图中最大地层压力梯度求上部地层不致被压裂所应具有的地层。破裂压力梯度的当量密度为 ρ_f。ρ_f 的确定有两种方法:当钻下部井段时肯定不会发生井涌及可能会发生井涌这两种条件。

① 不考虑发生井涌。

利用式(2-29)计算出正常钻进条件下控制地层压力时的最大地层破裂压力 ρ_f 后,在地层破裂压力曲线(如图 2-3)上查出 ρ_f 所对应的井深 D_{21},即为中间套管下深假定点。其中,$\rho_{d\ max} = \rho_{p\ max} + s_b (g/cm^3)$。

② 考虑可能发生井涌。

利用式(2-32)计算在发生井涌关井条件下不把地层压漏所能达到的最大地层破裂压力值。此时,一般采用试算的方法,且试算的起点大于不考虑发生井涌条件下中间套管下深假定点 D_{21} 约 200 m。

用试算法求 D_{21}:先试取一个 D_{21},计算 $\rho_{ff\ min}$;将计算出的 $\rho_{ff\ min}$ 与 D_{21} 处查得的 ρ_f 进行比较,若计算值与实际值相差不大且略小于实际值,可以确定 D_{21} 为中间套管假定点。否则,另取 D_{21} 值计算,直到满足要求为止(如图 2-4)。

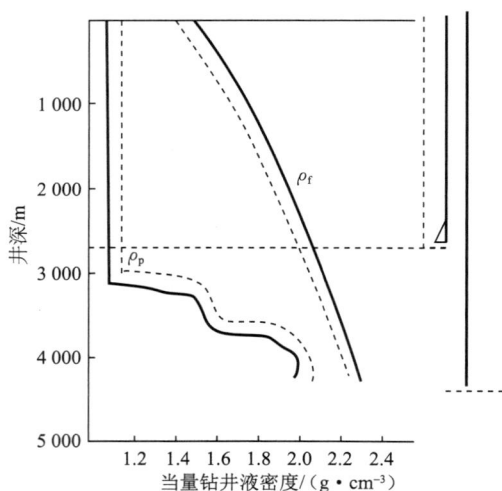

图 2-3 不发生井涌条件下技术套管下深示例   图 2-4 发生井涌条件下技术套管下深示例

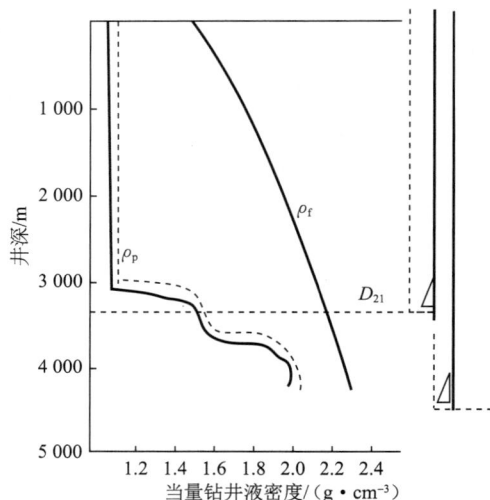

(2) 验证中间套管下到深度 D_{21} 时是否有被卡的危险。

先求出该井段最小地层压力处的最大静止压差。

$$\Delta p = 0.009\ 81(\rho_d - \rho_{p\ min})D_{p\ min} \tag{2-33}$$

式中　Δp——钻井液在裸眼段产生的最大压力差,MPa;

ρ_d——钻进深度达到 D_{21} 时采用的钻井液密度,$\rho_d = \rho_{pD_{21}} + s_b$,g/cm³;

$\rho_{p\ min}$——该裸眼井段内最小地层压力当量密度,g/cm³;

$D_{p\ min}$——最小地层压力 $\rho_{p\ min}$ 所对应的最大井深点深度,m。

若 $\Delta p < \Delta p_N$,则假定点深度为中间套管下入深度。若 $\Delta p \geqslant \Delta p_N$,则有可能产生压差卡套管,这时中间套管下入深度应小于假定点深度。此时中间套管下入深度按下面的方法计算。

在压差 Δp_N 下所允许的钻开的最大地层压力为:

$$\rho_{p2\ max} = \frac{\Delta p_N}{0.009\ 81D_{p\ min}} + \rho_{p\ min} - s_b \tag{2-34}$$

在地层压力剖面图横坐标上找出 $\rho_{p2\ max}$ 值对应点,引垂线与地层孔隙压力当量密度线相交,交点井深即为技术套管下入深度 D_2,需要进一步设计尾管。具体取值如图 2-5 所示。

(3) 求钻井尾管下入深度的假定点 D_{31}。

当中间套管下入深度小于假定点时,则需要下尾管,并确定尾管的下入深度。根据中间套管下入深度 D_2 处的地层破裂压力梯度 ρ_{f2},由式(2-32)可求得允许的钻进下一井段钻遇的最大地层压力梯度 $\rho_{p3\ max}$。

$$\rho_{p3\ max} = \rho_{f2} - s_b - s_f - \frac{D_{31}}{D_2}s_k \tag{2-35}$$

式中　D_{31}——钻井尾管下入假定点的深度,m。

用试算法求 D_{31}。试取一个 D_{31},计算出 $\rho_{p3\ max}$,与 D_{31} 处的实际地层压力当量密度 ρ_{p2} 比较,若计算值与实际值接近,且略大于实际值,则确定为尾管下深假定点;否则,另取 D_{31} 值计算,直到满足要求为止。具体取值如图 2-6 所示。

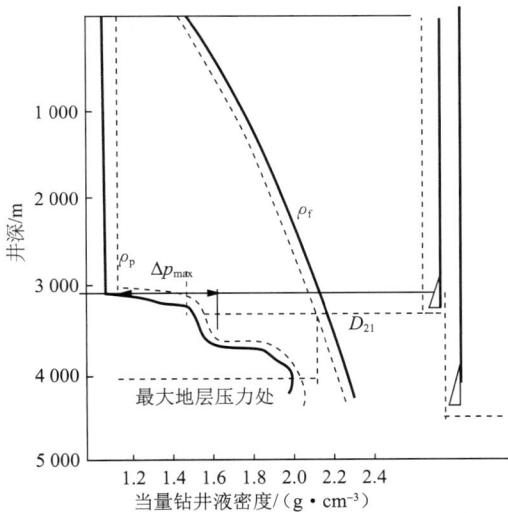

图 2-5　自下而上技术套管(常压地层卡技术套管)设计示例

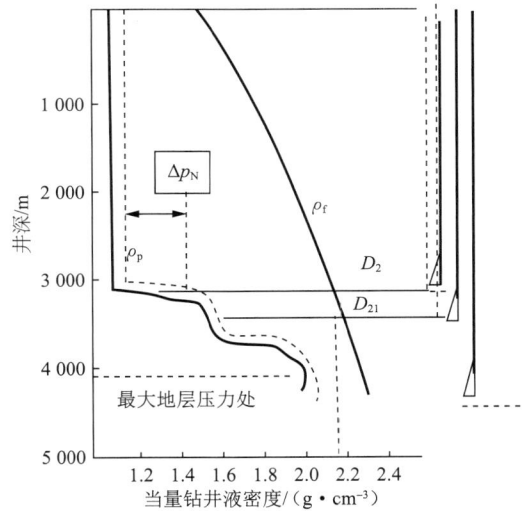

图 2-6　自下而上技术套管(异常高压地层卡技术套管)技术尾管下深设计示例

(4) 校核钻井尾管下到假定深度 D_{31} 处是否会产生压差卡套管。

校核方法同技术套管的校核方法,压差允许值用 Δp_A 代替 Δp_N。若卡尾管,则需要再设计一层尾管,如图 2-7 所示。

（5）计算表层套管下入深度 D_1。

根据中间套管鞋处（D_2）的地层压力梯度，给定井涌条件 s_k，用式（2-32）试算表层套管下入深度。

根据式（2-32），用试算法确定 D_1。试取一个 D_1，计算 ρ_{fE}，计算值与 D_1 处的地层破裂压力当量密度值比较，若计算值接近且小于地层破裂压力值，则确定 D_1 为表层套管下深；否则，重新试取 D_1 进行试算，直到满足要求，该深度即为表层套管下入深度（见图 2-8）。

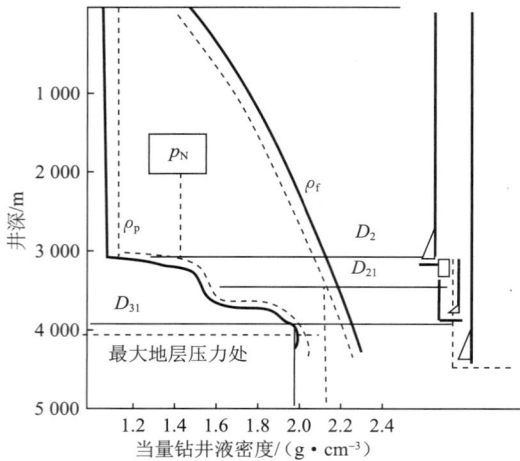

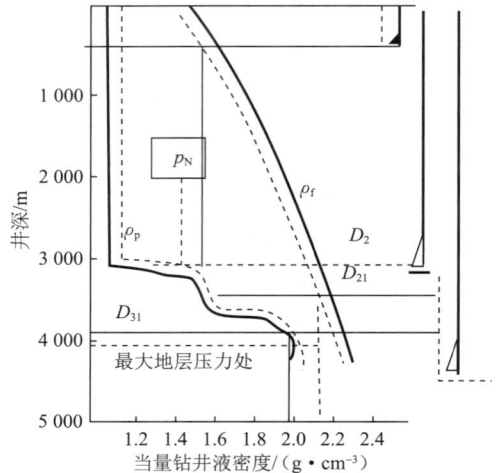

图 2-7　自下而上技术套管尾管下深设计示例　　图 2-8　自下而上表层套管下深设计示例

以上套管下入深度的设计是以地层压力和地层破裂压力剖面为依据的，但是地下的许多复杂情况是反映不到压力剖面上的，如易漏易塌层、盐岩层等，这些复杂地层必须及时地进行封隔。必须封隔的层位在井身结构设计中又称为必封点。

（6）生产套管设计。

生产套管下入深度根据油层位置、完井方式确定。应进行压差校核，具体方法同技术套管设计压差卡套管的校核与尾管的确定。

2. 自上而下设计方法的设计步骤

（1）用式（2-32）计算安全地层破裂压力当量密度值。

（2）绘制地层孔隙压力当量密度曲线、地层破裂压力当量密度曲线、安全地层破裂压力当量密度值曲线，如图 2-9 所示。

（3）确定井身结构设计参数。

（4）表层套管设计。

根据地质基本参数，按设计原则确定表层套管下入深度 D_1。

（5）技术套管设计。

① 根据 D_1 处的安全地层破裂压力当量密度 ρ_{ff1}，确定下部裸眼井段允许最大压力当量密度 $\rho_{bn3\,max}$，选择正常钻进作业工况，用式（2-29）计算下部裸眼井段允许最大钻井液密度 $\rho_{d3\,max}$。

② 用式（2-35）计算下部裸眼井段允许最大地层孔隙压力当量密度 $\rho_{p3\,max}$。

③ 在压力当量密度曲线图横坐标上找出 $\rho_{p3\,max}$ 值，引垂线与地层孔隙压力当量密度线相交，最浅交点井深即为初步确定的技术套管下入深度 D_3，如图 2-10 所示。

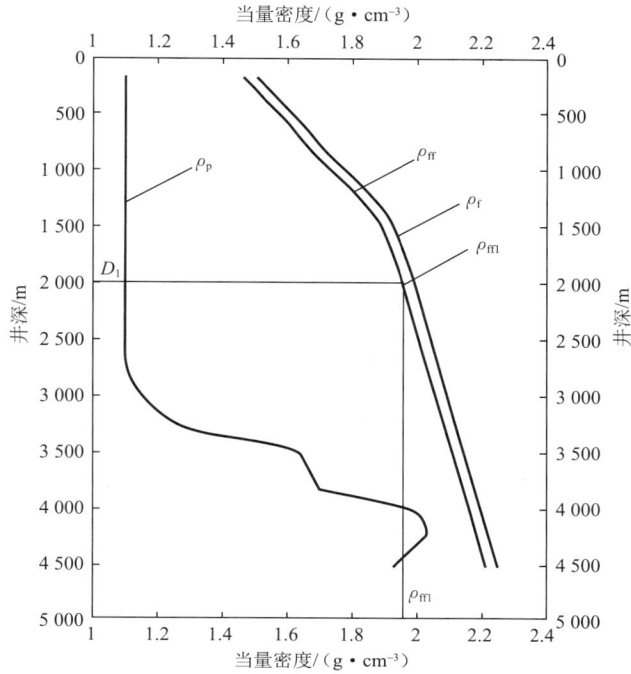

图 2-9 自上而下表层套管设计步骤示例

ρ_f—地层破裂压力当量密度曲线；ρ_p—地层孔隙压力当量密度曲线；

ρ_{ff}—安全地层破裂压力当量密度曲线

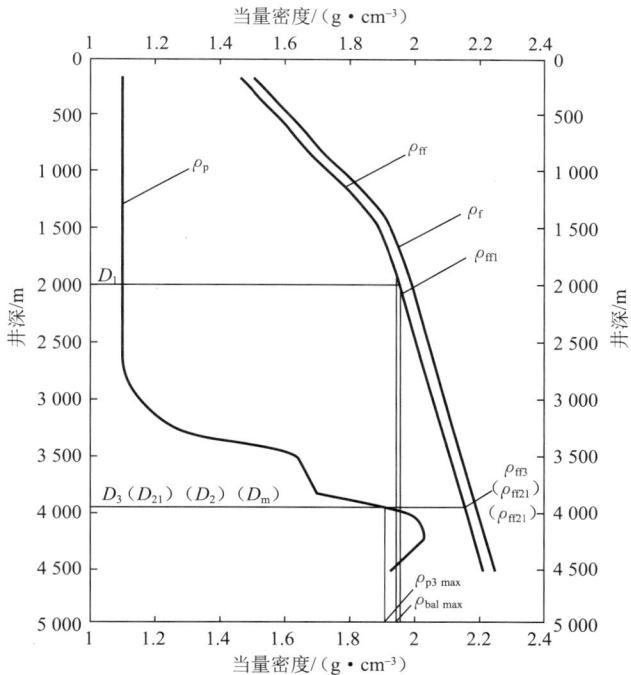

图 2-10 自上而下技术套管(无尾管)设计步骤示例

ρ_f—地层破裂压力当量密度曲线；ρ_p—地层孔隙压力当量密度曲线；

ρ_{ff}—安全地层破裂压力当量密度曲线

④ 验证初选技术套管下入深度 D_3 有无压差卡钻的危险,用式(2-30)计算钻井液液柱压力与地层孔隙压力最大压力差值 Δp。

⑤ 根据以下原则确定技术套管下入复选深度 D_{21}:

a. 若 $\Delta p \leqslant \Delta p_N (\Delta p_A)$,则初选深度 D_3 即为技术套管下入复选深度 D_{21}。

b. 若 $\Delta p > \Delta p_N (\Delta p_A)$,则技术套管下入深度应小于初选深度 D_3,需用式(2-30)计算在 D_n 深度处压力差为 $\Delta p_N (\Delta p_A)$ 时允许的最大钻井液密度 $\rho_{m2\,max}$,用式(2-34)计算地层孔隙压力当量密度 $\rho_{p2\,max}$,并在压力当量密度曲线图横坐标上找出对应点,引垂线与地层孔隙压力当量密度线相交,交点井深即为技术套管复选深度 D_{21}。

⑥ 按溢流压井条件校核表层套管鞋处是否有压漏的危险,即根据 D_{21} 以上裸眼井段最大地层压力对应井深 D_m,用式(2-30)计算出 D_1 处最大井内压力当量密度 $\rho_{bal\,max}$。当 $\rho_{bal\,max}$ 小于且接近 D_1 处地层安全破裂压力当量密度 ρ_{ff1} 时,满足设计要求 $D_2 = D_{21}$,否则应减少技术套管下入深度进行试算。

⑦ 自上层套管鞋开始,按(1)~(6)步骤逐次设计其他各层技术套管(尾管),直至生产套管(如图 2-11)。

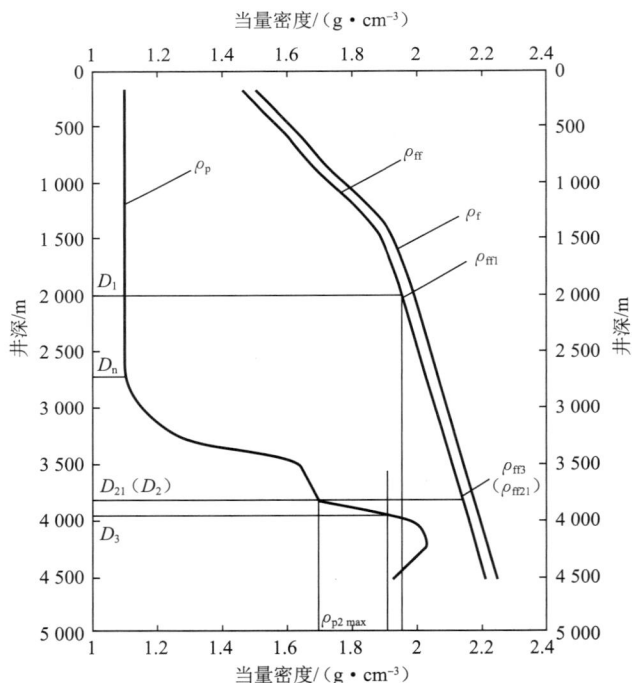

图 2-11　自上而下技术套管(有尾管)设计步骤示例

ρ_f —地层破裂压力当量密度曲线;ρ_p —地层孔隙压力当量密度曲线;

ρ_{ff} —安全地层破裂压力当量密度曲线

(6)生产套管设计。

① 生产套管下入深度根据油层位置完井方式确定。

② 按溢流压井条件校核最深一层技术套管鞋处是否有压漏的危险,具体方法同技术套管。

③ 验证生产套管有无压差卡钻的危险,具体方法同技术套管。

3. 重点层位法井身结构设计步骤

（1）数据准备。

① 计算安全地层破裂压力当量密度值：

$$\rho_{ff} = \rho_f - s_f \tag{2-36}$$

式中　ρ_{ff} ——安全地层破裂压力当量密度，g/cm^3；

　　　ρ_f ——地层破裂压力当量密度，g/cm^3；

　　　s_f ——地层破裂压力当量密度安全允许值，g/cm^3。

② 绘制地层孔隙压力当量密度曲线、地层破裂压力当量密度曲线、安全地层破裂压力当量密度曲线。

③ 确定井身结构设计系数。

（2）确定重点层位深度 D，并确定重点层位 D 处的套管下入深度。

① 验证重点层位套管下入深度 D 有无压差卡钻的危险，计算钻井液液柱压力与地层孔隙压力最大压力差值：

$$\Delta p = 0.009\,81(\rho_{m\,max1} - \rho_{p\,min})D \tag{2-37}$$

式中　Δp ——钻井液液柱压力与地层孔隙压力最大压差，MPa；

　　　$\rho_{m\,max1}$ ——重点层位深度 D 以上所用最大钻井液密度，g/cm^3；

　　　$\rho_{p\,min}$ ——裸眼井段正常或最小地层孔隙压力当量密度，g/cm^3；

　　　D ——重点层位套管下入深度，m。

② 根据以下原则初选重点层位套管下入复选深度 D_{21} 和下入深度 D_2：

a. 若 $\Delta p \leqslant \Delta p_N(\Delta p_A)$，则初选深度 D 即为技术套管下入复选深度 D_{21}，需要进行溢流条件校核。

b. 若 $\Delta p \geqslant \Delta p_N(\Delta p_A)$，则技术套管下入深度应小于初选深度 D，计算在 D_n 深度处压力差为 $\Delta p_N(\Delta p_A)$ 时允许的最大钻井液密度 $\rho_{m2\,max}$。

$$\rho_{m2\,max} = \frac{\Delta p_n(\Delta p_a)}{0.009\,81 D_n} + \rho_{p\,min} \tag{2-38}$$

式中　$\rho_{m2\,max}$ ——裸眼井段最大钻井液密度，g/cm^3；

　　　$\rho_{p\,min}$ ——裸眼井段正常或最小地层孔隙压力当量密度，g/cm^3；

　　　D_n ——最深正常地层孔隙压力当量密度或最深最小地层孔隙压力当量密度对应井深，m；

　　　Δp_N ——正常压力地层压差卡钻临界值，MPa；

　　　Δp_A ——异常压力地层压差卡钻临界值，MPa。

计算地层孔隙压力当量密度：

$$\rho_{p2\,max} = \rho_{m2\,max} - \Delta\rho \tag{2-39}$$

式中　$\rho_{p2\,max}$ ——裸眼井段最大地层孔隙压力当量密度，g/cm^3；

　　　$\Delta\rho$ ——钻井液密度附加值，g/cm^3。

在横坐标上找出对应点引垂线与地层孔隙压力当量密度线相交，交点井深即为技术套管复选深度 D_{21}。

② 按溢流压井校核技术套管下入复选深度 D_{21} 处是否有压漏的危险，即根据全井最大地层孔隙压力当量密度 $\rho_{p\,max}$ 对应的井深 D_m，计算 D_{21} 处最大井内压力当量密度。

$$\rho_{ba21\,max} = \rho_{m\,max} + \frac{D_m}{D_{21}}s_k \tag{2-40}$$

式中 $\rho_{ba21\,max}$——D_{21} 处最大井内压力当量密度,g/cm³;

$\rho_{m\,max}$——裸眼井段的最大钻井液密度,g/cm³;

D_m——裸眼井段最大地层孔隙压力当量密度对应的井深,m;

D_{21}——技术套管下入复选深度,m;

s_k——溢流允许值,g/cm³。

当 $\rho_{ba21\,max}$ 小于且接近 D_{21} 处地层安全破裂压力当量密度 ρ_{ff21} 时,满足设计要求,$D_2 = D_{21}$,否则应增加技术套管下入深度再进行试算,并按上面的步骤校核是否发生压差卡钻,最终确定技术套管下入深度 D_2。

（3）表层套管设计。

① 根据最浅一层技术套管下入深度 D_2 处以上最大地层孔隙压力当量密度,初选表层套管下入深度 D_{11}。

根据压力当量密度曲线图中最浅一层技术套管下入深度 D_2 处以上最大地层孔隙压力当量密度,选择钻井液密度的确定方法并计算最大钻井液密度 $\rho_{m\,max}$。

选择正常作业工况,确定最大压力当量密度:

$$\rho_{bn\,max} = \rho_{m\,max} + s_g \tag{2-41}$$

式中 $\rho_{bn\,max}$——正常作业时最大井内压力当量密度,g/cm³;

$\rho_{m\,max}$——裸眼井段的最大钻井液密度,g/cm³;

s_g——激动压力当量密度,g/cm³。

计算裸眼井段所允许的最小安全地层破裂压力当量密度 $\rho_{ff\,min}$,初选表层套管下入深度 D_{11}。

$$\rho_{ff\,min} \geqslant \rho_{bn\,max} \tag{2-42}$$

式中 $\rho_{ff\,min}$——裸眼井段最小安全地层破裂压力当量密度,g/cm³;

$\rho_{bn\,max}$——正常作业时最大井内压力当量密度,g/cm³。

自横坐标上找出最小安全地层破裂压力当量密度 $\rho_{ff\,min}$,上引垂线与安全地层破裂压力曲线相交,相交点即为初选表层套管下入深度 D_{11}。

② 计算溢流关井时表层套管鞋处所承受的压力当量密度:

$$\rho_{ba11\,max} = \rho_{m\,max} + \frac{D_m}{D_{11}}s_k \tag{2-43}$$

式中 $\rho_{ba11\,max}$——表层套管鞋处所承受的压力当量密度,g/cm³;

$\rho_{m\,max}$——裸眼井段的最大钻井液密度,g/cm³;

D_m——裸眼井段最大地层孔隙压力当量密度对应的井深,m;

D_{11}——表层套管下入初选深度,m;

s_k——溢流允许值,g/cm³。

若计算结果 $\rho_{ba11\,max}$ 小于且接近安全地层破裂压力当量密度 ρ_{ff11},则满足设计要求,即表层套管下入深度 D_1 等于表层初选深度 D_{11}。

③ 若计算结果 $\rho_{ba11\,max}$ 值大于安全地层破裂压力当量密度 ρ_{ff11},应加深表层套管下入深度至 D_{12} 再进行试算;若 $\rho_{ba11\,max}$ 值小于且接近安全地层破裂压力当量密度 ρ_{ff11},满足设计要求,$D_1 = D_{12}$。

④ 设计表层套管下入深度时一般不进行压差卡钻校核。

（4）计算重点层位 D 以下技术套管下入深度。

① 根据 D_2 处的安全地层破裂压力当量密度 ρ_{ff2}，确定下部裸眼井段允许的最大压力当量密度：

$$\rho_{bn3\ max} \leqslant \rho_{ff2} \tag{2-44}$$

式中　$\rho_{bn3\ max}$——裸眼井段内允许的最大压力当量密度，g/cm^3；

　　　ρ_{ff2}——D_2 处的安全地层破裂压力当量密度，g/cm^3。

选择正常钻井作业工况，计算下部裸眼井段允许最大钻井液密度：

$$\rho_{m3\ max} = \rho_{bn3\ max} - s_g \tag{2-45}$$

式中　$\rho_{bn3\ max}$——正常作业时最大井内压力当量密度，g/cm^3；

　　　$\rho_{m3\ max}$——下部裸眼井段的最大钻井液密度，g/cm^3；

　　　s_g——激动压力当量密度，g/cm^3。

② 计算下部裸眼井段允许最大地层孔隙压力当量密度：

$$\rho_{p3\ max} = \rho_{m3\ max} - \Delta\rho \tag{2-46}$$

式中　$\rho_{p3\ max}$——裸眼井段最大地层孔隙压力当量密度，g/cm^3。

③ 在压力当量密度曲线图横坐标上找出 $\rho_{p3\ max}$ 值，引垂线与地层孔隙压力当量密度线相交，最浅交点即为初步确定的技术套管下深 D_3。

④ 验证初选技术套管下入深度 D_3 有无压差卡钻的危险，计算钻井液液柱压力与地层孔隙压力最大压力差值：

$$\Delta p = 0.009\ 81(\rho_{m3\ max} - \rho_{p\ min})D_3 \tag{2-47}$$

式中　Δp——钻井液液柱压力与地层孔隙压力最大压差，MPa；

　　　$\rho_{m3\ max}$——裸眼井段的最大钻井液密度，g/cm^3；

　　　$\rho_{p\ min}$——裸眼井段正常或最小地层孔隙压力当量密度，g/cm^3；

　　　D_3——初选技术套管下入深度，m；

⑤ 根据以下原则确定技术套管下入复选深度 D_{21}：

a. 若 $\Delta p \leqslant \Delta p_N(\Delta p_A)$，则初选深度 D_3 即为技术套管下入复选深度 D_{21}。

b. 若 $\Delta p \geqslant \Delta p_N(\Delta p_A)$，则技术套管下入深度应小于初选深度 D_3，计算在 D_n 深度处压力差为 $\Delta p_N(\Delta p_A)$ 时允许的最大钻井液密度 $\rho_{m2\ max}$。

$$\rho_{m2\ max} = \frac{\Delta p_N(\Delta p_A)}{0.009\ 81D_n} + \rho_{p\ min} \tag{2-48}$$

式中　$\rho_{m2\ max}$——裸眼井段最大钻井液密度，g/cm^3；

　　　$\rho_{p\ min}$——裸眼井段正常或最小地层孔隙压力当量密度，g/cm^3；

　　　D_n——最深正常地层孔隙压力当量密度或最深最小地层孔隙压力当量密度对应井深，m；

　　　Δp_N——正常压力地层压差卡钻临界值，MPa；

　　　Δp_A——异常压力地层压差卡钻临界值，MPa。

计算地层孔隙压力当量密度：

$$\rho_{p2\ max} = \rho_{m2\ max} - \Delta\rho \tag{2-49}$$

在压力当量密度曲线图横坐标上找出对应点引垂线与地层孔隙压力当量密度线相交，交点井深即为技术套管复选深度 D_{21}。

⑥ 按溢流压井条件校核表层套管鞋处是否有压漏的危险，即根据 D_{21} 以上裸眼井段最

大地层压力对应井深 D_m,计算出 D_1 处最大井内压力当量密度 $\rho_{bal\ max}$:

$$\rho_{bal\ max} = \rho_{m2\ max} + \frac{D_m}{D_1}s_k \tag{2-50}$$

式中　$\rho_{bal\ max}$——发生溢流关井时最大井内压力当量密度,g/cm³;

　　　　$\rho_{m2\ max}$——裸眼井段的最大钻井液密度,g/cm³;

　　　　D_m——裸眼井段最大地层孔隙压力当量密度对应的顶部井深,m;

　　　　D_1——裸眼井段最浅井深,m。

当 $\rho_{bal\ max}$ 小于且接近 D_1 处地层安全破裂压力当量密度 ρ_{ffl} 时,满足设计要求,$D_1 = D_{21}$,否则应减少技术套管下入深度进行试算。

⑦ 自上层套管鞋开始,按以上步骤逐次设计其他各层技术套管(尾管),直至生产套管。

(5)生产套管设计。

① 生产套管下入深度根据油层位置完井方式确定。

② 按溢流压井条件校核最深一层技术套管鞋处是否有压漏的危险。

③ 验证生产套管有无压差卡钻的危险。

(6)结合地质必封点,最终确定套管的层次及其下深。

必封点深度的选择要结合工程必封点和地质复杂必封点,前面已经做过详细的叙述,在此不再赘述。

第五节　套管与井眼尺寸的选择

套管尺寸及井眼(钻头)尺寸的选择和配合是井身结构设计的重要环节之一,它是制约套管与钻头尺寸设计的主要因素。

套管与钻头尺寸的配合可能出现以下三种不同的结果:

(1)工程上的失败。由于尺寸选择不当,造成井眼尺寸过小,因钻井或完井等问题迫使井报废。

(2)在工程上获得成功,但在经济上是失败的。一口井的设计在钻井和完井中没有困难并且是顺利的,但工程费用却很高,超过了预期的投资利润率。

(3)既经济又能在工程上获得成功。

一、套管和井眼尺寸确定方法

在过去传统做法是由钻井工程部门设计井身结构,确定生产套管尺寸。完井后,采油工程部门就在已定的生产套管内选择和确定油管尺寸和采油气方式。这种做法的结果是采油工程受生产套管尺寸的限制,许多油气井无法采用适合的工艺技术,一些增产措施也难以实施,许多油气井在高含水期实现不了提高产液量的要求。为此,应综合考虑油气井类型、完井方式、采油方式、生产优化及增产措施的要求来确定生产套管尺寸,进而由下而上,由里而外设计各层套管尺寸及井眼(钻头)尺寸。

而探井应以满足顺利钻达设计目的层为主要目的,适用自上而下、由外而里确定各层套管尺寸及井眼(钻头)尺寸。

除此之外,在设计各层套管尺寸及井眼(钻头)尺寸时还应注意:

（1）套管与井眼（钻头尺寸）间隙设计应保证套管安全下入并满足固井质量的要求。在此前提下,采用较小的套管/井眼间隙值,以减小套管和井眼尺寸。

（2）下一开次的钻头尺寸应小于上层套管的内径通径。

（3）尽量采用 API 标准系列的套管和钻头,并向常用尺寸系列靠拢。

（4）常规设计尽量不采用平接箍套管或下扩眼钻头,但可以作为在小间隙条件下用于扩大井眼间隙或者增加套管层次的一种替代方案加以考虑。

（5）尽可能让更多的井段使用 ϕ215.9～241.3 mm 钻头钻进,以便提高钻速。

（6）对于井径等于或小于 215.9 mm 的井眼,应尽量选用可通过最小一层套管的最大尺寸钻头,为成功地下套管和注水泥提供更大的安全系数。

（7）对于井径大于 241.3 mm 的井眼,应尽量选用比较小的钻头尺寸,以减小岩石破碎量和提高钻井效率。

（8）借鉴国内外成功的经验,尽量使用现场实践过的尺寸组合,降低工程风险。

（9）表层套管的选择要考虑常用井口防喷装置的规格。

（10）对探井和复杂地质条件开发井,套管程序设计要留有余地,必要时可做出多一层套管柱的选择。

（11）能满足钻井作业要求,有利于实现安全、快速、低成本钻进。

（12）套管与井眼（钻头尺寸）间隙亦可如图 2-12 进行选择。

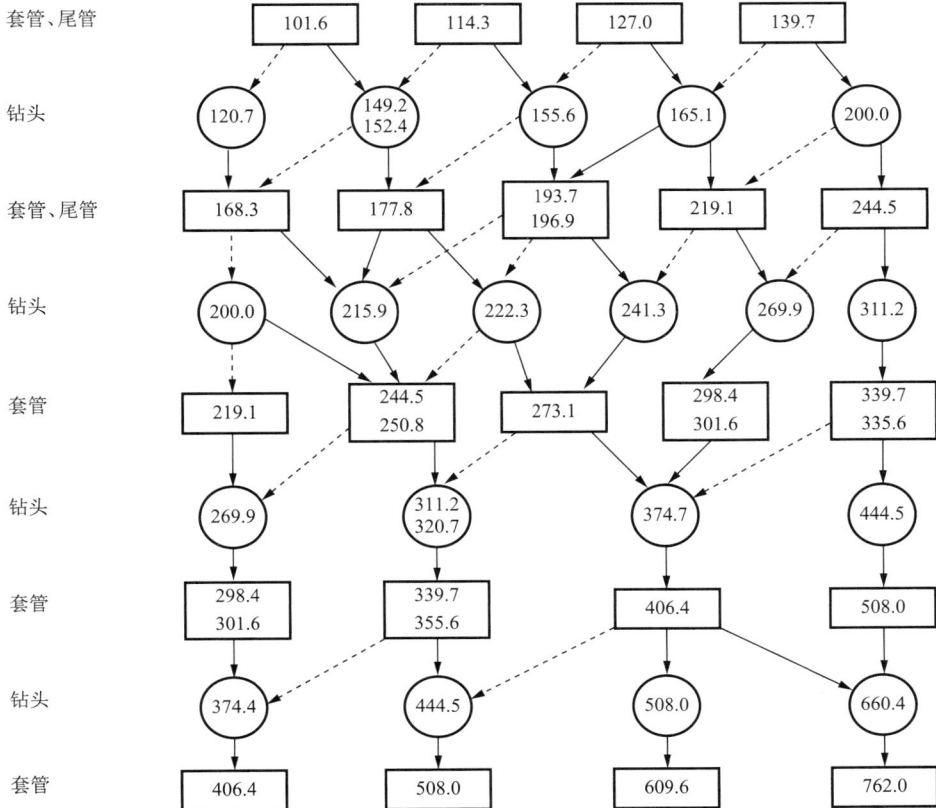

图 2-12　套管与井眼（钻头尺寸）间隙选择图

注:数据的单位均为 mm;实线箭头代表常用配合,虚线箭头表示不常用配合

二、套管和井眼尺寸常用系列

1. 国内常用井身结构系列

国内石油工业界很早就形成了选择套管和钻头尺寸的一般经验方法,即生产套管通常采用 $\phi127.0$ mm, $\phi139.7$ mm 和 $\phi177.8$ mm 三种尺寸,上层套管柱内径与下一层套管柱接箍之间的间隙一般为 15~20 mm,井眼直径则要比套管外径大 38.1~76.2 mm,此取值范围被认为是注水泥的理想间隙。根据这些经验发展了几种常用的井身结构系列。

目前,国内钻井中普遍采用的井身结构系列见表 2-1。

表 2-1   国内普遍采用的套管及钻头尺寸系列

普通井	套管尺寸/mm	$\phi339.7 \times \phi244.5 \times \phi139.7$
	钻头尺寸/mm	$\phi444.5 \times \phi311.2 \times \phi215.9$
普通防砂井	套管尺寸/mm	$\phi339.7 \times \phi244.5 \times \phi177.8$
	钻头尺寸/mm	$\phi444.5 \times \phi311.2 \times \phi215.9$
深井及超深井	套管尺寸/mm	$\phi508 \times \phi339.7 \times \phi244.5 \times \phi177.8 \times \phi127$
	钻头尺寸/mm	$\phi660.4 \times \phi444.5 \times \phi311.2 \times \phi215.9 \times \phi152.4(\phi149.2)$

国内常用的井身结构系列在地质条件不太复杂的地区是适用的,这已被钻井实践所证明。并且常用套管、钻头系列符合 API 标准,套管、钻头、钻井工具配套,但在复杂地质条件下,如此少的套管和钻头系列便显示出局限性,主要存在以下几方面的问题:

(1)套管层数少,不能满足封隔多套复杂地层的要求。目前采用的套管程序中仅有一至两层技术套管,在钻达设计目的层前只能封隔一至两套不同压力系统的地层,遇到更多的不同压力系统的地层只能把目的层套管提前下入,结果是提前下入一层套管井眼就缩小一级,最后无法钻达设计目的层。对于地层复杂的深井,开口井眼尺寸大,造成机械钻速低,完井时又由于油层套管尺寸的限制,再加上国内常用大的环空间隙,因而使得技术套管的层数受到了很大的限制。

(2)目的层套管($\phi177.8$ mm 和 $\phi127.0$ mm)与井眼的间隙小,易发生事故。在 $\phi215.9$ mm 井眼内下 $\phi177.8$ mm 套管,其接箍间隙为 9.1 mm。在 $\phi152.4$ mm($\phi149.2$ mm)井眼内下 $\phi127.0$ mm 套管,接箍间隙只有 5.6 mm(4.0 mm)。由于套管与井眼的间隙小,易发生下套管遇阻或下不到预定深度,且固井质量难以保证。

(3)下部井眼尺寸小($\phi152.4$ mm 或 $\phi149.2$ mm),不利于快速、优质、安全钻井,也不能满足采油工艺和地质加深的要求。采油和井下作业等希望用 $\phi177.8$ mm 或 $\phi139.7$ mm 套管完井。探井要求井身结构要留有余地,以满足地质加深、取心作业等方面需要。下部地层钻小尺寸井眼危险性大,无法使用 $\phi127$ mm 钻杆。

(4)表层套管尺寸单一,不下技术套管的井表层套管尺寸过大,不经济。

2. 国外常用的井身结构系列

以美国、法国、罗马尼亚、沙特阿拉伯等为代表的国家,其深井超深井钻井中采用的井身结构系列的种类很多,随地区、井深、钻探目的及钻井工艺技术水平的不同而不同,套管层次有三层、四层、五层、六层、七层等。有代表性的井身结构系列见表 2-2。

表 2-2　国外常用的井身结构系列

序　号	套管尺寸/mm
1	$\phi508\times\phi339.7\times\phi273.1\times\phi193.7\times\phi127$
2	$\phi762\times\phi508\times\phi406.4\times\phi301.6\times\phi250.8\times\phi196.9\times\phi139.7$
3	$\phi762\times\phi609.6\times\phi508\times\phi406.4\times\phi339.7\times\phi298.45\times\phi244.5\times\phi193.7$
4	$\phi812.8\times\phi622.3\times\phi406.4\times\phi339.7\times\phi244.5\times\phi193.7$
5	$\phi914.4\times\phi660.4\times\phi508\times\phi406.4\times\phi273.1\times\phi196.9\times\phi127$
6	$\phi914.4\times\phi762\times\phi609.6\times\phi473.1\times\phi339.7\times\phi244.5\times\phi177.8$

国外在套管与钻头尺寸配合的系列选择设计上有以下几个特点：

（1）井身结构锥度小，完钻井眼直径较大。

开眼直径大，导管和表层套管尺寸大。大多数深井及超深井大都采用一层至两层较大尺寸的导管来封隔疏松表层，常用的导管尺寸为 $\phi508$ mm（20 in）～1 066.8 mm（42 in），最大到 $\phi1$ 219.2 mm（48 in）。上部采用大尺寸表层套管结构，不仅可以选择多层技术套管封隔多套不同压力系统的复杂地层，给下部井段套管及钻头尺寸的选择留有充分的余地，而且下部井眼可采用较大尺寸钻头钻进，有利于钻井作业。

（2）完钻井眼尺寸大。

国外在深井、超深井钻井中，采用较大尺寸井眼完井，一般完井最小井眼尺寸为 $\phi215.9$ mm，允许下入最小直径为 127 mm 的油层套管。全井能用 $\phi127$ mm 或更大尺寸钻杆钻进，能使钻头类型及钻井水力参数得以优化，有利于采油和井下作业。

（3）套管与井眼尺寸选配合理。

套管系列可选择的范围较大，能够满足不同地质环境下不同井身结构设计的要求。

较小井眼尽可能选用大尺寸钻头，大尺寸井眼尽可能选用较小尺寸钻头，利于充分发挥钻头的破岩效率，提高机械钻速，降低钻井成本。

3.改进套管钻头系列

随着勘探开发向深部和海洋发展，常用的井身结构已不能满足需求。要满足地质勘探及采油工艺的要求，只有增加套管层次。增加套管柱层次的途径有：增大上部井眼和套管的尺寸；钻小尺寸井眼可增多套管柱层数；采用无接箍套管，缩小相邻套管柱及套管与井眼之间的间隙；优化套管、井眼尺寸组合，设计新的套管及钻头系列等。

（1）环空间隙的大小对钻井的影响。

常用的井眼几何尺寸的套管、钻头尺寸系列最初是为适应套管尺寸和钻头尺寸以及当时的钻井工艺技术水平选定的，多年来的生产实践证明在工程上是成功的。

目前，国外的许多套管生产厂家已生产出多种新钢级和尺寸的套管并正常使用，聚晶和热稳定聚晶金刚石钻头的发展已使设计和制造任何尺寸的钻头成为现实，因此套管与钻头尺寸的限制已很小。

在过去，钻一个比最后一层套管柱内径大的井眼是很困难的并且是昂贵的，现代钻井和扩孔技术已使钻一个比套管内径大的井眼不再有什么困难。先进的防斜打直工具和垂直导向钻井系统的应用，显著提高了钻井质量，为减小套管与井眼的间隙创造了条件。合成钻井液、抑制性钻井液以及改进的注水泥工艺开始向经验性的套管/井眼间隙发出挑战。总之，当今的技术和改进的装备对传统的套管、钻头系列提出了改革的要求，也为优选套管与钻头尺寸奠定了良好的基础。

（2）固井对井眼与套管间隙的要求。

① 避免形成水泥桥的最小间隙。

美国的几家注水泥公司建议套管的最小环隙为 9.525~12.7 mm(0.375~0.5 in)，最好为 19.05 mm(0.75 in)。

② 顶替效率与环空间隙的关系。

研究表明，要从窄边处把钻井液充分清除，居中度必须大于或等于 67%，在直井段，11.11 mm(0.437 5 in)的环空间隙内仍可以获得界面胶结较好的水泥环。

③ 水泥环强度与间隙的关系。

资料调研表明，19.05 mm(0.75 in)的环空间隙可以保证水泥浆的充分水化和有足够的水泥环强度；要达到要求的水泥环强度，最小的环空间隙为 9.525~12.7 mm(0.375~0.5 in)。

（3）波动压力对井眼与套管间隙的要求。

利用环空瞬态波动压力模型对一般工况下不同尺寸套管下入时的环空间隙要求进行了研究。计算结果表明：

下入 ϕ339.7 mm 套管的最小间隙可以为 16 mm；下入 ϕ276.2 mm 套管的最小间隙可以为 13 mm；下入 ϕ244.5 mm 套管的最小间隙可以为 12 mm；下入 ϕ177.8 mm 套管的最小间隙可以为 8.5 mm。

在借鉴国内外一些成功经验的基础上，通过套管与井眼间隙的研究分析，在考虑间隙大小对钻井、固井、波动压力及其他因素影响的前提下，提出了以下适应不同钻井条件的套管、钻头尺寸组合方案：

(17½)13⅜ in—(12¼)9⅝ in—(8½)5½ in

(17½)13⅜ in—(12¼)9⅝ in—(8½)7 in(稠油)

(26)20 in—(17½)13⅜ in—(12¼)9⅝ in—(8½)7 in—(5⅞)4½ 或 5 in

(36)30 in—(26)20 in—(17½)13⅜ in—(12¼)9⅝ in—(8½)7 in—(6 或 5⅞)5 in

(41)36 in—(32)26 in—(26)20 in—(18)16 in—(13¾ in)10¾ in—(9⅜)7⅝ in—(8½)5 in

井下扩眼钻井技术是采用独特的扩眼工具，采取常规的钻头程序，而获得比常规井眼更大的井眼。随钻扩眼技术在国内大部分油田得到了推广应用，效果显著，工具已系列化。井下扩眼技术是今后实现现代井身结构的配套技术基础和准备，具有较好的技术延续性。

第六节　设计举例

在本教材中以自下而上的常用井身结构设计方法为例，进行井身结构设计的举例分析。

某井设计井深为 4 400 m，地层孔隙压力梯度和地层破裂压力梯度剖面如图 2-13 所示。给定设计系数：$s_b = 0.036 \text{ g/cm}^3$，$s_g = 0.04 \text{ g/cm}^3$，$s_k = 0.06 \text{ g/cm}^3$，$s_f = 0.03 \text{ g/cm}^3$，$\Delta p_N = 12 \text{ MPa}$，$\Delta p_A = 18 \text{ MPa}$，试进行该井的井身结构设计。

解：由图上查得最大地层孔隙压力梯度为 2.04 g/cm³，位于 4 250 m 处。

（1）确定中间套管下入深度初选点 D_{21}。

① 不考虑发生井涌。

利用式（2-29）计算出正常钻进条件下控制地层压力时的最大地层破裂压力值 ρ_f 后，在地层破裂压力曲线（如图 2-13）上查出 ρ_f 所对应的井深 $D_{21} = 3\,200$ m，即为中间套管下深假定点。

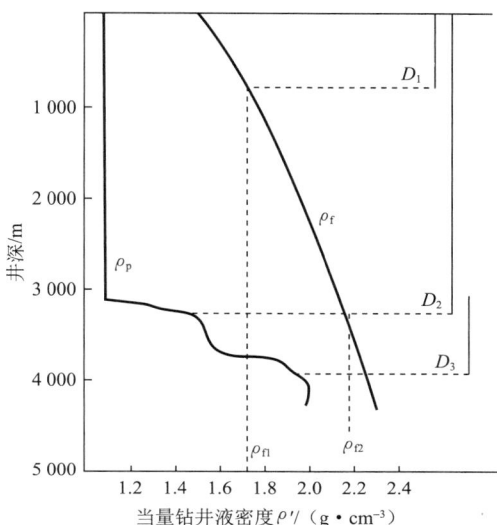

图 2-13　设计举例剖面图

② 考虑可能发生井涌。

由式（2-32），将各值代入得：

$$\rho_f = 2.04 + 0.036 + 0.030 + \frac{4\,250}{D_{21}} \times 0.06$$

试取 $D_{21} = 3\,400$ m，代入上式得：

$$\rho_f = 2.04 + 0.036 + 0.030 + \frac{4\,250}{3\,400} \times 0.06 = 2.181(\text{g/cm}^3)$$

由上图得 3 400 m 处当量钻井液密度 $\rho_{f3\,400} = 2.19$ g/cm^3，因为 $\rho_f < \rho_{f3400}$ 且相近，所以确定中间套管下入深度为 $D_{21} = 3\,400$ m。

（2）校核中间套管下入到初选点 3 400 m 过程中是否会发生压差卡套管。

由上图查得，3 400 m 处 $\rho_{p3400} = 1.57$ g/cm^3，$\rho_{p\,min} = 1.07$ g/cm^3，$D_{min} = 3\,050$ m，由式（2-30）得：

$$\Delta p = 0.009\,81 \times 3\,050 \times (1.57 + 0.036 - 1.07) = 16.037(\text{MPa})$$

因为 $\Delta p > \Delta p_N$，所以中间套管下深应浅于初选点。

在 $\Delta p = 12$ MPa 下所允许的最大地层压力梯度可由式（2-34）求得：

$$\rho_{pper} = \frac{12}{0.009\,81 \times 3\,050} + 1.07 - 0.036 = 1.435(\text{g/cm}^3)$$

由图中地层压力梯度曲线上查出与 $\rho_{pper} = 1.435$ g/cm^3 对应的井深为 3 200 m，则中间套管下入深度 $D_2 = 3\,200$ m。因 $D_2 < D_{21}$，所以必须下套管。

（3）确定尾管下入深度。

确定尾管下入深度初选点为 D_{31}，由剖面图查得中间套管下入深度 3 200 m 处地层破裂

压力梯度 $\rho_{f3200} = 2.15 \text{ g/cm}^3$，将各值代入式(2-34)则有：

$$\rho_{pper} = 2.15 - 0.036 - 0.030 - \frac{D_{31}}{3\,200} \times 0.060$$

试取 $D_{31} = 3\,900$ m，代入上式得：$\rho_{pper} = 2.011 \text{ g/cm}^3$。

由剖面图上查得 3 900 m 处的地层压力梯度 $\rho_{p3900} = 1.940 \text{ g/cm}^3$，因为 $\rho_{p3900} < \rho_{pper}$，且相差不大，所以确定尾管下入深度初选点为 $D_{31} = 3\,900$ m。

（4）校核尾管下入到初选点 3 900 m 过程中能否发生压差卡套管。

由式(2-30)得：

$$\Delta p = 0.009\,81 \times 3\,200 \times (1.94 + 0.036 - 1.435) = 16.98 \text{(MPa)}$$

因为 $\Delta p < \Delta p_A$，所以尾管下入深度 $D_3 = D_{31} = 3\,900$ m，满足设计要求。

（5）确定表层套管下深 D_1。

由(2-32)式，将各值代入有：

$$\rho_{fE} = 1.435 + 0.036 + 0.030 + \frac{3\,200}{D_1} \times 0.060$$

试取 $D_1 = 850$ m，代入上式得：

$$\rho_{fE} = 1.435 + 0.036 + 0.030 + \frac{3\,200}{850} \times 0.060 = 1.737 \text{(g/cm}^3\text{)}$$

由剖面图查井深 850 m 处 $\rho_{f850} = 1.740 \text{ g/cm}^3$。因 $\rho_{fE} < \rho_{f850}$，且相近，所以满足设计要求。

该井的井身结构设计结果见表 2-3。

表 2-3　井身结构设计结果

套管层次	表层套管	中间套管	钻井尾管	生产套管
下入深度	850 m	3 200 m	3 900 m	4 400 m

第三章　定向井井眼轨道设计

定向井井眼轨道设计和井身结构设计一样,都是钻井工程的基本设计,二者的设计结果是钻井工程其他设计的前提和基础。本章在对轨道设计的主要内容、设计条件、主要原则和基本理论进行介绍的基础上,重点介绍二维和三维井眼轨道的设计方法。

第一节　井眼轨道设计概述

一、井眼轨道设计的主要内容

定向井井眼轨道设计的最终目的是确定一条连接井口和井下靶点的光滑曲线,主要内容包括:

(1) 选择轨道类型。

(2) 确定造斜点的深度。

(3) 确定井眼曲率(包括增斜率、降斜率、方位变化率)。

(4) 轨道关键参数的计算。

(5) 轨道节点和分点参数的计算。

(6) 编制轨道设计报告。

第一项内容,需要根据设计条件和要求进行选择和确定;第二、三项内容可以参考本节第三部分相关内容进行确定;第四项是井眼轨道设计的核心,也是本章要介绍的重点,会在本章第二、三、四节详细介绍;第五、六项分别为设计结果的计算和设计报告的编制。

二、井眼轨道设计的靶点条件

在油藏地质部门确定地质靶点后,钻井工程部门才能确定井口位置。陆上油田井口位置的选择余地较大,一般尽可能选择使全井施工难度小的位置作为井口,但有时受限于地面条件,需要做适当的调整;海上油田井口位置由平台位置和空闲槽口位置确定,基本没有调整的余地。井眼轨道设计通常需要在地质靶点和井口坐标位置都确定的条件下才能进行。

井口位置和地质靶点位置一般是以大地坐标的形式给出的,在进行井眼轨道设计时需要转换到坐标原点在井口的局部坐标系中,其转换关系如式(3-1)所示。

$$\begin{cases} H_t = HASL_0 - HASL_t \\ N_t = X_t - X_0 \\ E_t = Y_t - Y_0 \end{cases} \tag{3-1}$$

式中　$HASL_0,X_0,Y_0$——井口在大地坐标系中的海拔、纵坐标和横坐标，m；

　　　　$HASL_t,X_t,Y_t$——靶点在大地坐标系中的海拔、纵坐标和横坐标，m；

　　　　H_t,N_t,E_t——靶点在局部坐标系中的垂深、南北位移和东西位移，m。

靶点除了坐标位置要求外，还有相应的靶区范围要求，根据靶区范围的不同，可以将靶分为点靶、圆形靶和矩形靶。点靶只有坐标位置，没有靶区范围要求，点靶通常为井眼轨道中的各种控制点；圆形靶通常为以靶点为圆心的某个斜平面上的一个圆，圆的半径就是靶区半径；矩形靶通常是以靶点为几何中心的某个斜平面上的一个矩形，靶点到矩形上、下、左、右边框的距离分别称为上偏距、下偏距、左偏距和右偏距。

点靶通常都是单独存在的，不与其他靶点关联；圆形靶既可以单独存在（如单靶定向井的靶就是水平面上的一个圆），也可以与其他圆靶关联形成一个圆柱靶（如多靶定向井的圆柱靶）；矩形靶一般需要与其他靶点关联，形成一个长方体，如水平井的靶。对于单独存在的圆形靶，其靶圆平面通常就是靶点所在的水平面，中靶时只有靶心距的要求，没有井斜、方位的要求；对于与其他靶点关联的圆靶或矩形靶，其靶平面的法线方向通常由该靶点与其关联靶点的连线方向确定，中靶时既有靶心距或纵偏、横偏的要求，又有井斜和方位的要求。

综上所述，井眼轨道设计的靶点条件就是需要给出每个靶点相对井口的三个坐标，每个靶点的形状，以及每个靶点是否有井斜、方位的约束。

三、井眼轨道设计的主要原则

定向井井眼轨道设计应遵循以下原则：

（1）应能实现钻定向井的目的。钻定向井的目的是多种多样的：或为了钻穿多套含油层系，扩大勘探成果；或为了延长目标段的长度，增大油层的裸露面积；或为使老井、死井复活；或处理井下事故进行侧钻；或受限于地面条件而移动井位；或受限于地下条件而钻绕障井；或为节约土地而钻丛式井；或为扑灭邻井大火而钻救援井等。轨道设计首先要考虑实现本井的目的。

（2）有利于采油工艺的要求。在可能的情况下，减小井眼曲率，以改善油管和抽油杆的工作条件。进入目的层井段井斜角应尽可能小，最好是垂直井段，以利于安装电潜泵，坐封封隔器及其他井下作业。

（3）尽可能利用地层的自然规律。目前所钻的地层多为沉积岩地层，由于地层倾斜、可钻性的各向异性、可钻性的垂向和横向变化以及其他地质因素的影响，具有自然造斜和使井眼方位漂移的规律。充分利用这些规律，可以大大减小使用工具进行轨迹控制的工作量。

（4）应有利于减小钻井难度，以便安全、优质、快速、低成本地完成钻井。

上述四项原则，在实际工作中可能会出现互相矛盾的情况，这时应考虑优先满足"应能实现钻定向井的目的"和"有利于采油工艺的要求"，但也要权衡"有利于减小钻井难度"这个原则。针对上述原则，在实际设计时应特别注意处理好以下几个问题：

（1）尽可能选择组成简单的轨道。轨道组成越简单，其施工难度就相对较小；轨道约束条件越多，为了满足各种约束条件，轨道的组成就会越复杂。因此，要在满足各种要求的情况下尽可能选择组成简单的轨道。

（2）尽可能减小设计的最大井斜角。按照井斜角的大小，可将定向井分为三类：井斜角在 15°～30°的属小斜度定向井；井斜角在 30°～60°的属中斜度定向井；井斜角 60°～120°的属大斜度定向井，三种斜度定向井的难度具有很大的差别。在可能的条件下，尽量减小最大井斜角，以便减小钻井的难度（但最大井斜角不得小于 15°，否则井斜方位不易稳定）。能用小斜度定向井达到目的的，决不设计中斜度定向井；能用中斜度定向井达到目的的，决不钻大斜度定向井。大斜度定向井（包括水平井、大位移井等）仅仅在特殊需要的条件下使用。

（3）选择合适的井眼曲率。原则上井眼曲率应尽可能减小。一般来说，井眼曲率小则管柱在井眼内的摩阻扭矩就小，与此有关的井下复杂情况和钻柱事故（例如键槽卡钻等）也就少。但这只是问题的一方面。另一方面，井眼曲率也不能太小。

一般来说，井眼曲率的选择应在最大允许井眼曲率范围内选择最优的井眼曲率，而最大允许井眼曲率受以下几个方面影响：

① 最大摩阻扭矩的限制。

② 在软地层中造斜时造斜率可能无法达到设计造斜率。

③ 刚性较大的钻柱或套管柱是否能通过。

④ 测井或采油管柱的下入问题。

⑤ 造斜段形成"键槽"问题。

显然，最大允许井眼曲率随着靶点条件、地层因素和井的具体条件不同而不同，相应的最优井眼曲率也会发生相应的变化，通常选择增斜率≤3°/30 m，降斜率≤1.5°/30 m。

（4）要注意选好造斜点。造斜点处的地层要有利于造斜，应该是硬度适中，无坍塌，无缩径，并要避开高压、易漏等复杂情况的地层。

造斜点位置的高低，取决于最大井斜角和井眼曲率的大小。最大井斜角和井眼曲率越小，则造斜点越高；反之，则造斜点越低。在目标点的设计垂深和位移一定的情况下，造斜点太高或太低都不好，实际存在着一个可使钻井难度最小的最合理的造斜点位置。

一般来说，浅层造斜要比深层造斜更容易，但是在大尺寸井眼中造斜要比小尺寸井眼中造斜更困难。因此，造斜通常选择在下完套管后进行。

在丛式钻井中，由于垂直井段相距很近（2.5～3 m），为了防止相邻井眼相碰，造斜点应该相互错开 50 m 以上。

（5）设计井眼轨道同时还要考虑井身结构。每一口井都可能遇到一些复杂地层，钻进过程难度较大。从井眼轨迹控制来说，造斜井段（包括增斜井段和降斜井段）的施工往往难度较大，因此在轨道设计时尽可能避免造斜井段通过复杂地层，或与复杂地层同时裸露。

还应注意，如果在下完套管之后进行造斜，造斜点离套管鞋的距离至少要超过 50 m，以防止损坏套管鞋。

四、井眼轨道设计的两种理念

定向井轨道设计的计算量很大，通常都需要依靠软件来完成设计。在钻定向井的早期阶段，定向井的类型较少，所有的定向井轨道都可以通过相应的轨道设计模型一次性完成设计，软件只需提供有限的几种模型就可以完成当时需要的各种轨道的设计。但是近些年来，钻井的难度越来越大，考虑到定向井井眼轨道形状对摩阻扭矩、井壁稳定、防碰等都有着重要影响，为了降低钻井难度，在轨道设计过程中附加的约束越来越多。轨道附加约束的存在使得定向井的轨道组成形式复杂多变,轨道类型数不胜数,这时,再想通过有限的几种轨道设计模型来一次性完成全井轨道设计几乎不可能。

但是,再复杂的井眼轨道也需要完成设计才能施工,一种充分发挥设计人员的主观能动性、将全井轨道设计问题分解为若干次局部轨道设计问题的方法应运而生,这就是"分段式设计方法"。显然,分段式设计方法可以通过有限的几种轨道设计模型设计出任何约束下的井眼轨道,解决了软件能提供模型的有限性和轨道类型的无限性之间的矛盾。但是,事物总是具有两面性,分段式设计解决了通过有限的轨道设计模型设计任意形状的轨道问题,但正由于是分段设计,这种设计方法只能做到分段内最优,不一定能保证全井轨道最优。因此,出现了两种井眼轨道设计的理念。一种理念是追求井眼轨道总体上最优,力求通过建立大量的轨道优化设计模型来实现,但这种方法应变性太差,只要约束条件稍有变化,就需要建立新的模型,不利于软件编程实现;另一种理念是将井眼轨道的可设计性放在最为优先的位置,将全井轨道设计分解为若干个分段轨道设计问题,增加轨道设计的灵活性,通过人的能动性不断地调整、优化设计。显然,这种方法难以达到总体上最优,且在追求总体最优过程中要占据轨道设计人员大量计算机操作时间。目前,大部分定向井轨道设计软件采用的是第二种理念来进行轨道设计的。

第二节　井眼轨道设计的基本理论

井眼轨道设计的核心是在一定的约束条件下确定出轨道形状,因此,从这个角度说,不管整体轨道设计还是分段轨道设计都离不开井眼轨道设计模型的建立和求解,其关键是轨道组成分析和约束方程的建立。

一、轨道自由度的概念

自由度是指将起点位置及方向均限定的轨道或曲线段形状完全固定需要的独立自由变量的个数。对轨道来说就称为轨道自由度,对曲线段来说就称为曲线自由度。

假设一条完整的井眼轨道由若干个轨道段或曲线段组成,由于轨道的起点就是井口,其位置和方向在设计前就是知道的,无须设计,所以对于第一段来说,其起点位置和方向是给定的,将其形状完全固定需要确定的独立自由变量个数就是该段的自由度;对于第二段来说,其起点就是第一段的终点,若第一段的空间形状已经固定,则其终点的位置和方向就是已知的,说明第二段起点的位置和方向也是已知的,所以将第二段形状完全固定需要确定的独立自由变量个数也是该段的自由度,以此类推,当每段限定的独立自由变量的个数都是其自由度时,整个轨道在空间的形状就固定了,此时轨道的自由度就是组成轨道的各个轨道段和曲线段的自由度之和。如果在自由度定义中不将起点的位置和方向限定,则组成轨道的各个轨道段和曲线段的自由度之和必然大于轨道总体的自由度,不便于分析和计算。

根据曲线自由度的定义,不难确定,直线段的自由度为1,二维圆弧的自由度为2,三维圆弧的自由度为3。根据轨道自由度为组成轨道的曲线自由度之和就可以得知:三段式轨道的自由度为4,五段式轨道的自由度为7,双增式轨道的自由度也为7。

二、井眼轨道设计存在唯一结果的数学条件

轨道的自由度是指轨道中存在的独立自由变量的个数，相当于有相应数目的未知数，所以要唯一确定轨道形状就必须有与自由度相等的约束条件。简言之，井眼轨道设计存在唯一结果的数学条件是：轨道的自由度等于轨道的约束数。

轨道自由度的计算在本节的第一部分已经介绍，这里重点介绍一下轨道约束数的计算。对于三维井眼轨道来说，一个点约束相当于三个约束条件，即垂深、南北位移和东西位移约束；一个方向约束相当于两个约束条件，即井斜角和方位角约束。除了常见的点约束和方向约束外，垂深、南北位移、东西位移、井斜角、方位角、造斜率、工具面角和井段长度等都可以单独作为约束条件存在。对于二维井眼轨道来说，由于整个轨道都在一个给定的铅垂平面上，所以一个点约束只相当于两个约束条件，即垂深和水平位移约束；一个方向约束只相当于一个约束条件，即井斜角约束。此外，二维井眼轨道的垂深、水平位移、井斜角、造斜率和井段长度等都可以单独作为约束条件存在。

准确确定约束数的关键是避免重复计算，如某个三维圆弧段的曲率，起点和终点的井斜角、方位角均给定的情况下，该段圆弧的段长和对应的工具面角就是已知的，若此时再将该段圆弧的段长和工具面角作为约束条件就会造成约束条件的重复计算或出现相互矛盾的约束。

三、井眼轨道约束方程的建立方法

定向井井眼轨道约束方程可按下述步骤进行建立：

（1）将油藏地质部门提供的靶点和井口大地坐标数据按式（3-1）转换成以井口为坐标原点的局部坐标系（井口坐标系）数据，并分析确定每个靶点是否有井眼方向约束。

（2）根据轨道设计的各种条件和要求，确定井眼轨道的基本约束数。基本约束是指井眼轨道必须满足的约束条件。

（3）在井眼轨道基本约束数的基础上，按照"轨道自由度要大于或等于轨道基本约束数"的原则分析轨道的组成。

（4）根据轨道自由度与轨道基本约束数之间的差值，增加附加约束，使得轨道自由度等于轨道约束数（包括基本约束数和附加约束数）。

（5）根据各曲线段坐标增量之和等于靶点坐标的约束关系，建立约束方程。对于二维井眼轨道来说，需要建立垂深和水平位移方向的两个约束方程；对于三维轨道来说，需要建立垂深、南北位移和东西位移三个方向的约束方程。另外，若三维轨道中含有三维圆弧，每个三维圆弧还要增加一个狗腿角方程。

第三节　二维井眼轨道设计方法

二维井眼轨道设计是在一个铅垂平面上进行设计，所用的设计曲线均为二维曲线。本节将在介绍主要二维井眼轨道设计曲线特性的基础上，给出二维井眼轨道整体设计和分段设计的主要模型。

一、二维井眼轨道设计曲线的特性

常用的二维井眼轨道设计曲线主要有直线和二维圆弧。对于一些摩阻扭矩接近钻机载荷极限的大位移井有时也会引入一些变曲率的二维曲线,如悬链线、侧位悬链线和恒变曲率曲线等。为了采用这些曲线进行轨道设计,必须对曲线的特性有所了解。

(1) 直线段。

直线段的井斜角 α 保持不变,曲率为 0,垂深和水平位移的增量与井深增量之间的关系如式(3-2)所示。

$$\begin{cases} \Delta H = \Delta L \cos \alpha \\ \Delta S = \Delta L \sin \alpha \end{cases} \tag{3-2}$$

式中　ΔL——直线段的井深增量,m;

　　　$\Delta H, \Delta S$——直线段垂深和水平位移的增量,m;

　　　α——直线段的井斜角,(°)。

(2) 二维圆弧段。

二维圆弧段的井斜角是线性变化的,曲率半径为常数 R,其垂深、水平位移和井深的增量与圆弧段两端井斜角之间的关系如式(3-3)所示。

$$\begin{cases} \Delta L = R(\alpha_2 - \alpha_1) \\ \Delta H = R(\sin \alpha_2 - \sin \alpha_1) \\ \Delta S = R(\cos \alpha_1 - \cos \alpha_2) \end{cases} \tag{3-3}$$

式中　α_1, α_2——圆弧段上端和下端的井斜角,(°)。

(3) 悬链线段。

悬链线是一种 2 自由度二维曲线。悬链线段的井斜角是非线性变化的,曲率与井斜角正弦的二次方成正比,其垂深、水平位移和井深的增量与悬链线段两端井斜角之间的关系如式(3-4)所示。

$$\begin{cases} \Delta L = a(\cot \alpha_1 - \cot \alpha_2) \\ \Delta H = a(\csc \alpha_1 - \csc \alpha_2) \\ \Delta S = a\ln \dfrac{\tan(\alpha_2/2)}{\tan(\alpha_1/2)} \\ K = \dfrac{\sin^2 \alpha}{a} \end{cases} \tag{3-4}$$

式中　a——悬链线常数,m;

　　　K——井斜角 α 处的造斜率,(°)/m。

因为悬链线为变曲率曲线,所以不同点处造斜率不同。

(4) 恒变曲率曲线段。

恒变曲率曲线是一种三自由度二维曲线。恒变曲率曲线段的造斜率是线性变化的,其随井深增量的变化关系如式(3-5)所示。

$$K = K_1 + G\Delta l \tag{3-5}$$

式中　K_1——恒变曲率曲线段初始造斜率,(°)/m;

　　　G——恒变曲率曲线段造斜率变化率,(°)/m。

　　　Δl——相对该段起点的井深增量,m。

根据其造斜率随井深增量的变化关系,通过积分可以得到恒变曲率曲线段井斜角 α 随井深增量的变化关系,如式(3-6)所示。

$$\alpha = \alpha_1 + \frac{1}{2}G\Delta l^2 + K_1\Delta l \tag{3-6}$$

恒变曲率曲线段的垂深和水平位移的增量与该段两端井斜角之间的关系如式(3-7)所示。

$$\begin{cases} \Delta H = \int_{\alpha_1}^{\alpha_2} \dfrac{\cos\alpha}{\sqrt{K_1^2 + 2G(\alpha - \alpha_1)}}\mathrm{d}\alpha \\[3mm] \Delta S = \int_{\alpha_1}^{\alpha_2} \dfrac{\sin\alpha}{\sqrt{K_1^2 + 2G(\alpha - \alpha_1)}}\mathrm{d}\alpha \end{cases} \tag{3-7}$$

(5)侧位悬链线段。

侧位悬链线是将正位悬链线顺时针旋转 $90°$,将其下半部分作为造斜井段的曲线。侧位悬链线是一种 2 自由度二维曲线。侧位悬链线段的井斜角也是非线性变化的,曲率与井斜角余弦的二次方成正比,其垂深、水平位移和井深的增量与侧位悬链线段两端井斜角之间的关系如式(3-8)所示。

$$\begin{cases} \Delta L = a(\tan\alpha_2 - \tan\alpha_1) \\[2mm] \Delta H = a(\sec\alpha_2 - \sec\alpha_1) \\[2mm] \Delta S = a\ln\left[\dfrac{\tan(\alpha_2/2 + \pi/4)}{\tan(\alpha_1/2 + \pi/4)}\right] \\[2mm] K = \dfrac{\cos^2\alpha}{a} \end{cases} \tag{3-8}$$

二、二维井眼轨道整体设计主要模型

井眼轨道整体设计模型由于灵活性较差,一般只针对单靶点或双靶点进行设计,而且双靶点设计默认处理方法是将两靶点的连线作为两者之间的井眼轨道。下面,针对这两种情况分别进行讨论:

(1)二维单靶点井眼轨道整体设计模型。

根据二维单靶点井眼轨道中是否含有特殊的变曲率曲线,又可以分为常规二维单靶点井眼轨道整体设计模型、悬链线二维单靶点井眼轨道整体设计模型、恒变曲率曲线二维单靶点井眼轨道整体设计模型和侧位悬链线二维单靶点井眼轨道整体设计模型等几种。但不管哪种情况,二维井眼轨道的一个靶点只相当于两个约束,分别为靶点垂深和靶点水平位移。虽然一个靶点有三个坐标,但 N 坐标和 E 坐标不是独立的,它们之间保持一定的比例关系,两个只相当于一个约束。从设计井眼轨道的可行性来说,一般造斜点深度和与造斜率有关的参数,如圆弧半径、悬链线常数、侧位悬链线常数、恒变曲率曲线的初始曲率和曲率变化率均是指定的。

① 常规二维单靶点井眼轨道整体设计模型。

常规二维单靶点井眼轨道主要由直线和二维圆弧等曲线组成,假设单靶点的二维井眼轨道只有一个二维圆弧段,则轨道一共有 4 个基本约束,分别为靶点垂深、靶点水平位移、造斜点深度和圆弧段造斜半径。4 个约束至少需要 4 个自由度的轨道才能保证有解,因此常规二维单靶点井眼轨道的最简形式为"直井段+圆弧段+稳斜段"。由于轨道的基本约束数等于轨道的自由度,所以无须添加补充约束。根据各曲线段坐标增量之和等于靶点坐标的约束关系,可以建立常规二维单靶点井眼轨道约束方程(3-9)。

$$\begin{cases} H_a + R\sin\alpha_w + L_w\cos\alpha_w = H_t \\ R(1-\cos\alpha_w) + L_w\sin\alpha_w = S_t \end{cases} \tag{3-9}$$

式中　　H_a——造斜点深度,m;

　　　　R——圆弧段造斜半径,m;

　　　　α_w——圆弧段终点井斜角(或称为稳斜段井斜角),(°);

　　　　L_w——稳斜段长度,m;

　　　　H_t——靶点垂深,m;

　　　　S_t——靶点水平位移,m。

在方程(3-9)中,只有两个未知数 α_w 和 L_w,两个方程正好可以求解。

② 悬链线二维单靶点井眼轨道整体设计模型。

由于悬链线起点的井斜角不能为 0,从造斜点到悬链线起点必须要有一个圆弧过渡段,所以悬链线二维单靶点井眼轨道主要由直线、二维圆弧和悬链线等曲线组成。假设单靶点的悬链线二维井眼轨道只有一个二维圆弧段和悬链线段,且悬链线的常数是已知的,则轨道一共有 5 个基本约束,分别为靶点垂深、靶点水平位移、造斜点深度、圆弧段造斜半径和悬链线常数。5 个约束至少需要 5 个自由度的轨道才能保证有解,因此悬链线二维单靶点井眼轨道的最简形式为"直井段+圆弧段+悬链线段"。这种最简形式组成的轨道有两个问题:一是悬链线起点的井斜角由计算得到,要是计算结果太小的话,悬链线段上部方位不易控制;二是由悬链线段直接中靶,没有调整的空间,尤其是悬链线末点的造斜率很高,一旦达不到很难中靶。基于此,悬链线二维单靶点井眼轨道常用组成形式为"直井段+圆弧段+悬链线段+稳斜段",将悬链线起点的井斜角增加为约束条件。由于轨道的基本约束数等于轨道的自由度,所以无须添加补充约束。根据各曲线段坐标增量之和等于靶点坐标的约束关系,可以建立悬链线二维单靶点井眼轨道约束方程(3-10)。

$$\begin{cases} H_a + R\sin\alpha_0 + a(\csc\alpha_0 - \csc\alpha_w) + L_w\cos\alpha_w = H_t \\ R(1-\cos\alpha_0) + a\ln\dfrac{\tan(\alpha_w/2)}{\tan(\alpha_0/2)} + L_w\sin\alpha_w = S_t \end{cases} \tag{3-10}$$

式中　　α_0——圆弧段终点井斜角(或称为悬链线段起点井斜角),(°);

　　　　a——悬链线常数,m。

在方程(3-10)中,只有两个未知数 α_w 和 L_w,两个方程正好可以求解。

③ 恒变曲率曲线二维单靶点井眼轨道整体设计模型。

恒变曲率曲线二维单靶点井眼轨道主要由直线和恒变曲率曲线等组成。假设单靶点的恒变曲率曲线井眼轨道只有一个恒变曲率曲线段,且恒变曲率曲线的起点造斜率和造斜率变化率是已知的,则轨道一共有 5 个基本约束,分别为靶点垂深、靶点水平位移、造斜点深度、恒变曲率曲线起点曲率和恒变曲率曲线曲率变化率。5 个约束至少需要 5 个自由度的轨道才能保证有解,因此恒变曲率曲线二维单靶点井眼轨道的最简形式为"直井段+恒变曲率曲线段+稳斜段"。由于轨道的基本约束数等于轨道的自由度,所以无须添加补充约束。根据各曲线段坐标增量之和等于靶点坐标的约束关系,可以建立恒变曲率曲线二维单靶点井眼轨道约束方程(3-11)。

$$\begin{cases} H_\mathrm{a} + \displaystyle\int_0^{\alpha_\mathrm{w}} \frac{\cos\alpha}{\sqrt{K_0^2 + 2G\alpha}}\mathrm{d}\alpha + L_\mathrm{w}\cos\alpha_\mathrm{w} = H_\mathrm{t} \\[3mm] \displaystyle\int_0^{\alpha_\mathrm{w}} \frac{\sin\alpha}{\sqrt{K_0^2 + 2G\alpha}}\mathrm{d}\alpha + L_\mathrm{w}\sin\alpha_\mathrm{w} = S_\mathrm{t} \end{cases} \tag{3-11}$$

式中　　K_0——恒变曲率曲线起点造斜率,$(°)/\mathrm{m}$;

　　　　G——恒变曲率曲线曲率变化率,$(°)/\mathrm{m}$。

在方程(3-11)中,只有两个未知数 α_w 和 L_w,两个方程正好可以求解。

④ 侧位悬链线二维单靶点井眼轨道整体设计模型。

侧位悬链线二维单靶点井眼轨道主要由直线和侧位悬链线等曲线组成。假设单靶点的侧位悬链线井眼轨道只有一个侧位悬链线段,且侧位悬链线常数是已知的,则轨道一共有 4 个基本约束,分别为靶点垂深、靶点水平位移、造斜点深度和侧位悬链线常数。4 个约束至少需要 4 个自由度的轨道才能保证有解,因此侧位悬链线二维单靶点井眼轨道的最简形式为“直井段＋侧位悬链线＋稳斜段”。由于轨道的基本约束数等于轨道的自由度,所以无须添加补充约束。根据各曲线段坐标增量之和等于靶点坐标的约束关系,可以建立侧位悬链线二维单靶点井眼轨道约束方程(3-12)。

$$\begin{cases} H_\mathrm{a} + a(\sec\alpha_\mathrm{w} - 1) + L_\mathrm{w}\cos\alpha_\mathrm{w} = H_\mathrm{t} \\[2mm] a\ln[\tan(\alpha_\mathrm{w}/2 + \pi/4)] + L_\mathrm{w}\sin\alpha_\mathrm{w} = S_\mathrm{t} \end{cases} \tag{3-12}$$

式中　　a——侧位悬链线常数,m。

在方程(3-12)中,只有两个未知数 α_w 和 L_w,两个方程正好可以求解。

(2) 二维双靶点井眼轨道整体设计模型。

根据二维双靶点井眼轨道中是否含有特殊的变曲率曲线,又可以分为常规二维双靶点井眼轨道整体设计模型、悬链线二维双靶点井眼轨道整体设计模型、恒变曲率曲线二维双靶点井眼轨道整体设计模型和侧位悬链线二维双靶点井眼轨道整体设计模型等几种。但不管哪种情况,二维双靶点井眼轨道总共有两个靶点,相当于四个约束,分别为第一靶点垂深、第一靶点水平位移、第二靶点垂深和第二靶点水平位移。同二维单靶点井眼轨道一样,从设计井眼轨道的可行性来说,一般造斜点深度和与造斜率有关的参数,如圆弧半径、悬链线常数、侧位悬链线常数、恒变曲率曲线的初始曲率和曲率变化率均是指定的。

① 常规二维双靶点井眼轨道整体设计模型。

常规二维双靶点井眼轨道主要由直线和二维圆弧等曲线组成,假设双靶点的二维井眼轨道有两个二维圆弧段,则轨道一共有 7 个基本约束,分别为第一靶点垂深、第一靶点水平位移、第二靶点垂深、第二靶点水平位移、造斜点深度、第一圆弧段造斜半径和第二圆弧段造斜半径。7 个约束至少需要 7 个自由度的轨道才能保证有解,因此常规二维双靶点井眼轨道的最简形式为“直井段＋圆弧段1＋稳斜段1＋圆弧段2＋靶区稳斜段”。这种最简形式的井眼轨道组成在进入靶区前没有稳斜调整段,不利于中靶,所以常规二维双靶点井眼轨道最常见的组成形式为“直井段＋圆弧段1＋稳斜段1＋圆弧段2＋稳斜段2＋靶区稳斜段”。由于轨道的基本约束数比轨道的自由度少1,所以需添加一个补充约束,一般将稳斜段2的井段长度给定。根据各曲线段坐标增量之和等于靶点坐标的约束关系,可以建立常规二维双靶点井眼轨道约束方程(3-13)。

$$\begin{cases} H_a + R_1 \sin \alpha_{w1} + L_{w1} \cos \alpha_{w1} + R_2 (\sin \alpha_{w2} - \sin \alpha_{w1}) + L_{w2} \cos \alpha_{w2} = H_{t1} \\ R_1 (1 - \cos \alpha_{w1}) + L_{w1} \sin \alpha_{w1} + R_2 (\cos \alpha_{w1} - \cos \alpha_{w2}) + L_{w2} \sin \alpha_{w2} = S_{t1} \\ L_t \cos \alpha_{w2} = H_{t2} - H_{t1} \\ L_t \sin \alpha_{w2} = S_{t2} - S_{t1} \end{cases} \quad (3-13)$$

式中 L_t ——靶区稳斜段长度,m。

在方程(3-13)中,有 4 个未知数 α_{w1},L_{w1},α_{w2},L_t,4 个方程正好可以求解。

② 悬链线二维双靶点井眼轨道整体设计模型。

悬链线二维双靶点井眼轨道主要由直线、二维圆弧和悬链线等曲线组成。假设双靶点的悬链线二维井眼轨道有两个二维圆弧段和悬链线段,且悬链线的常数是已知的,则轨道一共有 8 个基本约束,分别为第一靶点垂深、第一靶点水平位移、第二靶点垂深、第二靶点水平位移、造斜点深度、第一圆弧段造斜半径、第二圆弧段造斜半径和悬链线常数。8 个约束至少需要 8 个自由度的轨道才能保证有解,因此悬链线二维双靶点井眼轨道的最简形式为"直井段+圆弧段 1+悬链线段+圆弧段 2+靶区稳斜段"。同悬链线二维单靶点井眼轨道的最简组成形式一样,该轨道有两个问题:一是悬链线起点的井斜角由计算得到,要是计算结果太小的话,悬链线段上部方位不易控制;二是由悬链线段直接中靶,没有调整的空间,尤其是悬链线末点的造斜率很高,一旦达不到很难中靶。基于此,悬链线二维双靶点井眼轨道常用组成形式为"直井段+圆弧段 1+悬链线段+圆弧段 2+稳斜段+靶区稳斜段",将悬链线起点的井斜角增加为约束条件。由于轨道的基本约束数等于轨道的自由度,都是 9 个,所以无须添加补充约束。根据各曲线段坐标增量之和等于靶点坐标的约束关系,可以建立悬链线二维双靶点井眼轨道约束方程(3-14)。

$$\begin{cases} H_a + R_1 \sin \alpha_0 + a(\csc \alpha_0 - \csc \alpha_1) + R_2 (\sin \alpha_w - \sin \alpha_1) + L_w \cos \alpha_w = H_{t1} \\ R_1 (1 - \cos \alpha_0) + a \ln \dfrac{\tan(\alpha_1/2)}{\tan(\alpha_0/2)} + R_2 (\cos \alpha_1 - \cos \alpha_w) + L_w \sin \alpha_w = S_{t1} \\ L_t \cos \alpha_w = H_{t2} - H_{t1} \\ L_t \sin \alpha_w = S_{t2} - S_{t1} \end{cases} \quad (3-14)$$

式中 α_0 ——圆弧段终点井斜角(或称为悬链线段起点井斜角),(°);

α_1 ——悬链线段终点的井斜角,(°);

a ——悬链线常数,m。

在方程(3-14)中,有 4 个未知数 α_1,α_w,L_w 和 L_t,4 个方程正好可以求解。

③ 恒变曲率曲线二维双靶点井眼轨道整体设计模型。

恒变曲率曲线二维双靶点井眼轨道主要由直线、二维圆弧和恒变曲率曲线等组成。假设双靶点的恒变曲率曲线井眼轨道有一个二维圆弧和一个恒变曲率曲线段,且恒变曲率曲线的起点造斜率和造斜率变化率是已知的,则轨道一共有 8 个基本约束,分别为第一靶点垂深、第一靶点水平位移、第二靶点垂深、第二靶点水平位移、造斜点深度、圆弧造斜半径、恒变曲率曲线起点曲率和恒变曲率曲线曲率变化率。8 个约束至少需要 8 个自由度的轨道才能保证有解,因此恒变曲率曲线二维双靶点井眼轨道的最简形式为"直井段+恒变曲率曲线段+圆弧段+稳斜段+靶区稳斜段"。由于轨道的基本约束数等于轨道的自由度,所以无须添加补充约束。根据各曲线段坐标增量之和等于靶点坐标的约束关系,可以建立恒变曲率曲线二维单靶点井眼轨道约束方程(3-15)。

$$\begin{cases} H_a + \int_0^{\alpha_1} \dfrac{\cos \alpha}{\sqrt{K_0^2 + 2G\alpha}} d\alpha + R(\sin \alpha_w - \sin \alpha_1) + L_w \cos \alpha_w = H_{t1} \\ \int_0^{\alpha_1} \dfrac{\sin \alpha}{\sqrt{K_0^2 + 2G\alpha}} d\alpha + R(\cos \alpha_1 - \cos \alpha_w) + L_w \sin \alpha_w = S_{t1} \\ L_t \cos \alpha_w = H_{t2} - H_{t1} \\ L_t \sin \alpha_w = S_{t2} - S_{t1} \end{cases} \quad (3\text{-}15)$$

在方程(3-15)中,有 4 个未知数 α_1、α_w、L_w 和 L_t,4 个方程正好可以求解。

④ 侧位悬链线二维双靶点井眼轨道整体设计模型。

侧位悬链线二维双靶点井眼轨道主要由直线、二维圆弧和侧位悬链线等曲线组成。假设双靶点的侧位悬链线井眼轨道有一个二维圆弧段和一个侧位悬链线段,且侧位悬链线常数是已知的,则轨道一共有 7 个基本约束,分别为第一靶点垂深、第一靶点水平位移、第二靶点垂深、第二靶点水平位移、造斜点深度、圆弧段造斜半径和侧位悬链线常数。7 个约束至少需要 7 个自由度的轨道才能保证有解,因此侧位悬链线二维双靶点井眼轨道的最简形式为"直井段+侧位悬链线+圆弧段+稳斜段+靶区稳斜段"。由于轨道的基本约束数等于轨道的自由度,所以无须添加补充约束。根据各曲线段坐标增量之和等于靶点坐标的约束关系,可以建立侧位悬链线二维单靶点井眼轨道约束方程(3-16)。

$$\begin{cases} H_a + a(\sec \alpha_1 - 1) + R(\sin \alpha_w - \sin \alpha_1) + L_w \cos \alpha_w = H_{t1} \\ a \ln \tan(\alpha_1/2 + \pi/4) + R(\cos \alpha_1 - \cos \alpha_w) + L_w \sin \alpha_w = S_{t1} \\ L_t \cos \alpha_w = H_{t2} - H_{t1} \\ L_t \sin \alpha_w = S_{t2} - S_{t1} \end{cases} \quad (3\text{-}16)$$

式中 a ——侧位悬链线常数,m。

在方程(3-16)中,有 4 个未知数 α_1、α_w、L_w 和 L_t,4 个方程正好可以求解。

三、二维井眼轨道分段设计主要模型

二维井眼轨道整体设计模型由于缺乏必要的灵活性,轨道设计条件和要求稍一变化其模型就不再适用。因此,在编程实现方面存在很大的缺陷。分段设计模型可以通过不同的组合实现任意条件和要求的井眼轨道设计。值得注意的是,分段设计模型起点的所有坐标参数是已知的,井眼方向也是已知的。二维井眼轨道分段设计的几种主要模型如下:

(1) 二维井眼轨道曲线外推模型。

常见的二维井眼轨道外推曲线有直线和二维圆弧,其外推的方式就是在曲线变化规律确定的条件下,根据终点的井深、井斜角、垂深和水平位移中的一个参数来进行外推。

① 二维井眼轨道直线外推模型。

由于直线段的井斜角保持不变,无法根据井斜角进行外推,但可以根据终点的井深、垂深和水平位移中的一个参数来进行外推,以终点的井深已知为例,二维井眼轨道直线外推模型如式(3-17)所示。

$$\begin{cases} \alpha_e = \alpha_0 \\ H_e = H_0 + (L_e - L_0)\cos \alpha_0 \\ S_e = S_0 + (L_e - L_0)\sin \alpha_0 \end{cases} \quad (3\text{-}17)$$

式中 L_e、H_e、S_e——外推终点的井深、垂深和水平位移,m;

α_e——外推终点的井斜角,(°);

L_0,H_0,S_0——外推起点的井深、垂深和水平位移,m;

α_0——外推起点的井斜角,(°)。

② 二维井眼轨道圆弧外推模型。

以终点的井深已知为例,二维井眼轨道圆弧外推模型如式(3-18)所示。

$$\begin{cases} \alpha_e = \alpha_0 + (L_e - L_0)/R \\ H_e = H_0 + R(\sin \alpha_e - \sin \alpha_0) \\ S_e = S_0 + R(\cos \alpha_0 - \cos \alpha_e) \end{cases} \tag{3-18}$$

式中 R——二维圆弧的曲率半径,m。

(2) 二维井眼轨道无井斜约束中靶模型。

常见的二维井眼轨道无井斜约束中靶模型有两种形式:单圆弧形式和"圆弧段+稳斜段"形式。

① 二维井眼轨道单圆弧中靶模型。

该模型只有一段二维圆弧,一个二维圆弧有两个自由度,而一个二维靶点也是两个约束,故可求解。该模型的约束方程如式(3-19)所示。

$$\begin{cases} H_0 + R(\sin \alpha_1 - \sin \alpha_0) = H_t \\ S_0 + R(\cos \alpha_0 - \cos \alpha_1) = S_t \end{cases} \tag{3-19}$$

式中 H_t,S_t——靶点的垂深和水平位移,m;

α_1——圆弧终点的井斜角,(°)。

在方程(3-19)中,圆弧段的曲率半径 R 是计算出来的,有时可能并不实用。因此,该模型主要用于轨迹控制时中靶预测分析。

② 二维井眼轨道"圆弧段+稳斜段"中靶模型。

该模型有一个二维圆弧段和一个稳斜段,总共 3 个自由度,若将圆弧段的造斜半径限定,而一个二维靶点也有两个约束条件,3 个自由度 3 个约束,故可求解。该模型的约束方程如式(3-20)所示。

$$\begin{cases} H_0 + R(\sin \alpha_w - \sin \alpha_0) + L_w \cos \alpha_w = H_t \\ S_0 + R(\cos \alpha_0 - \cos \alpha_w) + L_w \sin \alpha_w = S_t \end{cases} \tag{3-20}$$

式中 L_w——稳斜段段长,m;

α_w——稳斜段的井斜角,(°)。

(3) 二维井眼轨道井斜约束下的中靶模型。

常见的二维井眼轨道井斜约束下的中靶模型有两种形式,一种是"圆弧段 1+稳斜段+圆弧段 2"形式,另一种是"圆弧段 1+稳斜段 1+圆弧段 2+稳斜段 2"形式。

① 二维井眼轨道"圆弧段 1+稳斜段+圆弧段 2"中靶模型。

该模型有 5 个自由度,若将圆弧段 1 和圆弧段 2 的造斜半径限定,再加上一个带井斜约束的二维靶点有 3 个约束,5 个自由度 5 个约束故可求解。该模型的约束方程如式(3-21)所示。

$$\begin{cases} H_0 + R_1(\sin \alpha_w - \sin \alpha_0) + L_w \cos \alpha_w + R_2(\sin \alpha_t - \sin \alpha_w) = H_t \\ S_0 + R_1(\cos \alpha_0 - \cos \alpha_w) + L_w \sin \alpha_w + R_2(\cos \alpha_w - \cos \alpha_t) = S_t \end{cases} \tag{3-21}$$

式中 R_1,R_2——圆弧段 1 和圆弧段 2 的造斜半径,m;

α_t——靶点处的井斜角,(°)。

② 二维井眼轨道"圆弧段 1＋稳斜段 1＋圆弧段 2＋稳斜段 2"中靶模型。

该模型相当于在"圆弧段 1＋稳斜段＋圆弧段 2"中靶模型的基础上增加了一个稳斜段 2,避免了由圆弧段 2 直接中靶缺少调整的问题。

该模型有 6 个自由度,若将圆弧段 1、圆弧段 2 的造斜半径和稳斜段 2 的段长限定,再加上一个带井斜约束的二维靶点有 3 个约束,6 个自由度 6 个约束故可求解。该模型的约束方程如式(3-22)所示。

$$\begin{cases} H_0 + R_1(\sin\alpha_{w1} - \sin\alpha_0) + L_{w1}\cos\alpha_{w1} + R_2(\sin\alpha_t - \sin\alpha_{w1}) + L_{w2}\cos\alpha_t = H_t \\ S_0 + R_1(\cos\alpha_0 - \cos\alpha_{w1}) + L_{w1}\sin\alpha_{w1} + R_2(\cos\alpha_{w1} - \cos\alpha_t) + L_{w2}\sin\alpha_t = S_t \end{cases}$$

(3-22)

式中 L_{w1}——稳斜段 1 段长,m;

L_{w2}——稳斜段 2 段长,m;

α_{w1}——稳斜段 1 的井斜角,(°)。

第四节 三维井眼轨道设计方法

三维井眼轨道设计是在三维空间内进行设计,所用的设计曲线均为三维曲线。本节在介绍主要三维井眼轨道设计曲线特性的基础上,给出三维井眼轨道整体设计和分段设计主要模型。

一、三维井眼轨道设计曲线的特性

常用的三维井眼轨道设计曲线主要有直线、三维圆弧、圆柱螺线、恒井斜和方位变化率曲线、恒工具面角曲线。

1. 直线段

直线段的井斜角 α、方位角 φ 保持不变,曲率为 0,垂深、N 坐标增量和 E 坐标增量与井深增量之间的关系如式(3-23)所示。

$$\begin{cases} \Delta H = \Delta L\cos\alpha \\ \Delta N = \Delta L\sin\alpha\cos\varphi \\ \Delta E = \Delta L\sin\alpha\sin\varphi \end{cases}$$

(3-23)

式中 ΔL——直线段的井深增量,m;

$\Delta H,\Delta N,\Delta E$——直线段垂深增量、$N$ 坐标增量和 E 坐标增量,m;

α,φ——直线段的井斜角和方位角,(°)。

2. 三维圆弧段

三维圆弧是斜平面上的一段圆弧,也可认为是工具面和曲率半径保持不变的一种曲线,其曲率半径为常数 R,工具面保持不变,其井深增量、垂深增量、N 坐标增量和 E 坐标增量与圆弧段两端井斜角、方位角之间的关系如式(3-24)所示。

$$\begin{cases} \Delta L = R\gamma \\ \Delta H = R\tan(\gamma/2)(\cos\alpha_1 + \cos\alpha_2) \\ \Delta N = R\tan(\gamma/2)(\sin\alpha_1\cos\varphi_1 + \sin\alpha_2\cos\varphi_2) \\ \Delta E = R\tan(\gamma/2)(\sin\alpha_1\sin\varphi_1 + \sin\alpha_2\sin\varphi_2) \end{cases}$$

(3-24)

其中，$\gamma = \arccos[\cos \alpha_1 \cos \alpha_2 + \sin \alpha_1 \sin \alpha_2 \cos(\varphi_2 - \varphi_1)]$

式中　α_1, α_2——圆弧段上端和下端的井斜角，(°)；

　　　φ_1, φ_2——圆弧段上端和下端的方位角，(°)；

　　　γ——圆弧段的狗腿角，(°)。

3. 圆柱螺线段

圆柱螺线是圆柱面上一条等变螺旋升角曲线，该曲线在垂直剖面图和水平投影图上均为圆弧，是一种 3 自由度三维曲线，若其在垂直剖面图上的曲率为 K_H，则其井深增量、垂深增量、N 坐标增量和 E 坐标增量与曲线段两端井斜角、方位角之间的关系如式（3-25）所示。

$$\begin{cases} \Delta L = (\alpha_2 - \alpha_1)/K_H \\ \Delta H = (\sin \alpha_2 - \sin \alpha_1)/K_H \\ \Delta N = (\sin \varphi_2 - \sin \varphi_1)/K_A \\ \Delta E = (\cos \varphi_1 - \cos \varphi_2)/K_A \end{cases} \tag{3-25}$$

其中，$K_A = K_H(\varphi_2 - \varphi_1)/(\cos \alpha_1 - \cos \alpha_2)$

式中　K_H, K_A——曲线在垂直剖面图和水平投影图上的曲率，(°)/m。

4. 恒井斜和方位变化率段

恒井斜和方位变化率曲线是一种井斜变化率和方位变化率均保持不变的 3 自由度三维曲线，若其井斜变化率为 K_α，则其井深增量、垂深增量、N 坐标增量和 E 坐标增量与曲线段两端井斜角、方位角之间的关系如式（3-26）所示。

$$\begin{cases} \Delta L = (\alpha_2 - \alpha_1)/K_\alpha \\ \Delta H = (\sin \alpha_2 - \sin \alpha_1)/K_\alpha \\ \Delta N = \dfrac{\cos(\alpha_1 + \varphi_1) - \cos(\alpha_2 + \varphi_2)}{2(K_\alpha + K_\varphi)} + \dfrac{\cos(\alpha_1 - \varphi_1) - \cos(\alpha_2 - \varphi_2)}{2(K_\alpha - K_\varphi)} \\ \Delta E = \dfrac{\sin(\alpha_2 - \varphi_2) - \sin(\alpha_1 - \varphi_1)}{2(K_\alpha - K_\varphi)} - \dfrac{\sin(\alpha_2 + \varphi_2) - \sin(\alpha_1 + \varphi_1)}{2(K_\alpha + K_\varphi)} \end{cases} \tag{3-26}$$

其中，$K_\varphi = K_\alpha(\varphi_2 - \varphi_1)/(\alpha_2 - \alpha_1)$

式中　K_α, K_φ——恒井斜和方位变化率段的井斜变化率和方位变化率，(°)/m。

5. 恒工具面角曲线段

恒工具面角曲线是一种工具面角和曲率半径保持不变的 3 自由度三维曲线，其曲率半径为常数 R，工具面角保持不变，其井深增量、垂深增量、N 坐标增量和 E 坐标增量与曲线段两端井斜角、方位角之间的关系如式（3-27）所示。

$$\begin{cases} \Delta L = R(\alpha_2 - \alpha_1)/\cos \omega \\ \Delta H = R(\sin \alpha_2 - \sin \alpha_1)/\cos \omega \\ \Delta N = R \displaystyle\int_{\alpha_1}^{\alpha_2} \sin \alpha \cos\{\varphi_1 + \tan \omega \ln[\tan(\alpha/2)/\tan(\alpha_1/2)]\}/\cos \omega \, d\alpha \\ \Delta E = R \displaystyle\int_{\alpha_1}^{\alpha_2} \sin \alpha \sin\{\varphi_1 + \tan \omega \ln[\tan(\alpha/2)/\tan(\alpha_1/2)]\}/\cos \omega \, d\alpha \end{cases} \tag{3-27}$$

$$
其中，\begin{cases}
\omega = \arctan\dfrac{\varphi_2 - \varphi_1}{\ln\left[\tan(\alpha_2/2)/\tan(\alpha_2/2)\right]} & (\alpha_2 > \alpha_1) \\[3mm]
\omega = \arctan\left\{\dfrac{\varphi_2 - \varphi_1}{\ln\left[\tan(\alpha_2/2)/\tan(\alpha_2/2)\right]}\right\} + \pi & (\alpha_2 < \alpha_1) \\[3mm]
\omega = \dfrac{\pi}{2}\,\mathrm{sgn}(\varphi_2 - \varphi_1) & (\alpha_2 = \alpha_1)
\end{cases}
$$

式中　ω——恒工具面角曲线的工具面角，(°)。

二、三维井眼轨道整体设计主要模型

三维井眼轨道整体设计模型由于灵活性较差，一般不适合 3 个及 3 个以上靶点的情况，同时考虑到单靶点一般不需要设计为三维井眼轨道，实际上，三维井眼轨道整体设计模型主要用于双靶点的情况。当两个靶点和井口在水平面上的投影不在一条直线上时，通常需要设计成三维井眼轨道。

对于三维井眼轨道来说，一个靶点有 3 个约束，分别为靶点垂深、靶点 N 坐标和靶点 E 坐标。三维双靶点井眼轨道总共有 2 个靶点，相当于 6 个约束。同二维井眼轨道一样，从设计井眼轨道的可行性来说，一般造斜点深度和与造斜率有关的参数，如圆弧半径、井斜变化率均是指定的。根据变井斜、方位段三维曲线的不同，三维双靶点井眼轨道整体设计模型可以分为圆弧型、圆柱螺线型、恒井斜和方位变化率曲线型、恒工具面角曲线型。由于各种方法总体思路基本一致，只是不同曲线的坐标增量计算公式不同，下面以三维圆弧曲线为例进行介绍。

圆弧型三维双靶点井眼轨道主要由直线和三维圆弧等曲线组成，假设双靶点的三维井眼轨道有两个三维圆弧段，则轨道一共有 9 个基本约束，分别为第一靶点垂深、第一靶点 N 坐标、第一靶点 E 坐标、第二靶点垂深、第二靶点 N 坐标、第二靶点 E 坐标、造斜点深度、第一圆弧段造斜半径和第二圆弧段造斜半径。9 个约束至少需要 9 个自由度的轨道才能保证有解，因此圆弧型三维双靶点井眼轨道的最简形式为"直井段＋圆弧段 1＋稳斜段 1＋圆弧段 2＋靶区稳斜段"。这种最简形式的井眼轨道组成在进入靶区前没有稳斜调整段，不利于中靶，所以圆弧型三维双靶点井眼轨道最常见的组成形式为"直井段＋圆弧段 1＋稳斜段 1＋圆弧段 2＋稳斜段 2＋靶区稳斜段"。由于轨道的基本约束数比轨道的自由度少 1，所以需添加一个补充约束，一般将稳斜段 2 的井段长度给定。根据各曲线段坐标增量之和等于靶点坐标的约束关系，可以建立圆弧型三维双靶点井眼轨道约束方程（3-28）。

$$
\begin{cases}
H_a + R_1\tan\left(\dfrac{\gamma_1}{2}\right) + \left[R_1\tan\left(\dfrac{\gamma_1}{2}\right) + L_{w1} + R_2\tan\left(\dfrac{\gamma_2}{2}\right)\right]\cos\alpha_{w1} + \left[R_2\tan\left(\dfrac{\gamma_2}{2}\right) + L_{w2}\right]\cos\alpha_{w2} = H_{t1} \\[3mm]
\left[R_1\tan\left(\dfrac{\gamma_1}{2}\right) + L_{w1} + R_2\tan\left(\dfrac{\gamma_2}{2}\right)\right]\sin\alpha_{w1}\cos\varphi_{w1} + \left[R_2\tan\left(\dfrac{\gamma_2}{2}\right) + L_{w2}\right]\sin\alpha_{w2}\cos\varphi_{w2} = N_{t1} \\[3mm]
\left[R_1\tan\left(\dfrac{\gamma_1}{2}\right) + L_{w1} + R_2\tan\left(\dfrac{\gamma_2}{2}\right)\right]\sin\alpha_{w1}\sin\varphi_{w1} + \left[R_2\tan\left(\dfrac{\gamma_2}{2}\right) + L_{w2}\right]\sin\alpha_{w2}\sin\varphi_{w2} = E_{t1} \\[3mm]
L_t\cos\alpha_{w2} = H_{t2} - H_{t1} \\[2mm]
L_t\sin\alpha_{w2}\cos\varphi_{w2} = N_{t2} - N_{t1} \\[2mm]
L_t\sin\alpha_{w2}\sin\varphi_{w2} = E_{t2} - E_{t1}
\end{cases}
$$

$$(3\text{-}28)$$

其中，$\gamma_1 = \alpha_{w1}$，$\gamma_2 = \arccos[\cos\alpha_{w1}\cos\alpha_{w2} + \sin\alpha_{w1}\sin\alpha_{w2}\cos(\varphi_{w2} - \varphi_{w1})]$

式中 R_1——圆弧段 1 造斜半径，m；

α_{w1}——圆弧段 1 终点井斜角（或称为稳斜段 1 井斜角），(°)；

φ_{w1}——圆弧段 1 终点方位角（或称为稳斜段 1 方位角），(°)；

L_{w1}——稳斜段 1 长度，m；

R_2——圆弧段 2 造斜半径，m；

α_{w2}——圆弧段 2 终点井斜角（或称为稳斜段 2 井斜角），(°)；

φ_{w2}——圆弧段 2 终点方位角（或称为稳斜段 2 方位角），(°)；

L_{w2}——稳斜段 2 长度，m；

H_{t1}——第一靶点垂深，m；

N_{t1}——第一靶点 N 坐标，m；

E_{t1}——第一靶点 E 坐标，m；

H_{t2}——第二靶点垂深，m；

N_{t2}——第二靶点 N 坐标，m；

E_{t2}——第二靶点 E 坐标，m；

L_t——靶区稳斜段长度，m。

在方程(3-28)中，有 6 个未知数 α_{w1}，φ_{w1}，L_{w1}，α_{w2}，φ_{w2}，L_t，6 个方程正好可以求解。

三、三维井眼轨道分段设计主要模型

同三维井眼轨道整体设计模型相比，三维井眼轨道分段设计模型具有较好的灵活性，可以通过不同的组合实现任意条件和要求的井眼轨道设计。下面将介绍三维井眼轨道分段设计的几种主要形式。

1. 三维井眼轨道曲线外推模型

常见的三维井眼轨道外推曲线有直线、三维圆弧、圆柱螺线、恒井斜和方位变化率曲线及恒工具面角曲线，其外推的方式就是在曲线变化规律确定的条件下根据终点的井深、井斜角、方位角、垂深、N 坐标和 E 坐标中的一个参数来进行外推。

（1）三维井眼轨道直线外推模型。

三维井眼轨道直线外推可以根据终点的井深、垂深、N 坐标和 E 坐标中的一个参数来进行外推，以终点的井深已知为例，三维井眼轨道直线外推模型如式(3-29)所示。

$$\begin{cases} \alpha_e = \alpha_0 \\ \varphi_e = \varphi_0 \\ H_e = H_0 + (L_e - L_0)\cos\alpha_0 \\ N_e = N_0 + (L_e - L_0)\sin\alpha_0\cos\varphi_0 \\ E_e = E_0 + (L_e - L_0)\sin\alpha_0\sin\varphi_0 \end{cases} \tag{3-29}$$

式中 L_e, H_e, N_e, E_e——外推终点的井深、垂深、N 坐标和 E 坐标，m；

α_e——外推终点的井斜角，(°)；

φ_e——外推终点的方位角，(°)；

L_0, H_0, N_0, E_0——外推起点的井深、垂深、N 坐标和 E 坐标，m；

α_0——外推起点的井斜角，(°)；

φ_0——外推起点的方位角,(°)。

（2）三维井眼轨道圆弧外推模型。

描述三维圆弧变化规律的参数有两个,一个是曲率半径,另一个是初始工具面角,当其给定后,可以根据终点的井深、井斜角、方位角、垂深、N 坐标和 E 坐标中的一个参数来进行外推。以终点的井深已知为例,三维井眼轨道圆弧外推模型如式（3-30）所示。

$$\begin{cases} \alpha_e = \arccos(\cos \alpha_0 \cos \gamma - \sin \alpha_0 \sin \gamma \cos \omega_0) \\ \varphi_e = \varphi_0 + \operatorname{sgn}(\omega_0)\arccos\dfrac{\cos \gamma - \cos \alpha_0 \cos \alpha_e}{\sin \alpha_0 \sin \alpha_e} \\ H_e = H_0 + R\tan\left(\dfrac{\gamma}{2}\right)(\cos \alpha_0 + \cos \alpha_e) \\ N_e = N_0 + R\tan\left(\dfrac{\gamma}{2}\right)(\sin \alpha_0 \cos \varphi_0 + \sin \alpha_e \cos \varphi_e) \\ E_e = E_0 + R\tan\left(\dfrac{\gamma}{2}\right)(\sin \alpha_0 \sin \varphi_0 + \sin \alpha_e \sin \varphi_e) \end{cases} \tag{3-30}$$

其中,$\gamma = (L_e - L_0)/R\dfrac{180}{\pi}$

式中 R ——三维圆弧的曲率半径,m。

ω_0 ——三维圆弧的初始工具面角,(°)。

（3）三维井眼轨道圆柱螺线外推模型。

描述圆柱螺线变化规律的参数有两个,一个是垂直剖面图上曲线的曲率,另一个是水平投影图上曲线的曲率,当其给定后,可以根据终点的井深、井斜角、方位角、垂深、N 坐标和 E 坐标中的一个参数来进行外推。以终点的井深已知为例,三维井眼轨道圆柱螺线外推模型如式（3-31）所示。

$$\begin{cases} \alpha_e = \alpha_0 + (L_e - L_0)K_H \\ \varphi_e = \varphi_0 + \dfrac{\cos \alpha_0 - \cos \alpha_e}{K_H}K_A \\ H_e = H_0 + \dfrac{\sin \alpha_e - \sin \alpha_0}{K_H} \\ N_e = N_0 + \dfrac{\sin \varphi_e - \sin \varphi_0}{K_A} \\ E_e = E_0 + \dfrac{\cos \varphi_0 - \cos \varphi_e}{K_A} \end{cases} \tag{3-31}$$

式中 K_H ——圆柱螺线在垂直剖面图上的曲率,(°)/m;

K_A ——圆柱螺线在水平投影图上的曲率,(°)/m。

（4）三维井眼轨道恒井斜和方位变化率曲线外推模型。

描述恒井斜和方位变化率曲线变化规律的参数有两个,一个是井斜变化率,另一个是方位变化率,当其给定后,可以根据终点的井深、井斜角、方位角、垂深、N 坐标和 E 坐标中的一个参数来进行外推。以终点的井深已知为例,三维井眼轨道恒井斜和方位变化率曲线外推模型如式（3-32）所示。

$$\begin{cases} \alpha_e = \alpha_0 + (L_e - L_0)K_\alpha \\ \varphi_e = \varphi_0 + (L_e - L_0)K_\varphi \\ H_e = H_0 + \dfrac{\sin\alpha_e - \sin\alpha_0}{K_\alpha} \\ N_e = N_0 + \dfrac{\cos(\alpha_0 + \varphi_0) - \cos(\alpha_e + \varphi_e)}{2(K_\alpha + K_\varphi)} + \dfrac{\cos(\alpha_0 - \varphi_0) - \cos(\alpha_e - \varphi_e)}{2(K_\alpha - K_\varphi)} \\ E_e = E_0 + \dfrac{\sin(\alpha_e - \varphi_e) - \sin(\alpha_0 - \varphi_0)}{2(K_\alpha - K_\varphi)} - \dfrac{\cos(\alpha_e + \varphi_e) - \cos(\alpha_0 + \varphi_0)}{2(K_\alpha + K_\varphi)} \end{cases} \tag{3-32}$$

式中 K_α —— 井斜变化率,(°)/m;

         K_φ —— 方位变化曲率,(°)/m。

（5）三维井眼轨道恒工具面角曲线外推模型。

描述恒工具面角曲线变化规律的参数有两个,一个是井眼曲率半径,另一个是工具面角,当其给定后,可以根据终点的井深、井斜角、方位角、垂深、N 坐标和 E 坐标中的一个参数来进行外推。以终点的井深已知为例,三维井眼轨道恒工具面角曲线外推模型如式（3-33）所示。

$$\begin{cases} \alpha_e = \alpha_0 + (L_e - L_0)\dfrac{\cos\omega}{R} \\ \varphi_e = \varphi_0 + \tan\omega \ln\dfrac{\tan(\alpha_e/2)}{\tan(\alpha_0/2)} \\ H_e = H_0 + R(\sin\alpha_e - \sin\alpha_0)/\cos\omega \\ N_e = N_0 + R\displaystyle\int_{\alpha_0}^{\alpha_e} \sin\alpha\cos\{\varphi_0 + \tan\omega\ln[\tan(\alpha/2)/\tan(\alpha_0/2)]\}/\cos\omega\,\mathrm{d}\alpha \\ E_e = E_0 + R\displaystyle\int_{\alpha_0}^{\alpha_e} \sin\alpha\sin\{\varphi_0 + \tan\omega\ln[\tan(\alpha/2)/\tan(\alpha_0/2)]\}/\cos\omega\,\mathrm{d}\alpha \end{cases} \tag{3-33}$$

式中 R —— 恒工具面角曲线的曲率半径,m;

         ω —— 恒工具面角曲线的工具面角,(°)。

2. 三维井眼轨道无井斜和方位约束中靶模型

常见的三维井眼轨道无井斜和方位约束中靶模型有两种形式,一种是单圆弧形式,另一种是"圆弧段＋稳斜段"形式。

（1）三维井眼轨道单圆弧中靶模型。

该模型只有一段三维圆弧,一个三维圆弧有 3 个自由度,而一个靶点也是 3 个约束,故可求解。该模型的约束方程如式（3-34）所示。

$$\begin{cases} H_0 + R\tan(\gamma/2)(\cos\alpha_0 + \cos\alpha_1) = H_t \\ N_0 + R\tan(\gamma/2)(\sin\alpha_0\cos\varphi_0 + \sin\alpha_1\cos\varphi_1) = N_t \\ E_0 + R\tan(\gamma/2)(\sin\alpha_0\sin\varphi_0 + \sin\alpha_1\sin\varphi_1) = E_t \end{cases} \tag{3-34}$$

其中, $\gamma = \arccos[\cos\alpha_0\cos\alpha_1 + \sin\alpha_0\sin\alpha_1\cos(\varphi_1 - \varphi_0)]$

式中 H_t, N_t, E_t —— 靶点的垂深、N 坐标和 E 坐标,m;

         α_1 —— 圆弧终点的井斜角,(°);

         φ_1 —— 圆弧终点的方位角,(°)。

在方程（3-34）中,共有三个未知数,圆弧段的曲率半径、圆弧末点的井斜角和方位角,三个方程正好可以求解。在该模型中，由于 R 是计算出来的，有时可能并不实用，因此，该模型主要用于轨迹控制时中靶预测分析。

（2）三维井眼轨道"圆弧段＋稳斜段"中靶模型。

该模型有一个三维圆弧段和一个稳斜段，总共 4 个自由度，若将圆弧段的造斜半径限定，而一个靶点也有 3 个约束条件，4 个自由度 4 个约束，故可求解。该模型的约束方程如式（3-35）所示。

$$\begin{cases} H_0 + R\tan(\gamma/2)(\cos\alpha_0 + \cos\alpha_w) + L_w\cos\alpha_w = H_t \\ N_0 + R\tan(\gamma/2)(\sin\alpha_0\cos\varphi_0 + \sin\alpha_w\cos\varphi_w) + L_w\cos\alpha_w = N_t \\ E_0 + R\tan(\gamma/2)(\sin\alpha_0\sin\varphi_0 + \sin\alpha_w\sin\varphi_w) + L_w\cos\alpha_w = E_t \end{cases} \quad (3\text{-}35)$$

其中，$\gamma = \arccos[\cos\alpha_0\cos\alpha_w + \sin\alpha_0\sin\alpha_w\cos(\varphi_w - \varphi_0)]$

式中　L_w——稳斜段段长，m；

　　　α_w——稳斜段的井斜角，(°)。

3. 三维井眼轨道井斜和方位约束下的中靶模型

常见的三维井眼轨道井斜和方位约束下的中靶模型有两种形式，一种是"圆弧段 1＋稳斜段＋圆弧段 2"形式，另一种是"圆弧段 1＋稳斜段 1＋圆弧段 2＋稳斜段 2"形式。

（1）三维井眼轨道"圆弧段 1＋稳斜段＋圆弧段 2"中靶模型。

该模型有 7 个自由度，若将圆弧段 1 和圆弧段 2 的造斜半径限定，再加上井斜和方位约束下的靶点有 5 个约束，7 个自由度 7 个约束故可求解。该模型的约束方程如式（3-36）所示。

$$\begin{cases} H_0 + R_1\tan\left(\dfrac{\gamma_1}{2}\right)\cos\alpha_0 + \left[R_1\tan\left(\dfrac{\gamma_1}{2}\right) + L_w + R_2\tan\left(\dfrac{\gamma_2}{2}\right)\right]\cos\alpha_w + \\ \quad R_2\tan\left(\dfrac{\gamma_2}{2}\right)\cos\alpha_t = H_t \\ N_0 + R_1\tan\left(\dfrac{\gamma_1}{2}\right)\sin\alpha_0\cos\varphi_0 + \left[R_1\tan\left(\dfrac{\gamma_1}{2}\right) + L_w + R_2\tan\left(\dfrac{\gamma_2}{2}\right)\right]\sin\alpha_w\cos\varphi_w + \\ \quad R_2\tan\left(\dfrac{\gamma_2}{2}\right)\sin\alpha_t\cos\varphi_t = N_t \\ E_0 + R_1\tan\left(\dfrac{\gamma_1}{2}\right)\sin\alpha_0\sin\varphi_0 + \left[R_1\tan\left(\dfrac{\gamma_1}{2}\right) + L_w + R_2\tan\left(\dfrac{\gamma_2}{2}\right)\right]\sin\alpha_w\sin\varphi_w + \\ \quad R_2\tan\left(\dfrac{\gamma_2}{2}\right)\sin\alpha_t\sin\varphi_t = E_t \end{cases}$$

$$(3\text{-}36)$$

其中，$\gamma_1 = \arccos[\cos\alpha_0\cos\alpha_w + \sin\alpha_0\sin\alpha_w\cos(\varphi_w - \varphi_0)]$，

　　　$\gamma_2 = \arccos[\cos\alpha_w\cos\alpha_t + \sin\alpha_w\sin\alpha_t\cos(\varphi_t - \varphi_w)]$

式中　R_1, R_2——圆弧段 1 和圆弧段 2 的造斜半径，m；

　　　α_t——靶点处的井斜角，(°)；

　　　φ_t——靶点处的井斜方位角，(°)。

（2）二维井眼轨道"圆弧段 1＋稳斜段 1＋圆弧段 2＋稳斜段 2"中靶模型。

该模型相当于在"圆弧段 1＋稳斜段＋圆弧段 2"中靶模型的基础上增加了一个稳斜段 2，避免了由圆弧段 2 直接中靶缺少调整的问题。

该模型有 8 个自由度，若将圆弧段 1、圆弧段 2 的造斜半径和稳斜段 2 的段长限定，再加

上一个井斜和方位约束下的靶点有 5 个约束,8 个自由度 8 个约束故可求解。该模型的约束方程如式(3-37)所示。

$$
\begin{cases}
H_0 + R_1 \tan\left(\dfrac{\gamma_1}{2}\right)\cos\alpha_0 + \left[R_1 \tan\left(\dfrac{\gamma_1}{2}\right) + L_{w1} + R_2 \tan\left(\dfrac{\gamma_2}{2}\right)\right]\cos\alpha_{w1} + \\
\quad \left[R_2 \tan\left(\dfrac{\gamma_2}{2}\right) + L_{w2}\right]\cos\alpha_t = H_t \\
N_0 + R_1 \tan\left(\dfrac{\gamma_1}{2}\right)\sin\alpha_0 \cos\varphi_0 + \left[R_1 \tan\left(\dfrac{\gamma_1}{2}\right) + L_{w1} + R_2 \tan\left(\dfrac{\gamma_2}{2}\right)\right]\sin\alpha_{w1}\cos\varphi_{w1} + \\
\quad \left[R_2 \tan\left(\dfrac{\gamma_2}{2}\right) + L_{w2}\right]\sin\alpha_t \cos\varphi_t = N_t \\
N_0 + R_1 \tan\left(\dfrac{\gamma_1}{2}\right)\sin\alpha_0 \sin\varphi_0 + \left[R_1 \tan\left(\dfrac{\gamma_1}{2}\right) + L_{w1} + R_2 \tan\left(\dfrac{\gamma_2}{2}\right)\right]\sin\alpha_{w1}\sin\varphi_{w1} + \\
\quad \left[R_2 \tan\left(\dfrac{\gamma_2}{2}\right) + L_{w2}\right]\sin\alpha_t \sin\varphi_t = E_t
\end{cases}
\tag{3-37}
$$

式中　L_{w1}——稳斜段 1 段长,m;

　　　L_{w2}——稳斜段 2 段长,m;

　　　α_{w1}——稳斜段 1 的井斜角,(°);

　　　φ_{w1}——稳斜段 1 的井斜方位角,(°)。

第五节　设计举例

本教材以悬链线二维单靶点井眼轨道整体设计模型为例,对轨道设计进行举例分析。

某单靶大位移井拟以悬链线中的一段作为其增斜轨道的一部分,该大位移井靶点垂深 $H_t = 2\,500$ m、水平位移 $S_t = 6\,500$ m、造斜点深度 $H_a = 500$ m、二维圆弧段曲率 $K = 2.4°/30$ m、悬链线段起点井斜角 $\alpha_1 = 20°$、悬链线段终点井斜角 $\alpha_2 = 80°$。试设计计算该大位移井轨道节点处的井深、井斜角、垂深和水平长度。

解:由题意,该二维轨道的约束数为 6,根据井眼轨道设计存在唯一结果的数学条件,轨道的自由度必须也为 6,显然,轨道"垂直段 oa + 二维圆弧段 ab + 悬链线段 bc + 稳斜段 ct"是最合理的组成形式。

为了方便计算,假设悬链线常数为 a,稳斜段 ct 的长度为 ΔL_w,圆弧过渡段的曲率半径为 R,则:

(1)圆弧段的曲率半径为:

$$R = 1/K = 180 \times 30/(2.4\pi) = 716.2\ (m)$$

(2)根据悬链线二维单靶点井眼轨道设计的基本方程,有:

$$
\begin{cases}
H_a + R\sin\alpha_1 + a\left(\dfrac{1}{\sin\alpha_1} - \dfrac{1}{\sin\alpha_2}\right) + \Delta L_w \cos\alpha_2 = 2\,500 \\
R(1 - \cos\alpha_1) + a\ln\dfrac{\tan(\alpha_2/2)}{\tan(\alpha_1/2)} + \Delta L_w \sin\alpha_2 = 6\,500
\end{cases}
$$

(3)将有关参数代入后,可以解得:

$$a = 377.48\ m$$

$$\Delta L_w = 5\ 958.47\ \text{m}$$

（4）各节点的井斜角为：

$\alpha_a = 0°$

$\alpha_b = 20°$

$\alpha_c = 80°$

$\alpha_t = 80°$

（5）各节点的井深为：

$L_a = H_a = 500\ \text{m}$

$L_b = L_a + R\alpha_b = 500 + 716.2 \times 20\pi/180 = 750(\text{m})$

$L_c = L_b + a\left(\dfrac{1}{\tan \alpha_b} - \dfrac{1}{\tan \alpha_c}\right) = 750 + 377.48\left(\dfrac{1}{\tan 20°} - \dfrac{1}{\tan 80°}\right) = 1\ 720.55(\text{m})$

$L_t = L_c + \Delta L_w = 1\ 720.55 + 5\ 958.47 = 7\ 679.02(\text{m})$

（6）各节点的垂深为：

$H_a = 500\ \text{m}$

$H_b = H_a + R\sin \alpha_b = 500 + 716.2\sin 20° = 744.95(\text{m})$

$H_c = H_b + a\left(\dfrac{1}{\sin \alpha_b} - \dfrac{1}{\sin \alpha_c}\right) = 744.95 + 377.48\left(\dfrac{1}{\sin 20°} - \dfrac{1}{\sin 80°}\right) = 1\ 465.32(\text{m})$

$H_t = H_c + \Delta L_w\cos \alpha_c = 1\ 465.32 + 5\ 958.47\cos 80° = 2\ 500(\text{m})$

（7）各节点的水平长度为：

$S_a = 0\ \text{m}$

$S_b = S_a + R(1 - \cos \alpha_b) = 0 + 716.2(1 - \cos 20°) = 43.19(\text{m})$

$S_c = S_b + a\ln \dfrac{\tan \dfrac{\alpha_c}{2}}{\tan \dfrac{\alpha_b}{2}} = 43.19 + 377.48\ln \dfrac{\tan \dfrac{80°}{2}}{\tan \dfrac{20°}{2}} = 632.05(\text{m})$

$S_t = S_c + \Delta L_w\sin \alpha_c = 632.05 + 5\ 958.47\sin 80° = 6\ 500(\text{m})$

该井的井眼轨道设计结果见表3-1。

表3-1　井眼轨道设计结果

节　点	井深/m	井斜角/(°)	垂深/m	水平长度/m
o	0	0	0	0
a	500	0	500	0
b	750	20	744.95	43.19
c	1 720.55	80	1 465.32	632.05
t	7 679.02	80	2 500	6 500

第四章 钻头选型及钻进参数设计

在钻井中,钻井进尺是通过钻头破碎岩石来完成的。由井下工具、钻铤、钻杆等部件构成的钻柱则起着为钻头传递扭矩、提供钻压的作用,同时为钻井液提供了循环通道。钻头的合理选型、井下工具的正确使用、钻柱及钻进参数的优选对安全、高效的钻井作业起着重要的作用。

第一节 钻头选型

一、钻头选型的地质基础

1. 地层岩性的种类

地层主要由石英、长石、云母、方解石、黏土等十几种矿物组成,分为火成岩、变质岩和沉积岩。

（1）火成岩（或岩浆岩）:是高热的岩浆从地球较深处侵入地壳,或喷出地表冷凝后形成的岩石。特点是无层次、块状、岩性致密而坚硬,如花岗岩、玄武岩、正长岩等。

（2）沉积岩:火成岩、变质岩和早期形成的沉积岩受风吹雨打、温度变化、生物作用、水的溶解等因素的影响,逐渐地剥蚀破碎,形成了碎屑、溶解和残余物质,后经过流水、风力、冰川、海洋的搬运,离开了原地,在适当条件下沉积下来,再经压实、胶结而形成。特点是有层理、有化石。石油大多数储存在沉积岩的孔隙、裂缝或溶洞里。

（3）变质岩:沉积岩或火成岩在地壳内部的物理化学因素（高温、高压、岩浆的同化）影响下,经过变质作用而改变了原来的成分和结构,变成了新的岩石。如石灰岩变成大理石,花岗岩变成片麻岩等。特点是具有变晶状（片状、片麻状、板状等）结构。

岩石的物理机械性质（硬度、塑性、研磨性等）与组成岩石的矿物和胶结物的性质有密切关系。不同的地层岩性对钻井工艺及钻头失效的影响不同。常见岩石综合性能见表4-1。

表4-1 常见岩石综合性能

岩性	抗压强度/MPa	弹性模量/(10^4MPa)	泊松比	硬度/MPa	塑性系数	压缩系数
膏岩	24.5(18～30)	1.11(0.9～1.3)	0.24(0.2～0.3)	535.83(400～600)	2.14(1.0～3.0)	4.75(4.0～6.0)
泥岩	36.93(20～60)	2.3(1.4～4.0)	0.11(0.1～0.6)	441.26(300～600)	1.44(1.0～2.0)	5.67(2.0～8.0)
粉砂质泥岩	30.52(20～50)	3.09(2.0～4.0)	0.19(0.1～0.3)	584.01(300～900)	1.4(1.0～1.5)	2.62(1.0～4.0)
泥质粉砂岩	21.14(20～50)	2.45(1.5～4.0)	0.15(0.1～0.2)	346.0(300～600)	0.157(1.0～2.0)	3.6(1.0～5.0)

岩性	抗压强度/MPa	弹性模量/(10⁴ MPa)	泊松比	硬度/MPa	塑性系数	压缩系数
泥质灰岩	44.23(30~50)	4.15(3.0~5.0)	0.17（0.1~0.2）	776.0(300~1 000)	1.66(1.0~2.0)	1.37(1.0~2.0)
石灰岩	44.8(30~50)	2.04(1.5~3.0)	0.18(0.1~0.2)	1 124.34(800~1 200)	1.52(1.0~1.6)	3.18(0.8~4.0)
白云岩	37.15(30~60)	4.86(2.0~9.0)	0.21(0.1~0.3)	1 218.68(800~1 300)	1.43(1.0~1.5)	1.38(0.7~3.0)

2.地层岩性的种类和特点

(1)黏土和黄土:直径 0.01 mm 以下的黏土矿物微粒组成的沉积岩。

(2)泥岩及页岩:黏土类的沉积物经成岩作用而形成的岩石。成块状为泥岩,呈薄片层状的为页岩。含石油、沥青丰富,可提炼石油的页岩称为油页岩。

(3)砂岩:砂粒经胶结在一起形成的岩石。直径 0.5~1 mm 叫粗砂岩,直径 0.25~0.5 mm 叫中砂岩,直径 0.1~0.25 mm 叫细砂岩,直径 0.01~0.1 mm 叫粉砂岩。砂岩有孔隙,可储存流体。孔隙大的砂岩与裂缝发育的灰岩都是渗透性好的岩石。

(4)砾岩:岩石的颗粒直径大于 1 mm 叫砾石。由砾石和胶结物形成的岩石叫砾岩。砾岩分为粗砾岩、中砾岩和细砾岩三种。形状不一且带有棱角的叫角砾岩。

(5)石灰岩:主要成分为碳酸钙。在海洋或陆地湖泊内由化学沉积作用生成,呈块状,比较致密和坚硬。石灰岩分为(纯质)石灰岩、泥灰岩、砂质灰岩、泥质灰岩、白云岩和介壳灰岩(生物骸壳沉积成岩)。含泥质的灰岩塑性较大,质纯的灰岩脆硬。

3.地层岩石可钻性与分级

岩石的可钻性决定钻进时岩石破碎的难易程度,是合理选择钻进方法、钻头结构及钻进过程参数的依据。对地层岩石可钻性进行分析,能了解钻头选型的合理性和对地层的适应能力。以钻头的机械钻速和进尺的乘积作为衡量指标。

(1)影响岩石可钻性基本的属性:岩石的矿物成分和结构构造、密度、孔隙度、含水性及透水性。力学性质有硬度、强度、弹性、脆性、塑性和研磨性等。一般造岩矿物中石英多、胶结牢固、颗粒细小、结构致密、未经风化和蚀变的岩石,其可钻性差,岩石的硬度和强度高、研磨性强。

(2)影响可钻性的工艺因素:加在钻头上的压力、转速、钻井液类型和井底岩屑的排出(排屑)情况等。

(3)影响可钻性的技术条件:钻探设备、钻孔直径和深度、钻进方法、破岩工具的结构和质量等。地质矿场部采用平均钻进时效,按指数分布规律,制订了适用于金刚石、硬质合金和钢粒钻进的岩石可钻性分级列于表 4-2。

表 4-2　岩石可钻性分级

岩石级别	钻进时效统计效率/(m·h⁻¹)			代表性岩石举例
	金刚石	硬合金	钢粒	
1~4		>3.90		粉砂质泥岩,碳质页岩,粉砂岩,中粒砂岩,透闪岩,煌斑岩
5	2.9~3.6	2.5		硅化粉砂岩,滑石透闪岩,橄榄大理岩,白色大理岩,石英闪长砂岩,黑色片岩,透灰石大理岩,大理岩
6	2.3~3.1	2.0	1.50	黑色角闪斜长片麻岩,白云斜长片麻岩,石英白云石大理岩,黑云母大理岩,白云岩,蚀变角闪长岩,角闪变粒岩,角闪岩,黑云石英片岩,角岩,透辉石榴石矽卡岩,黑云白云石大理岩

续表 4-2

岩石级别	钻进时效统计效率/(m·h⁻¹)			代表性岩石举例
	金刚石	硬合金	钢粒	
7	1.9～2.6	1.40	1.35	白云斜长片麻岩,石英白云石大理岩,透辉石化闪长砂岩,混合岩化浅粒岩,黑云角闪斜长岩,透辉石岩,白云石大理岩,蚀变石英闪长砂岩,石英闪长玢岩,黑云母石英片岩
8	1.5～2.1		1.20	花岗岩,矽卡岩化闪长玢岩,石榴石矽卡岩,石英闪长斑岩,石英角闪岩,黑云母斜长角闪岩,混合伟晶岩,黑云母花岗岩,斜长闪长岩,斜长角闪岩,混合片麻岩,凝灰岩,混合浅粒岩
9	1.1～1.7		1.00	混合岩化浅粒岩,花岗岩,斜长角闪岩,混合闪长岩,钾长伟晶岩,橄榄岩,斜长混合岩,闪长玢岩,石英闪长玢岩,似斑状花岗岩,斑状花岗闪长岩
10	0.8～1.2		0.75	硅化大理岩,矽卡岩,混合斜长片麻岩,钠长斑岩,钾长伟晶岩,斜长角闪岩,长英质混合岩化角闪岩,斜长岩,花岗岩,石英岩,硅质凝灰砂砾岩,英安质角砾熔岩
11	0.5～0.95		0.50	凝灰岩,熔凝灰岩,石英角岩,英安岩
12	<0.60			石英角岩,玉髓,熔凝灰岩,纯石英岩

4. 主要油田地层岩性

包括中原、胜利、华北、辽河、四川、塔里木和吐哈油田的地层岩性,列于表 4-3～4-6。

表 4-3 中原、胜利、华北、辽河油田主要地层岩性

地 层			厚度/m	岩性特征
系	组	段		
四系	平原组(华北)		200～400	黏土质、粉细砂、冲积砂砾层
上三系	明化镇组		107～2 400	下细上粗的砂泥岩互层
	馆陶组			细的砂泥岩沉积,底部为石英、燧石、砾石层
	东营组		300～2 000	红色泥岩、砂岩不等厚互层夹碳质泥岩、油页岩
下第三系	沙河街组	沙一	2 500～2 400	上段红色泥岩夹砂岩,局部夹油页岩、泥灰岩;下段泥岩、油页岩、钙质页岩、泥灰岩、生物灰岩
		沙二		顶部,红色含膏泥岩;上部,红灰色泥岩;底部,砂岩发育
		沙三		顶部,泥灰岩、生物灰岩、灰色泥岩夹砂岩、粉砂岩;中部,泥岩、油页岩、钙质页岩、灰质泥岩砂岩、粉细砂岩互层、灰色泥岩、含钙泥岩;底部,夹钙质页岩、泥灰岩、泥质白云岩
		沙四		上部,膏泥岩、泥岩、石膏、碳酸盐岩互层,间夹玄武岩;中部,暗色泥岩与砂岩互层;下部,砂岩、含砂砾岩
	孔店组	一	(华北地区)	顶部,灰色含膏泥岩砂砾岩、泥岩互层
		二		蓝灰色膏泥岩、白云岩
		三		杂色砂砾岩、砂质泥岩
		中原	220～750	紫红色泥岩与石英粉砂岩互层夹灰质泥岩、硅质粉砂岩、黑色玄武岩
		胜利	600 以上	泥岩、白云质泥岩夹钙质砂岩、粉砂岩、碳质泥岩,中部有含砾砂岩

地 层			厚度/m	岩性特征
系	组	段		
白垩系	华北			灰色泥岩、火山喷发岩
	胜利			上部,红色砂岩、泥岩、砾质岩;下部,安山岩、煌斑岩、凝灰岩夹红色砂岩、泥岩
	房身泡组		辽河 ~1 204	玄武岩、辉石、橄榄玄武岩、蚀变玄武岩夹泥岩
	孙家湾组			砾岩、砂砾岩、砂岩夹泥岩
侏罗系	九佛堂、沙海、阜新组			泥岩、页岩为主,钙质砂岩及煤层
	义县组			中酸性火山岩
	小东沟组			角砾岩
	辛庄组~窑坡组		华北 ~800	中基性火山岩、火山喷发岩、泥岩夹细砂岩及煤层
			~1 000	砂岩、泥岩互层夹煤层
二叠系	石千峰组~下石盒子组		中原	红色泥岩、粉砂岩互层,上部含灰质砂岩
	山西组			泥岩、白云质泥岩、粉细砂岩互层,中部含煤层集中段
	胜利		350~520	上统,泥岩、长石砂岩、砂质页岩、石英砂岩互层;下统,泥岩、砂岩、碳质泥岩、煤层、铝土质泥岩;底部厚层石英砂岩
石炭系			200	暗色泥岩、碳质泥岩夹砂岩及薄煤层、石灰岩、长石、石英砂岩
	华北		~300	煤系地层夹石灰岩
	太原组~本溪组		中原	铁铝页岩、石灰岩、煤层、砂页岩、火成岩
奥陶系				隐微晶石灰岩、白云岩、膏角砾状白云岩、硬石膏等
	峰峰组~下马家沟组		华北 400~720	石灰岩夹白云岩、泥灰岩
	治里~亮甲山组		40~1 340	白云岩、石灰岩含燧石条带
	辽河			厚层石灰岩
	八陡组、上、下马家沟组		360~790	中、上部,深灰色石灰岩、燧石结核灰岩、豹皮灰岩、化石;下部,黄灰色泥质白云岩夹角砾状灰岩
	治里~亮甲山组		90~125	上部,中细晶或粗晶白云岩,富含燧石结核或条带;下部,结晶白云岩夹竹叶状白云岩
寒武系	凤山组		胜利 110	结晶白云岩夹泥质条带灰岩
	长山组、崮山组		95~150	泥质条带灰岩、竹叶状灰岩夹灰绿色页岩
	张夏组		180~190	厚层鲕状灰岩、石灰岩
	徐庄组、毛庄组		110~160	页岩夹鲕状灰岩、石灰岩和海绿石砂岩
	馒头组		95~150	紫红色页岩与石灰岩互层,底部夹硅质或燧石隐晶白云岩
	华北		500~700	泥岩、泥质灰岩、鲕灰岩,俯君山组以白云岩为主
	辽河		辽河	粉砂岩、页岩、石灰岩
青白口系(华北)			0~360	泥岩、石英砂岩、泥灰岩

续表 4-3

地层			厚度/m		岩性特征
系	组	段			
蓟县系	铁岭~洪水庄		0~388	华北	灰质白云岩、泥岩
	雾迷山组				微细晶白云岩、隐微晶白云岩夹泥质白云岩,底部夹石英砂岩
	杨庄组				浅灰白云岩、泥云岩
元古	辽河				白云岩、白云质灰岩、石英砂岩
太古					混合花岗岩、角闪变粒岩、花岗片麻岩
太山群			15 000		伟晶岩脉带,非破裂带

表 4-4 四川油田主要地层岩性

地层			厚度/m	岩性特征
系	组	段		
第三系	大邑组		~150	灰色砾岩夹岩屑透镜体
	芦山组、名山组		400~1 000	棕红色泥质粉砂岩及泥岩
白垩系	夹关组		380~700	块状砾岩、砂岩夹泥岩
	灌口组		440~1 250	红色泥质粉砂岩夹薄层泥灰岩,含石膏及钙芒硝,底部有砾岩层
	天马山组		200~400	红色泥岩夹多层厚层块状砾岩及砂岩,普遍存在底砾岩
侏罗系	蓬莱镇组		650~1 400	粉砂岩、石英砂岩及紫红色泥岩互层。龙泉山、乐山一带出现页岩、灰岩
	遂宁组		300~500	棕红色泥岩、砂质泥岩夹泥质粉砂岩
	上沙溪庙组		880~1 460	泥岩、砂质泥岩与长石石英砂岩互层。底部薄层含叶肢介页岩
	下沙溪庙组		220~600	紫红色及灰紫色泥岩、砂质泥岩夹灰绿色泥质粉砂岩、细砂岩
	自流井群	凉高山段	200~900	页岩、砂岩、泥岩互层夹介壳灰岩及介屑砂岩
		大安寨段		灰色介壳灰岩与黑色页岩互层,下部及顶部紫红色泥岩夹泥灰岩
		马鞍山段		泥灰岩夹薄层粉砂岩
		东岳庙段		页岩夹灰岩、介壳灰岩
		珍珠冲段		泥岩夹薄层石英砂岩
				上部,泥岩、砂岩、砾岩互层,夹泥灰岩、介壳灰岩透镜体;底部,石英质砾岩;中下部,砂岩、泥页岩互层夹薄煤层
三叠系	须家河	须四~须二	200~3 000	暗色页岩、泥岩、碳质页岩与厚层块状长石石英砂岩、粉砂岩互层,夹菱铁矿、泥灰岩
		须一	50~4 000	灰白色薄至中层粉砂岩、细砂岩夹泥质粉砂岩、页岩、碳质页岩及煤层
	雷口坡组	雷五	~1 200	厚层块状灰岩,局部鲕状灰岩
		雷四		白云岩夹薄层硬石膏及泥岩
		雷三		薄至中厚层灰岩、白云岩、盐岩夹石膏
		雷二		泥质白云岩与硬石膏互层
		雷一		泥质白云岩、白云岩夹页岩,底部为硅钙硼石—绿泥岩
	嘉陵江组	嘉五	400~600	石膏质白云岩、鲕状灰岩夹硬石膏
		嘉四、三		依次为厚层硬石膏夹岩盐及白云岩、灰岩;中厚层灰岩夹白云质灰岩、白云岩
		嘉二		薄至中层白云岩与硬石膏互层夹灰岩
		嘉一		灰岩夹少量泥灰岩、鲕状生物灰岩
	飞仙关组		400~1 000	二、四段以紫红色钙质泥岩、砂质泥岩为主,夹泥灰岩及生物灰岩
				一、三段以灰岩、泥灰岩为主

地层			厚度/m		岩性特征
系	组	段			
二叠系	长兴组		乐平	50～200	灰岩、生物灰岩夹泥质灰岩、硅质岩、硅质结核,顶底有泥灰岩及铝土层
	龙潭组				泥质岩、砂岩夹煤层,含黄铁矿粒,夹灰岩、硅质岩、硅质结核
	峨眉山玄武岩			～1 500	厚层斑状玄武岩及含铁玄武岩
	茅口组		阳新统	200～300	中上部:厚层块状灰岩、生物灰岩含硅质结核
					下部:灰岩、泥质灰岩夹黑色页岩
	栖霞组			100～200	块状灰岩、泥质灰岩夹硅质灰岩
	梁山组				页岩、铝土质页岩夹薄层泥灰岩、细砂岩及薄煤层,含黄铁矿、菱铁矿
寒武系	洗象池群			220～800	厚层块状白云岩、泥质白云岩,局部为粉砂岩、砂质白云岩夹泥岩
	遇仙寺组				灰褐色白云岩夹粉砂岩,底部为粉砂岩、砂质白云岩夹泥页岩
	九老洞组			400～1 600	上部:白云质灰岩、白云岩,夹粉砂岩、泥页岩、薄层石膏。中部:泥岩、粉砂岩。下部:黑色页岩、粉砂岩夹泥质灰岩,底部有含磷层

表 4-5 塔里木油田主要地层岩性

地层			厚度/m	岩性特征
系	统	组		
上三系			～12 603	细、粉砂岩、泥岩为主,局部夹膏质泥岩
下三系			～1 953	杂色砂岩、粉砂岩、泥岩。西南坳陷区发育灰岩、石膏,巴楚隆起为膏泥岩、石膏
白垩系			～2 070	红色碎屑岩,下部夹膏泥岩。西南坳陷区顶部为膏泥岩、石膏,下部为泥岩、介壳灰岩
侏罗系	上统			红色、杂色泥岩及砂岩
	下统		～4 880	砂岩、砾状砂岩、碳质泥岩、煤层、菱铁矿
三叠系				上部:泥岩、碳质泥岩夹粉砂岩。中部:砂岩、砾状砂岩、碳质泥岩互层。下部:砾岩、砂岩夹泥岩、碳质泥岩
二叠系	上统		～970	砂岩、泥岩互层,杜瓦组底部为块状砂砾岩
	下统	开派兹雷克组、库普库		上部:玄武岩、辉绿岩夹砂岩、泥岩、凝灰岩、钙质粉砂岩。下部:细、粉砂岩,泥岩不等厚互层
		康克林组(P1kk)		微晶生物灰岩、钙质泥岩韵律互层
		丘达依萨依组(C2—P1q)		亮晶颗粒灰岩、藻灰岩、生物泥晶灰岩夹石英砂岩
石炭系		小海子组(C2xh)		泥、微晶灰岩、生物碎屑灰岩、鲕粒灰岩、白云岩夹泥岩、粉砂岩
		比京乌他组(C2bj)		泥、微晶灰岩,底部与石英砂岩不等厚互层
		卡拉萨依组(C1kl)	300～2 000	上部:泥页岩、粉砂岩及煤线。中部:灰岩夹泥岩。下部:膏泥岩、砂泥岩夹石膏
		巴楚组(C1b)		微晶、泥晶生物灰岩;石英砂岩夹膏泥岩,角砾化泥岩、长石石英砂岩互层;白云质角砾岩

地 层			厚度/m	岩性特征
系	统	组		
泥盆系	上统		~5 500	紫红色含砾砂岩、砾岩、紫红色含钙质结核砂岩夹砾岩
	中、下统			紫红色泥岩、粉砂质泥岩、砂岩互层
志留系				砂岩、泥质粉砂岩、粉砂质泥岩、泥岩互层
奥陶系	上统、中统		500~4 000	泥晶、瘤状泥晶灰岩与钙质泥岩、页岩互层,局部地区火山岩,泥灰岩、泥质岩互层,钙石砂岩、粉砂岩、泥岩、页岩韵律互层
	下统			微晶生物灰岩、藻灰岩,蓬莱坝组中下部含白云岩硅质层,满加尔地区,暗色硅质岩、页岩、泥灰岩
寒武系	上统		300	微晶白云岩、叠层石白云岩含硅质条带,塔东暗色泥灰岩、泥晶灰岩
	下统			白云岩、泥岩、灰岩互层,底部为磷块岩、硅质岩,上部含燧石灰岩
震旦系	上统			微晶藻白云岩、泥岩、砂岩
	下统			砂砾岩,局部夹火山岩、冰碛岩

表 4-6　吐哈油田主要地层岩性

地 层			厚度/m	岩性特征
系	群	组		
第 四 系				灰黑、灰绿色砾石层
第三系		葡萄沟组	~900	中上部为粉砂岩夹砾岩及粗砂岩。下部为泥岩夹粗砂岩、砾岩、泥灰岩薄层
		桃树园组	250~1 517	红色砂泥岩夹厚层中、粗砂岩,富含钙质及石膏脉,底部为灰白色砾岩
		善群	~350	上部为厚层砂泥及中砂岩,含石膏脉。下部为砾岩、砂岩夹砂泥岩,含方解石脉及钙质结核。底部为石灰质砾岩
白垩系		库木塔克组	20~123	厚状细砾岩、砾状砂岩、中细砂岩夹泥岩条带
		吐克鲁群	~1 030	细砂岩、粉砂岩与泥岩互层
				红色块状-厚层砂岩、砾石互层
侏罗系		喀拉扎组	35~655	北部地区为厚层砾岩夹砂岩
				中部地区为砂质泥岩与砂岩互层
		齐古组	20~1 800	砂泥岩、细砂岩,泥质层多而厚
		七克台组	232~400	泥岩、砂泥岩、砂岩互层,含脉状石膏和大量化石,夹泥灰岩薄层
		三间房组	~1 100	上部为砂泥岩、粉砂岩夹透镜体砂岩,碳质泥岩及煤线。中部为砂泥岩、砂岩不等厚互层。下部为细砾岩、中粗砂岩与砂岩互层
		西山窑组	30~1 400	厚层粗砂岩与暗色泥岩互层,夹薄层菱铁矿、炭质泥岩和煤线、煤层
三叠系		三工河组	~1 200	泥岩、泥页岩夹中厚层状细砂岩、粉砂岩,薄层叠锥灰岩、菱铁矿透镜体及炭质泥岩。砂岩,碳质泥岩及煤线

地层			厚度/m	岩性特征
系	群	组		
三叠系		八道湾组	300～1 400	砾岩、砂岩及砂泥岩、炭质泥岩的不等厚互层,夹煤层及菱铁矿透镜体
	小泉沟群		315～	中上部以泥岩、砂泥岩为主,含菱铁矿结核,向下砂岩增多
				下部为粗砂岩、块状砾岩,钙质胶结,致密坚硬
	上仓房沟群		200	厚层状砾岩、砾状砂岩、粗砂岩为主,夹砂泥岩及薄层石灰岩,含钙质结核,方解石脉
二叠系	下仓房沟群		380～560	泥岩、细砂岩、砾岩不等厚互层,夹煤线及石灰岩薄层,含钙质结核
	桃东沟群		～1 058	中上部为泥岩、泥页岩夹砂岩、粉砂岩、泥质灰岩。下部为块状砾岩,含砾粗砂岩
	阿奇克拉群		77～3 584	砾岩、砂岩、粉砂岩夹灰白色硅质灰岩和生物碎屑灰岩,见玄武岩、霏细岩
石炭系			8 500	凝灰质砾岩、砂岩、硅质岩,夹部分石灰岩和中酸性火成岩。三道岭、黑山等地出露厚层石英岩。南部板岩夹薄层石英岩、玄武岩及部分变质岩

二、钻头选型的方法

钻头类型的选择对钻井速度影响很大,往往由于钻头选型不当,使得钻井速度慢、成本高。正确地选择钻头,一方面要对现有钻头的工作原理与结构特点有清楚的了解,另一方面还应对所钻地层岩石物理机械性能有充分的认识。钻头特性与地层性质的合理匹配是钻头选择的基本出发点。

1.钻头选型的原则

(1) 选择哪种型号、规格的钻头,最重要的依据就是地层。设计者应从地质部门提供的地层柱状剖面图上找到岩性描述,根据所钻岩石的机械性能,包括岩石硬度、塑脆性、研磨性、可钻性等数据,作为选择钻头类型的依据。

(2) 不同的钻头类型,其破岩机理及适用的地层有所不同,设计者应对各种类型钻头的工作原理有充分的了解,这是合理选择钻头的重要环节。

(3) 对设计井所在地区已使用的钻头资料进行详细分析、评价,作为钻头选型的比较标准,这是合理选择和使用好钻头的重要依据。

除上述原则之外,钻头选型时还应考虑:

(1) 浅井段:由于岩石胶结疏松,宜选择能获得高机械钻速的钻头。

(2) 深井段:由于起钻时间长,宜选用获得较大进尺的钻头。

(3) 若所钻地层含有砂岩夹层,则应考虑用镶齿保径钻头。

(4) 对易产生井斜的地层,宜选用无移轴、无保径、齿多而短的钻头。

(5) 若起出钻头的外排齿磨损严重而中间齿的磨损较轻,则应改选带保径齿的钻头。

(6) 若牙齿磨损速率比轴承磨损速率低得多,应选择一种较长牙齿,较好的轴承设计,或在使用中施加更大的钻压。

2.常用的钻头选型方法

(1) 钻头性能法。

钻头生产厂家通过大量的试验,对各型钻头的适用情况进行了界定,形成了钻头产品目录。根据钻头产品目录,结合所钻地层性质选择钻头类型,基本能够做到对号入座,匹配合理。表 4-7 为国产三牙轮钻头产品目录。

表 4-7　国产三牙轮钻头产品目录

地层性质		极软	软	中软	中	中硬	硬	极硬
形式	形式代号	1	2	3	4	5	6	7
	原形式代号	JR	R	ZR	Z	ZY	Y	JY
适用岩石举例		泥　岩 石　膏 盐　岩 软页岩 白　垩 软石灰岩		中软页岩 硬石膏 中软石灰岩 中软砂岩	硬页岩 石灰岩 中软石灰岩 中软砂岩	石英砂岩 硬白云岩 硬石灰岩 大理岩		燧石岩 花岗岩 石英岩 玄武岩 黄铁矿
钻头颜色		乳白	黄	淡蓝	灰	墨绿	红	褐

例:某井井深 4 000 m,石灰岩地层,试选用国产三牙轮钻头类型。

根据国产三牙轮钻头产品目录,适合一般石灰岩地层的钻头类型有 3 型和 4 型。考虑到井深较大,建议选用 4 型国产三牙轮钻头。

即使同一种岩性,其物理机械性能差别也很大,所以仅根据岩性按钻头产品目录来确定钻头类型是不够全面的,还应收集邻近井相同地层钻过的钻头资料及上一个钻头的磨损分析,结合本井的具体情况来选择。

金刚石钻头价格高昂,要取得良好的经济效益,关键在于根据地层岩性(硬度、研磨性、硬夹层的多少及分布)及井队的装备条件(钻机及钻井液的工作能力、是否配备井下动力钻具等),准确选用对号的金刚石钻头。金刚石钻头的选用可参考表 4-8。

表 4-8　金刚石钻头

岩石级别	极软	软	中软	中	中硬	硬	坚硬
适用钻头	←大复合片钻头→						
		←PDC 钻头→					
				←马赛克钻头→			
				←巴拉斯钻头→			
							←天然金刚石钻头→

从原则上来说,大复合片钻头适用于极软—软并且黏性极强的页岩、泥岩地层,该地层若采用普通的 PDC 钻头容易泥包;PDC 钻头适用于均质、夹层较少的软地层;马赛克钻头适用于中软—中硬地层,同时也适用于含有较多夹层,用普通 PDC 钻头难以取得经济效益的软地层;巴拉斯钻头适用于中—中硬并带有一定研磨性的地层,特别是石灰岩、白云岩、泥灰岩、页岩等地层;天然金刚石钻头则适用钻进硬—坚硬、研磨性高的地层。

(2)最低成本法。

经济效益是衡量各种产品价值的主要标准,也是选择产品类型与合理使用的主要指标。为此,对于钻头的选型与合理使用应按每米成本最低来考虑。目前常用每米成本计算公式为:

$$C_t = \frac{C_b + C_r(t_t + t)}{H_b} \tag{4-1}$$

式中 C_t——每米成本,元/m;

C_b——钻头成本,元;

C_r——钻机运转费用,元/h;

t_t——起下钻及接单根时间,h;

t——钻头工作时间,h;

H_b——钻头进尺,m。

现举例说明利用公式进行钻头选型的方法。

例:胜利油田莱 1-51 井与莱 1-271 井在某井段分别使用引进钻头8½ in J22 与国产钻头8½ in P_2 型钻头钻进,钻进条件基本相同,试比较这两种类型钻头在该井段钻进时哪种类型钻头经济上最合理。钻头钻进指标见表4-9。

表 4-9 钻头钻进指标

井号	钻头型号	钻进井段/m	进尺/m	钻头工作时间/h	平均钻速/(m·h⁻¹)	钻头数/只
莱 1-51	8½ in J_{22}	2 129~2 674	545	111.85	4.87	1
莱 1~271	8½ in P_2	2 112-2 696	584	81.70	7.15	5

根据钻头选型的每米成本公式,已知 C_b:P_2 型按 600 元/只,J_{22} 按 8 000 元/只;t_t:2 000~2 500 m 起下钻一次按 10 h;C_r:大庆Ⅰ型钻机暂按 180 元/h。

国产 P_2 钻头每米成本:

$$C_t = \frac{600 \times 5 + 180 \times (10 \times 5 + 81.70)}{584} = 45.73(元/m)$$

引进 J_{22} 钻头每米成本:

$$C_t = \frac{8\ 000 + 180 \times (10 + 111.85)}{545} = 54.94(元/m)$$

所以用国产 P_2 型钻头钻进 584 m 比用引进 J_{22} 钻头节约:

$$584 \times (54.94 - 45.73) = 5\ 378.64(元)$$

从成本计算公式中可以看出,它是一个综合指标,能全面反映钻头的进尺、起下钻时间、钻头机械钻速、钻头的价格、钻机运转费用等各个因素,所以是较为合理的标准。如果仅考虑钻头的进尺与钻头的使用时间,往往造成某些错误的概念,如在同一井段钻进的两只钻头,第一只钻头指标是进尺 200 m,使用时间 50 h,第二只钻头指标是 200 m,使用时间 80 h,若按钻头进尺多与使用时间长来考虑,会得出第二只钻头比第一只钻头指标高的错误结论。因而,会造成在钻头使用中,转速与钻压比钻头厂家推荐值低得多,以达到延长钻头使用时间,提高纯钻进时间与生产时效。最终造成钻井成本的增加,同时拖长了建井周期。

(3)比能法。

比能指破碎单位体积岩石所需要的能量。数学表达式为:

$$E_S = \frac{WS}{AZ} \tag{4-2}$$

式中 E_S——比能;

W——力(钻压);

A —— 面积；

S —— 位移；

Z —— 高度。

钻井工程中,在钻压 W 作用下,设转盘转速为 n,钻头直径为 D_b,机械钻速 V_m,将这些数据代入(4-2)式并化简得:

$$E_s = \frac{0.24Wn}{D_bV_m} \tag{4-3}$$

式中各物理量的意义同前,其单位分别为: E_s,GJ/m^3; W,kN; n,r/min; D_b,mm; V_m,m/h。

在(4-3)式中,采用 Amoco 二元钻速方程:

$$V_m = KW^dn^\lambda \tag{4-4}$$

式中 d —— 钻压指数；

λ —— 转速指数；

K —— 钻速系数。

将式(4-4)代入式(4-3)并化简,得:

$$E_s = \frac{0.24W^{1-d}n^{1-\lambda}}{KD_b} \tag{4-5}$$

式(4-5)中,当 W,n,K,D_b 一定时,比能 E_s 与 d,λ 有关。而钻压指数 d、转速指数 λ 正是反映岩石可钻性与钻头适应性的特征参数。在一定条件下,若所选钻头类型与岩石可钻性适应,则 $d \uparrow$,$\lambda \downarrow$,而 $E_s \downarrow$,因此可根据比能 E_s 的大小来评选钻头类型,即在同样的钻井条件下,选比能最小的钻头类型。

比能法评选钻头的步骤:

① 初选同一区域,同一层段已使用的钻头中经济指标高的钻头。

② 计算初选各类型钻头的标准比能。

③ 比较比能值,比能值最小的钻头即所选钻头类型。

三、牙轮钻头类型及选用方法

1. 牙轮钻头的类型

（1）国产三牙轮钻头分类及型号表示法。

国产三牙轮钻头标准中规定,根据钻头结构特征,钻头分为铣齿钻头及镶齿钻头两大类,共 8 个系列,见表 4-10;钻头的类型与适应的地层见表 4-11。

表 4-10   国产三牙轮钻头系列

类别	系 列 全 称		代号
	全　　称	简　　称	
铣齿钻头	普通三牙轮钻头	普通钻头	Y
	喷射式三牙轮钻头	喷射式钻头	P
	滚动密封轴承喷射式三牙轮钻头	密封钻头	MP
	滚动密封轴承保径喷射式三牙轮钻头	密封保径钻头	MPB
	滑动密封轴承喷射式三牙轮钻头	滑动轴承钻头	HP
	滑动密封轴承保径喷射式三牙轮钻头	滑动保径钻头	HPB

续表 4-10

类别	系列全称		代号
	全　称	简　称	
镶齿钻头	镶硬质合金齿滚动密封轴承喷射式三牙轮钻头	镶齿密封钻头	XMP
	镶硬质合金齿滑动密封轴承喷射式三牙轮钻头	镶齿滑动密封钻头	XH

表 4-11　国产三牙轮钻头类型与适应地层

地层性质		极软	软	中软	中	中硬	硬	极硬
类型	类型代号	1	2	3	4	5	6	7
	原类型代号	JR	R	ZR	Z	ZY	Y	JY
适用岩石举例		泥　岩 石　膏 盐　岩 软页岩 白　垩 软石灰岩		中软页岩 硬石膏 中软石灰岩 中软砂岩	硬页岩 石灰岩 中软石灰岩 中软砂岩	石英砂岩 花岗岩 硬石灰岩 大理岩		燧石岩 花岗岩 石英岩 玄武岩黄铁矿
钻头体颜色		乳白	黄	浅蓝	灰	墨绿	红	褐

国产牙轮钻头型号表示方法如下：

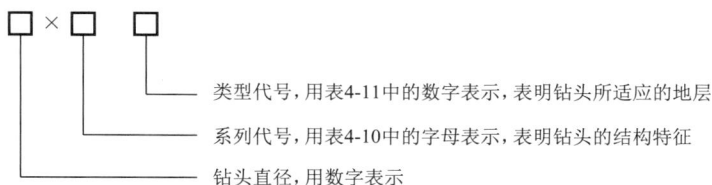

□×□ □

类型代号,用表4-11中的数字表示,表明钻头所适应的地层

系列代号,用表4-10中的字母表示,表明钻头的结构特征

钻头直径,用数字表示

例：用于中硬地层、直径为 $8\frac{1}{2}$ in(215.9 mm)的镶齿滑动密封轴承喷射式三牙轮钻头的型号为 $215.9 \times HP5$。

（2）IADC 牙轮钻头分类方法及编号。

在全世界,牙轮钻头的生产厂家众多,类型和结构繁杂,为了便于牙轮钻头的选择和使用,国际钻井承包商协会（IADC—International Association of Drilling Contractors）于 1972 年制定了全世界第一个牙轮钻头的分类标准,各钻头厂家生产的钻头虽有自己的代号,但都标注了相应的 IADC 编号。1987 年 IADC 将原有分类方法及编号进行了修改和完善,形成了现在的分类及编号方法。

IADC 规定,每一类钻头用四位字码进行分类及编号,各字码的意义如下：

第一位字码为系列代号,用数字 1～8 分别表示 8 个系列,表示钻头牙齿特征及所适用的地层。1～8 表示的意义如下：

1——铣齿,低抗压强度高可钻性的软地层；

2——铣齿,高抗压强度的中到中硬地层；

3——铣齿,中等研磨性或研磨性的硬地层；

4——镶齿,低抗压强度高可钻性的软地层；

5——镶齿,低抗压强度的软到中硬地层;

6——镶齿,高抗压强度的中硬地层;

7——镶齿,中等研磨性或研磨性的硬地层;

8——镶齿,高研磨性的极硬地层。

第二位字码为岩性级别代号,用数字1～4分别表示钻头所适用的地层,依次从软到硬分为四个等级。

第三位字码为钻头结构特征代号,用数字1～9表示,其中1～7表示钻头轴承及保径特征,8与9留待未来的新结构特征钻头用。1～7表示的意义如下:

1——非密封滚动轴承;

2——空气清洗、冷却,滚动轴承;

3——滚动轴承,保径;

4——滚动、密封轴承;

5——滚动、密封轴承,保径;

6——滑动、密封轴承;

7——滑动、密封轴承,保径。

第四位字码为钻头附加结构特征代号,用以表示前面三位数字无法表达的特征,用英文字母表示。目前IADC已定义了11个特征,用下列字母表示:

A——空气冷却;

C——中心喷嘴;

D——定向钻井;

E——加长喷嘴;

G——附加保径/钻头体保护;

J——喷嘴偏射;

R——加强焊缝(用于顿钻);

S——标准铣齿;

X——楔形镶齿;

R——圆锥形镶齿;

Z——其他形状镶齿。

有些钻头,其结构可能兼有多种附加结构特征,则应选择一个主要的特征符号表示。

(3)江汉牙轮钻头分类方法及编号。

江汉钻头厂引进了美国休斯公司三牙轮钻头和金刚石钻头制造技术。

江汉三牙轮钻头型号表示方法如下:

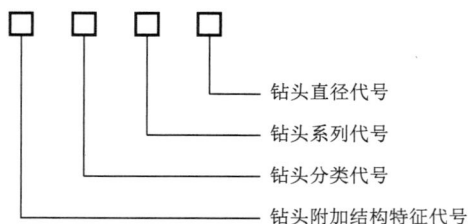

钻头直径代号
钻头系列代号
钻头分类代号
钻头附加结构特征代号

① 钻头直径代号。

钻头直径代号用数字(整数或分数)表示,代表钻头直径英寸数,各种规格的钻头直径应符合 SY/T 5164 的规定。特殊情况下,用户定制的非标尺寸钻头可以直接用公制尺寸表示。

示例:直径代号为 $8\frac{1}{2}$,表示钻头直径为 $8\frac{1}{2}$ in、公制尺寸 215.9 mm。

② 钻头系列代号。

钻头系列及代号见表 4-12。

系列代号由 1~3 个字母组成。对于 H,HA,HJ,FA,FJ,GA,GJ,W 等系列,含义如下:

第 1 个字母表示轴承结构特征。现有三种轴承结构:

H——滑动轴承;

G——滚动轴承;

F——浮动轴承。

注:W 系列——非密封滚动轴承。

第 2 个字母表示密封结构。现有三种密封结构,其中 W 系列无第 2 个字母,表示非密封。

A——橡胶密封;

J——金属密封。

第 3 个字母表示特殊结构。现主要有两种特殊结构:

T——特别保径;

S——副齿。

对于 MD,HF,SWT,Q 等系列钻头,其组合字母含义分别为:

MD——高速马达钻头系列,适用定向井、水平井、高温深井钻井;

HF——硬地层钻头系列,适用深井硬地层,如火成岩、花岗岩;

SWT——高效钢齿钻头系列,适合高转速,软或中软地层钻进;

Q——气体钻井牙轮钻头系列,适用以气体作为循环介质的欠平衡钻井。

③ 钻头分类号。

钻头分类号采用 SY/T 5164 的分类规定,用一组 3 位数字组成,首位数表示钻头切削结构类别及地层系列号,第 2 位数为地层分级号,末位数为钻头结构特征代号。钻头分类号见表 4-12 和 4-13。

表 4-12　江汉三牙轮钻头系列代号

序号	轴承及密封主要结构特征	系列代号	特殊系列		
			T(特别保径)	D(等磨损齿)	B(双流道低喷嘴座)
1	滑动轴承橡胶密封	H	HT	HD	HB
2	滑动轴承橡胶密封改进型	HA	HAT	HAD	HAB
3	滑动轴承金属密封	HJ	HJT	HJD	HJB
4	滑动轴承浮动密封	HF	HFT	HFD	HFB
5	浮动轴承橡胶密封改进型	FA	HAT	FAD	FAB
6	浮动轴承金属密封	FJ	FJT	FJD	FJB

序号	轴承及密封主要结构特征	系列代号	特殊系列		
			T(特别保径)	D(等磨损齿)	B(双流道低喷嘴座)
7	滚动轴承橡胶密封改进型	GA	GAT	GAD	GAB
8	滚动轴承金属密封	GJ	GJT	GJD	GJB
9	滚动轴承浮动密封	GE	GFT	GFD	GFB
10	非密封滚动轴承	W			
11	滚动轴承橡胶密封	YA			
12	空气轴承(矿用)	K			

表 4-13 江汉三牙轮钻头分类号

钻头类型	适用地层			结构特征						
	系列	岩性	分级	普通滚动轴承 1	空气冷却滚动轴承 2	滚动轴承保径 3	密封滚动轴承 4	滚动轴承保径 5	密封滑动轴承 6	密封滑动轴承保径 7
铣齿钻头	1	低抗压强度高可钻性的软地层	1	111			114	115	116	117
			2	121					126	127
			3	131			134	135	136	137
			4							
	2	高抗压强度的中到中硬地层	1	211					216	217
			2	221						
			3							
			4							
	3	半研磨性及研磨性的硬地层	1						316	
			2	321						
			3							
			4							
镶齿钻头	4	低抗压强度高可钻性的极软地层	1					415		417
			2							427
			3					435		437
			4							447
	5	低抗压强度软到中硬地层	1		512			515		517
			2							527
			3		532			535		537
			4					545		547
	6	高抗压强度的中硬地层	1		612			615		617
			2							627

钻头类型	适用地层			结构特征						
	系列	岩性	分级	普通滚动轴承1	空气冷却滚动轴承2	滚动轴承保径3	密封滚动轴承4	滚动轴承保径5	密封滑动轴承6	密封滑动轴承保径7
镶齿钻头	6	高抗压强度的中硬地层	3	632						637
			4							
	7	半研磨性及研磨性的硬地层	1	712				715		
			2							
			3	732						737
			4							
	8	高研磨性的极硬地层	1							
			2							
			3		832					837
			4		842					

示例:适用于低抗压强度高可钻性的软第1级地层,密封滑动轴承非保径钢齿钻头的分类号为"116"。

④ 钻头附加结构特征。

钻头附加结构特征是钻头系列、分类不能表示出来的但又影响钻头成本、性能的特征。采用在分类号后用一个大写英文字母表示一种附加结构特征。型号中可用多个字母表示附加结构特征,这时应以字母先后顺序排列附加结构特征。与 SY/T 5164 相同的附加结构特征采用相同的字母代号,公司专有技术代号自定。附加结构特征及其代号见表 4-14。

表 4-14 江汉牙轮钻头附加特征结构表

序 号	代 号	附加结构特征
1	C	中心喷嘴
2	E	加长水孔 双流道
3	G	掌背强化
4	H	金刚石复合齿保径
5	J	定向喷射
6	K	宽齿钻头
7	L	掌背扶正块
8	M	金属密封(适用于 HF、SWT、Q 等系列)
9	R	轴承渗硫
10	S	副齿(适用于 HF 等系列)
11	U	齿槽强化
12	V	流道强化

序　号	代　号	附加结构特征
13	W	加强型切削结构
14	X	凸顶楔形齿
15	Y	锥球齿

⑤ 钻头型号示例。

示例：8½ HJT 537 GL 钻头

8½——钻头直径为 8.5 in、公制尺寸 ϕ215.9 mm；

HJT——滑动轴承金属密封、特别保径；

537——低抗压强度、软到中硬地层镶齿钻头；

G——掌背强化；

L——掌背扶正块。

2. 牙轮钻头的选用

表 4-15 为钻头类型与地层级别的对应关系，表 4-16 是国产三牙轮钻头类型与适用地层，表 4-17 为江汉三牙轮钻头选型表。

表 4-15　钻头类型与地层级别的对应关系

地层岩性可钻性级别		Ⅰ～Ⅲ	Ⅲ～Ⅳ	Ⅳ～Ⅵ	Ⅳ～Ⅷ	Ⅷ～Ⅹ	＞Ⅹ
地层岩性可钻性级值		Kd < 3	3≤Kd < 4	4≤Kd < 6	6≤Kd < 8	8≤Kd < 10	10≤Kd
国际地层分类		黏软 SS	软 S	软—中 S-M	中—硬 M-H	硬 H	极硬 EH
IADC 钻头 分类	铣齿钻头	1-1	1-2	1-3 1-4 2-1 2-2	2-3 2-4 3-1 3-2	3-3 3-4	
	镶齿钻头	4-1 4-2 4-3	4-4	5-1 5-2 5-3 5-4	6-1 6-2 6-3 6-4	7-1 7-2 7-3 7-4	8-1 8-2 8-3 8-4
SY/T 5237 钻头分类	PDC 钻头	1-1 1-2	1-1 2-1	2-2 2-3	3-1 3-2 3-3	4-2 4-3	
	天然金刚石 和 TSP 钻头			6-1 6-2	6-3 7-1	7-2 7-3 8-1	8-2 8-3 8-4

表 4-16 国产三牙轮钻头类型与适用地层

地层性质		极软	软	中软	中	中硬	硬	极硬
形式	形式代号	1	2	3	4	5	6	7
	原型式代号	JR	R	ZR	Z	ZY	Y	JY
适用岩石举例		泥 岩 石 膏 盐 岩 软页岩 白垩岩 软石灰岩		硬石膏 中软页岩 中软石灰岩 中软砂岩	硬页岩 石灰岩 中软石灰岩 中软砂岩	石英砂岩 花岗岩 硬石灰岩 大理石		燧石岩 花岗岩 石英岩 玄武岩 黄铁矿
钻头体颜色		乳白	黄	浅蓝	灰	墨绿	红	褐

表 4-17 江汉三牙轮钻头选型

齿型	钻头型号	适用地层	适用地层可钻性级别
铣齿钻头	G114、H116、H116A、H126、H136、H127、HAT127、H128B、H137B	（1）低抗压强度、高可钻性的极软地层，如极软的泥岩、胶结的砂、黏土、盐等； （2）低抗压强度、高可钻性的软地层，如黏土、泥岩、未胶结的砂、盐层、软灰岩等； （3）低抗压强度、高可钻性的极软地层，如较硬的泥岩、硬石膏、软灰岩、砂岩碎石层等； （4）中软的磨损性岩层，如坚硬的页岩、砂岩、软石灰岩等	1-3 2-4 3-5
铣齿钻头	H216、H217、H217B	（1）中等强度并有夹层，如硬的页岩、砂岩、石灰岩等； （2）中等强度、对钻头有很大的磨损，或含有研磨性极高的夹层，如砂质硬砂岩、交互变化的页岩、中等硬度的砂岩、石灰岩	4-6
	H316、H346、H347、H347B	高强度、高研磨性岩石，如燧石、石英、黄铁矿、花岗石、硬砂岩	6-8
镶齿钻头	H417A、HJ417、H437、H437A、HJ437、H447、H447A、HJ447	（1）低抗压强度、高可钻性的极软地层，如极软的泥岩、未胶结的砂、黏土、红色岩层、盐岩； （2）极软、抗压强度极低的地层，如页岩、黏土、砂岩、软石灰岩、红色岩层、盐岩	1-4 3-5
	H517、H517A、H517AS、HJ517、H527、H527A	低抗压强度、高可钻性的极软地层，如页岩、黏土、砂岩、石灰岩、红色岩层、盐岩、硬石膏	4-6 5-6
	H537、H537M、H537A、HJ537、H547A、HJ547、HJ547Y	具有较硬研磨性夹层的中软和低强度地层，如坚硬的页岩、砂岩、软石灰岩、白云岩、硬石膏	5-7 6-7
	H617、H617A、H627、H627A、H627S、H627AX、H637、H637A	（1）中硬、抗压强度高，特别是岩石中含有厚而硬的夹层，如硬的硬页岩、砂岩、石灰岩、白云岩； （2）中硬、抗压强度高、研磨性大的岩层，如石灰岩、白云岩； （3）中等偏硬，通常是中磨损性的均质岩层，如石灰岩、白云岩、燧石、砂	6-8

四、金刚石钻头类型及选用方法

人造聚晶金刚石复合片钻头（PDC）和热稳定聚晶金刚石钻头（TSP 钻头）是 20 世纪 80 年代钻井技术中的两大突破。软到中等硬度的地层使用 PDC 钻头，硬地层使用 TSP 钻头，具有机械钻速高、进尺多、纯钻进时间长、工作稳定、井下事故少、井身质量优质的优点。

1. 金刚石的类型

（1）IADC 分类及型号表示法。

IADC 于 1987 年制定了一个适于用金刚石钻头的"固定切削齿钻头分类标准"。这个标准主要根据钻头的结构特点进行分类，并没有像牙轮钻头那样考虑钻头适用的地层。但这个在世界范围内的统一标准对金刚石钻头的分类、设计、制造、选型和使用都具有重要意义。

标准采用四位字码描述各种型号的固定切削齿钻头的切削齿种类、钻头体材料、钻头冠部形状、水眼（水孔）类型、液流分布方式、切削齿大小、切削齿密度 7 个方面的结构特征（见表 4-18）。

① 切削齿种类和钻头体材料。编码中第一位字码用 D、M、S、T、O 5 个子母中的一个描述有关钻头的切削齿种类及钻头体材料。具体定义为：D——天然金刚石切削齿；M——胎体，PDC 切削齿；S——钢体；T——胎体，TSP 切削齿；O——其他。

② 钻头冠部形状。编码中第二位字码用数字 1～9 和 0 中的一个描述有关钻头的剖面形状，具体定义见表 4-19，表中 D 代表钻头直径，G 代表锥体高度。

表 4-18　固定切削齿钻头 IADC 分类编码意义（1987 年）

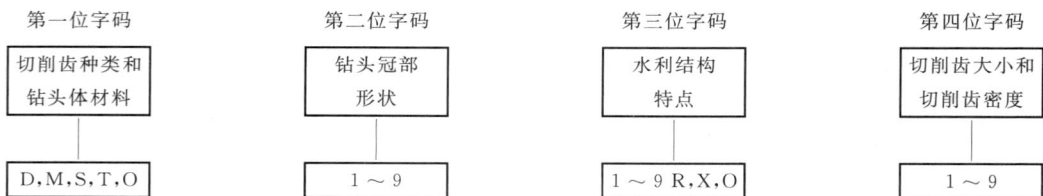

第一位字码	第二位字码	第三位字码	第四位字码
切削齿种类和钻头体材料	钻头冠部形状	水利结构特点	切削齿大小和切削齿密度
D,M,S,T,O	1～9	1～9 R,X,O	1～9

表 4-19　钻头冠部形状编码定义

外锥高度 /G	内锥高度/G		
	高 $G>\frac{1}{4}D$	中 $\frac{1}{8}D \leqslant G \leqslant \frac{1}{4}D$	低 $G<\frac{1}{8}D$
高 $G>\frac{3}{8}D$	1	2	3
中 $\frac{1}{8}D \leqslant G \leqslant \frac{3}{8}D$	4	5	6
$G<\frac{1}{8}D$	7	8	9

③ 钻头水力结构。编码中第三位字码用数字 1～9 或字母 R、X、O 中的一个描述有关钻头的水力结构。水力结构包括水眼种类以及液流分布方式，替换编码为：R—放射式流道；X—分流式流道；O—其他形式流道。1～9 的具体定义见表 4-20。

表 4-20　水力结构编码定义

液流分布方式	水眼种类		
	可换喷嘴	不可换喷嘴	中心出口水孔
刀翼式	1	2	3
组合式	4	5	6
单齿式	7	8	9

表 4-20 中列出了三种水眼,中心出口水孔主要用于天然金刚石钻头及 TSP 钻头。液流分布方式是根据钻头工作面上对液流阻流方式和结构定义的。刀翼式和组合式是两种用突出钻头工作面的脊片阻流的方式,切削齿也安装在这些脊片上。脊片(包括其上切削齿)高于钻头工作面 1 in 以上者划归刀翼式,低于或等于 1 in 者划归组合式。单齿式则在钻头表面没有任何脊片,完全使用切削齿起阻流作用。对于天然金刚石钻头和 TSP 钻头的中心出口水孔(编码为 3,6,9),为了更确切地描述其液流分配方式,使用了 R、X、O 三个替换编码。

④ 切削齿的大小和密度。编码中的第四位字码使用数字 1～9 和 0 表示切削齿的大小和密度,其中 0 为孕镶式钻头。定义方法见表 4-21。

表 4-21　切削齿大小和密度编码定义

切削齿大小	布齿密度		
	低	中	高
大	1	2	3
中	4	5	6
小	7	8	9

其中,切削齿大小划分的方法见表 4-22。编码中,未对切削齿密度作用做出明确的规定,只能在比较的基础上确定编码。

表 4-22　金刚石切削齿尺寸划分方法

切削齿大小	天然金刚石粒度(粒/克拉)	人造金刚石有用高度/mm
大	<3	>15.85
中	3～7	9.5～15.85
小	>7	<9.5

(2) 国产常用金刚石钻头分类及型号表示法。

江汉钻头厂金刚石钻头系列及型号表示方法:

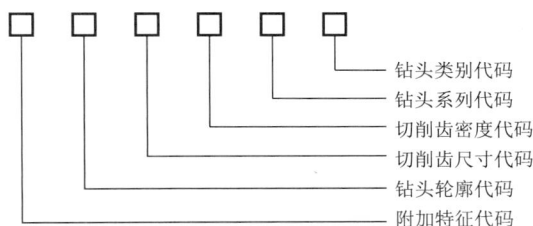

□　□　□　□　□　□
　　　　　　　　　钻头类别代码
　　　　　　　　钻头系列代码
　　　　　　切削齿密度代码
　　　　切削齿尺寸代码
　　　钻头轮廓代码
　　附加特征代码

金刚石钻头型号一般根据钻头直径、产品系列、地层岩性适用范围、钻头体特征及其他特征来确定。表 4-23、4-24 和 4-25 分别为江汉钻头厂，四川克锐达金，四川百施特金刚石钻头系列及型号表示方法。

表 4-23　江汉金刚石钻头系列型号说明

钻头类型		钻头系列		切削齿密度	切削齿尺寸		钻头冠部轮廓		附加特征	
代码	钻头名称	代码	钻头系列名称	代码	代码	PDC 齿直径/in	代码	长度	形状	代码	附加特征说明
B (BC)	PDC 金刚石钻头（PDC 金刚石取心钻头）	无	普通系列	1（低）	1	2	1	短	抛物线	+	尖圆齿钻头
					2	1½	4	中		M	磨头/铣头
		H	力平衡系列		3	1				B	双心/偏心钻头
					4	¾	7	长			
					6	½				ST	侧钻钻头
		W	抗回旋系列		8	⅜	2	短			
						TSP 齿尺寸（粒/克拉）	5	中		HZ	水平/定向井钻头
P (PC)	TSP 金刚石钻头（TSP 金刚石取心钻头）	无	普通系列	9（高）	1	1	8	长	圆形		
					2	2				G	钻头保径结构
					3	3	3	短	锥形		
						TSP 齿尺寸（粒/克拉）	6	中		H	混合齿钻头
					1	1					
D (DC)	ND 金刚石钻头（ND 金刚石取心钻头）	无	普通系列		2	2	9	长		C	柱状齿钻头
					3	3					
					4	4～5				Y	孕镶齿
					7	6～8	0		异形		
					9	10～12				K	任意式布齿

表 4-24　四川克锐达金金刚石钻头系列型号说明

前缀代码		数字代码			后缀代码
字　母		第一位	第二位	第三位	供选择的特征
钻头系列		切削齿尺寸	钻头冠部形状	布齿密度	
G	PDC 片	3:⅜ in 4:½ in 5:¾ in	1-9 1:长抛物线 9:平顶	1～3:低密度齿 4～6:中密度齿 7～9:高密度齿	C,D,G,K,M,U
AG					
AR/R					
BD					
STR					

前缀代码		数字代码			后缀代码
字　母		第一位	第二位	第三位	供选择的特征
钻头系列		切削齿尺寸	钻头冠部形状	布齿密度	
S	TSP(巴拉斯)	2:三角聚晶 7:圆柱聚晶		1～3:低密度齿 4～6:中密度齿 7～9:高密度齿	G,CE,P
D	天然金刚石				G,CE,M

表 4-25　四川百施特金刚石钻头系列型号说明

前缀代码		数字代码			后缀代码
字母		第一位	第二位	第三位	供选择的特征
钻头系列					
M(胎体钻头)	PDC 钻头	切削齿尺寸 /mm: 23,19,16,13,08	刀翼数量: 3～12	冠部形状和 切削齿密度: 1～9	M,RS,SG, SGS,SS
MS(钢体钻头)					
MC(胎体取心钻头)					
N(天然金刚石钻头)	天然金刚石钻头	金刚石粒度: 1～12	布齿密度: 1～3	冠部形状: 1～9	—
NC 天然金刚石取心钻头)					
P(热稳定聚晶金刚石钻头)	热稳定聚晶 金刚石钻头	聚晶类型及规格: 1～3	布齿密度: 1～3	冠部形状: 1～9	—
PC(热稳定聚晶金刚石取心钻头)					
I(孕镶金刚石钻头)	孕镶金刚石钻头	单晶粒度: 20～80	孕镶块密度: 1～3	冠部形状: 1～9	—
IC 孕镶金刚石取心钻头)					

四川克锐达金金刚石钻头系列及型号表示方法：

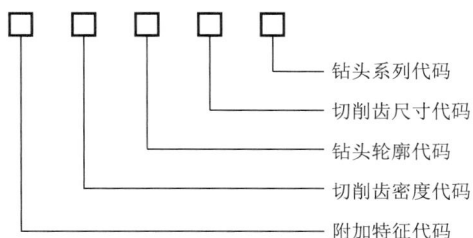

钻头系列代码
切削齿尺寸代码
钻头轮廓代码
切削齿密度代码
附加特征代码

四川百施特金刚石钻头系列及型号表示方法：

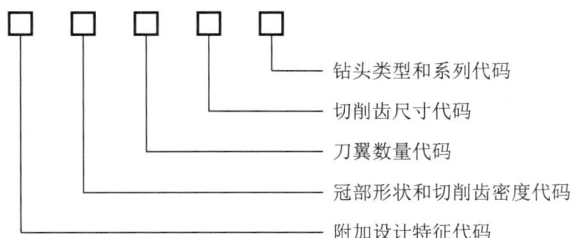

钻头类型和系列代码
切削齿尺寸代码
刀翼数量代码
冠部形状和切削齿密度代码
附加设计特征代码

2.金刚石钻头的选用

(1)金刚石钻头选用原则。

金刚石材料钻头的用量远低于牙轮钻头,主要因为金刚石材料钻头对地层的适应性较差,但地层及其他条件适合于金刚石材料钻头时,可以取得高的使用效益;反之,则不行。因此金刚石材料钻头的选型特别重要。

与牙轮钻头相比,金刚石材料钻头具有以下特点:

① 金刚石材料钻头是一体性钻头,它没有牙轮钻头那样的活动部件,也无结构薄弱环节,因而它可以使用高的转速,适于和高转速的井下动力钻具一起使用,取得高的效益;在定向钻井过程中,它可以承受较大的侧向载荷而不发生井下事故,适于定向钻井。

② 金刚石材料钻头使用正确时,耐磨且寿命长,适于深井及研磨性地层使用。

③ 在地温较高的情况下,牙轮钻头的轴承密封易失效,使用金刚石材料钻头则不会出现此问题。

④ 在小于 165.1 mm(6½ in)的井眼钻井中,牙轮钻头的轴承由于空间尺寸的限制,强度受到影响,性能不能保证,而金刚石材料钻头则不会出现问题,因而小井眼钻井宜使用金刚石材料钻头。

⑤ 金刚石材料钻头的钻压低于牙轮钻头,因而在钻压受到限制(如防斜钻进)的情况下应使用金刚石材料钻头。

⑥ 金刚石材料钻头结构设计、制造比较灵活,生产设备简单,因而能满足非标准的异形尺寸井眼的钻井需要。

⑦ 金刚石材料钻头中的 PDC 钻头是一种切削型钻头,切削齿具有自锐优点,破碎岩石时无牙轮钻头的压持作用,切削齿切削时的切削面积较大,是一种高效钻头。实践表明,这种钻头适应地层时可以取得很高的效益。

⑧ 金刚石材料钻头由于热稳定性的限制,工作时必须保证充分的清洗与冷却。

⑨ 金刚石材料钻头抗冲击性载荷性能较差,使用时必须遵照严格的规程。

⑩ 金刚石材料钻头价格较高。

(2)金刚石材料钻头适应的地层。

天然金刚石钻头的切削结构选用不同粒度的金刚石,采用不同的布齿密度和布齿方式,能满足在中至坚硬地层钻井的需要。TSP 钻头适于在具有研磨性的中等至硬地层钻井。PDC 钻头适用于软到中等硬度地层,但是 PDC 钻头钻进的地层必须是均质地层,以避免冲击载荷,含砾石的地层不能使用 PDC 钻头。

随着人造金刚石材料技术以及钻头技术的发展,金刚石材料钻头的应用范围将会扩大。

(3)常用金刚石钻头的选用。

表 4-26 为克里斯坦森公司金刚石材料钻头选型指南,此表是根据大量的使用经验总结出来的。通过此表可大体了解各类金刚石材料钻头所适应的地层。

表 4-27、表 4-28、4-29 和 4-30 为江汉金刚石钻头、四川克锐达金金刚石钻头、四川百施特金刚石钻头选型的一般选择范围。

表 4-26　克里斯坦森金刚石钻头选择指南

牙轮钻头 IADC 编码	地层	岩性	牙轮钻头	大复合片钻头	复合片钻头	TSP 钻头	天然金刚石钻头
111-126 / 417	黏土,低抗压强度的软地层	黏土 泥灰岩	ATJ-1 ATX-1 ATJ-05 ATM-05	R522 R523 R516 R573	R423 R426		
116-126 / 417-447	低抗压强度高可钻性地层	黏土 盐岩 石膏 页岩	ATJ-1 ATJ-05 ATM-05 ATJ-11	R522 R523 R516 R535	R423 R426	T18	
136-126 / 417-447	夹硬层的低抗压强度软到中硬地层	砂岩 页岩 白垩	J3-J4 ATJ-22 ATM-22 ATJ-33 ATM-33	R535	R426 R435 R428 R437 AR435	S725 S225	D262 D311
536-627	高抗压强度,低研磨性的中到硬地层	页岩 泥岩 灰岩 砂岩	ATJ-33 ATM-33 ATJ-44 ATJ-55		R428 R437 AR435	S725 S226 S248	D331 D41
637-737	非研磨性很高抗压强度的硬致密性地层	灰岩 白云岩 石膏	ATJ-55 ATJ-77			S725 S226 S248	D41 D24
637-737	一定研磨性很高抗压强度硬致密性地层	粉砂岩 砂岩 泥岩	ATJ-55 ATJ-77			S729(1)	D41 D24
837	极硬研磨性地层	石英岩 火山岩	ATJ-99			S729(1)	D24

表 4-27　江汉金刚石钻头全面钻进钻头选型

金刚石钻头 类型(IADC 代码) \ 地层硬度和岩性	极软 黏土, 泥岩	软 泥灰岩, 砂岩, 盐岩	中软 页岩, 砂岩, 白垩岩	中 页岩, 砂岩, 石灰岩	中硬 页岩,砂岩, 石灰岩,硬石膏, 白云岩	硬 砂岩, 石灰岩, 白云岩	极硬 石灰岩, 火山岩
B364,B364+,B464+B(M131)	√	√					
B668,B668B(M434)	√	√	√				
B668+(M434)		√	√	√			
B361R,B361RG8(M132)		√	√	√			

金刚石钻头类型(IADC 代码) \ 地层硬度和岩性	极软 黏土,泥岩	软 泥灰岩,砂岩,盐岩	中软 页岩,砂岩,白垩岩	中 页岩,砂岩,石灰岩	中硬 页岩,砂岩,石灰岩,硬石膏,白云岩	硬 砂岩,石灰岩,白云岩	极硬 石灰岩,火山岩
B461,B461+(M232)		√	√	√			5
B461R,B461R-1,B461R-2(M232)		√	√	√			
B461RC,B461RH,B461RG8(M232)		√	√	√			
B461+R,B461HZ,B461ST(M232)		√	√	√			
B461B,B461RB,B461+RB(M232)		√	√	√			
B462,B461RST(M232)		√	√	√			10
B524Y,B534Y,B534(M313)		√	√	√			
B431(M212)		√	√	√			
B544(M323)		√	√	√			
B542(M322)		√	√	√			
BW542,BH542,BW542HZ(M322)			√	√	√		15
BW534(M313)			√	√	√		
B564HZ,B564+HZ(M333)		√	√	√			
BW564,BH564(M333)				√	√		
B561+R(M333)				√	√		
BH562(M332)				√	√		20
B664+,B665(M433)				√	√		
B668-1,B669+(M434)				√	√		
BW461,BH461(M232)			√	√	√		
BW441,BH441(222)		√	√		√		
B561(M333)			√	√			25
BH541(M322)		√	√	√	√		
B534(M312)		√	√	√			
B564,B564HZ(333)				√	√		
P511ST(M621)				√			
P516,P815(M623)				√	√	√	30
P616B(M713)				√	√	√	
P733(M722)				√	√	√	
D526,D625(M613)				√	√	√	
D651ST,D751ST(M711)				√	√	√	
D756(M713)					√	√	
D854(M813)					√	√	√

表 4-28 四川克锐达金金刚石钻头选型

钻头分级	地层	岩层	参考牙轮钻头	全系列	常规系列	黑冰系列	小井眼系列	巴拉斯及天然金刚石
111～126 417	极软地层，含黏性夹层和低抗压强度	强黏土 黏土 泥灰岩	GTX-1, MX-1 MAX-GT3 MAXGT-03 MX-03	G573 G574 G554 AG554	R554 R574 R431 R526 AR554	BD554	STR554	
116～126 417～447	软地层，低抗压强度和高可钻性	泥灰岩 盐岩 石膏 页岩 砂岩	GT-1 ATJ-4 MX-03 MAXGT-09 MX-09 MX-18	AG574 AG554 G426 G526 G554 G534 G582 AG526	R526 AR526 AR426 R433 R434 R482 R426	BD535 BD536P BD445P	STR382	
126～127 417～447	软至中硬，低抗压强度的均质夹层地层	页岩 砂岩 白垩岩 灰岩	ATJ-4/G4 MX-03/09 MAXGT-09 MX-09 MX-18 GT-09	G426 G443 AG526 AG435 G535 G536 G545 G482 G534 G526 G482 G546 G382 G582 G434 G438 G548 G435 G437 G447	R535 AR426 R335 AR435 R435 R436 AR536 AR545 R547 R545 R426 R434	BD445H BD447P BD447 BD445 BD535 BD536H	STR445 STR386 STR335	S225 S725 D331 D262 D41
437～517	中至硬地层，中等抗压强度含少量研磨性夹层的地层	页岩 砂岩 灰岩	MX-09 MX-18 ATJ-22 MAXGT-20 MX-20	AG447 G447 G438 G449 G536 G547 G548 G435 G437 G488	R536 AR536 AR545 R547 R445 R418 R437 R447 AR437 R545	BD536H BD445H BD447H BD449	STR447 ST426 ST445 STR386	S226 S248 S278 S280 S725 D41 D331 D262
517～637	硬至致密地层，高抗压强度无研磨性的地层	细砂岩 砂岩 灰岩 白云岩	MX-20 MAXGT-20 MX-30 MTJ-33 MX-35 ATJ-44 MX-35C MAX-44			BD447H BD449H		D24 S278 S280 S279
637～817	极硬和研磨性地层	火成岩	ATJ-66 ATJ-88 ATJ-99					S278 S279 S280

表 4-29 四川百施特金刚石钻头选型

牙轮钻头分级	地 层	岩 性	金刚石钻头
111～124	低抗压强度极软地层	黏土,粉砂岩,砂岩	NS1951,M1951,M1953
116～137	低抗压强度软地层	黏土,泥灰岩,盐岩,页岩,砂岩	MS1951,M1951,M1953,M1963,M1965
517～526	低抗压强度的均质夹层中软地层	黏土,泥灰岩,褐煤,砂岩,粉砂岩,硬石膏,凝灰岩	MS1951,MS1963,M1953,M1963,M1964,M1965,M1973
517～537	中等抗压强度的非均质夹层地层	泥岩,灰岩,硬石膏,钙质砂岩,页岩	MS1963,M1963,M1964,M1965,M1973,M1974
537～617	中等抗压强度和含研磨性夹层的中硬地层	灰岩,硬石膏,白云岩,砂岩,页岩	M1963,M1964,M1965,M1973,M1974,M1975,M1985,M1674,M1677,M1365,M1386,M1388
627～637	高抗压强度硬及致密地层	钙质页岩,硅质砂岩,粉砂岩,灰岩	M1985,M1674,M1677,M1386,M1388
637～837	极硬和研磨性地层	石英岩,火成岩	I3018,I3026,I3028

表 4-30 四川百施特金刚石钻头推荐使用参数

钻 头	推荐钻压/(kN·mm^{-1})	推荐转速/(r·min^{-1})
PDC 钻头	0.10～0.60	60～260
TSP 和天然金刚石钻头	0.19～0.42	60～180
孕镶金刚石钻头	0.10～0.37	60～180

第二节 机械破岩参数设计

一、钻压、转速确定原则

1. 钻压、转速优选原则

(1) 优选的钻压转速值使整个钻井直接成本最低。

(2) 软地层中采用低钻压、高转速。

(3) 硬地层、深部地层采用高钻压、低转速。

2. 钻压、转速的约束条件

(1) 最大钻压或最高转速应不超过厂家推荐值。

(2) 最优钻压与最优转速乘积应小于钻头钻压与转速乘积的允许值。

(3) 钻头轴承最终磨损量 $B_f \leqslant 1$,牙齿最终磨损量 $h_f \leqslant 1$。

(4) 在易斜地层钻进要求达到规定的井身质量指标。

3.钻压、转速的优选方法

（1）采用钻压的优选方法。

我国某些钻头厂家给出了各种类型钻头的钻压、转速的推荐值范围，以帮助使用者选用。值得注意的是，表中推荐的是钻压、转速范围，不可同时使用上限，具体还应考虑钻压转速乘积值，并结合本地区地层情况选择。

钻头厂家对于密封滑动轴承钻头更多提供的是钻压转速乘积——WN 值，WN 值是由滑动轴承结构所决定的。该值只是一个近似值和参考范围，它只考虑了轴承本身的能力，并未考虑到切削齿和密封失效的情况，但选定的钻压转速值应在允许的范围内。

（2）试钻法优选钻压、转速。

现场一般采用试钻法，该法是通过释放钻压法来确定最优钻压和转速。释放钻压法是假设钻柱是一个弹性体，它的长度随受到的张力而异，通过对钻头施加一定量的钻压，保持钻井泵排量和转速不变，刹住绞车，随着钻头往下钻，更多的负荷悬吊在大钩上，加在钻头上的钻压便相应地逐渐减小，通过记录每减少一定数量的钻压所需的时间，其中用的时间最短的所对应的钻压为最佳钻压。同样，保持钻压和水力条件不变，改变转速，用试验法也可求得最佳转速。

（3）采用数学方法优选钻压、转速。

运用钻速方程、钻头牙齿磨损方程、轴承磨损方程，按照每米钻井成本方程最低的优选原则，在钻压、转速的约束条件下，运用最优化理论优选钻压转速。详细优化方法参阅《钻井手册（甲方）》（上册）P816。

二、牙轮钻头钻压转速确定

1.厂家推荐法

钻头安全承载能力一般取 0.6～0.8 kN/mm。对不同类型的牙轮钻头，厂家均有推荐值。

（1）MotorDigger（MD 高速马达钻头系列）。

MD 系列钻头适应定向井、水平井和高温深井钻井作业。该系列融合了高速破岩领域先进的切削结构与副齿技术、保径技术、可靠的轴承系统、高效的水力结构配置。MD 系列钻头型号及推荐参数见表 4-31。

表 4-31 MD 系列钻头型号及推荐参数

钻头型号	比钻压/(kN·mm⁻¹)	转速/(r·min⁻¹)	适用地层
MD117	0.35～1.05	300～80	低抗压强度、高可钻性的极软地层，如页岩、黏土、砂岩、砾岩等
MD127	0.35～1.05	300～80	低抗压强度、高可钻性的极软地层，如页岩、黏土、砂岩、砾岩等
MD437	0.35～1.00	300～60	低抗压强度、高可钻性的软地层，如页岩、黏土、砂岩、软石灰岩、盐岩、石膏等
MD447X	0.35～1.03	300～60	低抗压强度、高可钻性的软地层，如页岩、黏土、砂岩、软石灰岩、盐岩、石膏等

钻头型号	比钻压/(kN·mm⁻¹)	转速/(r·min⁻¹)	适用地层
MD517X	0.35～1.05	300～60	低抗压强度、高可钻性的软地层，如页岩、黏土、砂岩、软石灰岩等
MD537X	0.35～1.07	300～60	低抗压强度、中软、有较硬研磨性夹层，如硬页岩、硬石膏、软石灰岩、砂岩、含夹层白云岩等
MD617X	0.50～1.10	220～40	高抗压强度、中硬、有厚的硬夹层，如硬页岩、石灰岩、砂岩、白云岩等
MD637HX	0.50～1.20	220～40	高抗压强度、中硬、有厚的硬夹层，如硬页岩、石灰岩、砂岩、白云岩等
MD647HX	0.50～1.30	220～40	高抗压强度、中硬、有厚的硬夹层，如硬页岩、石灰岩、砂岩、白云岩等

（2）HRFighter（HF 硬地层钻头系列）。

HF 系列钻头适应砂岩、火成岩、石英岩以及花岗岩等坚硬地层（见表 4-32）。该系列融合了硬地层破岩领域先进的切削与保径结构设计、材料技术，有效地解决了硬地层钻进过程中易缩径、机械钻速低、牙轮壳体易磨损等问题。

表 4-32　HF 系列钻头型号及推荐参数

钻头型号	比钻压/(kN·mm⁻¹)	转速/(r·min⁻¹)	适用地层
HF537	0.35～1.05	220～40	低抗压强度、中软、有较硬研磨性夹层，如硬页岩、硬石膏、软石灰岩、砂岩、含夹层白云岩等
HF617MH	0.35～1.05	200～40	高抗压强度、中硬、有厚的硬夹层，如硬页岩、石灰岩、砂岩、白云岩等
HF637MH	0.35～1.00	200～40	高抗压强度、中硬、有厚的硬夹层，如硬页岩、石灰岩、砂岩、白云岩等
HF647MHY	0.35～1.03	200～40	高抗压强度、中硬、有厚的硬夹层，如硬页岩、石灰岩、砂岩、白云岩等
HF737MH	0.35～1.05	180～40	高抗压强度、中硬、有厚的硬夹层，如硬页岩、石灰岩、砂岩、白云岩等
HF837MH	0.35～1.05	180～40	高抗压强度、高研磨性的极硬地层

（3）Swifturn（SWT 高效钢齿钻头系列）。

SWT 系列钻头是高性能的钢齿钻头（见表 4-33）。该系列采用了全新的矢量布齿设计以及增强型齿面敷焊。具有破岩效率高、寿命长及工作平稳的特性。SWT 系列钢齿钻头适合软至中软地层钻进。

表 4-33　SWT 系列钻头型号及推荐参数

钻头型号	比钻压/(kN·mm⁻¹)	转速/(r·min⁻¹)	适用地层
SWT115C SWT117C	0.65～1.00	120～80	低抗压强度、高可钻性的极软地层,如软页岩、黏土、盐岩等
SWT125C SWT127C	0.65～1.00	120～70	低抗压强度、高可钻性的软地层,如页岩、黏土、盐岩、软石灰岩等
SWT135 SWT137	0.65～1.03	120～60	低抗压强度的软至中软地层或软岩层中有较硬的夹层,如硬石膏、软石灰岩、砂岩等

（4）Q 系列气体牙轮钻头。

Q 系列钻头适应以气体作为循环介质的欠平衡钻井。该系列钻头采用独特的切削与保径结构、轴承系统、喷射系统等方面的设计（见表 4-34）。在含水量较少的硬地层、严重漏失或者低压地层的一系列气体钻井实践中表明:Q 系列牙轮钻头具有机械钻速高、长寿命和保径效果好等优良性能。

表 4-34　Q 系列钻头型号及推荐参数

钻头型号	比钻压/(kN·mm⁻¹)	转速/(r·min⁻¹)	适用地层
Q537C	0.35～0.7	120～50	低抗压强度、中软、有较硬研磨性夹层,如硬页岩、硬石膏、软石灰岩、砂岩、含夹层白云岩等
Q547C	0.35～0.7	120～50	低抗压强度、中软、有较硬研磨性夹层,如硬页岩、硬石膏、软石灰岩、砂岩、含夹层白云岩等
Q617C	0.35～0.75	110～40	高抗压强度、中硬、有厚的硬夹层,如硬页岩、石灰岩、砂岩、白云岩等
Q627CH Q627CHY	0.35～0.8	110～40	高抗压强度、中硬、有厚的硬夹层,如硬页岩、石灰岩、砂岩、白云岩等
Q637CHY	0.35～0.8	110～40	高抗压强度、中硬和研磨性高的地层,如石灰岩、白云岩、砂岩、燧石等

因气体循环介质不及常规钻井液循环介质对钻头的冷却效果充分,钻头工作摩阻相对较大,所以不推荐强化钻井参数;同时气体钻井参数的推荐是按照钻井液循环下的钻井参数的 70% 而确定。

（5）Slim Motor Digger(SMD 小井眼钻头系列)。

SMD 系列钻头适应小井眼钻井（见表 4-35）。该系列融合了小井眼破岩领域先进的切削结构与保径技术、可靠的轴承系统、高效的水力结构配置。在保持高效钻进的同时,提高了钻头的可靠性,避免轴承早期失效、钻头缩径、破岩效率偏低等问题。适合定向井、水平井和高温深井钻井作业。

（6）YC 系列单牙轮钻头。

YC 系列单牙轮钻头适应老井开窗侧钻井及老井加深,也可在中深井中使用（见表

95

4-36)。该系列钻头牙轮顶部镶金刚石复合齿,从而延长钻头使用寿命。同时配合井下动力钻具能实现高转速及特殊钻井的需要。

表 4-35 SMD 系列钻头型号及推荐参数

钻头型号	比钻压/(kN·mm⁻¹)	转速/(r·min⁻¹)	适用地层
SMD437	0.35～0.9	280～60	低抗压强度、高可钻性的极软地层,如页岩、黏土、砂岩、软石灰岩、盐岩、石膏等
SMD447X	0.35～1.00	240～60	低抗压强度、高可钻性的软地层,如页岩、黏土、砂岩、软石灰岩、盐岩、石膏等
SMD517X	0.35～1.05	240～50	低抗压强度、高可钻性的软地层,如页岩、黏土、砂岩、软石灰岩等
SMD537X	0.35～1.05	220～40	低抗压强度、有较硬研磨性夹层的中软地层,如硬页岩、硬石膏、软石灰岩、砂岩、含夹层白云岩等
SMD617HX	0.35～1.05	220～40	高抗压强度、有硬而厚夹层的中硬地层,如石灰岩、硬页岩、泥岩、砂岩等
SMD637HY	0.35～1.10	200～40	高抗压强度、有研磨性的中硬地层,如石灰岩、白云岩、硬砂岩等

表 4-36 YC 系列钻头型号及推荐参数

钻头型号	比钻压/(kN·mm⁻¹)	转速/(r·min⁻¹)	适用地层
YC437	0.26～0.74	180～60	低抗压强度、高可钻性的极软地层,如软泥岩、盐岩、松砂岩、软石灰岩等
YC517	0.26～0.74	180～60	低抗压强度、高可钻性的软地层,如页岩、泥岩、盐岩、软石灰岩、砂岩、石膏等
YC537	0.26～0.74	180～60	低抗压强度、中软、有较硬研磨性的夹层,如硬页岩、硬石膏、软石灰岩、砂岩、含夹层白云岩等

(7) HJ 系列牙轮钻头。

HJ 系列牙轮钻头采用了金属密封滑动轴承,能够稳定地在较高转速下钻进(见表 4-37)。尺寸系列覆盖 7⅞～17½ in。

表 4-37 HJ 系列钻头型号及推荐参数

钻头型号	比钻压/(kN·mm⁻¹)	转速/(r·min⁻¹)	适用地层
HJ117	0.30～0.90	300～80	低抗压强度、高可钻性的极软地层,如软页岩、黏土、盐岩等
HJ127	0.30～0.90	300～80	低抗压强度、高可钻性的极软地层,如页岩、黏土、盐岩、软石灰岩等
HJ437	0.35～0.90	280～60	低抗压强度、高可钻性的极软地层,如页岩、黏土、砂岩、软石灰岩、盐岩、石膏等

续表 4-37

钻头型号	比钻压/(kN·mm⁻¹)	转速/(r·min⁻¹)	适用地层
HJ517G	0.35～1.05	240～50	低抗压强度、高可钻性的软地层,如页岩、黏土、砂岩、软石灰岩等
HJ527G	0.35～1.05	240～50	低抗压强度、高可钻性的软地层,如页岩、黏土、砂岩、软石灰岩等
HJ537G	0.50～1.05	220～40	低抗压强度、有较硬研磨性夹层的中软地层,如硬页岩、硬石膏、软石灰岩、砂岩、含夹层白云岩等
HJ617G	0.50～1.05	220～40	高抗压强度、有硬而厚夹层的中硬地层,如石灰岩、硬页岩、泥岩、砂岩等
HJ637G	0.50～1.10	200～40	高抗压强度、有研磨性的中硬地层,如石灰岩、白云岩、硬砂岩等
HJ737G	0.50～1.20	200～40	研磨性高的硬地层,如硬石灰岩、白云岩、硬砂岩、燧石等

（8）SKH 系列牙轮钻头。

SKH 系列牙轮钻头采用了橡胶密封滑动轴承(见表 4-38)。该系列钻头适应上部软地层快速钻进。尺寸系列覆盖 $8\frac{1}{2}$～$17\frac{1}{2}$ in。

表 4-38　SKH 系列钻头型号及推荐参数

钻头型号	比钻压/(kN·mm⁻¹)	转速/(r·min⁻¹)	适用地层
SKH116	0.30～0.90	150～80	低抗压强度、高可钻性的极软地层,如软页岩、黏土、盐岩等
SKH126	0.30～0.90	150～80	低抗压强度、高可钻性的软地层,如页岩、黏土、盐岩、软石灰岩等
SKH437	0.35～0.90	140～60	低抗压强度、高可钻性的极软地层,如页岩、黏土、砂岩、软石灰岩、盐岩、石膏等
SKH517	0.35～1.05	120～50	低抗压强度、高可钻性的软地层,如页岩、黏土、砂岩、软石灰岩等
SKH537	0.50～1.05	110～40	低抗压强度、有较硬研磨性夹层的中软地层,如硬页岩、硬石膏、软石灰岩、砂岩、含夹层白云岩等

（9）SKG 系列牙轮钻头。

SKG 系列牙轮钻头采用了橡胶密封滚动轴承,钻头止推轴承副表面分别进行减磨硬化处理,提高钻头承载能力和轴承抗咬合能力(见表 4-39)。尺寸系列覆盖 $8\frac{1}{2}$～26 in。

表 4-39 SKG 系列钻头型号及推荐参数

钻头型号	比钻压/(kN·mm⁻¹)	转速/(r·min⁻¹)	适用地层
SKH114	0.27～0.70	200～80	低抗压强度、高可钻性的极软地层,如软页岩、黏土、盐岩等
SKH124	0.25～0.70	200～80	低抗压强度、高可钻性的软地层,如页岩、黏土、盐岩、软石灰岩等
SKH435	0.20～0.70	200～80	低抗压强度、高可钻性的极软地层,如页岩、黏土、砂岩、软石灰岩、盐岩、石膏等
SKH515	0.25～0.70	200～80	低抗压强度、高可钻性的软地层,如页岩、黏土、砂岩、软石灰岩等

（10）SKW 系列牙轮钻头。

SKW 系列牙轮钻头采用了非密封滚动轴承（见表 4-40）。该系列钻头适应上部地层大井眼高转速钻井。尺寸系列覆盖 14¾～26 in。

表 4-40 SKW 系列钻头型号及推荐参数

钻头型号	比钻压/(kN·mm⁻¹)	转速/(r·min⁻¹)	适用地层
SKW111	0.20～0.70	200～80	低抗压强度、高可钻性的极软地层,如软页岩、黏土、盐岩等
SKW121	0.20～0.70	200～80	低抗压强度、高可钻性的软地层,如页岩、黏土、盐岩、软石灰岩等
SKH211	0.20～0.70	200～80	中等硬度,并有硬夹层,如硬页岩、砂岩、石灰岩等

2. "$W \cdot n$" 值法

美国休斯公司 J 系列钻头,根据大量的实验室试验资料,给出不同尺寸规格下的钻压与转速乘积的值,即

$$W \cdot n = C \tag{4-6}$$

式中 W ——钻压,kN；

n ——转速,r/min；

C ——轴承能力（bearing capability）,kN·r/min,C 值见表 4-41。

表 4-41 J 系列 $W \cdot n$（C 值）   kN·r/min

尺寸 /in ＼ 类型	J11	J22	J33	J44	J55	J55R	J77	J99
4¾					6 350			
5½		10 210	10 210		11 340			
6			9 980		9 750			
6⅛			11 570		9 530			

类型 尺寸 /in	J11	J22	J33	J44	J55	J55R	J77	J99
6¼			11 570		9 530			
6½			11 570	11 120		13 160		13 160
6¾					13 160			
7⅞	15 650	15 650	15 650	16 110	16 110	16 110	16 110	16 110
8⅜			15 650		14 970			
8½	16 110	16 560	16 560	15 880	15 880		15 880	15 880
8⅜	18 150	18 150	16 560	19 060	19 060	19 060	19 060	19 060
9½		22 690	22 690	20 190	20 190	20 190	20 190	20 190
9⅞	20 640	21 100	21 100	22 690		22 690	22 690	
10⅝				27 450				
11				21 320	21 780			
12¼	26 090	26 770	26 770	32 890	32 890	32 890	32 890	
12¾		24 730		24 730				
17½		36 300	40 380					

注:上面轴承能力没有考虑牙轮钻头的压裂与密封失效的限制。

C 值是一个基本值,应用时可在此值的上下范围内变动,如 7⅞ in 的 J22 钻头,通过大量试验获得钻压-转速曲线,如图 4-1 和表 4-41。

钻头工作时的钻压与转速值在 a 虚线以下,这时钻头的轴承可以较长时间运转不致损坏,即使发生钻头轴承的损坏现象,也是由于密封圈失效,轴承进入洗井液而损坏或由于钻头牙齿损坏而换钻头。若钻头工作时的钻压与转速值在 b 虚线以上,钻头轴承将很快损坏。钻头在 ab 虚线内工作,轴承工作一段时间后也要发生损坏,但钻头的牙齿、密封圈与轴承在近似等寿命下的损坏可充分发挥各部分的作用。通过现场大量

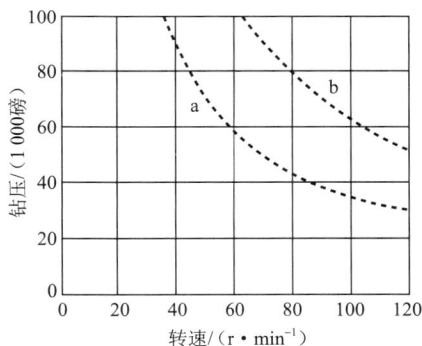

图 4-1 钻压-转速曲线

实践证明,这时经济效果最佳,每米成本可达到最低,而在 a 线以下工作虽然钻头寿命较长,但机械钻速较低;钻头在 b 线以上工作,机械钻速虽然较高,但钻头寿命较短,进尺少,每米成本也高。因此,对于 J 系列钻头应按每种钻头试验曲线,在 ab 线范围内根据具体情况确定钻头的最佳工作钻压与转速。

例 某井深 2 500 m,岩性中硬,选用 ϕ215.9 mm 钻头,类型 J22,试确定 W,n。

由表 4-41 查得 $J_{22} \dfrac{Wn}{D_b} = 40.5 \sim 55.2$,取 $\dfrac{Wn}{D_b} = 50$,则

$$Wn = 50 \times 215.9 = 10\ 795$$

根据原则 2 和 5,确定 $n = 65$ r/min。

$$W = \frac{10\ 795}{65} = 166 \text{ kN}$$

3. 经验钻速方程法

根据 Amoco 钻速方程、牙齿(轴承)磨损方程、钻进目标函数,由最优化计算数学方法可求得机械破碎参数的最优关系方程。

对于软地层 $\qquad\qquad\qquad W = 0.005\ 68D_{\text{b}}n$ $\qquad\qquad\qquad\qquad$ (4-7)

中硬地层 $\qquad\qquad\qquad W = 0.007\ 10 \sim 0.007\ 72D_{\text{b}}n$ $\qquad\qquad$ (4-8)

硬地层 $\qquad\qquad\qquad\qquad W = 0.013\ 5D_{\text{b}}n$ $\qquad\qquad\qquad\qquad$ (4-9)

式中　　W ——钻压,kN;

$\qquad$ n ——转速,r/min;

$\qquad$ D_{b} ——钻头尺寸,mm。

4. 钻压转速优选法

机械参数是钻进技术中的重要参数,机械参数优选是科学化钻进技术的重要标志。机械参数优选的技术关键是要建立各种符合钻进客观规律的数学模型,并用最优化数学理论和方法,分析处理各种实验数据和实钻资料,由此选定能使钻速更快、成本更低的机械参数,用以指导钻井实践。

由于各地区的地质条件差别较大,室内试验又难于确切模拟井下的工作情况,因此建立数学模型不但困难较大,而且有一定的地区局限性,不能大范围地完全套用。虽然各地区的情况不同、观点各异,建立的数学模型差别较大,但通过多年的探索,机械参数优选方法已基本定型。对于牙轮钻头机械参数的优选,一般可按如下过程进行:

(1) 建立钻速方程。

通过对实验资料或实钻数据所含信息的深入分析,采用各种数学、物理方法,建立能反映钻进客观规律的数学模型——钻速方程,同时根据实际情况确定方程内的待定系数,使钻速方程能最大程度地与实际情况相吻合。目前钻速方程的形式较多,这里主要介绍多元钻速方程。

鲍戈因(Bourgoyne)和杨格运用多回归分析法,考虑了井深、岩层特性、井底压差、钻压、转速及水力参数等主要因素对钻速的综合影响,建立了一个多元钻速回归方程:

$$v_{\text{m}} = \frac{\text{d}H}{\text{d}t} = e^{\left(a_0 + \sum\limits_{j=1}^{7} a_j X_j\right)}$$ $\qquad\qquad\qquad$ (4-10)

式中　　v_{m} ——钻速,m/h;

$\qquad$ H ——钻头进尺,m;

$\qquad$ t ——钻头工作时间,h;

$\qquad$ a_j ——待定系数;

$\qquad$ X_j ——影响因素。

所考虑的影响因素为:

① 常数项 a_0 岩石可钻性系数,其中包括岩石强度,以及与可钻性有关的钻头类型和钻井液性能等对钻速的影响。

② $a_1 X_1$ 为岩层埋藏深度,即所钻井深对钻速的影响。在正常情况下,岩层的压实程度

随埋藏深度的增加而增加,因此钻速指数将随井深的增加而下降。指数 X_1 为井深 L 的函数。取 3 000 m 处的相对钻速为 1.0,则 $e^{(a_1 X_1)} = 1.0$,所以:

$$X_1 = 3\ 000 - L \tag{4-11}$$

式中　L——井深,m。

③ $a_2 X_2$ 为岩层致密性对钻速的影响。它与岩层的埋藏深度 L 及地层孔隙压力当量密度(即与地层孔隙压力相等的液柱压力密度)ρ_p 有关。钻井实践证明,钻速常随地层孔隙压力当量密度的增加而加快。现以地层孔隙压力当量密度 $\rho_p = 1.07$ g/cm³(相当于含盐量 10% 的盐水柱压力当量密度)时的相对钻速为 1.0,X_2 可定为:

$$X_2 = L^{0.69}(\rho_p - 1.07) \tag{4-12}$$

式中　ρ_p——地层孔隙压力当量密度,g/cm³。

④ $a_3 X_3$ 为井底压差对钻速的影响。以井底压差等于零时的相对钻速为 1.0,则 X_3 定义为:

$$X_3 = L(\rho_p - \rho_e) \tag{4-13}$$

式中　ρ_e——钻井液循环当量密度(即与钻井液柱压力加上环空循环压耗相等的液柱压力密度),g/cm³

⑤ $a_4 X_4$ 为单位钻头直径的钻压对钻速的影响。以单位钻头直径的钻压为 8 kN/cm 时的相对钻速为 1.0,大量实验证明,钻速与 $\left(\dfrac{W}{d_b}\right)^{a_4}$ 成正比,因此 X_4 的定义为:

$$X_4 = \ln\left(\frac{W}{8d_b}\right) \tag{4-14}$$

式中　W——钻压,kN;

　　　d_b——钻头直径,cm。

实验证明,钻头指数 a_4 与井底净化程度有关,一般为 0.6～2.0。

⑥ $a_5 X_5$ 为钻头转速的影响。以 $n = 100$ r/min 为标准,即此时相对钻速 $e^{(a_5 X_5)} = 1$,因钻速与 n 成正比,所以 X_5 的定义为:

$$X_5 = \ln\left(\frac{n}{100}\right) \tag{4-15}$$

式中　n——转速,r/min。

很多实验证明,转速指数 a_5 一般为 0.4～0.9,与岩层的软硬程度有关。

⑦ $a_6 X_6$ 为水力参数对钻速的影响。X_6 可定义为:

$$X_6 = \ln\left(k_H \frac{\rho Q}{\mu d_e}\right) \tag{4-16}$$

式中　ρ——钻井液密度,g/cm³;

　　　Q——钻井液排量,L/s;

　　　μ——钻头喷嘴出口处的钻井液黏度,Pa·s;

　　　d_e——钻头喷嘴当量直径,cm;

　　　k_H——水力系数。

⑧ $a_7 X_7$ 为牙齿磨损对钻速的影响。现规定:

$$X_7 = -h \tag{4-17}$$

h 为根据磨损分级标准确定的齿高磨损量。新钻头 $h = 0$,齿高全部磨损时 $h = 1$。a_7 与钻头类型及岩层性质有关。使用硬质合金齿时,牙齿磨损对钻速的影响很小,可以认为 $a_7 = 0$(即不考虑牙齿磨损对钻速造成的影响)。

根据以上规定的 $X_1 \sim X_7$ 所代表的参数,多元回归钻速方程中共包含了井深 L、地层孔隙压力当量密度 ρ_p、钻井液循环当量密度 ρ_e、钻头直径 d_b、钻压 W、转速 n、牙齿磨损量 h、钻井液排量 Q、钻井液密度 ρ、钻井液黏度 μ 和钻头水眼当量直径 d_e 11 个因素,再加上常数项 a_0 中地层性质的影响,共有 12 个影响因素。因此,这个多元钻速方程能够更全面、更精确地反映钻进过程的客观规律。但必须指出,多元钻速方程是以大量的实测数据为基础,通过回归分析法建立的相关模型。它的准确性首先决定于指数方程中各回归系数 a_j 的精确度,如果回归系数不准确,由此规定的回归方程就毫无实际意义。因此,用多元钻速方程来确定各种因素与钻速之间的定量关系时,首先必须根据该地区多口井的准确资料,求出回归效果好的各 a_j 值,然后才能用此模型分析计算各因素对钻速的具体影响,由此确定新设计井的最优化钻井措施。

(2) 建立钻头磨损方程。

钻头在机械参数的作用下取得进尺的同时,自身也要磨损。应当建立钻头磨损方程来描述钻头磨损的客观规律。由于钻头磨损的不同形式,钻头磨损方程有牙齿磨损方程和轴承磨损方程两种。与钻速方程相同,钻头磨损方程也要根据实际情况确定方程内的待定系数,才能使钻头磨损方程能最大程度地与实际情况相吻合。这里主要介绍牙轮钻头的钻头磨损方程。

对于铣齿钻头,钻头磨损形式主要为牙齿磨损,故钻头牙齿磨损方程为:

$$\frac{\mathrm{d}h}{\mathrm{d}t} = \frac{A_f(Q_1 n + Q_2 n^3)}{(D_2 - D_1 W)(1 + C_1 h)} \tag{4-18}$$

对于镶齿钻头,钻头磨损形式主要为轴承磨损,故钻头轴承磨损方程为:

$$\frac{\mathrm{d}B}{\mathrm{d}t} = \frac{nW^\sigma}{b} \tag{4-19}$$

式中　A_f——岩石研磨性系数;

　　　D_1,D_2——钻压影响系数;

　　　Q_1,Q_2,C_1——转速影响系数;

　　　B——轴承相对磨损量;

　　　n——轴承磨损系数;

　　　σ——钻压指数。

(3) 建立目标函数。

由于钻速方程和钻头磨损方程对机械参数的要求是相互矛盾的(高的钻速必然带来大的磨损),在机械参数优选时就应该有一个合理的准则,即目标函数。虽然目标函数的种类很多,目前广泛应用的主要是单位进尺成本目标函数:

$$C = \frac{c_b + c_r(t_t + t)}{H} \tag{4-20}$$

式中　c_b——钻头成本,元;

　　　c_r——钻机作业费,元/小时;

　　　t_t——起下钻及接单根时间,h;

　　　t——钻头工作时间,h;

H——钻头进尺,m。

钻头进尺 H 及其工作时间 t,可由钻速方程和钻头磨损方程确定。

单位进尺成本目标函数综合考虑了钻速和钻头磨损的矛盾,在最小单位进尺成本的前提下,能获得较大的钻速、较大的进尺。显然,当钻头成本和钻机作业费一定时,要想得到最小单位进尺成本,必须有较少的起下钻接单根时间、较少的钻头工作时间、较大的钻头进尺。这是一种比较合理的解释。

(4) 采用最优化方法。

当目标函数确定后,即可对机械参数进行优选。根据最优化理论,令目标函数对各变量的偏导数为零,结合约束条件,便可确定各相应参数的最优值,即

$$\frac{\partial C}{\partial X_j} = 0 \tag{4-21}$$

值得指出的是:

由于井深和地层孔隙压力梯度都不是可调变量;井底压差又受安全钻井要求限制,不能任意调节;钻井水力参数的优选问题已经解决(见本章第三节)。因此,只有对钻压、转速和钻头磨损求偏导数为零,对实际工作才有指导意义。

要同时求得钻压、转速和钻头磨损的最优值,需求解联立方程组,有一定的难度。由于国内现有钻井设备大多不具备无级调速功能,同时钻头的合理磨损又可根据邻近井的钻头资料确定,因而在实际应用中,主要还是用于在确定转速和钻头磨损的条件下对钻压的优选。

据此,最优钻压可由下式计算:

$$W_t = \frac{1}{2}\left[\frac{W'Z}{F} + \frac{2D_2}{D_1} - \sqrt{\left(\frac{W'Z}{F}\right)^2 + \frac{4W'D_2}{FD_1}(Z-1)}\right] \tag{4-22}$$

式中　W_t——最优钻压,kN

　　W', Z, F——中间变量。

$$W' = \frac{T_e A_f(Q_1 n + Q_2 n^3)}{D_1} \tag{4-23}$$

$$T_e = \frac{c_b}{c_r} + t_t \tag{4-24}$$

$$Z = \frac{1 + a_4}{a_4} \tag{4-25}$$

$$F = h + \frac{C_1}{2}h^2 \tag{4-26}$$

最优钻压 W 下的单位进尺成本 C、钻头进尺 H 和工作时间 t 可按下式计算:

$$C = \frac{c_r(T_e S + F)}{JE} \tag{4-27}$$

$$H = \frac{JE}{S} \tag{4-28}$$

$$t = \frac{F}{S} \tag{4-29}$$

式中　S, J, E——中间变量。

103

$$S = \frac{A_f (Q_1 n + Q_2 n^3)}{(D_2 - D_1 W)} \tag{4-30}$$

$$J = e^{\left(a_0 + \sum\limits_{j=1}^{6} a_j X_j\right)} \tag{4-31}$$

$$E = \frac{1}{a_7^2} \left[(a_7 + c_1) - (a_7 + c_1 + a_7 c_1 h) e^{-a_7 h} \right] \tag{4-32}$$

（5）实钻效果分析。

机械参数优选的过程是一个循序渐进的过程，需要不断地对钻速方程和钻头磨损方程修正和完善，才能逐渐地逼近理想的情况。因此，对实钻效果分析工作十分重要。目前，针对机械参数优选的特点，结合计算机技术，已经有了自动控制闭环系统，展现出钻进技术的良好发展前景。

对于刮刀钻头和金刚石钻头的机械参数优选，仍可按上述方法进行，但钻速方程和磨损方程不相同。目前已有一些研究成果可供参考。

（6）实例。

根据实测资料，某地区 3 000 m 井段多元转速方程的各回归系数为：

$$a_0 = 2.5 \quad a_1 = 0.000\ 2 \quad a_2 = 0.001\ 5 \quad a_3 = 0.001$$
$$a_4 = 1.1 \quad a_5 = 0.68 \quad a_6 = 0.5 \quad a_7 = 1$$

该井段 $\rho_p = 1.07\ \text{g/cm}^3$，$A_f = 0.002\ 28$，使用直径 251 mm 的 21 型钻头，$C_b = 900$ 元/只，$h = 0.75$，$C_r = 250$ 元/小时，$t_t = 5.75\ \text{h}$。钻井液密度 $\rho = 1.15\ \text{g/cm}^3$（取钻井液循环当量密度等于钻井液密度），钻井液喷嘴黏度 $\mu = 5\ \text{Pa·s}$，钻井液排量 $Q = 39.4\ \text{L/s}$，钻头水眼当量直径 $d_e = 1.905\ \text{cm}$，水力系数 $K_H = 1.2$。

试求 $n = 60\ \text{r/min}$、120 r/min、180 r/min 的最优钻压 W_t 及相关的单位进尺成本 C、钻头进尺 H 和工作时间 t。

① 确定有关系数。

根据钻井手册，直径 251 mm 的 21 型钻头有关系数为：

$$D_2 = 6.44 \quad D_1 = 0.014\ 33 \quad C_1 = 5 \quad Q_1 = 1.5 \quad Q_2 = 0.000\ 653$$

② 计算 W_t。

由

$$T_e = \frac{c_b}{c_r} + t_t = \frac{900}{250} + 5.75 = 9.35\ (\text{h})$$

$$Z = \frac{1 + a_4}{a_4} = \frac{1 + 1.1}{1.1} = 1.91$$

$$F = h + \frac{C_1}{2} h^2 = 0.75 + \frac{5}{2} \times 0.75^2 = 2.156$$

得 $n = 60\ \text{r/min}$ 时的最优钻压：

$$W' = \frac{T_e A_f (Q_1 n + Q_2 n^3)}{D_1} = \frac{9.35 \times 0.002\ 28 \times (1.5 \times 60 + 0.000\ 653 \times 60^3)}{0.014\ 33} = 344.44$$

$$W_t = \frac{1}{2} \left[\frac{W'Z}{F} + \frac{2D_2}{D_1} - \sqrt{\left(\frac{W'Z}{F}\right)^2 + \frac{4W'D_2}{FD_1}(Z-1)} \right]$$

$$= \frac{1}{2} \left[\frac{344.44 \times 1.91}{2.156} + \frac{2 \times 6.44}{0.014\ 33} - \sqrt{\left(\frac{344.44 \times 1.91}{2.156}\right)^2 + \frac{4 \times 344.44 \times 6.44}{2.156 \times 0.014\ 33} \times (1.91 - 1)} \right]$$

$$= 304.30\ (\text{kN})$$

又有：

$$S = \frac{A_f(Q_1 n + Q_2 n^3)}{(D_2 - D_1 W_t)} = \frac{0.002\,28 \times (1.5 \times 60 + 0.000\,653 \times 60^3)}{(6.44 - 0.014\,33 \times 304.30)} = 0.253\,3$$

$$J = e^{\left(a_0 + \sum\limits_{j=1}^{6} a_j X_j\right)}$$

$$= e^{(a_0 + a_1 X_1 + a_2 X_2 + a_3 X_3 + a_4 X_4 + a_5 X_5 + a_6 X_6)}$$

$$= e^{(2.5 + 0.000\,2 \times 0 + 0.001\,5 \times 0 + 0.001 \times (-240) + 1.1 \times 0.506 + 0.68 \times (-0.511) + 0.5 \times (-0.561))}$$

$$= 8.08$$

$$E = \frac{1}{a_7^2}\left[(a_7 + C_1) - (a_7 + C_1 + a_7 C_1 h)e^{-a_7 h}\right]$$

$$= (1+5) - (1+5+5 \times 0.75)e^{-0.75}$$

$$= 1.398$$

得 $n = 60$ r/min 时的单位进尺成本 C、钻头进尺 H 和工作时间 t：

$$C = \frac{C_r(T_e S + F)}{JE} = \frac{250 \times (9.35 \times 0.253\,3 + 2.156)}{8.08 \times 1.398} = 100.14(元／米)$$

$$H = \frac{JE}{S} = \frac{8.93 \times 1.398}{0.138\,8} = 44.59(m)$$

$$t = \frac{F}{S} = \frac{2.156}{0.138\,8} = 8.51(h)$$

再计算 $n = 120$ r/min、180 r/min 的情况（略），结果见表 4-42。

表 4-42　计算结果

转速/(r·min^{-1})	60	90	120
牙齿磨损	0.75	0.75	0.75
最优钻压/kN	304	274	256
单位进尺成本/(元·米$^{-1}$)	100.14	138.35	204.14
进尺/m	44.59	23.94	13.89
钻进时间/h	8.51	3.99	2.00
钻速/(m·h^{-1})	5.24	6.14	6.97

不难发现：最优钻压与转速成反比，转速越高，最优钻压越低；低转速下单位进尺成本较低，对应的进尺较大，钻进时间较长，但钻速较慢；高转速下单位进尺成本较大，对应的进尺较小、钻进时间较短，但钻速较快。

综合考虑，选用 $n = 90$ r/min、$W = 274$ kN 的钻井参数比较合理。

三、金刚石钻头钻压转速确定

根据使用经验，金刚石钻头机械参数的确定应遵循如下原则：

在软地层钻井中，钻头主要通过剪切破碎岩石，增加转速可明显提高机械钻速；而钻压对钻速的影响则不十分显著，而且钻压过大可能会导致钻头泥包，使机械钻速骤减。因此，最佳钻压值应在较低的范围。

在中等硬度地层,钻头以剪切、预破碎、冲击、犁削等综合方式破岩,钻压对转速的影响增大,而转速的增加对机械钻速的增加的影响已不太明显。中等硬度地层硬度与研磨性比软地层高,钻头切削块磨损加剧,使用寿命降低。因此,在保持最佳机械钻速的同时,应将转速控制在较低的范围。

在硬的、高研磨性地层,钻压对机械钻速的影响较为显著。较高的转速会促使钻头产生大量的摩擦热,导致切削块严重磨损。金刚石钻头具有较长的使用寿命并保持一定的机械钻速,应采用中到高钻压,以及低到中等转速。

1. 钻压

美国克里斯顿公司金刚石系列钻头,根据大量的实验室试验资料,给出不同尺寸规格下的钻压推荐值,如图 4-2 所示。

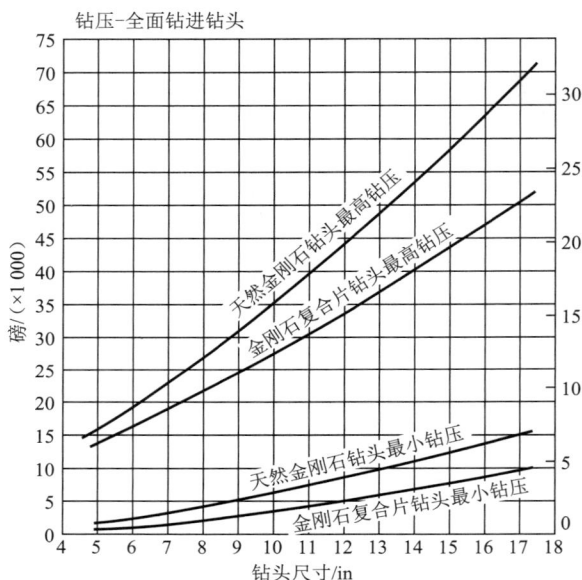

图 4-2 推荐钻压

钻压的确定考虑了地层岩性和水力清洗这两个因素。对于天然金刚石钻头,在最小钻压和最高钻压范围内,每次钻压增加按 9 kN 增量加大钻压,不要突然一下增加很大,以防金刚石损坏。对于 PDC 钻头,钻压可用较低的钻压钻进,一般仅为同尺寸牙轮钻头的 30%,即 1~2 kN/cm²。如 165.1~215.9 mm 钻头,钻压为 10~40 kN,使用后期可增至 100 kN。

2. 转速

金刚石钻头的使用转速应尽可能高些。在钻柱和其他设备、工具允许下,转速增至 300 r/min 效果更好。金刚石钻头已成功地用于 600~900 r/min 的涡轮钻并取得很好效果。对于天然金刚石钻头,一般认为在 150 r/min 左右较合适。对于 PDC 钻头,转速可以在较大的转速范围内使用,最高转速每分钟可达数百转,所以它可用于转盘钻,也可用于井底动力钻井。在转盘钻井时,推荐使用 100 r/min 左右。

3. 排量

排量首先要满足环形空间的最低返回速度的要求,同时又要保证满足钻头清除岩屑和冷却金刚石的需要。图 4-3 中的曲线是不同尺寸钻头建议采用的排量范围。

使用 PDC 钻头时,和其他钻头(刮刀、牙轮)一样,机械钻速同样随比水力功率增加而增高(见图 4-4)。一般使用的比水力功率在 250 W/cm^2 左右。

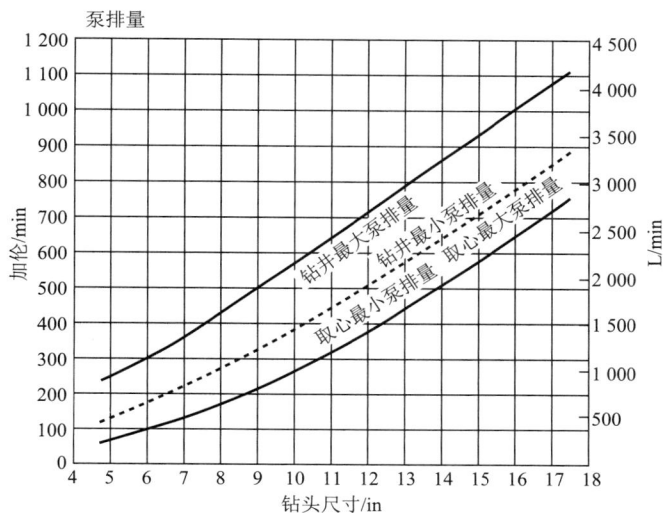

图 4-3　推荐排量

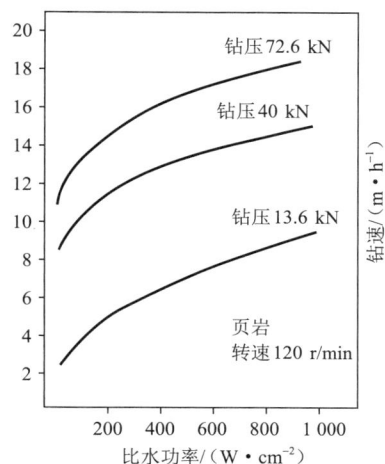

图 4-4　机械钻速与比水力功率关系

4. 金刚石取心钻头机械参数

对于金刚石取心钻头,推荐钻压适用范围如图 4-5 所示。

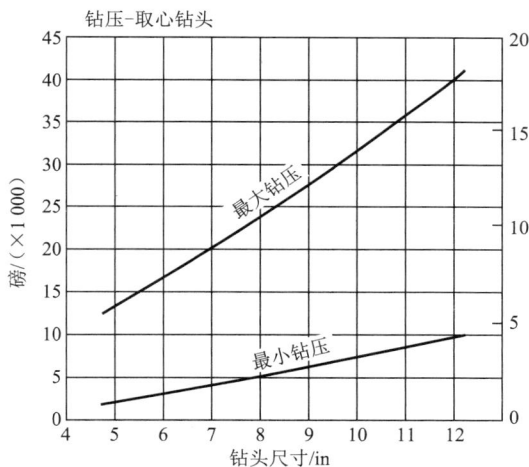

图 4-5　取心钻头推荐钻压

表 4-43　取心钻头选型

地　层	岩　性	推荐取心钻头
软地层带面黏性夹层	黏土,泥岩,泥灰岩	EMC1306
软地层、高可钻性	泥灰岩,砂岩,盐岩,石膏	EMC1306、EMC13012
软—中硬地层、有硬夹层	页岩,砂岩,白垩岩	EMC1306、EMC13012
中—硬地层,有薄的研磨性夹层	页岩,砂岩,石灰岩	EMC1306、EMC13012

续表 4-43

地　层	岩　性	推荐取心钻头
硬一致密地层,但无研磨性	页岩,砂岩,石灰岩,硬石膏,白云岩	EPC733、EPC832
硬一致密地层,有些研磨性夹层	砂岩,石灰岩,白云岩,火成岩	EPC733、EPC832
极硬带有研磨性地层	石英岩,火成岩	EFC828、EFC939

5.常用金刚石钻头机械参数

（1）取心钻头。

取心钻头选型见表 4-43,推荐钻井参数见表 4-44。

表 4-44　取心钻头推荐钻井参数

型号	尺寸/in	钻压/kN	排量/(L·s^{-1})	转速/(r·min^{-1})	最高钻压/kN
EMC1306	6	9～68	6～16	80～250	90
EMC13012	8½	23～90	11～20	80～250	113
EPC733	6	36～113	6～13	60～250	135
EPC832	8½	68～135	11～19	60～250	158
EFC828	6	23～68	6～13	60～250	90
EFC939	8½	45～90	11～19	60～250	113

（2）金刚石钻头。

金刚石钻头选型见表 4-45。

表 4-45　金刚石钻头选型

地　层	岩石类型	抗压强度	牙轮钻头	金刚石钻头
极软:抗压强度低的黏性软地层	黏土,粉砂岩,砂岩	1～2 级 <25 MPa (3 600 psi)	111/126	EM1914
软:抗压强度低和可钻性高的软地层	泥灰岩,盐岩,石膏岩,页岩,砂岩	2～3 级 25～50 MPa (3 600～7 250 psi)	116/126 417/447	EM1914 EM1614
软至中硬:低抗压强度的均质夹层地层	泥岩,页岩,砂岩(钙质),灰岩	3～4 级 50～75 MPa (7 250～11 100 psi)	126/127 417/447	TD1915S EM1915S EM1615
中至硬地层:中等抗压强度含少量研磨性夹层的地层	页岩,砂岩(钙质),灰岩,硬石膏	4～5 级 75～100 MPa (11 100～15 000 psi)	437/517	EM1615 EM1916 EM1616 EM1316 EH1317S

地　层	岩石类型	抗压强度	牙轮钻头	金刚石钻头
硬至致密地层：高抗压强度含少量研磨性夹层的地层	钙质页岩,硅质砂岩,白云岩	5~6 级 100~150 MPa (15 000~22 000 psi)	517/637	EH1317S EH1318E EH1328E
极硬和研磨性地层：高抗压强度、研磨性极高的地层	石英岩,火成岩	7 级以上 >200 MPa (29 000 psi)	647/837	TP733 TP832 TN756 TN854

第三节 水力参数设计

一、水力参数设计的原则与内容

水力参数设计就是要根据地质及钻井实际条件分井段进行计算、分析、调整,拟定一个实现最优水力参数的综合全面方案。这个最优水力参数应能全面考虑和综合平衡众多的各个单项水力参数之间的配合关系。在水力参数设计时,必须根据钻井实际条件和地区经验选择某一个恰当的最优工作方式作为水力程序设计的依据;而设计的结果要能在钻井实践中体现最优工作方式的判别指标。

在水力参数设计之前应了解设计井的地质及分层情况、井深及井身结构、全井钻井液方案、钻头使用方案及各次开钻的钻具组合方案等。

水力参数设计内容包括:

(1) 优选钻井泵的缸套尺寸。

(2) 设计参数:流量 Q,泵压 p_r 喷嘴尺寸及喷嘴组合。

(3) 计算参数:钻头压降 p_b,钻头水功率 N_b,射流冲击力 F_j,喷嘴射流速度 v_o,钻头比水功率 N_c。

二、牙轮钻头水力参数设计方法

国内外油田水力参数设计方法有很多种,如常规水力设计方法、定环空返速水力设计方法、定泵功率水力设计方法、定钻头水功率(或比水功率)设计方法、井壁稳定和最小携屑能力约束条件下定流量水力设计方法(简称为"双约束条件下定流量水力设计")、地层水力可钻指数确定最经济水力参数设计方法等。下面主要就双约束条件下定流量水力设计作详细介绍。

1. 双约束条件下定流量水力参数设计方法

该设计方法就是在给定的井内流道(井身结构,钻柱组合)和钻井液性能条件下,确定保证安全钻进的最大、最小的流量范围,再根据井场的机泵条件优选钻井泵的缸套尺寸,得出优选实际流量。由优选流量计算循环压耗,进而根据喷射钻井的工作方式计算钻头压降。

由钻头压降计算喷嘴当量尺寸和确定喷嘴组合。最后根据相关公式计算其他水力参数。

不难发现,最优排量和最优喷嘴直径这两个水力参数都是井深的函数,随着井深的增加而连续变化。但是,在实际工作中最优排量和最优喷嘴直径无法做到这一点。这是因为:① 钻头一入井,喷嘴就不可能随时换装;② 钻井泵缸套选定后,额定排量就不可能有很大的变化范围。这两个问题的存在,给选择水力参数的实施带来了一定困难。因此,必须采用工程设计的方法解决上述矛盾。

水力参数的工程设计方法是采用分段设计,即将要钻进的井段分成 n 个小段,在第 i 段($i=1,2,\cdots,n$),以底部井深 L_i 为设计井深,据此计算最优排量和最优喷嘴直径。如图 4-6 所示。

工程设计的实质是以点代段,即以每段底部井深点的最优水力参数在这个井段中施行,从而逼近全井段的最优水力参数。显然,段分得越多、越细,理论与实际的差距就越小。但太细的井段划分在工程上无法做到,也没有必要做到。

根据上述工程设计思想,水力参数工程设计的步骤如下:

（1）根据理论计算法或实测法,求得循环压耗系数 m 和 a。

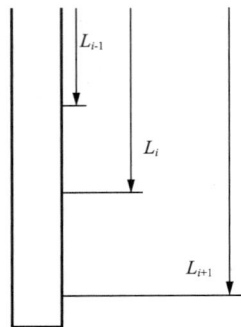

图 4-6　分段设计示意图

（2）根据工程实际情况,选定最小排量 Q_a,这是钻井过程中不能低于的排量。

（3）根据机泵实际条件,选择缸套直径,确定额定泵压 p_r 和额定排量 Q_r,指钻井过程中不能超过的泵压和排量。

（4）根据钻头使用情况,将所钻井深划分成 n 段。

（5）计算第 i 段的最优排量 Q_t 和最优喷嘴直径 d_t,同时注意校核 $Q_r \geqslant Q_t \geqslant Q_a$。

（6）根据最优喷嘴直径 d_t,配置喷嘴组合。

（7）重复（5），（6）两步,进行第 $i+1$ 段的设计,直到 $i=n$ 为止。

（8）设计结果列表。

2. 优选钻井泵的缸套尺寸

钻井泵的每一种缸套尺寸对应着一个流量,所选的钻井泵流量应既能满足有效地携带岩屑,清洁井眼的需要,又能保持井壁稳定。满足上述要求的约束条件是:

（1）环空携岩能力 $L_c \geqslant 0.5$,也就是计算环空当量直径的岩屑在钻井液中的下沉速度小于或等于上返速度的一半。在这种条件下循环钻进,环空中的岩屑浓度就不会继续增大,可以保证井眼净化的要求。

（2）环空岩屑浓度 $C_a \leqslant 9\%$,由于环空岩屑浓度过度,常常发生环空堵塞,泵压升高,悬重降低,循环漏失,导致钻具埋卡事故。

井眼稳定 Z 值不大于井眼稳定临界值。该 Z 值与非牛顿流体判定层流和紊流流态的 Z 值($Z=808$)是两个截然不同的概念。该 Z 值与井壁岩石应力状态、岩层强度、水化能力等有关。如果环空返速过高,会冲蚀井壁,使井眼扩大严重。对于某一特定条件,确定裸眼稳定临界 Z 值可通过统计分析已钻井的资料而得到。Z 值的计算公式为:

$$Z = 1\,517.83 \frac{(D_H - D_P)^n A V^{2-n} \rho_m}{500^n n^{0.387} K} \tag{4-33}$$

式中　Z——井眼稳定 Z 值(无因次);

D_H, D_p ——钻头直径和钻具外径,cm;

v ——环空平均返速,m/s;

n ——流型指数;

K ——稠度系数,Pa·s^n;

ρ_m ——钻井液密度,g/cm^3。

① 由井壁稳定条件确定最大允许流量 Q_{max}。

对于宾汉流体

$$v_k = \frac{100\eta_s + 10\sqrt{100\eta_s^2 + 2.52 \times 10^{-3}\rho_m\tau_o(D_H - D_p)^2}}{\rho_m(D_H - D_p)} \qquad (4\text{-}34)$$

对于幂律流体

$$v_k = 0.005\,1\left[\frac{20\,451K_n^{0.387}}{\left(\dfrac{D_H - D_p}{2.54}\right)^n\rho_m}\right]^{\frac{1}{2-n}} \qquad (4\text{-}35)$$

式中　v_k ——环空返速,m/s;

η_s ——塑性黏度,Pa·s;

τ_o ——屈服值,Pa。

② 由井眼净化条件确定最小流量 Q_{min}。

井眼净化能力 L_c 计算公式为:

$$L_c = \frac{v_c - v_E}{v_c} \geqslant 0.5 \qquad (4\text{-}36)$$

由于岩屑几何形状不规则,一般只能在理想条件下导出钻屑沉降速度公式,即:

$$v_E = \frac{0.071d_E(2.5 - \rho_m)^{2/3}}{\rho_c^{1/3}\mu^{1/3}} \qquad (4\text{-}37)$$

式中　v_c ——环空返速,m/s;

v_E ——岩屑沉降速度,m/s;

d_E ——岩屑当量直径,mm;牙轮钻头岩屑 d_E 通常取 10 mm;

μ ——环空钻井液的视黏度,mPa·s。

环空剪切速度 $\dfrac{dv}{dx}$ 为:

$$\frac{dv}{dx} = \frac{1\,199v_c}{\beta D_H - D_p} \qquad (4\text{-}38)$$

式中　β ——井径扩大系数,取 1.1~1.2。

由此可求得,环空最小返速 $v_{c\,min}$。

对于宾汉流体

$$v_{c\,min} = \frac{0.014\,2d_E(2.5 - \rho_m)^{2/3}}{\rho_m^{1/3}\left[\eta + \dfrac{\tau_o(\beta D_H - D_p)}{1\,199v_{c\,min}}\right]^{1/3}} \qquad (4\text{-}39)$$

对于幂律流体

$$v_{c\,min} = \frac{0.014\,2d_E(2.5 - \rho_m)^{2/3}}{\rho_m^{1/3}K^{1/3}\left(\dfrac{1\,199v_{c\,min}}{\beta D_H - D_p}\right)^{\frac{n-3}{3}}} \qquad (4\text{-}4\text{C})$$

则

$$Q_{max} = 0.785(D_H^2 - D_p)v_k \tag{4-41}$$

$$Q_{min} = 0.785(D_H^2 - dD_p)v_{min} \tag{4-42}$$

在保证井壁稳定和井眼净化条件的约束下,流量选择范围为 $Q_{max} \geqslant Q > Q_{min}$。由 Q_{max},Q_{min} 选择钻井泵缸套尺寸,在满足 $Q_r > Q_{min}$ 的条件下,选取额定泵压高的缸套。

③ 由现场经验确定 Q_{min}。

许多油田通过长期的钻井实践已经有一个保证井眼净化的经验环空返速 v_k,如江汉油田一般取 $v_k = 1$ m/s。由该返速可计算得 Q_{min},再在 $Q_r > Q_{min}$ 的条件下,选取合适的缸套尺寸。

3. 优选泵型

为提高井底钻头的水力参数,应尽量选用泵压高、功率大的钻井泵;同时在确定钻井泵时,又要考虑地面高压管线、阀门和钻具的承受力。通常钻井泵按钻机类型选择:大庆 Ⅰ(或 Ⅱ)-130 型钻机,推荐选配 2 台 3NB-1300 型钻井泵;F320-3DH 型钻机选配 2 台 3NB-1300 型或 2 台 3NB-1600 型钻井泵。泵的性能参数见表 4-46。

表 4-46　钻井泵的技术性能

柴油机转速 /(r·min^{-1})	泵速 /(冲·min^{-1})	缸套直径/mm 与理论流量/(L·s^{-1})					
		ϕ140	ϕ150	ϕ160	ϕ170	ϕ180	ϕ190
1 500	120	28.16	32.32	36.78	41.52	46.54	51.85
1 400	112	26.28	30.17	34.32	38.75	43.44	48.40
1 300	104	24.40	28.01	31.87	36.00	40.34	44.94
1 200	96	22.53	25.86	39.42	33.21	37.24	41.48
1 100	88	20.65	23.70	26.97	30.44	34.13	38.08
1 000	80	18.77	21.55	24.52	27.68	31.03	34.57
最大工作压力 /MPa	SL3NB-1000A	24	21	18.5	16	14.5	—
	SL3NB-1300A	31	27	24	21	19	—
	SL3NB-1600A	35	33	29	26	23	21

按照惯例,钻井泵的输出功率一般为额定功率的 80%～90%。钻井泵的泵压在额定最大工作压力的 75% 以下能长期正常进行。

4. 计算循环压耗

由前面优选的钻井泵缸套尺寸,即可得到该缸套尺寸的额定流量和泵压,则环空返速 Av 为:

$$Av = \frac{12.742Q}{D_H^2 - D_P^2} \tag{4-43}$$

层流紊流临界环空返速 Av_c 为:

$$Av_c = 0.005 \left(\frac{20\,626n^{0.387}K\,2.54^n}{(D_H - D_P)^n \rho_m} \right)^{\frac{1}{2-n}} \tag{4-44}$$

(1) 计算环空循环压耗。

① 若 $Av \leqslant Av_c$，则环空井段的层流压降 Δp_{la} 为：

$$\Delta p_{la} = \left[\frac{1\,600(2n+1)Q}{\pi n (D_H - D_p)^2 (D_H + D_p)} \right]^n \cdot \frac{LK}{2\,500(D_H - D_p)} \tag{4-45}$$

式中　τ —— 钻井液动切力，Pa；

　　　L —— 计算井段长度，m；

　　　Δp_{la} —— 计算井段循环压降，MPa。

② 若 $Av > Av_c$，则环空井段的紊流压耗 Δp_{la} 为：

$$\Delta p_{la} = \frac{0.123\,36 PV^{0.2} \rho_m^{0.8} Q^{1.8} L}{(D_H - D_p)(D_H + D_p)^{1.8}} \tag{4-46}$$

式中　PV —— 塑性黏度，mPa·s。

(2) 计算钻具内紊流压耗 Δp_{ld}。

$$\Delta p_{ld} = \frac{0.123\,36 \rho_m^{0.8} PV^{0.2} Q^{1.8} L}{d^{4.8}} \tag{4-47}$$

式中　d —— 钻具内径，cm。

(3) 计算地面管汇压耗 Δp_0。

$$\Delta p_0 = 3.77 \times 10^{-5} \rho_m^{0.8} PV^{0.2} Q^{1.8} \tag{4-48}$$

则设计井深的总循环压耗 $\Delta p_1 = \Delta p_0 + \Delta p_{la} + \Delta p_{ld}$。

在计算 Δp_{la} 和 Δp_{ld} 时，若流道截面尺寸有变化，应分段计算再相加。

5. 喷射钻井的工作方式

一般在软到中软地层采用最大射流冲击工作方式，在硬地层采用最大钻头水功率工作方式。不同的工作方法其分配关系不同。同种工作方式在临界井深前后又有不同的优化方法。两种工作方式的临界井深分别为：

最大射流冲击力工作方式

$$LC_1 = \frac{\dfrac{0.526 p_m}{Q_m^{1.8}} - K_0 - K_c L_c}{K_p} + L_c \tag{4-49}$$

最大钻头水功率工作方式

$$LC_2 = \frac{\dfrac{0.357 p_m}{Q_m^{1.8}} - K_0 - K_1 L_1}{K_2} + L_1 \tag{4-50}$$

式中　K_0 —— 地面管汇压耗系数；

　　　K_c —— 每米钻铤内外压耗系数之和；

　　　K_p —— 每米钻杆的内外压耗系数之和；

　　　L_c —— 钻铤长度，m；

　　　p_m —— 钻井泵的工作泵压，MPa；

　　　Q_m —— 钻井泵工作流量，L/s。

井深 D 处的这些压耗系数可用总系数 K_1 计算，它们分别用下式计算：

总压耗系数

$$K_1 = K_0 + K_c L_c + K_2 (D - L_c) \tag{4-51}$$

地面管汇

$$K_0 = 3.77 \times 10^{-5} \rho_m^{0.8} PV^{0.2} \tag{4-52}$$

钻铤内外

$$K_c = 0.123\,36 \left[\frac{1}{(D_H - D_c)^3 (D_H + D_c)^{1.8}} + \frac{1}{d_c^{4.8}} \right] \rho_m^{0.8} PV^{0.2} \tag{4-53}$$

钻杆内外

$$K_p = 0.123\,36 \left[\frac{1}{(D_H - D_p)^3 (D_H + D_p)^{1.8}} + \frac{1}{d_c^{4.8}} \right] \rho_m^{0.8} PV^{0.2} \tag{4-54}$$

式中　D_c——钻铤外径，cm；

　　　d_c——钻铤内径，cm；

　　　d_p——钻杆内径，cm。

根据本地区地层剖面及钻头进尺情况把全井分成若干井段。井身结构、临界井深部分是划分井段的依据。在一只钻头进尺行程范围内，下钻井深和起钻井深是该井段上、下界面，在井深坐标上是两个点。在设计和优选该井段的水力参数时，一般以下界面（即以起钻井深）作为设计井深（D）。

选择好某一种最优工作方式后，就可根据具体条件通过计算优选各水力参数，实现对泵功率的合理分配。两种工作方式的优选条件分别见表 4-47 和表 4-48。

表 4-47　最大射流冲击力优选条件

井深范围	$D < LC_1$	$D > LC_1$
流量选择范围	$Q = Q_m$	$Q < Q_m$
优选流量 $Q_{优}$	$Q_{优} = Q_m$	$Q_{优} = \left(\dfrac{0.526 p_m}{K_1} \right)^{\frac{1}{1.8}}$
泵的工作压力	p_m	p_m
优选循环压耗 $\Delta p_{优}$	$\Delta p_{优} < 0.526 p_m$	$\Delta p_{优} = 0.526 p_m$
优选钻头压降 Δp_d	$\Delta p_d > 0.474 p_m$	$\Delta p_d = 0.474 p_m$
最大射流冲击力 F_j	$1.43 Q_m \sqrt{\rho_m \Delta p_d}$	$1.43 Q_{优} \sqrt{\rho_m \Delta p_d}$

表 4-48　最大钻头水功率优选条件

井深范围	$D < LC_1$	$D > LC_1$
流量选择范围	$Q = Q_m$	$Q < Q_m$
优选流量 $Q_{优}$	$Q_{优} = Q_m$	$Q_{优} = \left(\dfrac{0.357 p_m}{K_1} \right)^{\frac{1}{1.8}}$
泵的工作压力	p_m	p_m
优选循环压耗 $\Delta p_{优}$	$\Delta p_{优} < 0.357 p_m$	$\Delta p_{优} = 0.357 p_m$
优选钻头压降 Δp_d	$\Delta p_d > 0.643 p_m$	$\Delta p_d = 0.643 p_m$
最大射流冲击力 F_J	$N_b \geqslant 0.643 N_m$	$N_b = 0.643 N_{实}$

6. 钻头水力参数计算

（1）钻头压降：$\Delta p_b = p_m - \Delta p_{l优}$。

$\Delta p_{l优}$ 为优选循环压耗，将 Δp_d 代入下式即可求得优选的喷嘴组合当量直径。

$$d_e = \sqrt{d_1^2 + d_2^2 + d_3^2 + \cdots} \tag{4-55}$$

$$d_e = \sqrt[4]{\frac{899.27\rho_m Q^2}{P_b}} \qquad \Delta p_d = 899.27\frac{\rho_m Q^2}{(d_1^2 + d_2^2 + d_3^2)^2} \tag{4-56}$$

式中　d_1, d_2, d_3——喷嘴直径，mm；

　　　d_e——当量喷嘴直径，mm。

（2）钻头水功率 N_b，比水功率和泵输出水功率 N_s。

$$N_b = \Delta p_d Q \tag{4-57}$$

式中　N_b——钻头水功率，kW。

$$钻头比水功率 = N_b/(\pi D_H^2/4)$$

$$N_s = p_s Q \tag{4-58}$$

（3）射流冲击力 F_j。

$$F_j = \frac{\rho_m Q^2}{100A} \tag{4-59}$$

式中　A——喷嘴出口截面积，cm³；

　　　F_j——射流冲击力，kN。

（4）喷射速度 v_b。

$$v_b = \frac{10Q}{A} \tag{4-60}$$

式中　v_b——喷射速度，m/s。

7. 喷嘴组合

理论和实践都已证明，在相同的钻头水力功率条件下，不同尺寸的优选喷嘴组合，能改善井底流场和压力分布状况，提高漫流的清岩作用，减少钻头对井底岩屑的重复破碎，从而提高破岩效率和机械钻速。

喷嘴选择的原则是：

① $\phi215.9$ mm 钻头在软地层中，可采用两大一小，直径比为 0.5 的组合；在中硬地层中，可用一大一小双喷嘴，直径比为 0.5 的组合。

② 大直径钻头，如 $\phi311$ mm 钻头，可采用一个中心喷嘴加两个不等径喷嘴。

③ 应尽可能选加长喷嘴、斜喷嘴和脉冲喷嘴等。

④ 设计中先求出水眼总面积，再确定最小直径喷嘴（为了防堵，喷嘴直径一般不小于 7 mm），然后再配最大直径喷嘴，使直径差尽可能拉大，而总面积不变。

喷嘴组合直径级差多大合适，尚需进一步研究，目前一般采用直径级差 δ（两喷嘴直径之差）为 $1\sim2$ mm，或用直径比值 $q=(0.5\sim0.62)$ 进行组合。

（1）以喷嘴直径差 δ 进行组合设计。

① 双喷嘴组合。

$$J_1 = \frac{-\delta + \sqrt{2d_e^2 - \delta^2}}{2} \tag{4-61}$$

$$J_2 = J_1 + \delta \qquad (4\text{-}62)$$

② 三喷嘴组合。

$$J_1 = -\delta + \sqrt{\frac{d_e^2 - 2\delta^2}{3}} \qquad (4\text{-}63)$$

$$J_2 = J_1 + \delta \qquad (4\text{-}64)$$

$$J_3 = J_1 + 2\delta \qquad (4\text{-}65)$$

（2）以喷嘴直径比 q 进行组合设计。

① 双喷嘴组合。

$$J_1 = \frac{d_e}{\sqrt{1 + q^2}} \qquad (4\text{-}66)$$

$$J_2 = \frac{qd_e}{\sqrt{1 + q^2}} \qquad (4\text{-}67)$$

② 三喷嘴组合。

$$J_1 = \frac{d_e}{\sqrt{1 + q^2 + q^4}} \qquad (4\text{-}68)$$

$$J_2 = \frac{qd_e}{\sqrt{1 + q^2 + q^4}} = qJ_1 \qquad (4\text{-}69)$$

$$J_3 = q^2 J_1 \qquad (4\text{-}70)$$

8. 计算实例

某井配备有 2 台 3NB-1300 型钻井泵，二开使用的钻头尺寸为 ϕ215.9 mm，有一只 J22 钻头预计钻井的井段为 2 800～2 950 m。该井段的钻具组合为：ϕ215.9 mm 钻头＋ϕ177.8 mm（内径 71.44 mm）钻铤 160 m＋ϕ127 mm（内径 108.6 mm）钻杆＋ϕ133.35 mm 方钻杆。钻井液性能为：密度 $\rho_m = 1.2$ g/cm³，黏度计数 ϕ300 读数为 25，ϕ600 读数为 35，设计该井段的水力参数。

解：

（1）钻井液的流变参数。

该钻井液通过实验符合幂律流型，则

$$n = 3.322 \lg \frac{35}{25} = 0.485$$

$$K = 0.51 \frac{25}{511^{0.485}} = 0.619 (\text{Pa} \cdot \text{s}^n)$$

（2）确定流量。

由井壁稳定条件确定最大允许流量 Q_{max}：

$$v_k = 0.005\,1 \left[\frac{20\,451 \times 0.619 \times 0.485^{0.387}}{\left(\frac{21.59 - 12.7}{2.54} \right)^{0.485} \times 1.2} \right]^{\frac{1}{2 - 0.485}}$$

$$= 1.28 \ (\text{m/s})$$

$$Q_{max} = \frac{\pi}{4} (21.59^2 - 12.7^2) \times 1.28 \times 0.1$$

$$= 30.6 \ (\text{L/s})$$

根据江汉油田的经验，环空返速一般在 1 m/s 可保证井眼净化，则本井的最小流量 Q_{min} 为：

$$Q_{min} = \frac{\pi}{4}(21.59^2 - 12.7^2) \times 1 \times 0.1$$

$$= 29.93 \text{ (L/s)}$$

因此，选用一台钻井泵工作，缸套尺寸为 $\phi150$ mm，泵速为 112 冲/min，理论流量为 30.17 L/s。

（3）计算循环压耗。

钻杆内流速

$$v_{pi} = \frac{30.17}{0.078\,5 \times 10.86^2} = 3.26\text{(m/s)}$$

钻杆外环空返速

$$v_{po} = \frac{30.17}{0.078\,5 \times (21.59^2 - 12.7^2)} = 1.26\text{(m/s)}$$

钻铤内流速

$$v_{ci} = \frac{30.17}{0.078\,5 \times 7.14^2} = 7.54\text{(m/s)}$$

钻铤外环空返速

$$v_{co} = \frac{30.17}{0.078\,5 \times (21.59^2 - 17.78^2)} = 2.56\text{(m/s)}$$

判断流态：

层流紊流临界返速

$$Av_c = 0.005\,08 \times \left[\frac{20\,626 \times 0.485^{0.387} \times 0.619 \times 2.54^{0.485}}{(21.59 - 12.70)^{0.485} \times 1.2}\right]^{\frac{1}{2-0.485}}$$

$$= 1.286 \text{ (m/s)}$$

$$v_{po} < Av_c \qquad v_{co} > Av_c$$

所以，钻铤处环空为紊流，钻杆处环空为层流，则环空压耗为：

$$\Delta p_{lpo} = \left[\frac{16\,000 \times (2 \times 0.485 + 1) \times 30.17}{3.14 \times 0.485 \times (21.59 - 12.7)^2 \times (21.59 + 12.7)}\right]^{0.485} \times \frac{2\,790 \times 0.619}{2\,500 \times (21.59 - 12.7)}$$

$$= 1.087\text{(MPa)}$$

$$\Delta p_{lao} = \frac{0.123\,36 \times 10^{0.2} \times 1.2^{0.8} \times 30.17^{1.8} \times 160}{(21.59 - 17.78)^{1.8} \times (21.59 + 17.78)^3} = 0.40\text{(MPa)}$$

由于钻具内截面积小，流速高，故用紊流计算钻具内压耗。

$$\Delta p_{lpi} = \frac{0.123\,36 \times 1.2^{0.8} \times 10^{0.2} \times 30.17^{1.8} \times 2\,790}{10.86^{4.8}} = 3.07\text{(MPa)}$$

$$\Delta p_{lai} = \frac{0.123\,36 \times 1.2^{0.8} \times 10^{0.2} \times 30.17^{1.8} \times 160}{7.14^{4.8}} = 1.32\text{(MPa)}$$

地面管汇压耗 Δp_0 为：

$$\Delta p_0 = 3.77 \times 10^{-5} \times 1.2^{0.8} \times 10^{0.2} \times 30.17^{1.8} = 0.031\,87\text{(MPa)}$$

总循环系统压耗 Δp_1 为：

$$\Delta p_1 = \Delta p_0 + \Delta p_{1a} + \Delta p_{1d}$$
$$= 1.087 + 0.40 + 3.07 + 1.32 + 0.031\ 87$$
$$= 5.91(\text{MPa})$$

（4）计算钻头压降 Δp_d。

当缸套尺寸为 150 mm 时，钻井泵的最大工作压力为 27 MPa，取 75% 为工作压力，则工作压力 p_m 为 20.25 MPa。

由于钻头所钻地层较硬，故选用最大钻头水功率工作方式。

$$K_0 = 3.77 \times 10^{-5} \times 1.2^{0.8} \times 10^{0.2} = 6.865 \times 10^{-5}$$

$$K_c = 0.123\ 36 \times \left[\frac{1}{(21.59 - 17.78)^3 \times (21.59 + 17.78)^{1.8}} + \frac{1}{7.14^{4.8}} \right] \times 1.2^{0.8} \times 10^{0.2}$$
$$= 2.36 \times 10^{-5}$$

$$K_p = 0.123\ 36 \times \left[\frac{1}{(21.59 - 17.78)^3 \times (21.59 + 17.78)^{1.8}} + \frac{1}{10.86^{4.8}} \right] \times 1.2^{0.8} \times 10^{0.2}$$
$$= 2.996 \times 10^{-6}$$

临界井深为：

$$L_c = \frac{\dfrac{0.035\ 7 \times 20.25}{30.17^{1.8}} - 6.865 \times 10^{-5} - 2.36 \times 10^{-5} \times 160}{2.966 \times 10^{-6}} + 160 = 4\ 156(\text{m})$$

说明钻头所钻井段在临界井深之前，按循环系统传递关系钻头压降 Δp_d 为：

$$\Delta p_d = p_m - \Delta p_1 = 20.25 - 5.91 = 14.34(\text{MPa})$$

（5）计算当量喷嘴直径 d_e。

$$d_e = \sqrt[4]{\frac{899.27 \times 1.2 \times 30.17^2}{14.34}} = 16.18(\text{mm})$$

（6）喷嘴优化组合。

根据喷嘴选择原则，选一大一小双喷嘴，直径比为 0.5 的组合。

$$J_1 = \frac{16.18}{\sqrt{1 + 0.5^2}} = 14.47(\text{mm})$$

$$J_2 = 0.5 J_1 = 7.24(\text{mm})$$

根据喷嘴库存情况，选用两个直径与上面计算结果相近的喷嘴。

（7）钻头其他水力参数。

钻头水功率

$$N_b = 14.34 \times 30.17 = 432.6(\text{kW})$$

射流喷速

$$v_b = \frac{10 \times 30.17}{\frac{1}{4} \pi \times 1.618^2} = 146.8(\text{m/s})$$

射流冲击力

$$F_j = \frac{1.2 \times 30.17^2}{100 \times 2.06} = 5.30(\text{kN})$$

其他钻头可采用上述相似的方法进行设计。

三、金刚石钻头水力参数设计

金刚石钻头水力参数设计包括流量、钻头液流面积、钻头压降、钻头水功率、钻头比水功率。

1. 水力参数选择的原则

金刚石钻头水力参数设计与所钻地层的硬度、岩性、钻头形式和结构有关。一般设计原则为：

（1）软地层的岩石较软，易于钻进。主要考虑的因素是钻头和井眼的清洗条件，因此要求钻井液流量比较大。

（2）中软地层钻进机械钻速较高，除了要求较高的流量清洗钻头，同时还要求有一定的水力能量冷却切割齿并辅以破岩。

（3）钻中硬地层需要较大的水功率来冷却钻头，清洗井底，因此要求适当的流量和泵压。

（4）在硬地层中钻进，所产生的摩擦热最大，钻头磨损最为严重，因此要求流量首先满足钻头冷却的需要。最佳水力参数应是较低的流量和较高的水功率。

2. 喷嘴组合原则

PDC 钻头水力性能的好坏，取决于喷嘴组合是否合理。钻头的水力结构是按低喷嘴、大冲击、大漫流和不等压分布流场理论设计的。因此，为了保证钻头的合理清洗、冷却和排屑，在喷嘴组合时，应尽可能使用等径喷嘴或相邻序号的两种喷嘴。等直径喷嘴的中心压力相等，相互影响小，能保证合理的液流分布。如果采用直径相差大的喷嘴组合，则会造成清洗、冷却不均匀，导致钻头先期损坏。大直径喷嘴液流较大，会对其周围的切削齿与胎体及喷嘴本身造成冲蚀；而小直径喷嘴由于液流较小，其周围的切削齿及胎体会因为清洗冷却不完全而导致热损坏及机械损坏。较小直径的喷嘴极有可能在钻井过程中堵塞，造成钻头因液流分布不均而先期失效。一般情况，8 号以下的喷嘴容易发生堵塞，不宜采用。无论如何，只要安装钻头水眼就要考虑钻井液的净化问题，在钻杆内安装钻井液清洁器。

金刚石钻头喷嘴尺寸见表 4-49，喷嘴面积见表 4-50。

表 4-49　喷嘴尺寸系列

喷嘴类型	喷嘴代号	喷嘴直径/mm	喷嘴类型	喷嘴代号	喷嘴直径/mm	喷嘴类型	喷嘴代号	喷嘴直径/mm
标准喷嘴	0	无孔喷嘴	标准喷嘴	13	10.32 ($1\frac{3}{32}$ in)	内六方孔小喷嘴	00	无孔喷嘴
	06	4.76($\frac{3}{16}$ in)		14	11.11 ($\frac{7}{16}$ in)		06	4.88 (0.192 in)
	07	5.56($\frac{7}{32}$ in)		15	11.91 ($1\frac{5}{32}$ in)		08	5.53 (0.257 in)
	08	6.35($\frac{1}{4}$ in)		16	12.70 ($\frac{1}{2}$ in)		09	7.34 (0.289 in)
	09	7.14($\frac{9}{32}$ in)		17	13.49 ($1\frac{7}{32}$ in)		10	8.15 (0.321 in)
	10	7.94($\frac{5}{16}$ in)		18	14.29 ($\frac{9}{16}$ in)		11	8.97 (0.353 in)
	11	8.73($\frac{11}{32}$ in)		19	15.08($\frac{9}{32}$ in)		12	9.76 (0.385 in)
	12	9.53 ($\frac{3}{8}$ in)						

表 4-50 PDC 喷嘴面积表 mm²

喷嘴号数	喷嘴直径/mm	喷嘴/个							
		1	2	3	4	5	6	7	8
06	4.76 (3/16 in)	17.81	35.63	53.44	71.26	89.07	106.88	124.70	142.51
07	5.56 (7/32 in)	24.25	48.49	72.74	96.99	121.23	145.48	169.73	193.97
08	6.35 (1/4 in)	31.67	63.34	95.01	126.68	158.35	190.02	221.68	253.35
09	7.14 (9/32 in)	40.08	80.16	120.24	160.33	200.41	240.49	280.57	320.65
10	7.94 (5/16 in)	49.48	98.97	148.45	197.93	247.42	296.90	346.38	395.86
11	8.73 (11/32 in)	59.87	119.75	179.62	239.50	299.37	359.25	419.12	479.00
12	9.53 (3/8 in)	71.26	142.51	213.77	285.02	356.88	427.53	498.79	570.05
13	10.32 (13/32 in)	83.63	167.25	250.88	334.51	418.13	501.76	585.39	669.01
14	11.11 (7/16 in)	96.97	193.97	290.96	387.95	484.93	581.92	678.91	775.90
15	11.91 (15/32 in)	111.34	222.67	334.01	445.35	556.68	668.02	779.36	890.70
16	12.70 (1/2 in)	126.45	253.35	380.03	505.71	633.38	760.06	886.74	1 013.41
17	13.49 (17/32 in)	143.01	286.01	429.02	572.02	715.03	858.04	1 001.04	1 144.05
18	14.29 (9/16 in)	160.33	320.65	480.98	641.30	801.63	961.95	1 122.28	1 282.60
19	15.10 (19/32 in)	178.63	357.27	535.90	714.54	893.17	1 071.80	1 250.44	1 429.07

3. 水力参数设计步骤和计算方法

（1）确定流量。

图 4-7 为常用最小环空返速图。设计者可根据实际情况确定满足工程实际的最佳环空返速，表 4-51 推荐了不同型号结构的金刚石钻头在不同地层钻进时钻头水力参数的选择。

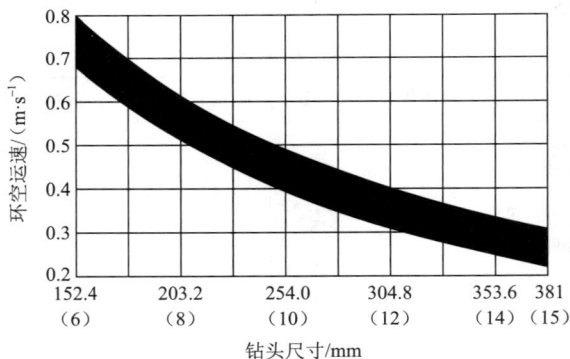

图 4-7 最小环空返速

表 4-51 金刚石钻头水力参数

地层	钻头型号	钻头结构			比流量/(L·mm⁻²×10⁻³)			比水功率/(kW·mm⁻²×10⁻³)		
		轮廓	水眼	流道	初始	最小	最大	初始	最小	最大
软	B9M+	浅内锥	喷嘴	全放	175	125	175	1.155	1.155	11.560
	B10M	弹道	喷嘴	全放	175	125	175	4.625	3.465	11.560
	B17M	浅内锥	喷嘴	全放	175	125	175	3.465	3.465	11.560
中软	B9M+	浅内锥	喷嘴	全放	135	110	160	2.980	2.310	6.935
	B10M+	弹道	喷嘴	全放	135	110	160	5.780	2.310	6.935
	B17M	浅内锥	喷嘴	全放	135	110	160	4.625	2.310	6.935
	B15M	浅内锥	喷嘴	单齿	135	110	160	5.780	2.310	6.935
	B18M	深内锥	喷嘴	单齿	135	110	160	5.780	2.310	6.935
	B20M	浅内锥	喷嘴	单齿	135	110	160	5.780	2.310	6.935
	B22M	浅内锥	喷嘴	单齿	135	110	160	5.780	2.310	6.935
	B27M+	短抛物线	喷嘴	全放	135	110	160	5.780	2.310	6.935
中	B22M	浅内锥	喷嘴	单齿	125	95	155	5.780	2.310	6.935
	B27M+	短抛物线	喷嘴	全放	125	95	155	5.780	2.310	6.935
	B33M	浅内锥	喷嘴	脊式	125	95	155	5.780	2.310	6.935
	B35M	浅内锥	喷嘴	脊式	125	95	155	5.780	2.310	6.935
	B36M	长锥	喷嘴	脊式	125	95	155	5.780	2.310	6.935
	HD20	中锥	鸦爪	放射式	80	80	135		2.980	4.625
	P15	中锥	鸦爪	分流式	80	80	135		1.155	2.980
	HD33	抛物线	鸦爪	分流式	80	80	135		1.155	2.980
中硬	P16	中锥	鸦爪	分流式	80	80	135		1.155	2.980
	HD40	中锥	鸦爪	分流式	80	80	135		1.155	2.980
	P37	短锥	鸦爪	分流式	80	80	135		1.155	2.980
硬	P41	短锥	鸦爪	分流式	80	80	135		1.155	2.980
	HD60	圆形	鸦爪	分流式	80	80	135		1.155	2.980
软到中	BST1M	准平顶	喷嘴	单齿	135	95	160	4.625	2.310	4.625
	HDST1	准平顶	鸦爪	分流式	80	80	135		1.155	2.980
中到硬	HDST3	准平顶	鸦爪	分流式	80	80	135		1.155	2.980

（2）计算循环压耗。

由表 4-51 确定流量后，计算循环压耗 Δp_1。

（3）计算钻头压降。

由表 4-51 推荐的钻头比水功率计算钻头压降 Δp_d 和泵压 p_{SP}。

（4）选择缸套尺寸。

根据 Q，p_{SP} 选择钻井泵缸套尺寸。

（5）计算总液流面积。

$$A_T^2 = \frac{500\rho_m Q^2}{C^2 \Delta p_b}$$ （4-71）

或

$$A_T = 22.36 \frac{Q}{C} \sqrt{\frac{\rho_m}{\Delta p_b}}$$

式中 A_T——总液流面积，mm^2。

（6）计算喷嘴当量直径（采用可换喷嘴钻头）或选择总液流面积（鸦爪水孔钻头）。

可换喷嘴钻头当第 5 步计算出 A_T 后，可直接从表 4-50 中查得单个喷嘴直径，也可由式（4-72）计算。

$$A_T = 0.785 \left(\sum_{i=1}^{n} d_i^2 \right)$$ （4-72）

式中 d_i——喷嘴直径，mm。

鸦爪水孔嘴头，总液流面积由表 4-52 中查得。（ND 钻头和 TSP 钻头采用鸦爪水孔，其尺寸在设计时已根据订货要求确定）。

表 4-52 ND 及 TSP 金刚石钻头总液流面积和压降

钻头尺寸代号	钻头尺寸/mm	总液流面积/mm²		压降/MPa			
				放射式流道		分流式流道	
		A_{min}	A_{max}	Δp_{bmin}	Δp_{bmax}	Δp_{bmin}	Δp_{bmax}
4¾	120.65	116.0	193.5	1.35	3.45	0.70	2.75
5⅞	149.23	116.0	290.5	2.05	4.15	1.35	3.45
6	152.40	116.0	290.5	2.75	4.15	1.35	3.45
6⅛	155.58	116.0	290.5	2.75	4.15	1.35	3.45
6¼	158.75	116.0	290.5	2.75	4.15	1.35	3.45
6½	165.10	116.0	290.5	2.75	4.15	1.35	3.45
6¾	171.45	161.0	322.5	2.75	4.80	1.35	4.15
7⅞	200.03	161.0	387.0	2.75	5.50	1.70	4.50
8⅛	215.90	193.0	451.5	2.75	6.20	1.70	4.80
8¾	222.25	193.5	451.5	2.75	6.20	1.70	4.80
9½	241.30	226.0	516.0	3.10	6.55	2.05	4.80
9⅞	250.83	226.0	516.0	3.10	6.55	2.05	4.80
10⅝	269.88	258.0	516.0	3.10	6.55	2.05	4.80
12¼	311.15	322.5	580.5	3.45	6.90	2.75	5.50
14¾	374.65	451.5	967.5	5.50	8.25	4.15	6.20
17½	444.50	451.5	967.5	5.50	8.2	4.15	6.20

第五章 钻柱及钻具组合设计

第一节 钻柱的规范及特性

钻柱由方钻杆、钻杆段和下部钻具组合三大部分组成。钻杆段包括钻杆和接头,有时也装有扩眼器。下部钻具组合主要是钻铤,也可能安装稳定器、减震器、震击器、扩眼器及其他特殊工具。钻柱的具体组成随不同的目的、要求而不同。

一、钻杆

钻杆是钻柱的基本组成部分。它是用无缝钢管制成,壁厚一般为9~11 mm。其主要作用是传递扭矩和输送钻井液,并靠钻杆的逐渐加长使井眼不断加深。因此,钻杆在石油钻井中占有十分重要的地位。

1.钻杆结构与规范

钻杆由钻杆管体与钻杆接头两部分组成,钻杆的管体与接头用摩擦焊对焊在一起,为了增强管体与接头的连接强度,管体两端加厚。常用的加厚形式有内加厚、外加厚、内外加厚3种。

根据美国石油学会的规定,钻杆按长度分为三类:第一类,5.486~6.706 m(18~22 ft);第二类,8.230~9.144 m(27~30 ft);第三类,11.582~13.716 m(38~45 ft)。常见钻杆尺寸见表5-1,其中最常见的钻杆尺寸有88.9 mm、114.3 mm、127.0 mm(3.5 in、4.5 in、5 in)3种。

表 5-1 钻杆尺寸及代号

钻杆外径		外径代号	壁厚/mm	内径/mm	重力/(N·m^{-1})	重力代号
mm	in					
60.30	$2\frac{3}{8}$	1	4.826	50.70	70.83	1
			7.112	46.10	97.12	2
73.00	$2\frac{7}{8}$	2	5.512	62.0	100.00	1
			9.195	54.60	151.83	2
88.90	$3\frac{1}{2}$	3	6.452	76.00	138.69	1
			9.374	70.20	194.16	2
			11.405	66.10	226.18	3

钻杆外径		外径代号	壁厚/mm	内径/mm	重力/(N·m^{-1})	重力代号
mm	in					
101.60	4	4	6.655	88.30	173.00	1
			8.382	84.80	204.38	2
			9.652	82.30	229.20	3
114.30	4½	5	6.883	100.50	200.73	1
			8.560	97.20	242.34	2
			10.922	92.50	291.98	3
			12.700	88.90	333.15	4
			13.975	86.40	360.03	5
127.0	5	6	7.518	112.00	237.73	1
			9.195	108.60	284.78	2
			12.700	101.60	372.40	3
139.7	5½	7	7.722	124.30	280.30	1
			9.169	121.40	319.71	2
			10.541	118.60	360.52	3

注:本表根据 API RP 7G 整理。

2. 钻杆的钢级与强度

钻杆的钢级是指钻杆钢材的等级,它由钻杆钢材的最小屈服强度决定。API 规定钻杆的钢级有 D、E、95(X)、105(G)、135(S)级共 5 种,见表 5-2。其中,X、G、S 级为高强度钻杆。

表 5-2　钻杆钢级

物理性能		钻杆钢级				
		D	E	95(X)	105(G)	135(S)
最小屈服强度	MPa	379.21	517.11	655.00	723.95	930.70
	lbf/in²	55 000	75 000	95 000	105 000	135 000
最大屈服强度	MPa	586.05	723.95	861.85	930.79	1 137.64
	lbf/in²	85 000	105 000	125 000	135 000	165 000
最小抗拉强度	MPa	655.00	689.48	723.95	792.90	999.74
	lbf/in²	95 000	100 000	105 000	115 000	145 000

钻杆的钢级越高,管材的屈服强度越大,钻杆的各种强度(抗拉、抗扭、抗外挤等)也就越大。表 5-5 列出了新钻杆的强度数据。在钻柱的强度设计中,推荐采用提高钢级的方法来提高钻柱的强度,而不采用增加壁厚的方法。

3. 钻杆接头及丝扣

钻杆接头是钻杆的组成部分,分公接头和母接头,连接在钻杆管体的两端。接头上车有丝扣(粗扣),用以连接各单根钻杆。在钻井过程中,接头处要经常拆卸,接头表面受到相当大的大钳咬合力的作用,所以钻杆接头壁厚较大,接头外径大于管体外径,并采用强度更高的合金钢。国产钻杆接头一般都采用 35CrMo 合金钢。

丝扣的连接必须满足 3 个条件,即尺寸相等,丝扣类型相同,公母扣相匹配。不同尺寸钻杆的接头尺寸不同。同一尺寸钻杆的丝扣类型也不尽相同。各钻杆生产厂家的钻杆采用的接头类型也很难完全一致。因此,为便于区分钻杆接头和工程应用,API 对钻杆接头的类型作了统一的规定,形成了石油工业普遍采用的 API 钻杆接头。

API 钻杆接头有新、旧两种标准。旧 API 钻杆接头是对早期使用的有细扣钻杆提出来的,分为内平式(IF)、贯眼式(FH)和正规式(REG)3 种类型。内平式接头主要用于外加厚钻杆,其特点是钻杆内径与管体加厚处内径、接头内径相等,钻井液流动阻力小,有利于提高钻头水功率,但接头外径较大,易磨损。贯眼式接头适用于内加厚钻杆,其特点是钻杆有两个内径,接头内径等于管体加厚处内径,但小于管体部分内径。钻井液流经这种接头时的阻力大于内平式接头,但其外径小于内平式接头。正规式接头适用于内加厚钻杆。这种接头的内径比较小,小于钻杆加厚处的内径,所以正规接头连接的钻杆有 3 种不同的内径。钻井液流过这种接头时的阻力最大,但它的外径最小,强度较大。正规接头常用于小直径钻杆和反扣钻杆以及钻头、打捞工具等。三种类型接头均采用"V"形螺纹,但扣形(用螺纹顶切平宽度表示)、扣距、锥度及尺寸等都有很大的差别。表 5-3 列出了不同尺寸钻杆的三种接头的规范。

随着对焊钻杆的迅速发展,有细扣钻杆逐渐被对焊钻杆所取代,旧 API 钻杆接头由于规范繁多,使用起来很不方便。因此,美国石油学会又提出了一种新的 NC 型系列接头(有人称之为数字型接头)。NC 型接头以字母 NC 和两位数字表示,如 NC50,NC26,NC31 等。NC(National Coarse Thread)意为(美国)国家标准粗牙螺纹,两位数字表示丝扣基面节圆直径的大小(取节圆直径的前两位数字)。例如 NC26 表示接头为 NC 型,基面丝扣节圆直径为 2.668 in。NC 螺纹也为"V"形螺纹,具有 0.065 in 平螺纹顶和 0.038 in 圆螺纹底,用 V-0.038R 表示扣型,可与 V-0.068 型螺纹连接。API 标准中的全部内平(IF)及 4 in 贯眼(4FH)均为 V-0.065 型螺纹(见表 5-3),故可以与数字型接头互换使用。

表 5-3 旧 API 钻杆接头规范

公称尺寸 /in	丝扣类型	节径 C/in	外径 D/in	螺纹规范			公 接 头				母 接 头		
				锥度	每英寸扣数	扣型	内径 d_1/mm	丝扣长度 L_1/mm	大端直径 D_L/mm	小端直径 D_S/mm	内径 d_2/mm	丝扣长度 L_2/mm	镗孔直径 D_C/mm
$2\frac{3}{8}$	IF	2.76	86	1:6	4	V-065	44	76	73	60	44	92	75
	REG	2.37	79	1:4	5	V-040	25	76	67	47	—	92	68
$2\frac{7}{8}$	IF	3.18	105	1:6	4	V-065	54	89	86	71	54	95	88
	FH	3.36	108	1:4	5	V-040	54	89	92	70	54	90	94
	REG	2.74	95	1:4	5	V-040	32	89	76	54	45	105	78
$3\frac{1}{2}$	IF	3.81	121	1:6	4	V-065	68	102	102	85	68	117	104
	FH	3.73	118	1:4	5	V-060	62	95	101	77	62	111	103
	REG	3.24	108	1:4	5	V-040	38	95	89	65	58	111	91

续表 5-3

公称尺寸/in	丝扣类型	节径 C/in	外径 D/in	螺纹规范			公接头				母接头		
				锥度	每英寸扣数	扣型	内径 d_1/mm	丝扣长度 L_1/mm	大端直径 D_L/mm	小端直径 D_S/mm	内径 d_2/mm	丝扣长度 L_2/mm	镗孔直径 D_C/mm
4½	IF	5.05	156	1:6	4	V-065	95	114	133	114	95	130	135
	FH	4.53	146	1:4	5	V-040	80	102	122	96	80	117	124
	REG	4.37	140	1:4	5	V-040	58	108	118	91	78	124	119
5½	IF	6.19	187	1:6	4	V-065	122	127	163	141	122	143	164
	FH	5.59	178	1:6	4	V-050	101	127	148	128	101	143	150
	REG	5.23	172	1:4	4	V-050	70	120	140	110	98	137	142
6⅝	FH	6.52	203	1:6	4	V-050	127	127	172	150	127	143	174
	REG	5.76	197	1:6	4	V-050	89	127	152	131	—	143	154

NC 型接头在石油工业中应用越来越普遍,但目前现场仍使用部分旧 API 标准接头(内平、贯眼、正规)。

在钻柱中,除了钻杆接头外,还有各种配合接头(用来连接不同尺寸或不同扣型的管柱)、保护接头(保护管柱上经常拆卸处的丝扣)等。此外,方钻杆、钻铤、钻头及其他井下工具也都靠丝扣连接。需要说明的是:上述各种接头及工具的丝扣类型都与钻杆接头的标准相一致。

4. 加重钻杆

加重钻杆壁厚比普通钻杆大 2～3 倍,但比钻铤薄,其接头比普通钻杆接头长,中间还有加厚的特制磨辊。常用加重钻杆数据见表 5-4,新钻杆强度数据见表 5-5。

表 5-4　常用加重钻杆数据

外径/in		3½	5
规定长度级别		II	II
加重钻杆管体	内径/mm	52.4	76.2
	壁厚/mm	18.2	25.4
	截面积/mm²	4 051	8 106
	端部加厚/mm	92.1	130.2
	中部加厚/mm	101.6	139.7
加重钻杆接头	连接形式	NC38	NC50
	外径/mm	120.6	165.1
	内径/mm	55.6	77.8
管体加接头重量/(N·m⁻¹)		369.46	720.3
管内容量/(L·m⁻¹)		2.19	4.61
开端排量/(L·m⁻¹)		4.81	9.36
闭端排量/(L·m⁻¹)		7.00	13.97

外径/in		3½	5
规定长度级别		II	II
抗拉强度	管体/kN	1 530	3 070
	接头/kN	3 330	5 630
抗扭强度	管体/(N·m⁻¹)	26 540	76 600
	接头/(N·m⁻¹)	23 830	69 660
紧扣扭矩/(N·m⁻¹)		13 420	39 850

加重钻杆比普通钻杆的刚度大,允许承受压缩载荷,但其刚度、重量和与井壁的接触面积较钻铤小,可减小摩阻和发生压差卡钻的可能性。因此在石油钻井中主要用于以下几个方面:

(1) 用于钻铤与钻杆的过渡区,缓和两者截面和刚度的突然变化,以减轻钻柱的疲劳破坏。

(2) 在深井钻井中,代替一部分钻铤,以减小扭矩和提升负荷。

(3) 在定向井,尤其是大斜度井、水平井钻井中,代替大部分或全部钻铤,以减小摩阻和压差卡钻的风险。

二、钻铤

钻铤处在钻柱的最下部,是下部钻具组合的主要组成部分。其主要特点是壁厚大(一般为 38~53 mm,相当于钻杆壁厚的 4~6 倍),具有较大的重力和刚度。它在钻井过程中主要起到以下几方面的作用:

(1) 给钻头施加钻压。

(2) 保证压缩条件下的必要强度。

(3) 减轻钻头的振动、摆动和跳动等,使钻头工作平稳。

(4) 控制井斜。

钻铤有许多不同的形状,如圆的、方的、三角形和螺旋形的。最常用的是圆形(平滑的)钻铤和螺旋形钻铤两种。螺旋形钻铤上有浅而宽的螺旋槽,可减少其与井壁的接触面积的 40%~50%,而其重力只减少 7%~10%。接触面积少,可减小发生压差卡钻的可能性。钻铤的连接丝扣(公扣、母扣)是在钻铤两端管体上直接车制的,不另加接头。钻铤有许多种规格。API 标准钻铤规范见表 5-6。表中的钻铤类型代号由两部分组成,第一部分为 NC 型螺纹代号,第二部分的数字(取外径的前两位数字乘以 10)表示钻铤外径(英寸),中间用短线分开。

表 5-5　新钻杆强度数据

钻杆外径 (mm)	钻杆外径 (in)	名义重量 (N/m)	名义重量 (lbf/ft)	扭力屈服强度/(kN·m⁻¹)					按最小屈服强度计算的最小抗拉力/kN					最小抗挤压力/MPa					按最小屈服强度计算的抗内压力/MPa				
				D	E	95	105	135	D	E	95	105	135	D	E	95	105	135	D	E	95	105	135
60.3	2⅜	97.12	6.65	6.21	8.46	0.71	11.85	15.25	451.02	615.02	779.06	861.02	107.00	78.89	107.58	136.27	150.62	193.65	78.27	106.69	135.17	149.38	192.07
73.0	2⅞	151.86	10.40	11.47	15.64	19.82	21.90	28.16	699.45	953.75	1 208.10	1 335.27	1 716.79	83.52	113.86	144.20	159.38	204.96	83.59	114.00	144.34	159.58	205.17
88.9	3½	138.71	9.50		19.15					864.40					69.24					65.66			
88.9	3½	194.14	13.30	18.42	25.12	31.84	35.17	45.21	886.02	1 208.41	1 350.66	1 691.73	2 175.11	71.38	97.30	123.31	136.27	175.17	69.79	95.17	120.55	133.24	171.13
88.9	3½	226.22	15.50	20.94	28.55	36.16	39.97	51.39	1 053.38	1 436.28	1 819.27	1 010.78	2 585.29	84.83	115.65	146.55	161.93	208.20	85.17	116.14	147.10	162.55	290.03
101.6	4	172.95	11.85	23.13	26.36	39.49	44.15	56.75	931.24	1 206.77	1 605.45	1 777.66	2 285.60	57.45	58.00	99.17	109.65	139.10	54.76	59.31	94.62	104.55	134.41
101.6	4	204.31	14.00		31.53					1 269.77					78.27					74.69			
114.3	4½	200.71	13.75		15.07					1 201.56					49.65					54.48			
114.3	4½	242.30	16.60	30.58	41.71	52.83	58.39	75.07	1 078.52	1 470.90	1 863.09	2 058.24	2 647.58	52.55	71.65	87.93	95.32	115.86	49.27	67.78	85.86	94.90	122.00
114.3	4½	291.95	20.00	36.63	49.97	63.28	69.94	89.92	1 345.55	1 843.89	2 324.18	2 568.83	3 302.76	65.58	89.38	113.24	125.17	160.89	63.45	86.48	109.58	121.10	155.72
127.0	5	284.78	19.50	40.87	55.73	70.59	78.03	100.32	1 290.86	1 760.31	2 229.17	2 464.39	3 168.51	50.96	68.96	82.83	89.58	108.27	48.07	65.52	83.03	91.72	118.00
127.0	5	372.40	25.60	51.88	70.74	89.61	99.05	127.36	1 729.92	2 358.97	2 988.08	3 302.58	4 246.19	68.27	93.10	117.93	130.34	167.58	66.34	90.48	117.62	126.76	162.89
139.7	5½	319.71	21.91	50.35	68.66	86.97	96.12	123.58	1 426.36	1 945.06	2 463.72	2 723.05	3 501.08	45.59	58.21	68.96	74.04	87.85	43.59	59.38	75.24	83.17	106.96
139.7	5½	360.52	24.70	56.16	76.59	97.02	107.23	137.87	1 622.50	2 212.49	2 802.48	3 097.49	3 982.30	52.90	72.14	89.10	96.55	116.70	50.07	68.27	86.48	95.58	122.96

注：本表根据 API RP 7G 整理。

表 5-6　API 钻铤规范(API SPEC 7)

钻铤类型	外径		内径		长度		线重量		上扣扭矩/(kN·m⁻¹)	
	mm	in	mm	in	m	ft	lbf·ft⁻¹	N·m⁻¹	最小	最大
NC23-31	79.40	3⅛	31.80	2¼	9.1	30	22	321	4.45	4.90
NC26-35(2⅞IF)	88.90	3½	38.10	1⅓	9.1	30	27	394	6.25	6.90
NC31-41(2⅞IF)	104.80	4⅛	50.80	2	9.1	30	35	511	9.00	9.90
NC35-47	120.70	4¾	50.80	2	9.1	30	50	730	12.50	13.50
NC38-503(½IF)	127.00	5	57.20	2¼	9.1	30	53	774	17.50	19.00
NC44-60	152.40	6	57.20	2¼	9.1	30 或 31	83	1 212	31.65	35.00
NC44-62	158.80	6¼	57.20	2¼	9.1 或 9.2	30 或 31	91	1 328	31.50	35.00
NC44-62(4IF)	158.80	6¼	71.40	2 13/16	9.1 或 9.2	30 或 31	83	1 212	30.00	33.00
NC46-65(4IF)	165.10	6½	57.20	2	9.1 或 9.2	30 或 31	99	1 445	38.00	42.00
NC46-65(4IF)	165.10	6½	71.40	2 13/16	9.1 或 9.2	30 或 31	91	1 328	30.00	33.00
NC46-67(4IF)	171.50	6¾	57.20	2¼	9.1 或 9.2	30 或 31	108	1 577	38.00	42.00
NC50-70(4½IF)	177.80	7	57.20	2½	9.1 或 9.2	30 或 31	117	1 708	51.50	56.50
NC50-70(4½IF)	177.80	7	71.40	2 13/16	9.1 或 9.2	30 或 31	110	1 606	43.50	48.60
NC50-72(4½IF)	184.20	7¼	71.40	2 13/16	9.1 或 9.2	30 或 31	119	1 737	43.50	48.00
NC56-77	196.90	7¾	71.40	2 13/16	9.1 或 9.2	30 或 31	139	2 029	65.00	71.50
NC56-80	203.20	8	71.40	2 13/16	9.1 或 9.2	30 或 31	150	2 190	65.00	71.50
6⅝REG	209.60	8	71.40	2 13/16	9.1 或 9.2	30 或 31	160	2 336	72.00	79.00
NC61-90	228.60	9	71.40	2 13/16	9.1 或 9.2	30 或 31	195	2 847	92.00	101.00
7⅝REG	241.30	9½	76.20	3	9.1 或 9.2	30 或 31	216	3 153	119.50	
NC70-100	254.00	10	76.20	3	9.1 或 9.2	30 或 31	243	3 548	142.50	156.50
NC70-110	279.40	11	76.20	3	9.1 或 9.2	30 或 31	299	4 365	194.00	214.50

三、方钻杆

方钻杆位于钻柱的最上端，有四方形和六方形两种。钻进时，方钻杆与方补心、转盘补心配合，将地面转盘扭矩传递给钻杆，以带动钻头旋转。

方钻杆规范是按方钻杆驱动部分对边宽度来分类的，长度比一般钻杆单根长 2～3 m，API 方钻杆有 12.20 m 和 16.46 m 两种，驱动部分长分别为 11.28 m 和 15.54 m，为了适应钻柱配合的需要，方钻杆也有多种尺寸和接头类型。API 方钻杆规范见表 5-7 和表 5-8。国产方钻杆规范参数见表 5-9 和表 5-10。

表 5-7　ARI 四方钻杆规范（API-Spec7）

尺寸 /mm (in)	标准或选择	长度/m		驱动部分/mm			上部反扣接头/mm	
		有效长度 L_D	全长 L	对边宽 D_{FL}	对角宽 D_c, D_{cc}	楞角半径 R_c, R_{cc}	接头类型	外径 D_U
63.5	标准	11.28	12.20	63.50	83.34	7.93	(6⅝)REG	196.85
(2½)	选择				82.55	41.27	(4½)REG	146.05
76.2	标准	11.28	12.20	76.20	100.01	9.52	(6⅝)REG	196.85
(3)	选择				98.42	49.21	(4½)REG	14.05
82.55	标准	11.28	12.20	88.90	115.09	12.70	(6⅝)REG	196.85
(3¼)	选择				112.71	69.85	(4½)REG	146.05
107.95	标准	11.28	12.20	107.95	141.29	12.70	(6⅝)REG	196.85
(4¼)	选择	15.54	16.46		139.70	69.85	(4½)REG	146.05
133.35	标准	11.28	12.20	133.35	171.45	85.72	(6⅝)REG	196.85
(5¼)	选择	15.54	16.46	175.41	15.87			

尺寸 /mm (in)	标准或选择	上部反扣接头/mm		下部公接头				
		长度 L_H	倒角直径 D_F	接头类型	外径 D_L	长度	倒角直径 D_F	内径
63.5	标准	406.40	186.13	NC26	85.72	508.00	82.94	38.10
(2½)	选择		134.54	(2⅜IF)				
76.2	标准	406.40	186.13	NC31	104.78	508.00	100.40	44.45
(3)	选择		134.54	(2⅞IF)				
82.55	标准	406.40	186.13	NC38	120.65	508.00	116.28	57.15
(3¼)	选择		134.54	(3½IF)				
107.95	标准	406.40	186.13	NC46(4IF)	152.40	508.00	145.25	71.40
(4¼)	选择		134.54	NC50(4½IF)	155.56		148.03	69.80
133.35	标准	406.40	186.13	5½FH	177.80	508.00	170.65	82.55
(5¼)	选择		134.54					

注：(1) API 方钻杆标准下部接头，1970 年以后标准中规定了这种公接头。

(2) 楞角半径一栏中，分子为 R_c 公差，分母为 R_{cc} 公差。

(3) 接头类型 REG、IF、FH 前的数值单位为 in。

　　方钻杆的壁厚一般比钻杆大 3 倍左右，并用高强度合金钢制造，故具有较大的抗拉强度及抗扭强度，可以承受整个钻柱的重量和旋转钻柱及钻头所需要的扭矩。

　　方钻杆旋转时，上端始终处于转盘面以上，下端则处在转盘面以下。方钻杆上端至水龙头的连接部位的丝扣均为左旋丝扣（反扣），以防止方钻杆转动时卸扣。方钻杆下端至钻头的所有连接丝扣均为右旋转扣（正扣），在方钻杆带动钻柱旋转时，丝扣越上越紧。为减轻方钻杆下部接头丝扣（经常拆卸部位）的磨损，常在该部位装一保护接头。

表 5-8　API 六方钻杆规范

尺寸 /mm (in)	标准或选择	长度/m		驱动部分/mm			上部反扣接头/mm	
		有效长度 L_D	全长 L	对边宽 D_{FL}	对角宽 D_c,D_{cc}	楞角半径 R_c,R_{cc}	接头类型	外径 D_U
76.2	标准	11.28	12.20	76.20	85.72	6.35	(6⅝)REG	196.85
（3）	选择					42.86	(4½)REG	146.05
88.90	标准	11.28	12.20	88.90	100.80	6.35	(6⅝)REG	196.85
（3½）	选择				99.99	50.00	(4½)REG	146.05
107.95	标准	11.28	12.20	114.30	122.24	7.93	(6⅝)REG	196.85
（4¼）	选择	15.50	16.46		121.44	60.72	(4½)REG	146.05
133.35	标准	11.28	12.20	133.75	151.60	85.72	(6⅝)REG	196.85
（5¼）	选择	15.50	16.46		149.86			
152.40	标准	11.28	12.20	152.40	173.04	9.52	(6⅝)REG	196.85
（6）	选择	15.50	16.46		173.02	86.50		

尺寸 /mm (in)	标准或选择	上部反扣接头/mm		下部公接头				
		长度 L_H	倒角直径 D_F	接头类型	外径 D_L	长度	倒角直径 D_F	内径
76.2	标准	406.40	186.13	NC26	85.72	508.00	82.94	38.10
（3）	选择		134.54	(2⅜ IF)				
88.90	标准	406.40	186.13	NC31	104.78	508.00	100.40	44.45
（3½）	选择		134.54	(2⅞ IF)				
107.95	标准	406.40	186.13	NC38	120.65	508.00	116.28	57.15
（4¼）	选择		134.54	(3½ IF)				
133.35	标准	406.40	186.13	NC46(4IF)	152.40	508.00	145.25	71.40
（5¼）	选择			NC50(4½ IF)	155.58		148.03	69.80
152.40	标准	406.40	186.13	NC26	177.80	508.00	170.65	82.55
（6）	选择			(5½ FH)				

注:(1) 在订货 5½ 六角方钻杆,下部接头为 4IF 或 4½IF 时,水眼内径 d 可选择 71.48 mm。

(2) 对角宽一栏中,分子为 D_c 公差,分母为 D_{CC} 公差。

(3) 接头类型 REG、IF、FH 前的数值单位为 in。

表 5-9　国产四方方钻杆的尺寸规格　　　　　　　　　　　　　mm(in)

规　格		驱动部分长度		全长		驱动部分					
		标准 L_D	选用 L_D	标准 L	选用 L	对边宽 D_{FL}	对角宽 D_C	对角宽 D_{CC}	半径 R_C	半径 R_{CC}	偏心孔最小壁厚 t
63.5	（2½）	11 280		12 190		63.5	83.3	82.55	7.9	41.3	11.43
76.2	（3）	11 280		12 190		76.2	100	98.43	9.5	49.2	11.43

续表 5-9

规 格	驱动部分长度		全长		驱动部分					
	标准 L_D	选用 L_D	标准 L	选用 L	对边宽 D_{FL}	对角宽 D_C	对角宽 D_{CC}	半径 R_C	半径 R_{CC}	偏心孔最小壁厚 t
88.9 (3½)	11 280		12 190		88.9	115.1	112.7	12.7	56.4	11.43
108 (4¼)	11 280	15 540	12 190	16 460	108.0	141.3	139.7	12.7	69.9	12.07
108 (4¼)	11 280	15 540	12 190	16 460	108.0	141.3	139.7	12.7	69.9	12.07
133.4 (5¼)	11 280	15 540	12 190	16 460	133.4	175.4	171.45	15.9	85.7	15.88
134.4 (5¼)	11 280	15 540	12 190	16 460	133.4	175.4	171.45	15.9	85.7	15.88

规 格	上端内螺纹（左旋）接头							下端外螺纹接头				
	螺纹规格和类型		外径		长度	倒角直径		螺纹规格和类型	外径 D_LR	长度 L_L	倒角直径 D_F	内径 d
	标准	选用	标准 D_C	选用 D_U	L_U	标准 D_F	选用 D_F					
63.5 (2½)	6⅝ REG	4½ REG	196.9	146.1	406.4	186.1	134.5	NC26 / 2⅜IF	85.7	508	82.9	31.8
76.2 (3)	6⅝ REG	4½ REG	196.9	146.1	406.4	186.1	134.5	NC31 / 2⅞IF	104.8	508	100.4	44.5
88.9 (3½)	6⅝ REG	4½ REG	196.9	146.1	406.4	186.1	134.5	NC38 / 3½IF	120.7	508	116.3	57.2
108.0 (4¼)	6⅝ REG	4½ REG	196.9	146.1	406.4	186.1	134.5	NC46 / 4IF	158.8	508	145.3	71.4
108.0 (4¼)	6⅝ REG	4½ REG	196.9	146.1	406.4	186.1	134.5	NC50 / 4½IF	161.9	508	154	71.4
133.4 (5¼)	6⅝ REG		196.9		406.4	186.1		5½FH	177.8	508	170.7	82.6
133.4	6⅝		196.9		406.4	186.1		NC56	177.8	508	171.1	82.6

表 5-10 国产六方方钻杆的尺寸规格 　　　　　 mm(in)

规 格	驱动部分长度		全长		驱动部分					
	标准 L_D	选用 L_D	标准 L	选用 L	对边宽 D_{FL}	对角宽 D_C	对角宽 D_{CC}	半径 R_C	半径 R_{CC}	偏心孔最小壁厚 t
76.2 (3)	11 280		12 190		76.2	85.7	85.73	6.4	42.9	12.1
88.9 (3½)	11 280		12 190		88.9	100.8	100.00	6.4	50	13.3
108 (4¼)	11 280	15 540	12 190	16 460	108	122.2	121.44	9.9	60.7	15.9
133.4 (5¼)	11 280	15 540	12 190	16 460	133.40	151.6	149.86	9.5	75.0	15.9
133.4 (5¼)	11280	15540	12190	16460	133.40	151.6	149.86	9.5	75.0	15.9

规 格		驱动部分长度		全长		驱动部分					
		标准 L_D	选用 L_D	标准 L	选用 L	对边宽 D_{FL}	对角宽 D_C	对角宽 D_{CC}	半径 R_C	半径 R_{CC}	偏心孔最小壁厚 t
152.4	(6)	11280	15540	12190	16460	152.40	173.0	173.02	9.5	86.5	15.9
152.4	(6)	11280	15540	12190	16460	152.40	173.0	173.02	9.5	86.5	15.9

规 格		上端内螺纹(左旋)接头						下端外螺纹接头				
		螺纹规格和类型		外径		倒角直径		螺纹规格和类型	外径 D_{LR}	长度 L_L	倒角直径 D_F	内径 d
		标准	选用	标准 D_C	选用 D_U	长度 L_U	标准 D_F 选用 D_F					
76.2	(3)	6⅝ REG	4½ REG	196.9	146.1	406.4	186.1 / 134.5	NC26 2⅜IF	85.7	508	82.9	31.8
88.9	(3½)	6⅝ REG	4½ REG	196.9	146.1	406.4	186.1 / 134.5	NC31 2⅞IF	104.8	508	100.4	44.5
108.0	(4¼)	6⅝ REG	4½ REG	196.9	146.1	406.4	186.1 / 134.5	NC38 3½IF	120.7	508	116.3	57.2
133.4	(5¼)	6⅝ REG		196.9		406.4	186.1	NC46 41IF	158.8	508	145.3	71.4
133.4	(5¼)	6⅝ REG		196.9		406.4	186.1	NC50 4½IF	161.9	508	154	71.4
152.4	(6)	6⅝ REG		196.9		406.4	186.1	5½FH	177.8	508	171.5	82.6
152.4	(6)	6⅝ REG		196.9		406.4	186.1	NC56	177.8	508	171.9	82.6

四、稳定器

在钻铤柱的适当位置安装一定数量的稳定器,组成各种类型的下部钻具组合,可以满足钻直井时防止井斜的要求,钻定向井时可起到控制井眼轨迹的作用。此外,稳定器的使用还可以提高钻头工作的稳定性,从而延长使用寿命,这对金刚石钻头尤为重要。

稳定器的三种基本类型:刚性稳定器、不转动橡胶套稳定器和滚轮稳定器。

刚性稳定器包括螺旋、直棱两种,均可做成长型或短型,以适应各种地层和工艺要求,它是使用最广泛的稳定器。不转动橡胶套稳定器的主要优点是不会破坏井壁,使用安全,但它不具备修整井壁的能力,加上受井下温度的限制,使用寿命低,所以应用范围很小。滚轮稳定器(也称牙轮铰孔器)的主要优点是有较强的修整井壁的能力,可保持井眼规则,主要用于研磨性地层。

此外,在下部钻具组合中常装有减震器,用于吸收井下钻具的纵向震动和扭转震动。在深井、海上钻井,尤其是定向钻井中,时常在下部组合中安放随钻震击器,以便一旦下部组合或钻头被卡,即可操纵震击器,通过向上或向下的震击作用解卡。在下部组合或钻杆柱中还可装置随钻测量(MWD)工具,钻柱测试工具和打捞篮、扩眼器等特殊工具进行随钻测量、地层测试、打捞、扩眼等特殊作业。

稳定器的结构形式代号和有效长度代号见表 5-11,整体螺旋稳定器基本结构尺寸见表5-12。

表 5-11 稳定器的结构形式代号和有效长度代号

产品名称及结构形式	代号	有效稳定长度/mm	代号
三滚轮稳定器	WG	200	2
		300	3
可换套稳定器	WH	400	4
		500	5
整体螺旋稳定器	WL	600	6
		700	7
整体直棱稳定器	WZ	800	8
		900	9

表 5-12 整体螺旋稳定器基本结构尺寸   mm

稳定器外径 D_1	$L_2 \pm 5$	D_2	d	$L \pm 20$				适用钻头尺寸
				短型		长型		
				井底型	钻柱型	井底型	钻柱型	mm(in)
				$L_3 = 150$	$L_1 = 350$	$L_3 = 300$	$L_1 = 700$	
147.2 146 145								152.4(5⅞)
158.7 158 157	400 500	121	51	950 1 050	1 100 1 200	1 450 1 550	1 650 1 750	158.7(6¼)
165.1 164 163								165.1(6½)
190.5 190 189	400 500	159	57	950 1 050	1 100 1 200	1 450 1 550	1 650 1 750	190.5(7½)
200 199 198		178	71					200(7⅞)

稳定器外径 D_1	$L_2\pm5$	D_2	d	短型 井底型 $L_3=150$	短型 钻柱型 $L_1=350$	长型 井底型 $L_3=300$	长型 钻柱型 $L_1=700$	适用钻头尺寸 mm(in)
212.7 212 211								212.7(8⅜)
215.9 215 214	400 500 600	159 178	57 71	950 1 050 1 150	1 100 1 200 1 300	1 450 1 550 1 650	1 650 1 750 1 850	215.9(8½)
222.2 221 220								222.2(8¾)
241.3 240 239								241.3(9½)
244.5 244 243	400 500 600	178	71	950 1 050 1 150	1 100 1 200 1 300	1 450 1 550 1 650	1 650 1 750 1 850	244.5(9⅝)
250.8 250 249								250.8(9⅞)
311.1 310 309				1 150 1 250 1 350	1 330 1 400 1 500	1 750 1 850 1 950	1 950 2 050 2 150	311.1(12¼)
406.4 405 404	500 600 700	203 229	76	1 250 1 350 1 450	1 400 1 500 1 600	1 850 1 950 2 050	2 050 2 150 2 250	406.4(16)
444.5 443 441				1 350 1 450 1 550	1 500 1 600 1 700	1 950 2 050 2 150	2 150 2 250 2 350	444.5(17½)
660.4 658 655	700 800 900	229	76	1 950 2 050 2 150	2 100 2 200 2 300	2 550 2 650 2 750	2 750 2 850 2 950	660.4(26)

第二节　钻柱设计及强度校核

　　方钻杆、钻杆、钻铤及其他井下工具组成的管串称为钻柱。它是钻井的重要工具与手段,在钻井过程中,通过钻柱把钻头和地面连接起来。

　　随着钻井深度的增加和钻井工艺的发展,对钻柱性能的要求越来越高。由于钻柱在井下工作的条件十分复杂与恶劣,它往往是钻井工具与装备的薄弱环节。钻具事故是最常见的钻井事故,并常导致井下复杂情况的发生,甚至造成井的报废。下部钻具组合是钻柱的重要组成部分,它与井斜问题和钻头的工作状况有着十分密切的关系,是影响井身质量和钻井速度的重要因素。所以,根据井下工作条件及工艺要求,合理地设计钻柱与下部钻具组合,对于预防钻具事故,提高钻头工作指标和有效地克服井斜问题,从而实现安全快速钻井和完成各种井下作业具有十分重要的意义。

一、钻柱与下部钻具组合设计的内容与所需资料

　　1. 钻柱与下部钻具组合设计的内容

　　SY/T 5333—1996《钻井工程设计格式》规定,钻柱与下部钻具组合设计的内容主要包括钻柱组合设计与钻柱强度校核两部分。具体来说,主要包括以下内容:

　　(1) 钻柱的设计与计算。

　　① 钻铤柱的设计与计算。

　　② 杆柱的设计与计算。

　　(2) 钻柱的受力分析与强度校核。

　　① 钻井过程中各种应力的计算。

　　② 危险断面的校核。

　　(3) 下部钻具组合设计。

　　① 钟摆钻具组合设计。

　　② 满眼钻具组合设计。

　　③ 满眼-钟摆钻具组合设计。

　　④ 震击器与减震器的安放设计。

　　2. 钻柱与下部钻具组合设计所需资料

　　(1) 组成钻柱各工具的规范及特性参数(查阅相关手册)。

　　(2) 井身结构。

　　(3) 井眼的垂直剖面图和水平投影图。

　　(4) 设计地层分层及故障提示。

　　(5) 地层分层。

二、钻柱设计的方法

　　1. 钻柱组合的基本要求

　　常用钻柱的基本组合是方钻杆、钻杆、钻铤及配合接头,有时为了满足其他的特殊功用,还

使用一些诸如稳定器、减震器和震击器等附件。对一口井的钻柱具体组合时,除满足力学强度条件外,还与钻头类型、套管尺寸、钻机能力以及管子站的库存等具体条件有关。

钻柱组合的基本要求有以下五点:

(1) 方钻杆尺寸应比钻杆尺寸大一级(见表5-13)。

表 5-13　常用钻柱尺寸组合

钻头/mm(in)	钻铤/mm(in)	钻杆/mm(in)	方钻杆/mm(in)
304.8(12)以上	203.2(8)～228.6(9)	168.3(6⅝)	152.4(6)
254(10)～355.6(14)	177.8(7)～228.6(9)	127(5),141.3(5⁹⁄₁₆)	152.4(6),127(5)
203.2(8)～254(10)	152.4(6)～203.2(8)	114.3(4½),127(5)	127(5),101.6(4)
152.4(6)～228.6(9)	101.6(4)～152.4(6)	88.9(3½)	101.6(4),76.2(3)
127(5)～177.8(7)	76.2(3)～101.6(4)	73(2⅞)	76.2(3),50.8(2)

(2) 钻铤尺寸与钻杆接头外径一致或相近。

(3) 为了使套管能顺利下入,允许的最小钻铤外径 $D_{cmin}=2\times$套管接箍外径－钻头直径。

(4) 复合钻铤中相邻钻铤的抗弯刚度比值应小于2.5;一般情况下,相邻钻铤外径差值不大小25.4 mm。

(5) 方钻杆长度应比所用最长钻杆长2～3 m。

2. 钻柱的设计与计算

钻柱的主要组成有方钻杆、钻杆、钻铤及其他井下工具,这些工具的规范与特性请查阅《钻井手册(甲方)》或《海洋钻井手册》相关内容。

作用于钻柱上的力有拉力、压力、弯曲力矩、扭矩等,但其中经常作用且数值较大的力是拉力。因此,钻柱设计一般以拉伸计算为主。

(1) 钻铤柱的设计。

① 钻铤尺寸的确定:钻铤尺寸决定着井眼的有效直径。

$$有效井眼直径 = \frac{钻头直径 + 钻铤外径}{2} \tag{5-1}$$

霍奇发展了这一结论,提出了允许最小钻铤外径的计算式,即

$$允许最小钻铤外径 = 2\times套管接箍外径－钻头直径 \tag{5-2}$$

钻铤柱中最下一段钻铤(一般应不少于一立柱)的外径应不小于这一允许最小外径,才能保证套管的顺利下入。

采用光钻铤钻井,这一结论是正确的。当下部组合中采用稳定器,可以采用稍小外径的钻铤。钻铤中选用的最大外径钻铤应保证在打捞作业中能够套铣。表5-14是推荐的与各种钻头直径对应的钻铤尺寸的范围。

在大于ϕ190.5 mm(7½ in)的井眼中,应采用复合(塔式)钻铤结构,但相邻不同外径两段钻铤的外径差不应过大。合理控制钻铤柱中相邻两段不同规范(外径、内径及材料等)钻铤的抗弯刚度 EIZ 的比值,可以避免在连接处以及最上一段钻铤与钻杆连接处产生过大的应力集中与疲劳。

表 5-14　推荐的钻铤尺寸范围[*]

钻头直径/mm(in)	钻铤直径/mm(in)
120.6(4¾)	79.3(3⅛)～88.9(3½)
142.9(5⅝)～152.4(6)	104.7(4⅛)～120.6(4¾)
158.7(6¼)～171.4(6¾)	120.6(4¾)～127.0(5)
190.5(7½)～200.0(7⅞)	127.0(5)～158.7(6¼)
212.7(8⅜)～222.2(8¾)	158.7(6¼)～171.4(6¾)
241.3(9½)～250.8(9⅞)	177.8(7)～203.2(8)
269.9(10⅝)	177.8(7)～203.2(8)
311.1(12¼)	288.6(9)～254.0(10)
374.6(12¾)	228.6(9)～254.0(10)
444.5(17½)	228.6(9)～279.4(11)
508.0(20)～660.4(26)	254.0(10)～279.4(11)

[*] 摘自 SY/T 5172—1996《直井下部钻具组合设计方法》。

② 钻铤长度的确定：钻铤长度取决于选定的钻铤尺寸与所需钻铤重量。

按目前广泛采用的浮力系数法，应保证在最大钻压时钻杆不承受压缩载荷，所需钻铤重量由式(5-3)计算。

$$m = \frac{W_{max} S_f}{K_f} \tag{5-3}$$

在斜井条件下，应按式(5-4)计算所需钻铤的重量。

$$m = \frac{W_{max} S_f}{K_f \cos \alpha} \tag{5-4}$$

式中　m ——所需钻铤的重量，kN；

　　　W_{max} ——设计最大钻压，kN；

　　　S_f ——安全系数，1.15～1.25；

　　　K_f ——钻井液浮力系数，$K_f = 1 - \dfrac{\rho_m}{\rho_s}$；

　　　ρ_m ——钻井液密度，g/cm³；

　　　ρ_s ——钻铤管柱材料密度，g/cm³；

　　　α ——井斜角，(°)。

根据钻铤的重量并考虑钻铤尺寸选择的有关因素，即可确定各段钻铤的长度和钻铤柱的总长度。在钻大斜度定向井时，应减少钻铤数量，代之以加重钻杆。

上述确定钻铤重量及长度的方法来源于鲁宾斯基关于"中和点"的论述，即中和点将钻柱分为两个部分，上段在钻井液中的重量等于大钩载荷，下段钻柱的重量等于钻压，而设计钻铤长度时应保证中和点始终处于钻铤柱上。

(2) 钻杆的设计。

不论起下钻或正常钻进时，经常作用于钻杆且数值较大的力是拉力，所以钻柱的设计主要考虑钻柱自身重量的拉伸载荷，并通过一定的设计系数来考虑起下钻时的动载及其他力的作用。在一些特殊作业时也需要对钻杆的抗挤及抗内压强度进行计算。

① 钻杆设计所必需的参数包括设计下入深度、井眼尺寸、钻井液密度、抗拉安全系数、钻铤长度、外径及钻杆规范等级等。

② 最大允许静拉载荷 P_a 的确定：P_a 的确定有三种方法，由已知条件具体来确定，选择其中最小的作为计算标准。

$$\left.\begin{array}{l} P_{a1} = 0.9P_y / 安全系数 \\ P_{a2} = 0.9P_y / 设计系数 \\ P_{a3} = 0.9P_y - 拉力余量 \\ P_a = \min(P_{a1}, P_{a2}, P_{a3}) \end{array}\right\} \tag{5-5}$$

式中　P_y——屈服强度下的抗拉负荷，kN。

设计系数值可由卡瓦长度和钻杆外径查表而得，见《钻井手册（甲方）》。

③ 单一钻杆柱的设计。

$$P_a = (Lq_p + L_c q_c) K_f$$
$$L = \frac{1}{q_p} \left(\frac{P_a}{K_f} - L_c q_c \right) \tag{5-6}$$

式中　P_a——最大允许静拉载荷，N；

　　　L——钻杆柱的最大设计深度，m；

　　　q_p, q_c——单位长度钻杆、钻铤在空气中的重量，N/m；

　　　L_c——钻铤长度，m。

④ 复合钻柱的设计：单一尺寸钻柱的下入深度是有限的，往往不能满足深井和超深井的要求。要使钻柱有更大的下入深度，可采用上大下小、上厚下薄、上高下低（钢级）的钻杆组成复合钻柱。各段钻杆长度的确定应自下而上进行确定，钻铤上面第一段钻杆长度为 L_1。

$$L_1 = \left(\frac{P_{a1}}{K_f} - q_c L_c \right) \frac{1}{q_1} \tag{5-7}$$

式中　L_1——钻铤上面第一段钻杆的最大长度，m；

　　　P_{a1}——钻铤上面第一段钻杆的最大允许静拉载荷，N；

　　　q_c——单位长度钻铤在空气中的重量，N/m；

　　　L_c——钻铤长度，m；

　　　q_1——钻杆上面第一段钻杆在空气中单位长度的重量，N/m。

对于复合钻柱，每种钻杆都有一个最大设计长度，其第二、第三等各段长度可按式(5-8)计算。

$$L_i = \frac{p_{ai} - p_{ai-1}}{q_i K_f} \quad (i = 1, 2, 3, \cdots, n) \tag{5-8}$$

式中　p_{ai}——钻铤上面第 i 段钻杆的最大允许静拉载荷，N；

　　　q_i——钻铤上面第 i 段钻杆在空气中单位长度的重量，N/m；

　　　L_i——钻铤上面第 i 段钻杆的最大长度，m。

如果各段钻杆的实际长度不等于理论设计长度，则上式不能应用，而用下面的方法计算。

$$L_i = \frac{p_{ai}}{q_i K_f} - \frac{L_1 q_1 + L_2 q_2 + \cdots + L_{i-1} q_{i-1} + L_c q_c}{q_i} =$$

$$\frac{p_{ai}}{q_i K_f} - \frac{\sum\limits_{n=1}^{i-1} q_n L_n + q_c L_c}{q_i} \quad (i=2,3,\cdots,n) \tag{5-9}$$

需要注意的是,在选择实际钻杆长度时要根据实际圆整,且不能超过理论计算长度。

3.钻柱的受力分析与强度计算

为了使钻柱在不同的工作条件下能安全地工作,必须进行强度校核,使强度足够的钻柱下井使用。在强度校核时,只校核受力最大也就是最危险的截面。

(1)钻井过程中各种应力的计算。

① 钻柱轴向应力的计算。

a.在钻柱使用计算过程中,最大轴向拉力是在钻柱空悬时井口部位。

$$Q_T = Q_0 - B_T \tag{5-10}$$
$$Q_T = Q_0 \cdot K_f$$
$$\sigma_T = Q_T / A_p \tag{5-11}$$

式中　Q_0——钻柱在空气中的总重量,N;

　　　Q_T——最大轴向拉力,N;

　　　B_T——钻柱受的总浮力(可由阿基米德定律求解),N;

　　　σ_T——最大轴向拉应力,Pa;

　　　A_p——井口钻柱截面积,m^2;

　　　K_f——钻井液浮力系数。

b.最大压力是在直井钻进状态或下部钻柱未发生弯曲时钻柱下部。

$$Q_c = W + B_c \tag{5-12}$$
$$\sigma_c = Q_c / A_c \tag{5-13}$$

式中　Q_c——最大压力,N;

　　　σ_c——压应力,Pa;

　　　W——钻压,N;

　　　A_c——钻柱下部横截面积,m^2;

　　　B_c——钻柱下部所受浮力,N。

② 钻柱外挤应力的计算。

考虑最危险在钻柱下部、管内掏空的情况,外挤载荷以钻杆内全掏空,管外按钻井液密度计算。

$$P_c = \rho_m g H_c \tag{5-14}$$

式中　P_c——外挤压强,Pa;

　　　ρ_m——钻井液密度,kg/m^3;

　　　H_c——钻柱下部垂深,m。

若是钻柱受到了较大的拉力(钻柱测试上提钻柱松动封隔器)必须按双向应力方法修正钻杆抗挤强度(具体做法参看教科书中双向应力计算有关章节)。

③ 钻柱弯曲应力的计算。

钻柱的弯曲应力在钻柱上部是由离心力引起的(不考虑井斜和定向井),在钻柱下部则由钻柱受压弯曲和离心力共同作用引起,因此下部弯曲应力最大。

$$\sigma_b = 1.02 \times 10^8 \frac{fD_p}{L_v^2} \tag{5-15}$$

$$f = 1.2(D_w - D_p)/2 \tag{5-16}$$

$$L_v = \frac{93.9}{n} \sqrt{0.5z + \sqrt{0.25z^2 + 2.3025 \frac{J_z n^2}{q_m}}} \tag{5-17}$$

$$J_z = \frac{\pi}{64}(D_p^4 - D_i^4) \tag{5-18}$$

式中　D_w，D_p，D_i——井径、钻柱外径及内径，cm；

σ_b——弯曲应力，Pa；

L_v——半波长半径，m；

f——半波最大挠度，cm；

J_z——钻柱本体截面的轴惯性矩，cm^4；

n——钻柱转速，r/min；

z——中和点到校核断面的距离（校核面在中和点以下 z 取负；在中和点以上 z 取正），m；

q_m——钻柱在钻井液中单位长度重量，N/m。

其中，中和点距井底高度的计算公式为：

$$L_o = \frac{W}{q_c K_f}$$

式中　W——钻压，N；

q_c——单位长度钻铤在空气中的重量，N/m；

L_o——中和点距井底的高度，m。

④ 钻柱剪应力的计算。

在钻井过程中，整个钻柱都受到扭矩作用，因此在钻柱各个横截面上都产生剪应力。正常钻进时，钻柱所受的扭矩取决于转盘传给钻柱的功率。

$$\tau = \frac{9.55 \times 10^9 (N_s + N_b)}{n W_n} \tag{5-19}$$

$$N_s = 4.6 C \rho_m D_p^2 L n \times 10^{-7} \tag{5-20}$$

$$N_b = 78.5 P D_p L n \times 10^{-8} \tag{5-21}$$

$$W_n = \frac{\pi}{16 D_p}(D_p^4 - D_i^4) \tag{5-22}$$

式中　τ——剪应力，Pa；

N_s——钻柱空转所需的功率，kW；

N_b——钻头破岩所需的功率，kW；

n——转速，r/min；

W_n——抗扭截面系数，cm^3；

C——与井斜角有关的系数；

ρ_m——钻井液密度，g/cm^3；

D_p，D_i——钻柱外径、内径，cm；

L——钻柱长，m。

对于直井,与井斜角有关的系数 $C=18.8\times10^{-5}$;对于斜井,25°时 $C=18\times10^{-5}$,15°时 $C=38.5\times10^{-5}$,6°时 $C=31\times10^{-5}$。

(2)危险断面的强度校核。

为了合理使用钻柱和保证安全钻进,在使用前对所设计或选用的钻柱进行强度校核。对于钻柱受拉部分,一般校核最上面截面。当钻柱是由不同尺寸的钻杆组成时,还应校核不同尺寸、不同壁厚和不同钢级的过渡面。对于钻柱受压部分,一般是校核下部断面。在校核时,用上面所列出的公式计算钻柱各校核断面的应力,并求出合成压力。

上部钻柱

$$\sigma_z = \sqrt{(\sigma_T + \sigma_b)^2 + 4\tau^2} \quad \text{Pa} \tag{5-23}$$

下部钻柱

$$\sigma_r = \sqrt{(\sigma_c + \sigma_b)^2 + 4\tau^2} \quad \text{Pa} \tag{5-24}$$

各断面的合成压力均应小于材料的屈服强度 Y_p。

一般钻井条件取 S_n($S_n = Y_p/\sigma_r$)=1.4,复杂钻井条件取 S_n=1.5。

如果安全强度不够,则应重新选用壁厚较大或钢级较高的钻柱,再进行校核直到强度满足为止。

第三节　钻具组合设计

严格地说,钻柱中钻杆段以下钻铤、钻头以及其他钻井工具(稳定器、减震器、震击器等)都包含在下部钻具组合范围之内,但一般常说的下部钻具组合主要是指钻头以上 30~40 m 内对钻头工作特性有直接影响的一段钻柱。

下部钻具组合设计的基本原则有以下几点:

(1)能有效地控制井斜全角变化率及井斜角,从而保证井身质量。

(2)钻头工作的稳定性高,并能施加较大的钻压,有利于提高钻速。

(3)为了起下钻顺利并降低费用,在可能的条件下尽量简化钻具组合。

(4)对于定向井斜井段的下部钻具组合则主要应满足井眼轨迹控制的特别要求。

一、直井下部钻具组合设计方法

1.钻铤尺寸及重力的确定

(1)钻铤尺寸的确定。

为保证套管能顺利下入井内,钻柱中最下段(一般不应少于一立柱)钻铤应有足够大的外径,推荐按表 5-15 选配。钻铤柱中最大钻铤外径应保证在打捞作业中能够套铣。在直径大于 190.5 mm 的井眼中,应采用复合(塔式)钻铤结构(包括加重钻杆),相邻两段钻铤的外径差一般不应大于 25.4 mm。最上一段钻铤的外径不应小于所连接的钻杆接头外径。每段长度不应少于一立柱。钻具组合的刚度应大于所下套管的刚度。

(2)钻铤重力的确定。

根据设计的最大钻压计算确定所需钻铤的总重力,然后确定各种尺寸钻铤的长度,以确保中性点始终处于钻铤柱上。所需钻铤的总重力可按式(5-25)计算:

表 5-15 与钻头直径对应的推荐钻铤外径

钻头直径/mm	钻铤外径/mm	钻头直径/mm	钻铤外径/mm
142.9~152.4	104.7,120.6	269.9	177.8~228.6
158.8~171.4	120.6,127.0	311.2	228.6~254.0
190.5~200.0	127.0~158.8	374.6	228.6~254.0
212.7~222.2	158.8~171.4	444.5	228.6~279.4
241.3~250.8	177.8~203.2	508.0~660.4	254.0~279.4

$$m_c = \frac{W_{\max} S_f}{K_f} \tag{5-25}$$

式中 m_c——所需钻铤的总重力,kN;

$W_{\max}$——设计的最大钻压,kN。

2. 钟摆钻具组合设计

(1)无稳定器钟摆钻具组合设计。

为了获得较大的钟摆降斜力,最下端 1~2 柱钻铤应尽可能采用大尺寸厚壁钻铤。

(2)单稳定器钟摆钻具组合设计。

稳定器安放高度的设计原则是在保证稳定器以下钻铤在纵横载荷作用下产生弯曲变形的最大挠度处不与井壁接触的前提下,尽可能高地安放稳定器。在使用牙轮钻头,钻铤尺寸小,井斜角大时,应低于理论高度安放稳定器,可参照表 5-16 安放稳定器。

表 5-16 定长钟摆钻具组合的推荐稳定器高度

钻头直径/mm	稳定器高度/m	钻头直径/mm	稳定器高度/m
≥339.7	≈36(4 根钻铤单根)	193.7~244.5	≈18(2 根钻铤单根)
244.5~311.2	≈27(3 根钻铤单根)	≤152.4	≈9(1 根钻铤单根)

注:钻铤单根长度按 9 m 计。

当稳定器以下采用相同尺寸钻铤时,可用式(5-26)计算稳定器的理论安放高度。

$$L_s = \sqrt{\frac{-b + \sqrt{b^2 - 4ac}}{2a}} \tag{5-26}$$

其中:$b = 184.6W\left(0.667 + 0.333\,\frac{e}{r}\right)^2\left(r - 0.42e - 0.08\,\frac{e^2}{r}\right)$,$a = \pi^2 q\sin\alpha$,$c = -184.6\pi^2 EI\left(r - 0.42e - 0.08\,\frac{e^2}{r}\right)$

式中 L_s——稳定器的理论安放高度,m;

W——钻压,kN;

e——稳定器与井眼间的间隙值,即稳定器外径与钻头直径差值的 $1/2$,m;

r——钻铤与井眼间的间隙值,即井眼直径与钻铤外径的差值的 $1/2$,m;

q——单位长度钻铤在钻井液中的重力,kN/m;

α——井斜角,(°);

EI——钻铤的抗弯刚度,kN·m²。

稳定器的实际安放高度一般在计算的理论高度的 90% 以内,也可按表 5-16 确定安放高度。根据实际钻铤单根长度确定的定长钟摆钻具组合,应用式(5-27)、(5-28)分别计算使用这种组合在钻压一定时的允许最大井斜角 α_{max} 和井斜角一定时的允许最大钻压 W_{max}。

$$\alpha_{max} = \arcsin[\frac{184.6\pi^2 EI\left(r - 0.42e - 0.08\frac{e^2}{r}\right)}{\pi^2 qL^4} -$$

$$\frac{184.6PL^3\left(0.667 + 0.333\frac{e}{r}\right)^2\left(r - 0.42e - 0.08\frac{e^2}{r}\right)}{\pi^2 qL^4}] \tag{5-27}$$

$$W_{max} = \frac{184.6\pi^2 EI\left(r - 0.42e - 0.08\frac{e^2}{r}\right) - \pi^2 qL^4\sin\alpha}{184.6L^2\left(0.667 + 0.333\frac{e}{r}\right)^2\left(r - 0.42e - 0.08\frac{e^2}{r}\right)} \tag{5-28}$$

式中　　L——稳定器的实际安放高度,m。

当稳定器与井眼间的间隙 e 值趋于零时,式(5-27)和式(5-28)可分别简化为:

$$\alpha_{max} = \arcsin\left(\frac{184.6\pi^2 rEI - 82.04PrL^3}{\pi^2 qL^4}\right) \tag{5-29}$$

$$W_{max} = \frac{184.6\pi^2 rEI - \pi^2 qL^4\sin\alpha}{82.04rL^2} \tag{5-30}$$

(3)多稳定器钟摆钻具组合设计。

多稳定器钟摆钻具组合是在单稳定器钟摆组合的稳定器之上,每间隔一定长度(一般是单根钻铤)再安放 1~3 只稳定器。

3.满眼钻具组合设计

(1)常规满眼钻具组合的基本形式。

常规满眼钻具组合的基本形式如图 5-1 所示。近钻头稳定器应直接连接钻头,其间不应加装配合接头或其他工具。

轻度易井斜地层采用一只井底型稳定器作近钻头稳定器;中等易井斜地层应采用有效稳定长度较长的井底型稳定器,或在有效稳定长度较短的井底型稳定器之上再串接一只钻柱型稳定器作近钻头稳定器。根据需要可在上稳定器以上适当位置再加接稳定器。满眼钻具这部分的钻铤,特别是短钻铤,应采用表 5-15 中的最大外径厚壁钻铤。

(2)稳定器与井眼间的间隙。

稳定器与井眼间的间隙对满眼钻具组合的使用效果影响很大,应当保证稳定器有足够的外径。近钻头稳定器和中稳定器的外径与钻头直径的差值不应大于 3 mm。上稳定器的外径与钻头直径的差值不应大于 6 mm。

(3)中稳定器与上稳定器安放高度的确定。

确定中稳定器理论安放高度的原则是使钻头偏斜角为最小值。中稳定器的理论安放高度用式(5-31)计算,并选用长度适当的短钻铤,使中稳定器的实际安放高度接近理论安放高度。

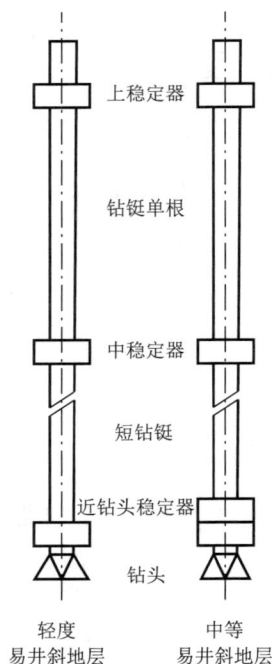

图 5-1　常规满眼钻具组合的基本形式

$$L_m = \sqrt{\frac{16EI_m e_m}{q_m \sin \alpha}}$$

(5-31)

式中　L_m——中稳定器的理论安放高度,m;

　　　EI_m——短钻铤的抗弯刚度,kN·m²;

　　　e_m——中稳定器与井眼的间隙值,m;

　　　q_m——单位长度短钻铤在钻井液中的重力,kN/m。

上稳定器安放在中稳定器的上部,相距约 9 m。

4. 钻具减振器安放位置

钻具减振器的安放位置应尽量靠近钻头。在钟摆钻具组合中,钻具减振器一般应直接安放在钻头之上。在满眼钻具组合中,钻具减振器一般应安放在中稳定器之上。

(1)震击器与减震器的安放位置及计算。

① 震击器的安放位置。

随钻震击器结构复杂,其壁厚受到限制,不能长期处于压缩弯曲状态。所有的震击器都应安放在钻柱受拉部位。从发挥震击器作用来看,如果能准确预测钻柱可能被卡的部位,震击器的理想位置是直接安放在这个部位之上,一般情况下安放在钻铤柱顶部是最好的。

在确定安放位置时,还应考虑到在钻井过程中,使震击器处于关闭状态的安全因素。当震击器处于零轴力点以上受控部位时,震击器的拉伸载荷以保持在 30 kN 为宜。如果这个量考虑太大,安放位置必然过高而影响震击效果。

② 根据钻柱的震动特点和减震器的工作特性,减震器直接安放在钻头之上其效果最佳。

由于减震器自身的抗弯刚度较钻铤小,在满眼钻具组合中,为了避免增加钻头的倾斜,宜安放在中稳定器之上。

③ 减震器的选用。

减震器的刚度 K 应满足:

$$K < \frac{50.32}{10^6} W n^2$$

(5-32)

式中　K——减震器的刚度,kN/cm;

　　　W——钻压,kN;

　　　n——转盘转速,r/min。

要使减震器在井下达到减震效果,其刚度必须小于上式计算的值,小得越多,减震效果越好。现场一般选用刚度在 19.61～58.84 kN/cm 范围内的减震器。在选用及使用时还应注意以下几点:

a. 钻压较大,转速较高时,选用刚度大的。

b. 在低钻速下工作时,应采用小刚度的。

c. 装有减震器的钻具,尽可能在高于 80～100 r/min 的转速下工作。

(2)用金刚石钻头的下部钻具组合。

① 钻头特性及对下部钻具组合的要求。

金刚石钻头的切削元件——天然金刚石、人造聚晶金刚石复合片及热稳定性人造金刚石聚晶块的耐磨性很高,但脆性较大,在冲击载荷作用下易碎断。保证钻头工作稳定对提高使用寿命意义极大。

钻头的稳定性对钻头的磨损有直接的关系,钻头的倾斜不仅会因部分切削刃过载而引起早期不正常磨损,而且破坏钻头面上钻井液的均匀流动,这就造成一部分金刚石切削元件不能充分冷却而烧损,最终使钻头报废。

综上所述,采用合理的下部钻具组合,尽量减小钻头的倾斜和震动,以保证钻头工作平稳,对使用金刚石钻头的技术经济效果是十分重要的。

② 下部钻具组合。

为了保证金刚石钻头的稳定性,使用满眼钻具无疑是必要的,特别是对于天然金刚石钻头和热稳定性人造聚晶金刚石钻头。组合形式及设计方法与满眼钻具组合设计相同。当井斜问题不突出时,用三个稳定器的满眼组合即可,近钻头稳定器可只用一只短型稳定器,但必须与钻头直接连接,并充分"填满"井眼,即其外径应与钻头外径基本一致。

相对来说,稳定性以人造聚晶金刚石复合片(PDC)钻头的工作性能的影响要小些,这种钻头不仅在软或极软的地层使用,而且还可以采用加两个稳定器的钟摆钻具,但不应采用光钻铤组合。

二、定向井下部钻具组合设计方法

1. 钻铤直径及长度的确定

(1) 最大钻铤或无磁钻铤的直径。

在斜井段优先选用螺旋钻铤,并满足钻头加压和打捞要求。钻头直径与相应最大钻铤或无磁钻铤直径根据表 5-17 选择。在大斜度井或水平井条件下可用无磁承压钻杆代替无磁钻铤。钻铤的长度和加重钻杆的长度应满足钻头加压的要求。

表 5-17　钻头直径与相应的最大钻铤直径

钻头直径/mm	钻铤直径/mm	钻头直径/mm	钻铤直径/mm
120.6	79.3	273.1	203.2
149.2~152.4	120.6	311.1	203.2
212.7~215.9	165.1	406.4	228.6
241.3	177.8	444.5	228.6
244.5	203.2		

(2) 无磁钻铤的安放位置及长度。

无磁钻铤的安放位置应接近钻头或接近井底动力钻具。无磁钻铤长度及测量仪器方位传感器在无磁钻铤中的安放位置按照以下步骤进行:

① 根据地球水平磁场强度分区图确定井位所在的磁场区域,如图 5-2 所示。

② 根据图 5-2 确定的磁场区域,在图 5-3 中选择相应的曲线图。

③ 在确定的曲线图中根据井斜角和井斜方位角的正交点所在的点位,确定无磁钻铤长度及测量仪器的方位传感器在无磁钻铤中的安放位置。如正交点位置位于曲线附近,则以增加一根无磁钻铤为宜。

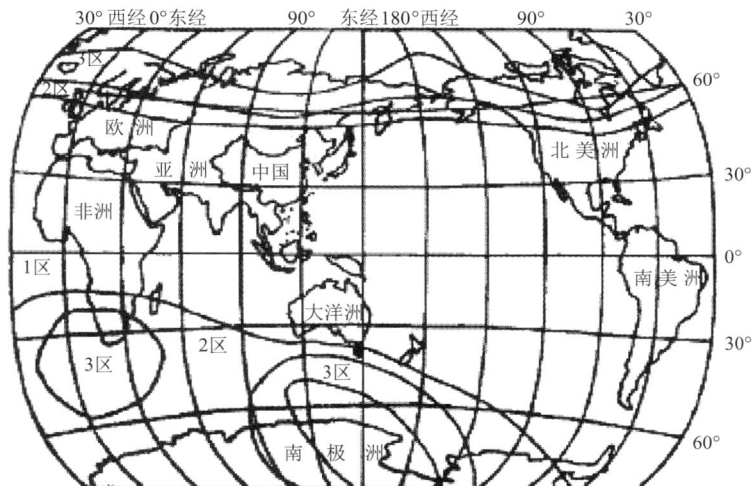

图 5-2 地球水平磁场强度分区示意

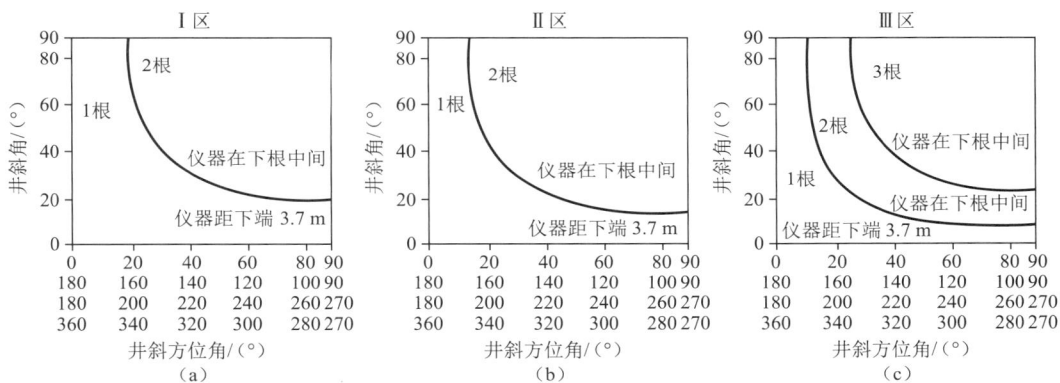

图 5-3 无磁钻铤长度及测量仪器位置选择

2. 导向钻具组合设计

（1）导向钻具组合有三种形式，如图 5-4 所示。

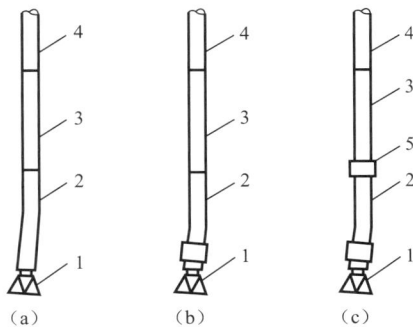

图 5-4 导向钻具组合形式

1—钻头；2—单弯壳体螺杆钻具；3—无磁钻铤；4—钻铤；5—欠尺寸稳定器

147

（2）钻头直径与相应的最大螺杆钻具直径根据表 5-18 选择。

表 5-18　螺杆钻具组合钻头直径与相应最大螺杆钻具直径

钻头直径/mm	螺杆钻具直径/mm	钻头直径/mm	螺杆钻具直径/mm
120.6	95	273.1	203.2
149.2～152.4	120.7	311.1	215.9
212.7～215.9	172	406.4	244.5
241.3	196.9	444.5	244.5
244.5	203.2		

（3）在大斜度井段或水平段钻进时钻具组合应满足以下要求：

① 无磁钻铤上部接斜坡钻杆或加重钻杆，不宜使用钻铤。

② 下部钻杆承受的钻压应小于钻杆产生屈曲的临界钻压，临界钻压按式（5-33）计算。

$$W_c = 0.107\,1 \times [(EIq\sin\alpha)/r]^{0.5} \tag{5-33}$$

式中　W_c——屈曲临界钻压，N；

　　　E——杨氏模量，钢材取值为 206.85 GPa，铝材取值为 71.02 GPa；

　　　I——管柱的惯性矩，m^4；

　　　q——管柱的线重，N/m；

　　　r——管柱外径与井眼内径的径向间隙，m；

　　　α——井斜角，（°）。

3.弯接头螺杆钻具组合设计

弯接头螺杆钻具组合的形式如图 5-5 所示。弯接头角度根据造斜率的需要选择，最大不宜超过 3°。弯接头外径与相应无磁钻铤外径一致，螺杆钻具最大外径的确定参照表 5-19。

4.旋转钻钻具组合设计

（1）稳定器的要求。

稳定器的外形结构符合 SY/T 5051 的规定。在软地层中，应选用支撑面宽、扶正条较长的螺旋稳定器；在硬地层中，应选用支撑面窄、扶正条较短的螺旋稳定器。在阻卡严重的井段，可采用可变径稳定器。

（2）增斜钻具组合的设计。

旋转钻增斜钻具组合有三种形式，如图 5-6 所示。

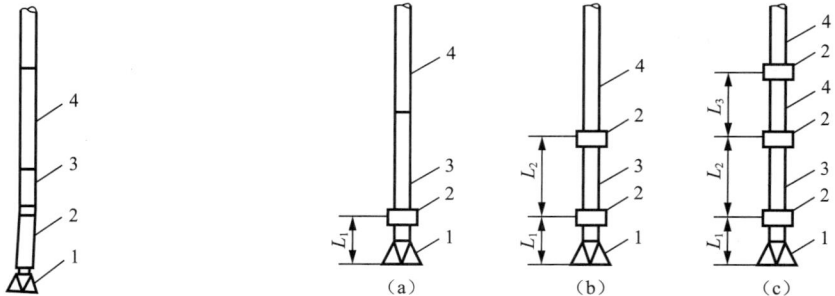

图 5-5　弯接头螺杆钻具组合形式
1—钻头；2—螺杆钻具；3—弯接头；4—钻铤

图 5-6　旋转钻增斜钻具组合基本形式
1—钻头；2—稳定器；3—无磁钻铤；4—普通钻铤

表 5-19 螺杆钻具技术参数

钻具型号		5LZ60×7.0	5LZ73×7.0	5LZ89×7.0	5LZ95×7.0	5LZ100×7.0	5LZ120×7.0	3LZ165×7.0	5LZ165×7.0 P5LZ165×7.0	9LZ165×7.0 P9LZ165×7.0	5LZ197×7.0 P5LZ197×7.0	5LZ244×7.0
井眼尺寸	mm	70~120	79~120	120~165	108~149	108~149	149~200		212~251		251~311	311~444.5
	in	2¾~4¾	3⅛~4¾	3¾~6½	4¼~5⅞	4¼~5⅞	5⅞~7⅞		8⅜~9⅞		9⅞~12¼	12¼~17½
钻头水眼压降	MPa	1.4~7.0 （适用所有型号）										
	psi	200~1 000 （适用所有型号）										
马达流量	L/s	1.262~2.13	1.262~5.05	2~7	4.73~11.04	4.73~11.04	5.78~15.8	16~28	16~18/47.3	19~31.6/50.5	22~36/55	50.5~75.7
钻头转速	r/min	140~360	120~480	95~330	140~320	140~320	70~200	200~300	100~178	85~135	95~150	90~140
马达压降	MPa	2.5	3.45	4.1	3.2	3.2	2.5	4.1	3.2	2.5	3.2	2.5
	psi	360	500	600	465	465	360	600	465	360	465	360
工作扭矩	N·m	160	275	560	710	710	1 300	2 500	3 200	3 200	5 000	9 300
	ft-lbf	115	203	415	524	524	960	1 845	2 360	2 360	3 690	6 858
最大扭矩	N·m	280	480	980	1 240	1 240	2 275	3 750	5 600	5 600	8 750	16 275
	ft-lbf	200	355	725	915	915	1 680	2 780	4 130	4 130	6 458	12 002
推荐钻压	kN	5	12	18	21	21	55	80	80	80	120	213
	lbf	1 130	2 700	4 000	4 700	4 700	12 400	18 000	18 000	18 000	27 000	48 000
最大钻压	kN	10	25	37	40	40	72	160	160	160	240	329
	lbf	2 260	5 600	8 300	9 340	9 340	16 200	36 000	36 000	36 000	54 000	74 000
钻具长度	m(ft)	3.5(11.48)	3.45(11.32)	4.75(15.3)	4.35(14.28)	4.35(14.28)	4.8(15.7)	6.5(21.4)	6.5(21.4)	5.7(18.6)	6.8(22.3)	7.8(25.6)
钻具质量	kg(lb)	70(155)	80(330)	150(330)	180(400)	180(400)	400(880)	800(1 760)	830(1 826)	765(1 680)	1 270(2 800)	2 270(5 000)
连接螺纹	上端	1.9 inTBG	2⅜ inTBG	2⅜ in	2⅞ in	2⅞ in	3½ in	4½ in	4½ in	4½ in	5½ in	6⅝ in
(API正规)	下端	1.9 inTBG	2⅜ in	2⅜ in	2⅞ in	2⅞ in	3½ in	4½ in	4½ in	4½ in	6⅝ in	7⅝ in

续表 5-19

钻具型号		J5LZ120×7.0	D7LZ165×7.0	D5LZ197×7.0	5LZ120×14.0	5LZ165×14.0	9LZ165×14.0	5LZ197×14.0	5LZ244×14.0
井眼尺寸	mm	149~200	212~251	251~311	149~200	212~251	212~251	251~311	311~444.5
	in	5⅞~7⅞	8⅜~9⅞	9⅞~12¼	5⅞~7⅞	8⅜~9⅞	8⅜~9⅞	9⅞~12¼	12¼~17½
钻头水眼压降	MPa	1.4~7.0	1.4~7.0	1.4~7.0	1.4~14.0	1.4~14.0	1.4~14.0	1.4~14.0	1.4~14.0
	psi	200~1 000	200~1 000	200~1 000	200~2 000	200~2 000	200~2 000	200~2 000	200~2 000
马达流量	L/s	5.78~11.56	18~28	20~35	5.8~15.8	16~28/47.3	19~36/55	22~36/55	50.5~75.7
钻头转速	r/min	100~200	126~196	80~140	70~200	100~178	85~135	95~150	90~140
马达压降	MPa	2.75	2.2	2.2	2.5	3.2	2.5	3.2	2.5
	psi	400	320	320	360	465	360	465	360
工作扭矩	N·m	1320	1950	3420	1300	3200	3200	5000	9300
	ft-lbf	974	1440	2524	960	2360	2360	3690	6858
最大扭矩	N·m	2 310	3 410	5 985	2 275	5 600	5 600	8 750	16 275
	ft-lbf	1 705	2 520	4 420	1 680	4 130	4 130	6 458	12 002
推荐钻压	kN	54	80	120	59	80	80	140	220
	lbf	12 000	18 000	27 000	13 000	1 800	18 000	3 150	49 500
最大钻压	kN	72.6	150	240	77	160	160	290	355
	lbf	16 000	33 700	54 000	17 000	36 000	36 000	65 000	80 000
钻具长度	m(ft)	6.2(20.4)	4.2(13.7)	5.2(17)	5.45(17.9)	6.8(22.3)	6.1(20)	7.2(23.6)	8.1(26.7)
钻具质量	kg(lb)	500(1 100)	800(1 760)	1 000(2 200)	450(1 000)	785(1 727)	765(1 683)	1 492(3 282)	2 272(5 010)
连接螺纹 (API正规)	上端	3½ in	4½ in	5½ in	3½ in	4½ in	4½ in	5½ in	6⅝ in
	下端	3½ in	4½ in	6⅝ in	3½ in	4½ in	4½ in	6⅝ in	7⅝ in

续表 5-19

钻具型号		LZ120×3.5	LZ165×3.5	LZ197×3.5	LZ244×3.5	LZ100×7.0	LZ127×7.0	LZ165×7.0	LZ197×7.0	LZ244×7.0
井眼尺寸	mm /in	165～200 6½～7⅞	212～251 8⅜～9⅞	251～311 9⅞～12¼	311～444.5 12¼～17½	118～152 4⅜～6	165～200 6½～7⅞	212～251 8⅜～9⅞	251～311 9⅞～12¼	311～444.5 12¼～17½
钻头水眼压降	MPa psi	1.0～3.5 150～500				1.4～7.0 200～1 000				
马达流量	L/s	9.5～15.8	12.6～22	19～28.4	25.2～44	4.7～11	9.5～19	15.8～25.2	19～31.6	38～63
钻头转速	r/min	355～560	275～480	275～415	215～375	280～700	345～690	350～400	230～390	240～400
马达压降	MPa psi	2.5 360	2.5 360	2.5 360	2.5 360	5.17 750	3.1 450	4.1 600	4.1 600	4.1 600
工作扭矩	N·m ft-lbf	576 425	935 690	1 532 1 130	2 623 1 935	650 480	712 525	1 917 1 340	2 928 2 160	6 236 4 600
最大扭矩	N·m ft-lbf	1 152 850	1 870 1 380	3 064 2 260	5 246 3 870	1 300 960	1 424 1 050	3 634 2 680	5 856 4 320	12 472 9 200
推荐钻压	kN lbf	20 4 500	29 6 300	54 11 800	49 11 000	35 7 900	47 10 600	80 18 000	120 27 000	213 48 000
最大钻压	kN lbf	40 9 000	55 12 100	83 18 200	102 23 000	57 12 800	110 24 700	160 36 000	240 54 000	329 74 000
钻具长度	m(ft)	5.8(18.9)	6(19.7)	6.2(20.2)	7.87(25.8)	6.4(21)	6.6(21.5)	7.3(23.9)	7.8(23.9)	9(29.5)
钻具质量	kg(lb)	400(882)	700(1 540)	1 023(2 250)	1 845(4 068)	245(540)	500(1 100)	860(1 900)	1 120(2 470)	2 220(5 000)
连接螺纹（API 正规）	上端	3½ in	4½ in	5½ in	6⅝ in	2⅞ in	3½ in	4½ in	5½ in	6⅝ in
	下端	3½ in	4½ in	6⅝ in	7⅝ in	2⅞ in	3½ in	4½ in	6⅝ in	7⅝ in

稳定器组合安放位置见表 5-20,其计算方法宜采用纵横弯曲连续梁法,计算公式参见 SY/T 5619—2009《定向井下部钻具组合设计方法》的附录 A。

表 5-20　旋转钻增斜钻具组合稳定器组合安放位置　　　　　　单位:m

增斜钻具组合基本形式	稳定器安放位置		
	L_1	L_2	L_3
图 5-6a	≤1.8	—	—
图 5-6b	≤1.8	18.0～27.0	—
图 5-6c	≤1.8	9.0～18.0	9.0～10.0

(3)稳斜钻具组合的设计。

旋转钻稳斜钻具组合有两种形式,如图 5-7 所示,稳定器组合安放位置见表 5-21,其计算方法宜采用纵横弯曲连续梁法,计算公式参见 SY/T 5619—2009《定向井下部钻具组合设计方法》的附录 A。

(4)降斜钻具组合的设计。

旋转钻降斜钻具组合有两种形式,如图 5-8 所示。稳定器组合安放位置见表 5-22,其计算方法宜采用纵横弯曲连续梁法,计算公式参见 SY/T 5619—2009《定向井下部钻具组合设计方法》的附录 A。

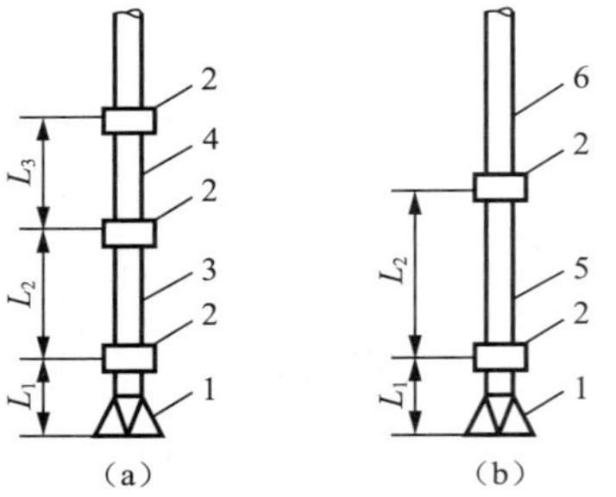

图 5-7　旋转钻稳斜钻具组合形式

1—钻头;2—稳定器;3—短钻铤;4—无磁钻铤;
5—短钻铤或无磁钻铤;6—无磁钻铤或钻铤

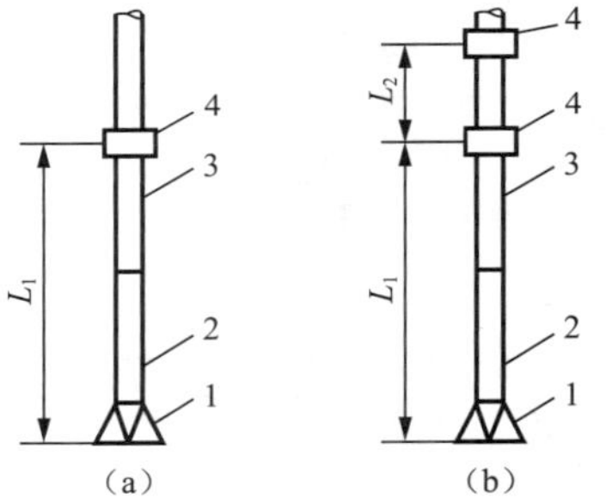

图 5-8　旋转钻降斜钻具组合形式

1—钻头;2—无磁钻铤;3—普通钻铤;4—稳定器

表 5-21　旋转钻稳斜钻具组合稳定器的安放位置　　　　　　单位:m

稳斜钻具组合形式	稳定器安放位置		
	L_1	L_2	L_3
图 5-7a	1.0～1.8	3.0～6.0	9.0～18.0
图 5-7b	1.0～1.8	4.5～9.0	9.0～10.0

表 5-22　旋转钻降斜钻具组合稳定器的安放位置　　　　　　单位:m

降斜钻具组合形式	稳定器安放位置	
	L_1	L_2
图 5-8a	9.0～27.0	—
图 5-8b	9.0～27.0	9.0～10.0

（5）调整钻头侧向力。

调整钻头侧向力，可选用下列方法：

① 用短钻铤调整图 5-6、图 5-7、图 5-8 中 L_1 和 L_2 的长度。

② 调整稳定器外径。

③ 调整钻压。

（6）下部钻具组合中增加稳定器数量及外径。

下部钻具组合中增加稳定器数量及外径，通过通井、划眼的方式逐渐增加。

5.钻具内防喷工具的安装位置

在带有井底动力钻具的钻具组合中，钻具的内防喷工具应直接安装在井底动力钻具之上。在不带井底动力钻具的钻具组合中，钻具的内防喷工具应安装在无磁钻铤以下。

6.随钻震击器的使用

在定向井、水平井钻具组合中宜加装随钻震击器。随钻震击器的安装位置和操作参照产品使用说明书。

三、螺杆钻具使用规程

1.螺杆钻具的技术参数和型号说明

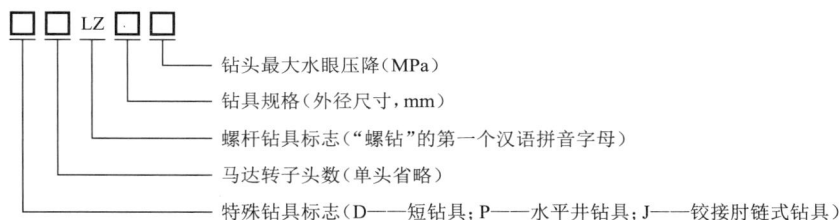

螺杆钻具的型号说明：

```
☐☐LZ☐☐
         └──── 钻头最大水眼压降（MPa）
        └───── 钻具规格（外径尺寸，mm）
      └─────── 螺杆钻具标志（"螺钻"的第一个汉语拼音字母）
     └──────── 马达转子头数（单头省略）
    └───────── 特殊钻具标志（D——短钻具；P——水平井钻具；J——铰接肘链式钻具）
```

2.螺杆钻具的选择

根据井眼大小确定使用螺杆钻具的尺寸（参见表 5-19）。

根据所施工井眼类型和所设计造斜率的大小来选择螺杆钻具类型：直螺杆、单弯、双弯（同向双弯和异向双弯），进一步确定其长度、弯壳体度数、稳定器外径及稳定器数量。

用于复合钻进的弯壳体螺杆的度数应根据井眼尺寸的大小来定，只要所选弯壳体螺杆的弯曲点绕井眼轴线的公转半径 $R \leqslant d_b/2$（d_b 为钻头直径，mm），就不会导致井眼扩大。R 的计算如下：

$$R = L_2 \sin\{\arctan[L_1 \sin \gamma/(L_2 + L_1 \cos \gamma)]\} + d/2$$

式中　R ——弯壳体的弯曲点绕井眼轴线的公转半径，mm；

L_1 ——钻头到弯曲点的长度，m；

L_2 ——弯曲点至其上第一个切点或至上稳定器的长度，m；

γ ——弯壳体的弯曲度数，（°）；

d ——弯壳体外壳直径，mm。

对于井底温度比较高的特殊井，选用耐高温的螺杆钻具（常规螺杆的耐高温指标为 120 ℃）。

3.螺杆钻具对钻头的要求

采用螺杆钻具钻进时间不长的作业，如定向造斜、侧钻、纠斜等，选用适合于高速旋转的牙轮钻头。采用螺杆钻具钻进时间较长的作业，如水平井、大斜度井等需要采用复合钻进的作业,选用适合于定向造斜用的 PDC 钻头。合理选择钻头水眼,保持一定的钻头压降,使其符合表 5-19 中的要求。

4. 螺杆钻具的使用条件

螺杆钻具的工作排量按表 5-19 给出的范围选择。螺杆钻具适用于各种类型,不同密度的钻井液,包括淡水、盐水、油基钻井液、乳化钻井液、高黏度钻井液,但要求钻井液含砂量小于 0.5%,润滑性好。

第四节 设计实例

某油田某井的钻柱及下部钻具组合的部分内容设计如下,所需各参数见表 5-23 至表 5-25。

一、基本参数

1. 井身结构

一开:ϕ450 mm×163 m 井眼;ϕ339.7 mm×160 m 表层套管;水泥返至井口。

二开:ϕ311.2 mm×1 905 m 井眼;ϕ244.5 mm×1 900 m 技术套管;水泥返深 1 000 m。

三开:ϕ215.9 mm×3 370 m 井眼;ϕ139.7 mm×3 350 m 油层套管;水泥返深 2 600 m;阻流环位置 3 330 m。

2. 井身质量要求

在钻井工作中,不仅要求钻进速度,而且要求有高的井身质量。井斜是井身质量的一个重要指标,一般用井斜角和方位角等来表示井斜的情况。

表 5-23 地层分层表

层 位			设计分层		岩性简述	地层倾角
			底深/m	厚度/m		
第四系平原组			150	150	黄色黏土、流砂、砾石层	
上第三系广华寺组			880	730	杂色黏土岩、砂砾岩	
下第三系		荆河镇组				
		潜江组	1 870	990	盐岩、石膏质泥岩、油浸泥岩组成的韵律层	
		荆沙组	2 820	950	棕红色泥岩夹石膏质泥岩	
	新沟嘴组	上段	2 990	170	上部以棕色泥岩为主,夹石膏质泥岩,下部棕紫色泥岩与石膏质泥岩互层、间夹灰色泥岩	
		下段 大膏层	3 055	65	灰白色泥膏岩、灰色石膏质泥岩	
		Ⅰ油组	3 150	95	灰色、棕紫色泥岩夹粉砂岩	
		Ⅱ油组	3 240	90	灰色泥岩夹石膏泥岩	
		泥隔层	3 265	25	深灰色泥岩夹石膏泥岩	
		Ⅲ油组	3 370	105	灰色、棕紫色泥岩夹粉砂岩	
		沙市组			棕紫色泥岩、灰色泥岩夹粉砂岩	

表 5-24 本井井身质量标准

井段/m	井斜角/(°)	水平位移/m	全角变化率要求	备 注
0~1 000		≤30	≤1°/30 m	
2 000		≤50	≤1°15′/30 m	
3 000		≤80	≤2°10′/30 m	
3 265		≤100	≤2°30′/30 m	

表 5-25 本井井斜角预控范围

序号	井段/m	井斜角	方位角/(°)	$\sum X/m$	$\sum Y/m$	备 注
1	0~800	0°	34			
2	1 200	1°	35	1.97	2.87	
3	1 600	2°	1	5.21	12.83	
4	2 000	2°30′	2	5.62	26.53	
5	2 400	2°30′	2	6.23	45.97	
6	2 800	3°30′	2	6.96	66.89	
7	3 265	4°30′	2	8.09	99.30	

注:总位移,99.63 m;总方位,4°39′。

二、钻柱及下部钻具组合设计

1.钻具选配(略)

钻具选配包括方钻杆、钻杆和钻铤的选配。

2.钻具的组合

(1)一开钻具组合。

一开钻平原组和广华寺组上段地层,地层松软。采用该地区打表层常用钻具组合,即 ϕ250 mm 三刮刀钻头＋ϕ178 mm 钻铤×1 根＋ϕ450 mm 扩大器＋ϕ178 mm 钻铤×5 根＋ϕ127 mm 钻杆＋ϕ133 mm 方钻杆。

在钻头和扩大器之间加一根钻铤,有利于钻井的正常钻进,使大量的泥砂及时返出地面,改善井底的清洗情况。

钻铤的长度取决于选定的钻铤尺寸与所需钻压。由浮力系数法得知应保证在最大钻压时钻杆不承受压缩载荷,由 API 钻铤规范查得钻铤主要数据见表 5-26。

表 5-26 钻铤基本数据

尺寸/in	规范钻铤数字	外径/mm	内径/mm	名义质量/(kg·m⁻¹)	长度/m
9	NC69-90	228.6	71.4	290.2	9.1
8	NC56-80	203.2	71.4	222.7	9.1
7	NC50-70(4½IF)	177.8	71.4	163.2	9.1
6¼	NC46-62(4IF)	158.8	71.4	123.6	9.1

一开一般选用 $\phi177.8$ mm(7 in)钻铤,设中性截面距井底距离为 $L_\circ$,则

$$L_\circ = \frac{\text{最大钻压}}{\text{浮力减轻系数} \times \text{钻铤单位重量}} = \frac{P_{max}}{K_f q_c}$$

由资料知一开最大钻压为 50 kN。

$$K_f = 1 - \frac{\rho_m}{\rho_s} = 1 - \frac{1.15}{7.8} = 0.853$$

$$L_\circ = \frac{50 \times 1\ 000}{0.853 \times 163.20 \times 9.8} = 36.65 (m)$$

钻铤长度
$$L_c = \frac{L_\circ}{70\%} = \frac{36.65}{70\%} = 52.36 (m)$$

钻铤单根数
$$\frac{L_c}{L} = \frac{52.36}{9.1} = 5.754 (根)$$

因一开所钻地层较浅,复杂情况较少,钻压变化范围不大,所以钻铤数选为 6 根。一开钻铤实际使用长度为 54.6 m,形成 $\phi450$ mm 井眼 163 m 左右。

（2）二开钻具组合。

二次开钻遇广华寺组、潜江组、荆江组,主要是泥岩、砂岩、石膏质泥岩等岩层,是质软、易产生泥包的地层。从某油田在该区块的钻头使用情况来看,采用三牙轮钻头最好。从最优化的角度来看,采用较小的钻头为佳。这是由于钻头直径小,破岩面积和破岩体积也小,做的无用功也少,既延长了钻头的寿命,又缩短了钻时。因此,考虑下套管的需要,选用 $\phi311$ mm($12'4''$)三牙轮钻头。并且在地层造斜力较强的情况下,采用塔式钻具防斜,采用 228.6 mm×203.2 mm×177.8 mm(9 in×8 in×7 in)的钻具组合方式。

根据邻井塔式防斜资料,取 $\phi228.6$ mm 钻铤 3 根,$\phi203.3$ mm 钻铤 6 根,$\phi177.8$ mm 钻铤的根数由计算确定,已知二开最大钻压为 240 kN。

根据公式(5-4),所需 $\phi177.8$ mm 钻铤根数为 3.17 根,为防止操作中可能发生的溜钻,增大安全系数,本设计取 $\phi177.8$ mm 钻铤根数为 6 根。

二开钻具组合形式如下:

$\phi311.2$ mm3A 钻头＋$\phi228.6$ mm 减震器＋$\phi228.6$ mm 钻铤×3 根＋$\phi203.2$ mm 钻铤×6 根＋$\phi177.8$ mm 钻铤×6 根＋$\phi127$ mm 钻杆＋$\phi133$ mm 方钻杆。

（3）三开钻具组合。

本井段三开主要钻过荆沙组、新沟嘴组和沙市组。主要为泥岩、粉砂岩、泥岩夹灰色膏质泥质岩,下夹粉砂岩。该地层倾角不大,故只采用 $\phi177.8$ mm 钻铤。三开最大设计钻压为 180 kN,为防止处理复杂事故,防止出现溜钻造成事故以及实际施工中的钻压变化,计算取 $P=200$ kN。计算需要的钻铤为 22.8 根,实际取三开 $\phi177.8$ mm 钻铤根数 $n=24$。

故三开钻具组合为:

$\phi215.93$A 钻头＋$\phi158.8$ mm 减震器＋$\phi177.8$ mm 钻铤×24 根＋$\phi127$ mm 钻杆＋$\phi108$ mm 方钻杆。

3.钻具组合简图(略)

钻具组合简图包括一开、二开、三开钻具组合。

4.钻柱强度校核

因三开钻柱受力最危险,所以只校核三开时钻柱的强度。

基本数据：设计井深 2 270 m，钻井液密度 1.15 g/cm³，ϕ177.8 mm 钻铤 24 根，$L_7 =$ 9.1×24＝218.4(m)，q_7＝1.6 kN/m，卡瓦长度 406.4 mm(16 in)，ϕ127 mm(5 in)钻杆 $q_{杆}$＝0.24 kN/m，选 E 级钢 P_Y＝1 458 kN，安全系数为 1.42。

设计数据：取拉力余量为 445 kN，设计系数为 1.32。

考虑卡瓦挤毁钻杆，钻杆最大允许负荷值：

P_a'＝0.9P_Y/安全系数＝0.9×1 458÷1.42＝942(kN)

P_a''＝0.9×P_Y/设计系数＝0.9×1 458/1.32＝994.1(kN)

P_a'''＝0.9P_Y－拉力余量＝0.9×1 458－445＝867.2(kN)

$P_a''＞P_a'＞P_a'''$

所以选用 P_a''' 作为设计钻柱的最大允许负荷值。

浮力系数 $K_f = 1 - \dfrac{1.15}{7.85} = 0.85$

钻杆允许长度 $L_1 = \left[\dfrac{P_a'''}{K_f} - q_7 L_7\right]\dfrac{1}{q_{杆}} = \left[\dfrac{867.2}{0.85} - 1.6 \times 218.4\right] \times \dfrac{1}{0.24} = 2\,795(m)$

显然　　　　　　　　　　$L_1 < 3\,370 - 218.4 = 3\,151.6(m)$

所以取 ϕ127 mm E 级钻杆长度为 3 179 m 抗拉强度不够。

取 95(X)钢级钻杆。

P_Y＝1 849 kN，重新计算得 L_1＝4 289 m，抗拉强度安全。

5.危险截面强度校核

井口截面为危险截面，整个钻具最长时井口危险。最大钻压为 180 kN，转速为 67 r/min。由《钻井手册·甲方》查得 127 mm(5 in)钻杆外径 d_o＝127 mm，内径 d_i＝111.96 mm，管体截面积 F＝28.02 cm²，抗扭断面系数 W_n＝159.28 cm³，95(X)级钻杆的屈服强度 σ_s＝655.00 MPa。ϕ177.8 mm 钻铤外径为 177.8 mm，内径为 71.4 mm，管体截面积 F_d＝208.14 cm²。

(1) 井口部分钻具强度校核。

① 钻柱拉应力 σ_t。

井口以下钻具在空气中重量为：

$$Q = q_c L_c + q_p L_p = 218.4 \times 1.6 + 3\,151 \times 0.24 = 1\,105.68(kN)$$

钻柱的浮力 $B = Q \cdot \dfrac{\rho_m}{\rho_s} = 1\,105.68 \times \dfrac{1.15}{7.85} = 161.98(kN)$

钻柱拉应力 $\sigma_t = (Q - B - P)/F$

$$= (1\,105.68 - 180 - 161.98) \div (28.02 \times 10^{-4}) = 272.56(MPa)$$

② 钻柱的弯曲应力 σ_b。

中性截面到钻头的距离 $L_{中} = \dfrac{180}{1.6 \times 0.85} = 132.35(m)$

所以井口到中性截面的距离 $z = 3\,370 - 132.35 = 3\,237.65(m)$

钻柱惯性扭矩　$J_z = \dfrac{\pi}{64}(d_o^4 - d_i^4) = \dfrac{3.14}{64}(12.7^4 - 11.19^4)$

式中　d_o，d_i——钻柱的外径、内径，cm。

半波长度 $L_v = \dfrac{93.9}{n} \sqrt{0.5z + \sqrt{0.25z^2 + \dfrac{2.302\,5J_z n^2}{q_m}}}$

$= \dfrac{93.9}{67} \sqrt{0.5 \times 3\,237.65 + \sqrt{0.25 \times 3\,237.65^2 + \dfrac{2.302 \times 505.4 \times 67^2}{0.24 \times 0.85 \times 10^3}}}$

$= 79.84(\text{m})$

式中　n——转速，r/min；

　　　q_m——钻柱在钻井液中单位质量，N/m。

半波最大挠度 $f = \dfrac{D_技 - d_o}{2} = \dfrac{22.44 - 12.7}{2} = 4.87(\text{cm})$

式中　$D_技$——技术套管内径，cm；

　　　d_o——钻柱外径，cm。

钻柱弯曲应力 $\sigma_b = 102 \times \dfrac{f d_o}{L_v^2} = 102 \times \dfrac{4.87 \times 12.7}{79.84^2} = 1.00(\text{MPa})$

③ 剪应力 τ。

$$\tau = \dfrac{9\,549(N_s + N_b)}{n W_n}$$

$$N_s = 4.6 \times 30 \times 10^{-5} \times 1.13 \times 10^4 \times 12.7^2 \times 3\,370 \times 67 \times 10^{-7} = 56.78(\text{kW})$$

$$N_b = 0.078\,5 \times 180 \times 21.59 \times 67 = 20.31(\text{kW})$$

$$W_n = \dfrac{\pi d_o^3}{16}(1 - d_i^4/d_o^4) = \dfrac{3.14 \times 12.7^3}{16}\left(1 - \dfrac{11.2^4}{12.7^4}\right) = 159.28(\text{cm}^3)$$

$$\tau = \dfrac{9\,549(N_s + N_b)}{n W_n} = \dfrac{9\,549 \times (56.78 + 20.31)}{67 \times 159.28} = 68.98(\text{MPa})$$

④ 合成应力。

$$\sigma_r = \sqrt{(\sigma_t + \sigma_b)^2 + 4\tau^2} = \sqrt{(272.56 + 1.00)^2 + 4 \times 68.98^2} = 273.6(\text{MPa})$$

安全系数 $\quad n = \dfrac{\sigma_s}{\sigma_r} = \dfrac{655.00}{273.6} = 2.39 > 1.5$

故井口部分钻具强度足够安全。

（2）钻柱最下端强度校核。

① 钻柱下端压应力 σ_c。

$$\sigma_c = \dfrac{p + B}{F_{dc}} \times 10^4 = \dfrac{180 \times 10^3 + 161.98 \times 10^3}{208.14 \times 10^{-4}} = 16.43(\text{MPa})$$

② 钻柱的弯曲应力 σ_b。

惯性扭矩 $J_z = \dfrac{\pi}{64}(d_o^4 - d_i^4) = \dfrac{3.14}{64}(17.78^4 - 7.14^4) = 477.5(\text{cm}^4)$

半波最大挠度 $f = \dfrac{1.2D - D_e}{2} = \dfrac{1.2 \times 21.59 - 17.78}{2} = 8.128(\text{cm})$

因核校截面在中性截面下，取 z 为负值，则

$$z = -L_中 = -132.35\ \text{m}$$

$$q_m = k q_c = 1.6 \times 0.853 \times 10^3 = 1\,364.8(\text{N/m})$$

半波长 $L_v = \dfrac{93.9}{n}\left[0.5z + \sqrt{0.25z^2 + 2.302\,5 \times \dfrac{J_z \cdot n^2}{q_m}}\right]^{\frac{1}{2}}$

$$= \frac{93.9}{67} \left[0.5 \times (-132.35) + \sqrt{0.25 \times (-132.35)^2 + 2.302\ 5 \times \frac{4\ 775 \times 67^2}{1\ 364.8}} \right]^{\frac{1}{2}}$$

$$= 16.29(\text{m})$$

$$\delta_b = 102\ \frac{fd_o}{L_v^2} = 102 \times \frac{8.128 \times 17.88}{16.29^2} = 55.55(\text{MPa})$$

① 求剪切应力 τ。

$$W_n = \frac{\pi}{16} d_o^3 \left(1 - \frac{d_i^4}{d_o^4} \right) = \frac{3.14}{16} \times 17.78^3 \times \left(1 - \frac{7.14^4}{17.78^4} \right) = 1\ 074.4(\text{cm}^3)$$

$$\tau = \frac{9\ 549(N_s + N_b)}{nW_n} = 10.23(\text{MPa})$$

合成应力 $\sigma_r = \sqrt{(\sigma_b + \sigma_c)^2 + 4\tau^2} = \sqrt{(55.55 + 16.43)^2 + 4 \times 10.23^2}$

$$= 74.83(\text{MPa})$$

$\phi 177.8$ mm 钻铤的最小屈服极限 $\delta_c = 608.75$ MPa。

安全系数 $\eta = \sigma_s / \sigma_r = 608.75 \div 74.83 = 8.14 > 1.5$。

故钻铤最下端强度安全。

钻柱的校核只是对三开钻柱和危险截面进行设计校核。本校核只是理论上进行,钻进过程中的振动载荷、处理事故的载荷变化等都未加讨论,因此,本校核只作参考。

第六章 钻机选择

石油钻机是一套联合机组,一般由八大系统(起升系统、旋转系统、钻井液循环系统、传动系统、控制系统、动力驱动系统、井架和底座、钻机辅助系统)组成,要具备起下钻能力、旋转钻进能力与循环洗井能力。其主要设备包括井架、天车、绞车、游动滑车、大钩、转盘、水龙头及钻井泵(现场习惯上称为钻机八大件)、动力机组(柴油机、电动机、燃气轮机)、联动机组、固相控制设备以及井控设备等。随着钻井装备技术的发展,钻机顶部驱动成为常用设备。

当制定一口井的钻探任务时,首要的任务是选择钻机。选择钻机应遵循两项原则:

(1)确保钻机有足够的安全性、环保性、可靠性。

(2)尽可能降低钻机运行成本。

第一节 选择钻机的主要技术依据

选择钻机的主要技术依据有:钻机的技术特性、所钻井的井身结构、钻具组合、设计井所在地区的地质条件和钻井工艺技术要求、地域的气候特点等。

一、钻机的技术特性

(1)钻机公称钻深;

(2)最大钩载;

(3)最大钻柱载荷;

(4)钻机总功率;

(5)绞车额定功率;

(6)转盘额定功率;

(7)单泵额定功率;

(8)最高泵压。

这 8 个参数表明钻机的性能,是选用钻机的主要技术依据。

二、井身结构和钻井工艺技术要求

(1)设计井深、套管层次及尺寸是选择钻机的主要参数。

(2)钻井工艺技术。

不同的钻井工艺技术对钻机选择有不同的要求;如在优化钻井技术中,要实现机械破碎参数的优选,理想的转盘选型便是可无级调速的转盘;在优选水力参数钻井技术中,理想的钻井泵是功率大、泵压高、流量大且调速范围也大的泵。因此,钻机选型中必须考虑钻井工艺技术的要求。

(3)地质条件。

钻机选型还应了解设计井所在区域的井下复杂情况,若设计井区域在钻井过程中有严重垮塌、缩径等复杂情况,那么在钻机选择时应增大钻机安全系数(如选择钩载储备系数大的钻机)。

第二节　钻机选择

一、石油钻机的分类

石油钻机的分类可以有不同的分类形式,如驱动形式、传动形式、移运方式。

根据驱动形式的不同,石油钻机分为:柴油机驱动、电驱动、液压驱动。其中电驱动又分为:交流电驱动、直流电驱动、交流变频电驱动。

根据传动形式的不同,石油钻机分为:链条传动、V 带传动、齿轮传动。

根据移动方式的不同,石油钻机分为:块装式、自行式、拖挂式。

二、钻机选择的主要参数

选择钻机的主要参数有:钻机公称钻深、最大钩载、最大钻柱载荷和钻机总功率等。

钻机公称钻深:钻机在规定的钻井绳数下,使用规定的钻柱能达到的钻井深度。

最大钩载:指钻机在规定的有效绳数下起下套管、处理事故或进行其他特殊作业时,不允许超过的大钩载荷。这一参数表示钻机的极限承载能力。

最大钻柱载荷:钻机在规定的钻井绳数下,正常钻井或进行起下钻作业时,大钩所允许承受的在空气中的最大钻柱重力。

钻机总功率:指钻机驱动绞车、转盘、钻井泵及辅助设备所配备的功率的总和。

绞车额定功率:绞车的最大输入功率。

转盘额定功率:转盘的最大输入功率。用于旋转钻柱、带动钻头破岩和旋转地面设备(转盘、方钻杆、水龙头等)。

单钻井泵额定功率:单台钻井泵的最大输出功率。

最高泵压:钻井泵所用缸套的允许工作压力。

游动系统绳数:包括钻井绳数和有效绳数。钻井绳数是指钻进过程中正常起下钻作业时的有效绳数;有效绳数是指钻机配备的轮系所能提供的最大有效绳数。

转盘开口直径:也称转盘通孔直径,是转盘能通过的最大钻头或隔水管直径。

钻台高度:指钻台基础面距离转盘顶平面的高度。

三、钻机选择

国内外油田选择钻机一般以钻机公称钻深或最大钩载作为选择钻机的主参数。所选择钻机的最大钩载要求能完成下套管任务和解除卡钻的任务,并保证有一定的超深能力。API 建议钻机选择可用 80% 的套管破断强度或钻杆 100% 的破断强度来确定最大钩载。即

$$0.8Q_{断} = Q_{套} = q_{套}L \tag{6-1}$$

式中　$Q_{断}$——套管破断强度,kN;

　　　$Q_{套}$——套管在空气中的重力,kN;

　　　$q_{套}$——套管柱单位长度重量,N/m;

　　　L——套管柱长度,km。

设计中应选各层次套管中最大重力层次套管作为选择钻机的 Q_{max},即钻机最大安全大钩载荷 Q_{max} 为:

$$Q_{max} = 0.8Q_{断} = 1.25q_{套}L \tag{6-2}$$

由(6-2)式计算的 Q_{max} 也是选择大钩安全载荷的限额。

1. 绞车(或起升系统)选择原则

起升系统包括绞车、辅助刹车、天车、游车、大钩、钢丝绳以及吊环、吊卡、吊钳、卡瓦等各种工具。

(1)钩载储备系数尽量选大些(一般≥1.60)。

(2)井架高度 h_A,一般应满足 $h_A \geq 1.7L_s$(L_s 为立柱长度,m)。

(3)大钩的起升速度直接影响起下钻速度,速度过高受立柱长度、快绳速度及操作安全的限制;速度过低,则起钻速度过慢,影响起下钻效率。一般要求将最低速度选在 0.45~0.5 m/s,最高速度可按经验公式(6-3)选取。

$$v_F = \frac{b}{Z}\sqrt{L_s} \tag{6-3}$$

式中　v_F——大钩起升最大速度,m/s;

　　　L_s——立柱长度,m;

　　　Z——游动系统有效绳数;

　　　b——系数,取 3 或 4,在机械化操作水平高的条件下选用 4。

(4)选择排挡数高的绞车,这样可以充分利用绞车功率,降低起钻时间。

2. 转盘(旋转系统)选择原则

旋转系统是转盘钻机的代表性系统,其作用是驱动钻具旋转以破碎岩石。旋转系统由转盘、水龙头、钻具三部分组成。顶部驱动钻井系统是集转盘、水龙头为一体,用电动钻机作旋转钻井动力,并能随提升系统而升降的钻井旋转系统。

(1)转盘开口直径应保证所设计井第一次开钻时所用的最大钻头能顺利通过转盘中心通孔,一般情况下转盘通孔直径至少应比最大钻头直径大 10 mm。

(2)转盘转速可调范围大。

(3)转盘最大静载荷应与钻机最大钩载匹配。

(4)转盘(顶驱)额定功率应满足最大工作扭矩。

3. 钻井泵(循环系统)选择原则

钻机的循环系统主要包括钻井泵、地面管汇、钻井液净化设备等。在井下动力钻井中,循环系统还担负着传递动力的任务。

(1)根据设计井井身结构、钻柱组合及钻井液性能,确定满足钻井中携带钻屑的最小

流量。

（2）满足钻至设计井深允许的最高泵压和携带钻屑的最小流量。

（3）满足钻井水力参数优选中最高泵压和最优流量的选择。

（4）能承受高泵压且流量可调范围大。

第三节 主要钻机设备配备

一、各级别钻井基本参数

石油钻机按名义钻深范围上限和最大钩载共分为 9 个级别，各级别钻机的基本参数应符合表 6-1 的规定。

表 6-1 石油钻机的基本形式和基本参数[①]

钻机级别		10/600	15/900	20/1350	30/1700	40/2250	50/3150	70/4500	90/6750 90/5850[③]	120/9000
名义钻深范围/m	127 mm 钻杆	500～800	700～1 400	1 100～1 800	1 500～2 500	2 000～3 200	2 800～4 500	4 000～6 000	5 000～8 000	7 000～10 000
	114.3 mm 钻杆	500～1 000	800～1 500	1 200～2 000	1 600～3 000	2 500～4 000	3 500～5 000	4 500～7 000	6 000～9 000	7 500～12 000
最大钩载/kN(t)		600 (60)	900 (90)	1 350 (135)	1 700 (170)	2 250 (225)	3 150 (315)	4 500 (450)	6 750(675) 5 850(585)[③]	9 000 (900)
绞车额定功率/kW		110～200	257～330	330～400	400～550	735	1 100	1 470	2 210	2 940
游动系统绳数	钻井绳数	6	8	8	8	8	10	10	12 或 10[③]	12
	有效绳数	6	8	8	10	10	12	12	16 或 14[③]	16
钢丝绳直径[②]/mm		22	26	29	32	32	35	38	42	52
钻井泵单台功率不小于/kW		260	370	590	735	735	960	1 180	1 180	1 470
转盘开口直径/mm		381,445		445,520,700			700,950,1 260			
钻台高度/m		3,4		4,5			5,6,7.5		7.5,9,10.5,12	
井架		各级钻机均采用可提升 28 m 立柱的井架；对 10/600、15/900、20/1 350 三级钻机也可采用提升 19 m 立柱的井架，对 120/9 000 一级钻机也可采用提升 37 m 立柱的井架								

注：① 114.3 mm 钻杆的平均质量为 30 kg/m，127 mm 钻杆平均质量为36 kg/m，以 114 mm 钻杆标定的钻深范围上限作为钻机型号的表示依据。

② 所选用钢丝绳的安全系数应保证在游动系统有效绳数和最大钩载的情况下不小于 2，在钻井绳数和最大钻柱载荷情况下不小于 3。

③ 为非优先采用参数。

二、石油钻机的主要技术参数

（1）块装石油钻机的主要技术参数见表 6-2、表 6-3。

表 6-2　块装钻机的主要技术参数

钻机型号		ZJ70D	ZJ70D/4500D	ZJ70/4500DS	ZJ70/4500LD		ZJ70/4500L
生产厂家		兰石厂	宝鸡石油机械厂	宝鸡石油机械厂	宝鸡石油机械厂		宝鸡石油机械厂
名义钻深/m	127 mm 钻杆	6 000	6 000	6 000	6 000		6 000
	114.3 mm 钻杆	7 000	7 000	7 000	7 000		7 000
最大钩载/kN		4 500	4 500	4 500	4 500		4 500
绞车额定功率/kW		1 470	1 470	1 470	1 470		1 470
绞车挡数		4 挡直流电机驱动	4 挡无级调速	4	四正二倒		四正二倒
有效绳数及提升系统		12（6×7）	12（6×7）	12（6×7）	12（6×7）		12（6×7）
钢丝绳直径/mm		38	38	38	38		38
水龙头中心管通径/mm		75	75	75	75		75
钻井泵台数×功率/kW		2×1 180	2×1 180	2×956	2×1 180		2×1 180
转盘	开口直径/mm	952.2	952.2	952.2	952.2		952.2
	挡数	2	2	2	AC-SCR-DC		四正二倒
井架形式		"∏"形	前开口	前开口	前开口		前开口
井架有效高度/m		45	45	45	45		45
动力及电传动方式		AC-SCR-DC	AC-SCR-DC	AC-SCR-DC	绞车	机械驱动	AC-SCR-DC
					转盘	AC-SCR-DC	
主动力机台数×功率/kW		4×800	4×800	5×700	3×800（发电机 1×400 kW）		4×800
电动机台数		6（直流）	6（直流）	6（直流）	1（直流）		
钻井液罐有效容积（不含储备罐）/m³		不小于 360	不小于 360	不小于 360	不小于 360		不小于 360
钻机型号		C-1-∏	ZJ50/3150D	ZJ50/3150L3	ZJ40/2250LHB		ZJ40/2250DB
生产厂家		美国	宝鸡石油机械厂	宝鸡石油机械厂	胜利石油机械厂		宝鸡石油机械厂
名义钻深/m	127 mm 钻杆	5 000	4 500	4 500	3 200		3 200
	114.3 mm 钻杆		5 000	5 000	4 000		4 000
最大钩载/kN		4 500	3 150	3 150	2 250		2 250
绞车额定功率/kW		1 100	1 100	1 100	735		735
绞车挡数		4	4 挡无级调速	4 正 2 倒	4 正 2 倒		
有效绳数及提升系统		12（6×7）	12（6×7）	12（6×7）	10（5×6）		10（5×6）

续表 6-2

钻机型号		C-1-Ⅱ	ZJ50/3150D	ZJ50/3150L3	ZJ40/2250LHB	ZJ40/2250DB
生产厂家		美国	宝鸡石油机械厂	宝鸡石油机械厂	胜利石油机械厂	宝鸡石油机械厂
钢丝绳直径/mm		38	35	35	32	32
水龙头中心管通径/mm		75	75	75	75	75
钻井泵台数×功率/kW		2×1 180	2×1 180	2×956	2×956	2×956
转盘	开口直径/mm	952.2	952.2	952.5	700	700
	挡 数	2	2挡无级调速	4正2倒	4正2倒	
井架形式		"K"形	"K"形	"K"形	"K"形	前开口
井架有效高度/m		43.3	45	45	43.5	44
动力及电传动方式		AC-SCR-DC	AC-SCR-DC	链条传动	链条传动	交流变频
主动力机台数×功率/kW		4×800	3×800	3×810	3×810	3×800
电动机台数		6(直流)	6(直流)	—	—	6(直流)
钻井液罐有效容积 (不含储备罐)/m³		不小于240	不小于240	不小于240	不小于180	不小于180
钻机型号		ZJ40/2250LT	ZJ32J-S1	ZJ30/1700B	ZJ25S	ZJ30/1700
生产厂家		宝鸡石油机械厂	胜利石油机械厂	宝鸡石油机械厂	胜利石油机械厂	宝鸡石油机械厂
名义钻深/m	127 mm 钻杆	3 200	3 200	2 500	2 500	2 500
	114.3 mm 钻杆	4 000	4 000	3 000	3 000	3 000
最大钩载/kN		2 250	2 250	1 700	1 650	1 700
绞车额定功率/kW		735	735	515	515	485
绞车挡数			6正1倒	3正1倒	4正2倒	5正1倒
有效绳数及提升系统		10 (5×6)	10 (5×6)	10 (5×6)	10 (5×6)	10 (5×6)
钢丝绳直径/mm		32	32	29	29	29
水龙头中心管通径/mm		75	75	75	75	75
钻井泵台数×功率/kW		2×956	2×956	1×956	1×956	2×588
转盘	开口直径/mm	700	520	445	520	445
	挡 数	4正2倒	3正2倒	3正1倒	4正2倒	5正1倒
井架形式		前开口	前开口Ⅱ形	前开口	前开口Ⅱ形	K形两节伸缩式
井架有效高度/m		43	42.5	41	41	32
钻台高度/m		6	4.5	4.3	4.5	4.5
动力及电传动方式		链条转动	皮带+万向轴	万向轴+ 液力变速箱	皮带+万向轴	Allisons6600
主动力机台数×功率/kW		3×800	3×882	3×882	2×882	3×841
电动机台数						

165

续表 6-2

钻机型号	ZJ40/2250LT	ZJ32J-S1	ZJ30/1700B	ZJ25S	ZJ30/1700
生产厂家	宝鸡石油机械厂	胜利石油机械厂	宝鸡石油机械厂	胜利石油机械厂	宝鸡石油机械厂
钻井液罐有效容积（不含储备罐）/m³	不小于180	不小于180	不小于165	不小于165	不小于165

钻机型号		ZJ30/1700JD	ZJ30/1700DZ	ZJ20/1350Z	ZJ20/1350DB
生产厂家		宝鸡石油机械厂	宝鸡石油机械厂	宝鸡石油机械厂	宝鸡石油机械厂
名义钻深/m	127 mm 钻杆	2 500	2 500	1 500	1 500
	114.3 mm 钻杆	3 000	3 000	2 000	2 000
最大钩载/kN		1 700	1 700	1 350	1 350
绞车额定功率/kW		380	800	410	400
绞车挡数		4 正 1 倒	两挡无级变速	5 正 1 倒	两挡无级变速
有效绳数及提升系统		10 (5×6)	10 (5×6)		8 (4×5)
钢丝绳直径/mm		29	29	29	29
水龙头中心管通径/mm		75	75	57	58
钻井泵台数×功率/kW		956	956	2×588	956
转盘	开口直径/mm	445	445	445	445
	挡数	4 正 1 倒	两挡无级变速		两挡无级变速
井架形式		A 形	A 形	JJ36/35-W	A 形
井架有效高度/m		40	40	31	40
钻台高度/m		前台 3.8/后台 3.24	前台 3.8/后台 3.24	4.5	前台 3.8/后台 3.24
动力及电传动方式		机械＋AC	AC＋SCR＋DC	阿里逊传动箱	交流变频
主动力机台数×功率/kW		绞车、转盘：1×700（或网电）钻井泵：2×800	2×800（或网电）	CAT3406×2	绞车、转盘：1×700（或网电）钻井泵：2×800
电动机台数		2（含应急电动机 1 台）	4		2（含应急电动机 1 台）
钻井液罐有效容积（不含储备罐）/m³		不小于165	不小于165	不小于160	不小于160

钻机型号		ZJ15/900DB-1	ZJ45J	大庆 II-130
生产厂家		宝鸡石油机械厂	兰州石油化工机器厂	兰州石油化工机器厂
名义钻深/m	127 mm 钻杆	1 400	4 500	3 200
	114.3 mm 钻杆	1 500	5 000	5 000
最大钩载/kN		900	2 940	1 960
绞车额定功率/kW		400	1 100	478

钻机型号		ZJ15/900DB-1	ZJ45J	大庆Ⅱ-130
生产厂家		宝鸡石油机械厂	兰州石油化工机器厂	兰州石油化工机器厂
绞车挡数		两挡无级变速	6正1倒	4正1倒
有效绳数及提升系统		8 (4×5)	12 (6×7)	12 (6×7)
钢丝绳直径/mm		26	32	28
水龙头中心管通径/mm		64	75	75
钻井泵台数×功率/kW		1×735	2×956	2×956
转盘	开口直径/mm	445	520	520
	挡数	1挡无级变速	3正1倒	3正1倒
井架形式		二节伸缩式	A形	塔形
井架有效高度/m		31	43	41
钻台高度/m		4.5	4.5	4.5
动力及电传动方式		AC-SCR-1GPT-AC	皮带+万向轴	皮带+万向轴
主动力机台数×功率/kW		2×800	3×882	3×882
电动机台数		500 kW×1 600 kW×1		
钻井液罐有效容积（不含储备罐）/m³		不小于80	不小于240	不小于180

钻机型号		ZJ120/9000DBI	ZJ90/6750DBI
生产厂家		宝鸡石油机械有限公司	宝鸡石油机械有限公司
(01) 名义钻深/m (φ127 mm钻杆)		9 000～12 000	6 500～9 000
最大钩载/kN		9 000	6 750
(02) 绞车额定功率/kW		4 400	2 640
绞车挡数		1挡，交流变频驱动，无级调速	2正2倒，交流变频驱动，无级调速
主刹车		液压盘式刹车	液压盘式刹车
辅助刹车		能耗制动	能耗制动
(03) 提升系统最大绳系		7×8	7×8
钻井钢丝绳直径/mm		48	45
提升系统滑轮外径/mm		1 828.2	1 524
(04) 水龙头中心管通径/mm		102	102
(05) 钻井泵型号及台数		F-2200HL，3 台	F-1600HL，3 台
(06) 转盘	开口直径/mm	1 257.3	952.5
	挡数	1挡，交流变频电机 单独驱动，无级调速	1挡，交流变频电机 单独驱动，无级调速

续表 6-2

钻机型号	ZJ120/9000DBI	ZJ90/6750DBI
生产厂家	宝鸡石油机械有限公司	宝鸡石油机械有限公司
（07）井架形式及有效高度/m	前开口型,52	前开口型,48
二层台高度	24.5,25.5,26.5	24.5,25.5,26.5
钻台高度/m	4.5	4.5
（08）底座形式	旋升式	旋升式
钻台面积/m²	13.8×13	13.8×11.9
转盘梁底面高度（净空高）/m	10	10
（09）动力及电传动方式	AC-SCR-1GPT-AC	皮带＋万向轴
动力传动方式	全数字控制	全数字控制
绞车、转盘、钻井泵	AC-DC-AC	AC-DC-AC
（10）柴油发电机组	CAT3512B	CAT3512B
柴油机台数×主功率/kW	5×1 310	5×1 310
柴油机转速/(r·min⁻¹)	1 500	1 500
发电机型号	SR4	SR4
发电机参数	1 900 kV·A,600 V,50 Hz	1 900 kV·A,600 V,50 Hz
功率因数	0.7 无刷励磁	0.7 无刷励磁
（11）电动机		
交流变频电机台数×额定功率（绞车）/kW	4×1 100	2×1 320
交流变频电机台数×额定功率（转盘）/kW	1×800	1×800
交流变频电机台数×额定功率（钻井泵）/kW	6×900	6×700
（12）电传动系统		
交流变频控制单元	一对一控制＋2 套	9 套
变频控制单元输入电压	600VAC	600VAC
变频控制单元输出电压、频率	0～600 V,0～150 Hz	0～600 V,0～150 Hz
（13）自动送钻系统变频电动机	400V2×37 kW(连续)	400V2×37 kW(连续)
变频控制单元输出电压、频率	0～400 V,0～100 Hz	0～400 V,0～100 Hz
送钻最低速度	0.34 m/h	0.1 m/h
（14）MCC 系统	600 V/400 V(三相)/230 V(单相),50 Hz	600 V/400 V(三相)/230 V(单相),50 Hz
（15）高压液管汇/(mm×MPa)	$\phi102×70$	$\phi102×70$
固井管汇(mm×MPa)	$\phi70×70$	$\phi70×70$

钻机型号	ZJ120/9000DBI	ZJ90/6750DBI
生产厂家	宝鸡石油机械有限公司	宝鸡石油机械有限公司
立管/(mm×MPa)	$\phi102\times70$,双立管	$\phi102\times70$,双立管
(16) 气源压力/MPa	0.7~0.9	0.7~0.9
储气罐容积/m³	(2×2+2.5)(带止回阀附件)	(2×2+2.5)(带止回阀附件)
(17) 适应环境		
温度/℃	−35~+50	−35~+50
湿度/%	≤85(+20 ℃)	≤85(+20 ℃)
风速/(km·h⁻¹)	低于 110	低于 110
(18) 钻井液罐有效容积 (不含储罐)/m³	不小于 690 m³	不小于 480 m³

表 6-3　兰石国民油井电动钻机基本参数

钻机型号	ZJ40/2250DZ(DB)	ZJ50/3150DZ(DB)	ZJ70/4500DZ	ZJ90/5850DZ
名义钻深/m (114.3 mm 钻杆)	2 500~4 000	3 500~5 000	4 500~7 000	6 000~9 000
最大钩载/kN	2 250	3 150	4 500	5 850
绞车额定功率/kW	735	1 100	1 470	2 210
绞车挡数	4	4	4	4
游动系统有效绳数	10	12	12	14
钻井钢丝绳直径/mm	32	35	38	42
游动系统滑轮外径/mm	1 120	1 270	1 524	1 524
水龙头中心管通径/mm	75	75	75	75
钻井液泵单台功率/kW	735	956	1 180	1 470
转盘开口直径/mm	520.7	698.5	952.5	1 257.3
转盘挡数	2	2	2	2
井架工作高度/m	43	45	45	45
钻台高度/m	7.5	9/10.5	9/10.5	10.5/12
钻台净空高度/m	6.26	7.617/8.92	7.42/8.92	8.7/10
钻井液罐有效容积 (不含储备罐)/m³	不小于 180	不小于 240	不小于 360	不小于 480
钻机型号	ZJ30/1700L(J)	ZJ40/2250L(J,JD)	ZJ50/3150L(J,JD)	ZJ70/4500L(LD)
名义钻深/m (114.3 mm 钻杆)	1 600~3 000	2 500~4 000	3 500~5 000	4 500~7 000
最大钩载/kN	1 700	2 250	3 150	4 500

续表 6-3

钻机型号	ZJ30/1700L(J)	ZJ40/2250L(J,JD)	ZJ50/3150L(J,JD)	ZJ70/4500L(LD)
绞车额定功率/kW	550	735	1 100	1 470
绞车挡数	3 正＋1 倒	4 正＋2 倒	6 正＋2 倒	6 正＋2 倒
游动系统有效绳数	10	10	12	12
钢丝绳直径/mm	32	32	35	38
游动系统滑轮外径/mm	912	1 120	1 270	1 524
水龙头中心管通径/mm	64	75	75	75
钻井泵单台功率/kW	735	956	1 180	1 180
转盘开口直径/mm	520.7	698.5	952.5	952.5
转盘挡数	3 正＋1 倒	4 正＋2 倒	6 正＋2 倒	6 正＋2 倒
传动装置数量	2	3	3	4
井架工作高度/m	31.5	43	45	45
钻台高度/m	4.5	6	7.5	9
钻台净空高度/m	3.44	4.76	6.26	7.7
钻井液罐有效容积（不含储备罐）/m³	不小于 165	不小于 180	不小于 240	不小于 360

（2）车装钻机主要技术参数见表 6-4。

表 6-4　车装钻机主要技术参数

钻机型号	ZJ10	ZJ15	ZJ20	ZJ30
结构形式	自走式			
名义钻深/m（114.3 mm 钻杆）	1 000	1 500	2 000	3 000
修井深度/m（88.9 mm 钻杆）	3 200	4 500	5 500	6 500
结构形式	自走式			
最大钩载/kN	900	1 125	1 580	1 800
大钩速度/(m·s⁻¹)	0.2～1.4			
井架高度/m	29	32	35	37
发动机型号	CAT3406B	CAT3408B DITA	CAT3412B DITA	CAT3408B DITA
发动机功率/kW	269	354	485	354×2
液力传动箱型号	CLBT5961	CLBT5961	CLBT6061	CLBT5961×2
传动形式	液力＋机械			
绞车挡数	3 正＋1 倒	4 正＋2 倒	6 正＋2 倒	6 正＋2 倒

续表 6-4

钻机型号	ZJ10	ZJ15	ZJ20	ZJ30
提升系统有效绳数	4×3	5×4	5×4	5×4
主大绳直径/mm	26	26	29	32
游车大钩型号	YG90	YG110	YG135/YG160	YG180
水龙头型号	SL110	SL130	SL135/SL160	SL160/SL225
钻井泵单台功率/kW	735	956	1 180	1 180
转盘型号	ZP175	ZP175	ZP175	ZP205
底盘型号/驱动形式	XD40/8×6	XD50/10×8B	XD60/12×8	XD70/14×8
接近角/离去角	25°/16°	25°/16.3°	30°/18°	30°/18°
最小离地间隙/mm	311	311	311	311
最大爬坡度	30%	26%	26%	26%
最小转弯半径/m	14	15	19.2	20.5
移运时外形尺寸/m	16.7×2.8×4.3	18.8×2.8×4.3	20.5×2.85×4.45	22.5×2.9×4.45
主机质量/kg	42 000	47 000	55 000	60 000
附件质量/kg	约 15 000	约 20 000	约 25 000	约 30 000
钻井液罐有效容积（不含储备罐）/m³	不小于 80	不小于 80	不小于 160	不小于 165

三、各种型号钻机转盘的工作转速

各种型号钻机转盘的工作转速见表 6-5。

表 6-5　各种型号钻机转盘的工作转速

钻机型号	生产厂家	转速/(r·min⁻¹)							备注
		Ⅰ挡	Ⅱ挡	Ⅲ挡	Ⅳ挡	Ⅴ挡	倒Ⅰ	倒Ⅱ	
ZJ25S	胜利石油机械厂	46.5	72	136	210		24	70	
ZJ32J-S1	胜利石油机械厂	79	136	207			124		
ZJ45J	兰州石油化工机器厂	75	139	195			107		中间轴链轮 $Z=31$
		56	103	144			79		中间轴链轮 $Z=23$
大庆Ⅱ-130	兰州石油化工机器厂	69.8	117	203			90.5		$N_柴=$ 1 300 r/min 时
ZJ40/2250L₁HB	胜利石油机械厂	34.77	60.1	102.2			62.5	183.8	
ZJ50/3150L3	宝鸡石油机械厂	16~63	27~108	47~81	82~280		27~106	77~260	$N_柴=$ 1 300 r/min 时

钻机型号	生产厂家	转速/(r · min⁻¹)							备注
		Ⅰ挡	Ⅱ挡	Ⅲ挡	Ⅳ挡	Ⅴ挡	倒Ⅰ	倒Ⅱ	
ZJ50/3150D	宝鸡石油机械厂	0～119	119～184						
ZJ50/3150DBF	宝鸡石油机械厂	0～300					0～300		
ZJ30/1700DBT	宝鸡石油机械厂	0～300					0～300		
ZJ90/6750DBI	宝鸡石油机械有限责任公司	Ⅰ挡,交流变频电机单独驱动,无级调速 0～280 r/min							
ZJ120/9000DBI	宝鸡石油机械有限责任公司	Ⅰ挡,交流变频电机单独驱动,无级调速 0～302 r/min							

四、大钩提升速度与钩载

大钩提升速度与钩载见表 6-6。

表 6-6 大钩提升速度与钩载

钻机型号	生产厂家	绳数	I挡		II挡		III挡		IV挡		V挡		VI挡	
			钩速/(m·s⁻¹)	钩载/kN	钩速/(m·s⁻¹)	钩载/kN	钩速/(m·s⁻¹)	钩载/kN	钩速/(m·s⁻¹)	钩载/kN	钩速/(m·s⁻¹)	钩载/kN	钩速/(m·s⁻¹)	钩载/kN
ZJ25S	胜利石油机械厂	10(5×6)	0.23	1 550	0.37	986	0.67	550	1.08	338				
ZJ32J-S1	胜利石油机械厂	10(5×6)	0.18	2 500	0.3	1 813	0.47	1 147	0.64	843	1.1	490	1.67	313
ZJ45J	兰州石油机器厂	10(5×6)	0.18	2 352	0.33	2 234	0.47	1 568	0.65	1136	1.21	607	1.69	441
	兰州化工机器厂	12(6×7)	0.15	2 940	0.28	2 567	0.39	1 852	0.54	1 332	1.01	715	1.41	509
大庆II-130	兰州石油机器厂	10(5×6)	0.255	1 274	0.408	764	0.71	411	1.42	176				
	兰州化工机器厂	12(6×7)	0.213	1 568	0.34	940	0.59	500	1.17	220				
ZJ40/2250LHB	胜利石油机械厂	10(5×6)			0.26	1 907.31	0.56	889.7						
			0.23	2 329.88	0.35	1 510.65	0.74	704.62	1.28	407.67				
			0.25	2 085.75	0.39	1 348.0	0.84	628.8	1.45	363.85				
			0.3	1 674.43	0.43	1 206.74	0.93	562.87	1.61	325.7				
					0.52	968.76	1.12	451.9	1.93	261.47				
					0.61	764.56	1.3	356.64						
ZJ50/3150L3	宝鸡石油机械厂	12(6×7)	0.14~0.28	3 150~1 718	0.26~0.54	1 757~892	0.50~1.0	945~480	0.96~1.93	491~250				
ZJ50/3150D	宝鸡石油机械厂	12(6×7)	0~0.33	3 150~2 117	0.33~0.52	2 117~1 315	0.52~0.92	1 315~732	0.92~1.44	732~472				

五、钻井泵基本技术参数

各钻井泵基本技术参数见表 6-7 至表 6-15。

表 6-7 F-500 钻井泵基本参数

齿轮速比	4 286∶1	润滑形式		强制加飞溅	吸入管口法兰直径/mm	203
齿轮类型	人字齿轮	额定功率/kW		370	排出口法兰直径/mm	103
最大缸套直径×冲程/mm	170×191	额定冲数/(次·min⁻¹)		165	质量/kg	9 770

性 能 参 数									
冲数 /(次·min⁻¹)	额定功率 /kW	缸套直径/mm							
		170	160	150	140	130	120	110	100
		额定压力/MPa							
		9.3	10.5	11.9	13.7	15.9	18.6	22.2	26.8
		排量/(L·s⁻¹)							
170	379	36.75	32.56	28.61	24.93	21.49	18.31	15.39	12.72
165*	368	35.67	31.60	27.77	24.19	20.86	17.77	14.93	12.34
150	334	32.43	28.73	25.25	21.99	19.96	16.16	13.58	11.22
140	312	30.37	26.81	23.56	20.53	17.70	15.08	12.67	10.47
130	290	28.11	24.90	21.88	19.06	16.44	14.00	11.77	9.73
120	267	25.94	22.98	20.20	17.60	15.17	12.93	10.86	8.98
110	245	23.78	21.07	18.52	16.13	13.91	11.85	9.96	8.23
1		0.216 2	0.191 5	0.168 3	0.146 6	0.126	0.107 7	0.090 5	0.074 8

注：① 按容积效率100%和机械效率90%计算。

② ＊推荐的冲次和连续运转时的输入功率。

表 6-8 F-800 钻井泵基本参数

齿轮速比	4.185∶1	润滑形式		强制加飞溅	吸入管口法兰直径/mm	254
齿轮类型	人字齿轮	额定功率/kW		590	排出口法兰直径/mm	130
最大缸套直径×冲程/mm	170×229	额定冲数/(次·min⁻¹)		150	质量/kg	14 500

性 能 参 数									
冲数 /(次·min⁻¹)	额定功率 /kW	缸套直径/mm							
		170	160	150	140	130	120	110	100
		额定压力/MPa							
		13.6	15.4	17.5	20.1	23.3	27.3	32.5	34.3
		排量/(L·s⁻¹)							
160	627	41.51	36.77	32.32	28.15	24.27	20.68	17.38	14.36
150*	588	38.92	34.47	30.30	26.39	22.76	19.39	16.29	13.47
140	549	36.32	32.17	28.28	24.63	21.24	18.10	15.21	12.57

冲数/(次·min⁻¹)	额定功率/kW	缸套直径/mm							
		170	160	150	140	130	120	110	100
		额定压力/MPa							
		13.6	15.4	17.5	20.1	23.3	27.3	32.5	34.3
		排量/(L·s⁻¹)							
130	510	33.73	29.88	26.26	22.87	19.72	16.81	14.12	11.67
120	471	31.13	27.58	24.24	21.11	18.21	15.51	10.03	10.77
110	431	28.54	25.28	22.22	19.35	16.69	14.22	11.95	9.87
1		0.259 4	0.229 8	0.202 0	0.175 9	0.151 7	0.129 3	0.108 6	0.089 8

注:① 按容积效率100%和机械效率90%计算。

② ＊推荐的冲次和连续运转时的输入功率。

表 6-9 F-1000 钻井泵基本参数

齿轮速比	4.207：1	润滑形式	强制加飞溅	吸入管口法兰直径/mm	305
齿轮类型	人字齿轮	额定功率/kW	735	排出口法兰直径/mm	130
最大缸套直径×冲程/mm	170×254	额定冲数/(次·min⁻¹)	140	质量/kg	18 790

性 能 参 数

冲数/(次·min⁻¹)	额定功率/kW	缸套直径/mm						
		170	160	150	140	130	120	110
		额定压力/MPa						
		16.4	18.5	21.1	24.2	28.0	32.9	34.3
		排量/(L·s⁻¹)						
150	788	43.24	38.30	33.66	29.33	25.29	21.55	18.10
140＊	735	40.36	35.75	31.42	27.37	23.60	20.11	16.90
130	683	37.47	33.20	29.18	25.42	21.91	18.67	15.69
120	630	34.59	30.64	26.93	23.46	20.23	17.24	14.48
110	578	31.71	28.09	24.69	21.51	18.54	15.80	13.28
100	525	28.83	25.53	22.44	19.55	16.86	14.36	12.07
1		0.288 3	0.255 3	0.224 4	0.199 5	0.168 6	0.143 6	0.120 7

注:① 按容积效率100%和机械效率90%计算。

② ＊推荐的冲次和连续运转时的输入功率。

表 6-10　F-1300 钻井泵基本参数

齿轮速比	4.206:1	润滑形式		强制加飞溅	吸入管口法兰直径/mm		305
齿轮类型	人字齿轮	额定功率/kW		960	排出口法兰直径/mm		130
最大缸套直径×冲程/mm	180×305	额定冲数/(次·min⁻¹)		120	质量/kg		24 572
性　能　参　数							
冲数 /(次·min⁻¹)	额定功率 /kW	缸套直径/mm					
		180	170	160	150	140	130
		额定压力/MPa					
		18.5	20.7	23.4	26.6	30.5	34.3
		排量/(L·s⁻¹)					
130	1 036	50.42	44.97	39.83	35.01	30.50	26.30
120*	956	46.54	41.51	36.77	32.32	28.15	24.27
110	876	42.66	38.05	33.71	29.62	25.81	22.55
100	797	38.78	34.59	30.64	26.93	23.46	20.23
90	717	34.90	31.31	27.58	24.24	21.11	18.21
1		0.387 8	0.345 9	0.306 4	0.269 3	0.234 6	0.202 3

注:① 按容积效率100%和机械效率90%计算。

　　② ＊推荐的冲次和连续运转时的输入功率。

表 6-11　F-1600 钻井泵基本参数

齿轮速比	4.206:1	润滑形式		强制加飞溅	吸入管口法兰直径/mm		305
齿轮类型	人字齿轮	额定功率/kW		1 180	排出口法兰直径/mm		130
最大缸套直径×冲程/mm	180×305	额定冲数/(次·min⁻¹)		120	质量/kg		24 791
性　能　参　数							
冲数 /(次·min⁻¹)	额定功率 /kW	缸套直径/mm					
		180	170	160	150	140	130
		额定压力/MPa					
		18.5	20.7	23.4	26.6	30.5	34.3
		排量/(L·s⁻¹)					
130	1 275	50.42	44.97	39.83	35.01	30.50	26.30
120*	1 176	46.54	41.51	36.77	32.32	28.15	24.27
110	1 078	42.66	38.05	33.71	29.62	25.81	22.25
100	980	38.78	34.59	30.64	26.93	23.46	20.23
90	882	34.90	31.13	27.58	24.24	21.11	18.21
1		0.387 8	0.345 9	0.306 4	0.269 3	0.234 6	0.202 3

注:① 按容积效率100%和机械效率90%计算。

　　② ＊推荐的冲次和连续运转时的输入功率。

表 6-12　F-1600HL 钻井泵基本参数

齿轮速比	4.206:1	润滑形式	强制加飞溅	吸入管口法兰直径/mm	305
齿轮类型	人字齿轮	额定功率/kW	1 170	排出口法兰直径/mm	130
最大缸套直径×冲程/mm	190×304.8	额定冲数/(次·min⁻¹)	120	质量/kg	29 535

性　能　参　数								
冲数/(次·min⁻¹)	额定功率/kW	缸套直径/mm						
		190	180	170	160	150	140*	130*	120*
		额定压力/MPa						
		20.7	23.0	25.8	29.2	33.2	38.1	44.2	51.9
		排量/(L·s⁻¹)						
120*	1 176	51.85	46.54	41.51	36.77	33.32	28.15	24.27	20.68
110	1 078	47.52	42.66	38.05	33.71	29.62	25.81	22.26	18.97
100	980	43.20	38.78	34.59	30.64	26.93	23.46	20.24	17.25
90	882	38.88	34.90	31.13	27.58	24.24	21.11	18.21	15.52
80	784	34.56	31.02	27.67	24.51	21.54	18.77	16.19	13.80
1		0.432 08	0.345 9	0.345 9	0.306 4	0.269 3	0.234 6	0.204 0	0.172 5

注：① 按容积效率 100% 和机械效率 90% 计算。

　　② ＊推荐的冲次和连续运转时的输入功率。

　　③ ＊工作压力高于 35 MPa 时推荐采用柱塞盘根结构。

表 6-13　F-2200HL 钻井泵基本参数

齿轮速比	3.512 2:1	润滑形式	强制加飞溅	吸入管口法兰直径/mm	305
齿轮类型	人字齿轮	额定功率/kW	590	排出口法兰直径/mm	130
最大缸套直径×冲程/mm	230×356	额定冲数/(次·min⁻¹)	105	质量/kg	43 080

性　能　参　数										
冲数/(次·min⁻¹)	额定功率/kW	缸套直径/mm									
		230	220	210	200	190	180	170	160	150	140	130
		额定压力/MPa									
		19.0	20.8	22.8	25.1	27.9	31.0	34.8	39.3	44.7	51.3	52 最大
		排量/(L·s⁻¹)									
105*	1 640*	77.65	71.05	64.73	58.72	52.99	47.56	42.42	37.58	33.03	28.77	24.81
90	1406	66.56	60.90	55.49	50.33	45.42	40.77	36.36	32.21	28.31	24.66	21.26
80	1250	59.16	54.13	49.32	44.74	40.37	36.24	32.32	28.63	25.16	21.92	18.90
70	1 094	51.76	47.36	43.16	39.14	35.33	31.71	28.28	25.05	22.02	19.18	16.54
60	937	44.37	40.60	36.99	33.55	30.28	27.18	24.24	21.47	18.87	16.44	14.18
1		0.739 5	0.676 6	0.616 5	0.559 2	0.504 7	0.453 0	0.404 0	0.357 9	0.314 6	0.274 0	0.236 3

注：① 按容积效率 100% 和机械效率 90% 计算。

　　② ＊推荐的额定冲次和额定输入功率。

表 6-14 兰州石油化工机器厂钻井泵基本技术参数

型 号	3NB350	3NB500C	3NB800	3NB1000
功率/kW	258	368	589	736
冲数/(次·min⁻¹)	120	95	160	150
冲程/mm	203	254	216	235
齿轮传动比	3.782	3.82	2.51	2.658
最高工作压力/MPa	20.3	29	32.3	34.3
缸套最大直径/mm	150	160	160	170
吸入管径/mm	219	254	257	254
排出管径/mm	76	100	100	100
外形尺寸/mm (长×宽×高)	3 435×1 530×1 470	4 200×2 640×2 430	3 995×2 360×1 541	4 575×2 600×1 700
质量/kg	11 457	15 940	13 260	17 985
型 号	3NB1000C	3NB1300	3NB1300C	3NB1600
功率/kW	736	956	956	1176
冲数/(次·min⁻¹)	110	140	120	120
冲程/mm	305	245	305	305
齿轮传动比	3.833	2.868	3.81	3.81
最高工作压力/MPa	34.3	34.3	34.3	34.3
缸套最大直径/mm	170	171.5	180	190
吸入管径/mm	305	257	305	305
排出管径/mm	100	100	100	100
外形尺寸/mm (长×宽×高)	5 170×2 809×2 530	4 900×2 690×1 800	5 010×1 942×1 918	4 450×2 850×2 077
质量/kg	21 450	35 120	23 000	29 700

表 6-15 青州石油机械厂生产钻井泵基本技术参数

型 号	SL3NB-1000A	SL3NB-1300A	SL3NB-1600A
输入功率/kW	736	956	1 176
额定冲数/(次·min⁻¹)	120	120	120
冲程/mm	305	305	305
齿轮传动比	3.657	3.657	3.657
吸入管径/mm	254	305	305
排出管径/mm	123	123	128
外形尺寸/mm(长×宽×高)	4 600×2 720×2 470	4 300×2 750×2 525	4 720×2 822×2 660
总重/t	19.3	20.8	27.1

缸套直径/mm		130	140	150	160	170	180	190
柴油机转速 /(r·min⁻¹)	泵冲数 /(次·min⁻¹)	理论排量/(L·s⁻¹)						
1 500	120	24.28	28.16	32.32	36.78	41.52	46.54	51.85
1 400	112	22.66	26.28	30.17	34.32	38.75	43.44	48.40
1 300	104	21.04	24.40	28.01	31.87	36.00	40.34	44.94
1 200	96	19.42	22.53	25.86	29.42	33.21	37.24	41.48
1 100	88	17.80	20.65	23.70	26.97	30.44	34.13	38.03
1 000	80	16.19	18.77	21.55	24.52	26.78	31.03	34.57
最大排出 压力/MPa	SL3NB-1000A	27.0	24.0	21.0	18.5	16.0	14.5	
	SL3NB-1300A	35.0	31.0	27.0	24.0	21.0	19.0	
	SL3NB-1600A	35.0	35.0	33.0	29.0	26.0	23.0	21.0

六、绞车基本技术参数

绞车基本技术参数见表 6-16。

表 6-16　绞车基本技术参数

型　号	JC10B	JC15DB	JC20DB	JC20DY	JC30	JC40DB	JC40B
名义钻深 （114 mm 钻杆）	1 000	1 500	2 000	2 000	3 000	4 000	4 000
最大输入功率 /kW	210	400	500	400	400	735	735
最大快绳拉力 /kN	80	150	200	200	200	280	280
钢丝绳公称直径 /mm	22	26	29	29	29	32	32
滚筒尺寸/mm （直径×宽度）	400×650	473×900	473×1 000	560×1 120	473×1 000	644×1 208	660×1 208
刹车轮毂尺寸/mm （直径×宽度）	1 100×230	1 500 （盘刹）	1 500 （盘刹）	1 500 （盘刹）	1 500 （盘刹）	1 168×265	1 168×265
刹带包角/(°)	273					280	280
提升速度挡数	2	2	2	3	5	4	4
转盘速度挡数	2	2	2	3	5	2	2
辅助刹车		FDW515	FDWS20	FDWS20	FDWS30	FDWS40	FDWS40

续表 6-16

型　　号	JC10B	JC15DB	JC20DB	JC20DY	JC30	JC40DB	JC40B
最大外形尺寸/mm（长×宽×高）	7 390×2 500×2 410	10 350×3 400×2 577	6 800×3 256×2 463	7 040×2 850×2 470	13 800×3 400×2 500	7 000×3 200×3 010	6 300×2 628×2 699
质量/kg	9 819	29 500	29 020	29 530	35 500	37 800	28 000

型　　号	JC45B	JC45D	JC50B	JC50D	JC70B	JC70D
名义钻深（114 mm 钻杆）	5 000	5 000	5 000	5 000	7 000	7 000
最大输入功率/kW	1 100	1 100	1 100	1 100	1 470	1 470
最大快绳拉力/kN	341	350	350	350	450	450
钢丝绳公称直径/mm	35	35	35	35	38	38
滚筒尺寸/mm（直径×宽度）	685×1 160	685×1 160	685×1 160	770×1 460	770×1 310	770×1 310
刹车轮毂尺寸/mm（直径×宽度）	1 270×267	1 270×267	1 270×267	1 370×270	1 370×270	1 370×270
刹带包角/(°)	280	280	280	280	280	280
提升速度挡数	6	4	4	4	4	4
转盘速度挡数	3	2	2	3		2
辅助刹车	FDWS40	FDWS45	FDWS50	SDF45	FDWS70	FDWS70
最大外形尺寸/mm（长宽×高）	7 000×3 658×2 630	7 000×2 565×2 630	6 760×3 256×2 463	7 670×2 830×3 050	6 600×3 000×2 110	7 670×2 812×3 216
质量/kg	35 663	35 728	34 203	38 476	36 500	44 000

七、顶部驱动钻井系统

（1）国外顶部驱动钻井系统参数见表 6-17 至表 6-22。

表 6-17　Varco 顶部驱动钻井系统参数（1）

型　　号	TDX-1250	TDX-1000	HPS-1000
额定提升/kg	1 133 981(1 250 t)	907 185(1 000 t)	907 185(1 000 t)
电机额定功率/kW	2×985	1 470	2×845
低速挡传动比	6.1:1	6.9:1	5.3:1(6.16:1)

型 号	TDX-1250	TDX-1000	HPS-1000
高速挡传动比	不适用	不适用	不适用
低速挡最高转速/(r·min⁻¹)	250	250	280
高速挡最高转速/(r·min⁻¹)	不适用	不适用	不适用
低速挡最大扭矩/(N·m)	142 361(连续)	123 308(连续)	106 000(连续)
高速挡最大扭矩/(N·m)	不适用	不适用	不适用
最大连续扭矩时的转速/(r·min⁻¹)	130	116	150
最大间歇扭矩/(N·m)	203 337	203 337	150 500
静止锁紧制动/(N·m)	203 337	203 337	150 500
中心管直径/mm	101.6	95.25	78
冲 管/bar	517	517	517
管子处理装置			
扭矩/(N·m)	203 337	203 337	156 000
钻杆直径/mm	88.9~177.8 (3½~7 in)	88.9~177.8 (3½~7 in)	73~168.3 (2⅞~6⅝ in)
接头外径/mm	114.3~254 (4½~10 in)	88.9~177.8 (4½~10 in)	76.2~219 (3~8⅝ in)
内防喷阀额定压力/bar	1 034 (15 000 psi)	1 034 (15 000 psi)	1 034 (15 000 psi)
上内防喷阀	7⅝ in API 常规右旋母扣(遥控)	7⅝ in API 常规右旋母扣(遥控)	7⅝ in API 常规右旋公扣和母扣(遥控)
下内防喷阀	7⅝ in API 常规右旋公扣和母扣(手动)	7⅝ in API 常规右旋公扣和母扣(手动)	7⅝ in API 常规右旋公扣和母扣(手动)
旋转角度/定位	360°/无限制	360°/无限制	360°/无限制
顶驱工作高度/mm	7 925	6 604	8 407
吊 环	350,500,750,1 000 或 1 250 t(API)	350,500,750, 或 1 000 t(API)	350,500,750, 或 1 000 t(API)
温度/℃	−20~+45	−20~+55	−20~+40
质量/kg	54 431	41 280	27 215

表 6-18 Varco 顶部驱动钻井系统参数(2)

型 号	TDS-1000	TDS-8SA	TDS-4
额定提升/kg	9 071 851(1 000 t)	680 388(750 t)	650 t 或 750 t
电机额定功率/kW	845	845	808
低速挡传动比	8.5:1	8.5:1	7.95:1
高速挡传动比	不适用	不适用	5.08:1
低速挡最高转速/(r·min⁻¹)	270	353	130

型号	TDS-1000	TDS-8SA	TDS-4
高速挡最高转速 /(r·min⁻¹)	不适用	不适用	205
低速挡最大扭矩 /(N·m)	84 739(连续)	84 739(连续)	61 937(并联)69 288 (串联)(连续)
高速挡最大扭矩	不适用	不适用	
最大连续扭矩时的转速 /(r·min⁻¹)	94	94	120
最大间歇扭矩 /(N·m)	128 802	128 802	84 048(并联)92 208(串联)
静止锁紧制动 /(N·m)	91 382	91 382	46 097
中心管直径/mm	97	97	76.2 或者 97
冲 管	35 或 51.7 MPa	35 或 51.7 MPa	35 或 51.7 MPa
型号	TDS-1250	TDX-1000	HPS-000
管子处理装置			
扭矩/(N·m)	130 158	130 158	115 245
钻杆直径/mm	88.9～165.1 (3½～6½ in)	88.9～165.1 (3½～6½ in)	88.9～165.1 (3½～6½ in)
接头外径/mm	101.6～215.9 (4～8½ in)	101.6～215.9 (4～8½ in)	107.5～209.6 (4⅝～8¼ in)
内防喷阀额定压力/MPa	103.4 (15 000 psi)	103.4 (15 000 psi)	103.4 (15 000 psi)
上内防喷阀	7⅝ in API 常规 右旋母扣(遥控)	7⅝ in API 常规 右旋母扣(遥控)	7⅝ in API 常规右旋公扣 和母扣(遥控)
下内防喷阀	7⅝ in API 常规 右旋母扣(遥控)	7⅝ in API 常规 右旋母扣(遥控)	7⅝ in API 常规 右旋母扣(遥控)
旋转角度/定位	360°/无限制	360°/无限制	360°/无限制
顶驱工作高度/mm	7 315	7 315	6 350
吊 环	350,500,750,1 000 或 1 000 t(API)	350,500 或 750 t(API)	350,500 或 750 t(API)
温度/℃	－20～＋40	－20～＋40	－20～＋40
质量/kg	18 143	17 576	14 641

表 6-19　Varco 顶部驱动钻井系统参数(3)

型　号	TDS-12	TDS-11SA	TDS-4A
额定提升/kg	453 500(500 t)	453 500(500 t)API-8C,PSL-1	453 500(500 t)
电机额定功率/kW	845	588	845
低速挡传动比	12.7:1	10.5:1	6.0:1
高速挡传动比	不适用	不适用	5.08:1
低速挡最高转速/(r·min⁻¹)	213	228	265
高速挡最高转速	不适用	不适用	205 r/min
低速挡最大扭矩/(N·m)	74 570(连续)	50 482(连续)	59 656(连续)
高速挡最大扭矩	不适用	不适用	
最大连续扭矩时的转速/(r·min⁻¹)	93	125	230
最大间歇扭矩/(N·m)	115 245	50 482	90 840
静止锁紧制动/(N·m)	74 570	52 878	47 455
中心管直径/mm	79.4	76.2	76.2
冲　管/MPa	51.7	35 或 51.7	35 或 51.7
管子处理装置			
扭　矩/(N·m)	115 245	101 686	101 686
钻杆直径/mm	88.9～193.7(3½～7⅝ in)	88.9～168.3(3½～6⅝ in)	88.9～168.3(3½～6⅝ in)
接头外径/mm	88.9～228.6(3½～9 in)	101.6～215.9(4～8½ in)	101.6～215.9(4～8½ in)
内防喷阀额定压力/MPa	103.4(15 000 psi)	103.4(15 000 psi)	103.4(15 000 psi)
上内防喷阀	6⅝ in API 常规右旋母扣(遥控)	6⅝ in API 常规右旋母扣(遥控)	6⅝ in API 常规右旋公扣和母扣(遥控)
下内防喷阀	6⅝ in API 常规右旋公扣和母扣(遥控)	6⅝ in API 常规右旋公扣和母扣(遥控)	7⅝ in API 常规右旋公扣和母扣(遥控)
旋转角度/定位	360°/无限制	360°/无限制	360°/无限制
顶驱工作高度/mm	6 045	5 425	6 949
吊　环	250,350,500 t(API)	250,350,500 t(API)	250,350,500 t(API)
温　度/(°)	−20～+55	−20～+40	−20～+40
质　量/kg	16 330	12 247	14 062

表 6-20　Varco 顶部驱动钻井系统参数(4)

型　号	IDS-350PE	TDS-10SA
额定提升	317 540 kg(350 t)API-8C,PSL-1	226 750 kg(250 t)API-8C,PSL-1
电机额定功率/kW	660	184

型 号	IDS-350PE	TDS-10SA
低速挡传动比	10.1:1	13.1:1
高速挡传动比	不适用	不适用
低速挡最高转速/(r·min⁻¹)	200	182
高速挡最高转速	不适用	不适用
低速挡最大扭矩/(N·m)	38 640	27 115
高速挡最大扭矩	不适用	不适用
最大连续扭矩时的转速/(r·min⁻¹)	200	182
最大间歇扭矩/(N·m)	81 349	49 487
静止锁紧制动/(N·m)	74 570	47 454
中心管直径/mm	76.2(3 in)	76.2(3 in)
冲 管/MPa	51.7(7 500 psi)	34.3(5 000 psi)
管子处理装置		
扭 矩/(N·m)	81 350	74 570
钻杆直径/mm	88.9~168.3	73~127
接头外径/mm	101.6~215.9	101.6~168.3
内防喷阀额定压力/MPa	103.4(15 000 psi)	103.4(15 000 psi)
上内防喷阀	4½ in(遥控)	6⅝ in API 常规 右旋母扣(遥控)
下内防喷阀	4½ in	6⅝ in API 常规 右旋公扣和母扣(手动)
旋转角度/定位	360°/无限制	360°/无限制
顶驱工作高度	6 340 mm	4 663 mm
吊 环	250,350 t(API)	250 t(API)
温 度/(°)	−40~+45	−20~+40
质 量/kg	13 154	8 165

表 6-21 Canrig 顶部驱动钻井系统参数(1)

型 号	6027E	8035E	1050E		1165E
额定钻深/m	3 600	5 000	7 000		9 000
额定负荷/t	275	350	500		650
额定轴承负荷/t	166	323	413		472
连续输出功率/kW	450	670	840		840
传动比	5.563:1	9.387:1	5:1	7.12:1	7.12:1
最大连续扭矩/(N·m)	19 660	33 100	29 800	40 700	57 900	57 900

型 号	6027E		8035E	1050E		1165E
最大间歇扭矩/(N·m)	24 100	40 700	32 500	45 700	65 100	65 100
最高转速/(r·min⁻¹)	320	200	265	265	185	185
卸扣扭矩/(N·m)	81 000	81 000	91 500	96 000	101 000	122 000
质量/kg	8 600		12 300	12 700		13 200

表 6-22 Canrig 顶部驱动钻井系统参数(2)

型 号	4017AC	6027AC	1035AC-500
额定提升载荷/t	175	275	350
传动比	12.262:1	9.387:1	5:1
交流电机功率/kW	295	440	735
额定连续扭矩/(N·m)	29 000	40 700	40 700
额定最高转速/(r·min⁻¹)	215	225	265
刹车扭矩/(N·m)	29 000	38 200	40 700
最大卸扣扭矩/(N·m)	43 400	81 300	96 000
背钳夹持钻杆范围/mm	64～180	146～228.6	146～228.6
背钳最大行程/mm	680	680	1 100
主轴接头	NC46	NC50	常规 6⅝ in
钻井液通道直径/mm	65	65	76
额定循环压力/kPa	34 500 标准 51 700 可选	34 500 标准 51 700 可选	34 500 标准 51 700 可选
质量/kg	6 800	8 200	12 200
型 号	1250AC	1275AC	8050AC
额定提升载荷/t	500	750	500
传动比	6.808:1	6.808:1	7.12:1
交流电机功率/kW	845	845	588
额定连续扭矩/(N·m)	69 700	69 700	57 100
额定最高转速/(r·min⁻¹)	265	265	265
刹车扭矩/(N·m)	67 800	67 800	70 900
最大卸扣扭矩/(N·m)	128 800	128 800	122 000
背钳夹持钻杆范围/mm	146～228.6	146～228.6	146～228.6
背钳最大行程/mm	1 100	1 100	1 100
主轴接头	常规 6⅝ in	常规 7⅝ in	常规 6⅝ in

续表 6-22

型　号	1250AC	1275AC	8050AC
钻井液通道直径/mm	76	76	76
额定循环压力/kPa	34 500 标准 51 700 可选	34 500 标准 51 700 可选	34 500 标准 51 700 可选
质量/kg	13 200	13 600	13 200

（2）国内顶部驱动钻井系统。

国内顶部驱动钻井系统参数见表 6-23 至表 6-26。

表 6-23　北京石油机械厂顶部驱动钻井系统参数（1）

型　号	DQ30Y	DQ40Y	DQ40BCQ	DQ50
驱动方式	液压驱动	液压驱动	交流变频驱动 （AC VFD）	交流变频驱动 （AC VFD）
名义钻井深度/m	3 000 （114.3 mm 钻杆）	4 000 （114.3 mm 钻杆）	4 000 （114.3 mm 钻杆）	5 000 （114.3 mm 钻杆）
额定载荷/kN	1 799	2 250	2 250	3 150
供电电源	380 V AC/50 Hz （可选 60 Hz）	380 V AC/50 Hz （可选 60 Hz）	600 V AC/50 Hz （可选 60 Hz）	600 V AC/50 Hz （可选 60 Hz）
额定功率（连续）/kW	300	400	295	368
转速范围/(r·min^{-1})	0～150	0～180	0～200 0～180	0～180
工作扭矩（连续）/(kN·m)	22	30	30	40
最大卸扣扭矩/(kN·m)	40	45	45	60
背钳夹持范围/mm	87～200	87～200	87～200	87～220
液压系统工作压力/MPa	35	35		
液压辅助系统工作压力/MPa	16	16	16	16
中心管通孔直径/mm	64	75	75	75
中心管通孔额定压力/MPa	35	35	35	35
本体工作高度/m	5.4	5.6	5.3	5.9
本体宽度/mm	990	1 330	1 196	1 537
导轨中心距井口中心距离/mm	500	纵向：622 横向：467	纵向：525 横向：346	纵向：700 横向：467
型　号	DQ70BSE	DQ70BSC	DQ47BSD	DQ90BSC
驱动方式	交流变频驱动 （AC VFD）	交流变频驱动 （AC VFD）	交流变频驱动 （AC VFD）	交流变频驱动 （AC VFD）
名义钻井深度/m	7 000 （114.3 mm 钻杆）	7 000 （114.3 mm 钻杆）	7 000 （114.3 mm 钻杆）	9 000 （114.3 mm 钻杆）

续表 6-23

型 号	DQ70BSE	DQ70BSC	DQ47BSD	DQ90BSC
额定载荷/kN	4 500	4 500	4 500	6 750
供电电源	600 V AC/50 Hz（可选 60 Hz）	600 V AC/50 Hz（可选 60 Hz）	600 V AC/50 Hz（可选 60 Hz）	600 V AC/50 Hz（可选 60 Hz）
额定功率（连续）	295 kW×2	295 kW×2	368 kW×2	368 kW×2
转速范围/(r·min^{-1})	0～200	0～200	0～200 0～180	0～200
工作扭矩（连续）/(kN·m)	50	50	60	70
最大卸扣扭矩/(kN·m)	75	75	90	110
背钳夹持范围/mm	87～220	87～220	87～220	87～220
液压辅助系统工作压力/MPa	16	16	16	16
中心管通孔直径/mm	75	75	75	89
中心管通孔额定压力/MPa	35	35	52	52
本体工作高度/m	6.1	6.1	6.4	6.5
本体宽度/mm	1 594	1 663	1 778	1 778
导轨中心距井口中心距离/mm	930	930	930	960

表 6-24 北京石油机械厂顶部驱动钻井系统参数（2）

型 号	DQ90BSD	DQ120BSC
驱动方式	交流变频驱动（AC VFD）	交流变频驱动（AC VFD）
名义钻井深度/m	9 000(114.3 mm 钻杆)	12 000(114.3 mm 钻杆)
额定载荷/kN	6 750	9 000
供电电源	600 V AC/50 Hz(可选 60 Hz)	600 V AC/50 Hz(可选 60 Hz)
额定功率（连续）	440 kW×2	440 kW×2
转速范围/(r·min^{-1})	0～200	0～200
工作扭矩（连续）/(kN·m)	85	85
最大卸扣扭矩/(kN·m)	135	135
背钳夹持范围/mm	87～220	87～250
液压辅助系统工作压力/MPa	16	16
中心管通孔直径/mm	89	102
中心管通孔额定压力/MPa	52	52
本体工作高度/m	6.7	6.9
本体宽度/mm	2 096	2 096
导轨中心距井口中心距离/mm	1 090	1 090

表 6-25　宝鸡石油机械有限责任公司顶部驱动钻井系统参数

顶驱型号	DQ40/2250DB	DQ50/3150DB	DQ70/4500DB	HDQ70/4500DB	DQ90/6750DB
名义钻深范围(114.3 mm 钻杆)/m	2 500~4 000	3 500~5 000	4 500~7 000	4 500~7 000	6 000~9 000
额定载荷/kN	2 250	3 150	4 500	4 500	6 750
最大连续钻井扭矩/(N·m)	31 400	46 700	52 600	58 000	80 000
最大卸扣扭矩/(N·m)	53 000	70 000	78 900	87 000	140 000
刹车扭矩/(N·m)	35 000	53 000	53 000	80 000	100 000
主轴转速范围/(r·min)	0~191	0~227	0~227	0~227	0~241
保护接头与钻杆连接扣型	NC50*	NC50*	NC50*	NC50*	NC50*
背钳夹持钻杆范围/mm	79.4~203.2	79.4~203.2	79.4~203.2	79.4~203.2	73~203.2
背钳最大通径/mm	216	216	216	216	216
钻井液通道直径/mm,额定压力/MPa	76,35	76,35	76,35	76,35	102,52.5
主电机额定功率/kW	1×315	2×280	2×315	2×350	2×450
主体工作高度(挂大钩时)/m	4.85	5.5	5.52	5.52	6.45
主体工作高度(挂游车时)/m	5.36	5.965	5.985	5.985	6.91
主体质量/kg	8 700	11 300	11 300	11 300	20 000

注：* 标记的扣型可按用户要求变更。

表 6-26　盘锦辽河油田天意石油装备有限公司顶部驱动钻井系统参数

型　号	DQ-40LHTY-A	DQ-50LHTY1	DQ-70LHTY1
额定载荷/kN	2 250	3 150	4 500
工作高度/m	5.12(2.7 m 吊环)	5.9(3.3 m 吊环)	6.07(3.3 m 吊环)
电机功率(连续)/kW	257	350	2×350
零转速扭矩(连续)	100%	100%	100%
零转速过载能力(1 min)	150%	150%	150%
最大连续钻井扭矩 (<110 r/min)/(kN·m)	26	36	60
最大卸扣扭矩/(kN·m)	39	50	80
刹车扭矩/(kN·m)	47	53	2×53
额定循环压力/MPa	35	35	35
IBOP 额定压力/MPa	70	70	70
主轴中心通道内径/mm	76	76	76
主轴中心与导轨中心距离/mm	510	690	992
主轴中心与前端最大距离/mm	452	475	505
电源电压/V	575~625 AC	575~625 AC	575~625 AC
电源频率/Hz	47~53	47~53	47~53
额定工作电流/A	310	436	436×2
最大峰值电流/A	465	775	775×2
转速范围/(r·min^{-1})	0~180	0~180	0~220
环境温度/℃	−35~+55	−35~+55	−35~+55

八、空气、氮气钻井设备

空气、氮气钻井设备主要技术规范见表6-27。

表 6-27 空气、氮气钻井设备主要技术规范

序号	设 备	主 要 规 范		
1	系统设备的总体参数	总空气排量/(m³·min⁻¹)		240～260
		总氮气排量/(m³·min⁻¹)		130 左右
		输出压力/MPa		12.5～15
		排气温度(气体入井温度)/℃		≤65
		电 源		AC 220/380 V,50 Hz
		使用工况环境条件	海拔高度/m	≤3 000
			环境温度/℃	-32～+42
			相对湿度/%	最大 90
			系统设备地面工作基础/MPa	地基承载力 0.2
			地面地理条件	山区、丘陵、高原和沙漠
			作业类型	全天候额定工况连续作业
2	柴油机驱动空气压缩机	额定排量/(m³·min⁻¹)		25～42.45
		额定排气压力/MPa		2.4
		排出空气质量		油含量<3 ppm
		固相颗粒直径/μm		<3
		数 量		根据总气量定
3	膜分离制氮设备	空气供给量/(m³·min⁻¹)		40～80
		氮气产量/(m³·min⁻¹)		20～40
		氮气纯度/%		95
		空气进气压力/MPa		2.2～2.4
		排出氮气压力/MPa		1.8～2.0
		数 量		根据总气量定
		膜组对压缩空气的要求	常压露点/℃	≤-20
			允许固体颗粒物含量	≤0.01 μm
			允许碳氢化合物含量	≤0.05 ppm
		排气成分	氮 气	≥95%
			二氧化碳	≤10 ppm
			水	≤10 ppm
			氮气+惰性气体	平衡

序号	设　备	主　要　规　范		
4	柴油机驱动 增压机组	机型Ⅰ	压缩介质	空气或氮气
			进气温度/℃	40,最高 63
			吸气压力/MPa	1.8～2.4
			输出压力/MPa	12.5～15
			工艺气排量/(m³·min⁻¹)	50～80
			数　量	根据总气量定
		机型Ⅱ	压缩介质	空气或氮气
			进气温度/℃	40,最高 63
			吸气压力/MPa	1.8～2.4
			输出压力/MPa	35
			工艺气排量/(m³·min⁻¹)	30～40
			数　量/台	1～2
5	柴油机驱动雾泵		液体排量/(L·min⁻¹)	78～480(可调)
			额定工作压力/MPa	≥15
			液体介质	水、表面活性剂混合
6	液体罐		容　积	3 m³×2(整体 6 m³ 以隔板分割为 2 个 3 m³ 罐体)
7	地面连接管汇		主管汇	76.2 mm,额定压力 25 MPa
			空气压缩机组	50.4 mm,额定压力 7 MPa
			膜分离制氮机组	76.2 mm,额定压力 7 MPa
				50.4 mm,额定压力 7 MPa
			增压机组	76.2 mm,额定压力 7 MPa
				50.4 mm,额定压力 25 MPa
				50.4 mm,额定压力 35 MPa
			雾泵机组	25.4 mm,额定压力 25 MPa
8	钻台立管管汇		设计工作压力等级/MPa	35
			主注入管线/mm	76.2
			By-pass 管线/mm	88.9
			喷射排放管线/mm	102

第七章　钻井液设计

钻井液技术是钻井工程设计的重要组成部分,直接关系到钻探工程的成败和效益。本章以《中国石油天然气集团公司钻井液技术规范(试行)》为蓝本,在对钻井液设计的依据、内容和原则进行介绍的基础上,对钻井液性能要求、固相控制系统要求和油层保护要求进行较为详细的介绍。

第一节　钻井液设计概述

一、设计的依据

钻井液设计应以钻井地质设计、钻井工程设计及其他相关资料为基础,依据有关技术规范、规定和标准,在分析影响钻探作业安全、质量和效益等因素的基础上,进行钻井液设计并制定相应的钻井液技术措施。钻井液设计的主要依据有以下几方面:

(1)地层岩性、地层应力、地层岩石理化性能、地层流体、地层压力剖面(孔隙压力、坍塌压力与破裂压力)、地温梯度等信息。

(2)储层保护要求。

(3)本区块或相邻区块已完成井的井下复杂情况和钻井液应用情况。

(4)地质目的和钻井工程对钻井液作业的要求。

(5)适用的钻井液新技术、新工艺。

(6)国家和施工地区有关环保方面的规定和要求。

二、设计的内容

钻井液设计内容主要包括:

(1)邻井复杂情况分析与本井复杂情况预测。

(2)分段钻井液类型及主要性能参数。

(3)分段钻井液基本配方、钻井液消耗量预测、配制与维护处理。

(4)储层保护对钻井液的要求。

(5)固控设备配置与使用要求。

(6)钻井液仪器、设备配置要求。

(7)分段钻井液材料计划及成本预测。

(8)井场应急材料和压井液储备要求。

（9）井下复杂情况的预防和处理。

（10）钻井液 HSE 管理要求。

三、设计的原则

钻井液设计应遵循以下原则：

（1）满足地质目的和钻井工程需要。

（2）具有较好的储层保护效果。

（3）具有较好的经济性。

（4）低毒低腐蚀性。

具体设计时，应以地质地层资料为基础，结合井型及井类进行钻井液设计。

（1）根据地质地层特点选择钻井液。

① 在表层钻进时，宜选用较高黏度和切力的钻井液。

② 在砂泥岩地层钻进时，宜选用低固相或无固相聚合物钻井液。

③ 在易水化膨胀坍塌的泥页岩地层钻进时，宜选用钾盐聚合物等具有较强抑制性的钻井液。

④ 在地层破裂压力较低的易漏地层钻进时，宜选用充气、泡沫、水包油等密度较低的钻井液；在不含硫和二氧化碳的易漏地层钻进时，也可采用气体钻井。

⑤ 在大段含盐、膏地层钻进时，根据地层含盐量和井底温度情况，宜选用过饱和、饱和或欠饱和盐水聚合物等钻井液，也可选用油基钻井液。

⑥ 在储层钻进时，宜选用强抑制性聚合物钻井液、无固相聚合物钻井液、可循环微泡沫钻井液或油基钻井液等，并严格控制钻井液高温高压滤失量。

（2）根据井型及井类选择钻井液。

① 对于深井及超深井，其特点是高温高压，宜选用以磺化类抗高温处理剂为主处理剂的抗高温、固相容量大的水基钻井液，也可选用油基钻井液。

② 对于大位移井、水平井等大斜度井，要求钻井液具有较强的清洗井眼和携岩能力、较高的润滑性。

③ 对于预探井，要保证井下安全，使用安全钻井液密度，同时钻井液的抑制性、防塌性要强；要适合较长的作业周期，具有稳定的钻井液性能；要保证地质录井资料的准确性，采用无荧光或低荧光材料。

④ 对于开发井，主要考虑保护油气层、符合优快钻井技术要求的钻井液。

第二节　钻井液性能要求

一、水基钻井液性能要求

（1）密度。

① 钻井液密度设计应以裸眼井段地层最高孔隙压力为基准，再增加一个安全附加值。油井附加值，0.05～0.1 g/cm³ 或 1.5～3.5 MPa；气井附加值，0.07～0.15 g/cm³ 或 3.0

～5.0 MPa。

② 在保持井眼稳定、安全钻进的前提下,钻井液密度的安全附加值宜采用低限;对高压水层、盐膏层等特殊复杂地层及塑性地层,宜采用密度附加值高限。

③ 在塑性地层钻进时,依据上覆岩层压力值,确定合理的钻井液密度。

(2) 抑制性。

根据地层理化特性确定钻井液类型,以钻井液抑制性室内评价结果为依据,确定钻井液配方中钻井液抑制剂种类和加量。

(3) 流变性。

① 根据钻井液体系、环空返速、地层岩性以及钻速等因素,确定钻井液黏度和动切力。

② 在确保井眼清洁的前提下,宜选用较低的黏切值。

③ 钻速快导致环空当量密度增加时,宜适当提高钻井液黏度和动切力。

④ 在造斜段和水平段钻进时,宜保持钻井液较高的动切力和较高的低转速(3 r/min 和 6 r/min)读值。

(4) 滤失量。

① 从地层岩性、地层稳定性、钻井液抑制性以及是否为储层等因素综合考虑,合理控制钻井液的滤失量。

② 高渗透性砂泥岩地层、易水化坍塌泥岩地层采用水基钻井液钻进时,钻井液 API 滤失量宜控制在 5 mL 以内。

③ 在水化膨胀率小、渗透性低、井壁稳定性好的非油气储层段采用水基钻井液钻进时,可根据井下情况适当放宽 API 滤失量。

④ 高温高压深井段施工中,在较稳定的非油气储层段钻进时,高温高压滤失量宜小于 25 mL;在井壁不稳定井段和油气储层段钻进时,高温高压滤失量宜控制在 15 mL 以内。

⑤ 在非油气储层段采用强抑制性钻井液钻进时,可根据井下情况适当放宽钻井液高温高压滤失量。

(5) 固相含量。

① 应最大限度地降低钻井液劣质固相含量。低固相钻井液的劣质固相含量宜控制在 2%(体积百分数)以内;钻井液含砂量宜控制在 0.5%(体积百分数)以内。

② 在储层井段钻进时,含砂量宜控制在 0.2%(体积百分数)以内。

(6) 碱度。

① 不分散型钻井液的 pH 宜控制在 7.5~8.5;分散型钻井液的 pH 宜控制在 8~10;钙处理钻井液的 pH 宜控制在 9.5~11;硅酸盐钻井液的 pH 宜控制在 11 以上。

② 在含二氧化碳气体地层钻进时,钻井液的 pH 宜控制在 9.5 以上;在含硫化氢气体地层钻进时,钻井液的 pH 宜控制在 10~11。

③ 水基钻井液滤液酚酞碱度(P_f)宜控制在 1.3~1.5 mL;饱和盐水钻井液滤液酚酞碱度(P_f)宜控制在 1 mL;海水钻井液滤液酚酞碱度(P_f)宜控制在 1.3~1.5 mL;深井抗高温钻井液滤液甲基橙碱度(M_f)与滤液酚酞碱度的比值(M_f/P_f)宜控制在 3 以内,不宜超过 5。

(7) 水基钻井液抗盐、钙(镁)污染与抗温能力。

① 在含盐、膏地层和存在高压盐水地层钻进时,应根据钻井液抗盐、钙(镁)污染能力评价结果,作为确定钻井液类型和配方的主要依据。

② 在高温高压深井段钻进时,应根据钻井液抗温能力评价结果,作为确定钻井液类型和配方的主要依据。

二、油基钻井液性能要求

(1)基油的选择。

① 宜选择芳香烃含量较低、黏度适中的矿物油作基油,如柴油、白油等。

② 选用柴油作基油时,闪点和燃点应分别在 82 ℃ 和 93 ℃ 以上,苯胺点应在 60 ℃ 以上。

(2)油水比选择。

应综合考虑钻井液保护储层要求和成本因素,选择合理的油基钻井液油水比或全油基钻井液。

(3)水相活度控制。

① 油包水乳化钻井液宜使用盐水作为内相,调节钻井液水相活度与地层水活度相当。

② 根据钻井液水相活度控制要求、各类盐调节水活度能力以及所需盐类的供应情况等因素选择盐的类型和浓度。饱和氯化钠盐水可控制最低的水相活度为 0.75 以下;饱和氯化钙盐水可控制最低的水相活度在 0.4 以下。

(4)破乳电压。

① 油基钻井液破乳电压是乳化体系稳定性的重要参考指标,破乳电压越高,乳状液越稳定。

② 油包水乳化钻井液破乳电压应在 400 V 以上,含水量小于 3‰ 的全油基钻井液破乳电压应在 2 000 V 以上。

(5)密度。

与水基钻井液密度要求相同。

第三节　固相控制系统要求

一、循环系统和固控设备配套

表 7-1 给出了不同钻机钻井液循环系统与固控设备配备要求。

表 7-1　不同钻机钻井液循环系统与固控设备配备要求

序号	名 称	单位	钻 机 类 型									
			2 000 m 以内		3 000 m		4 000 m		5 000 m		≥6 000 m	
			基本	标准	基本	标准	基本	标准	基本	标准	基本	标准
1	振动筛	台	1~2	2	2	2	2	2	2	2	3	3
2	除砂器	台	1	1	1	1	1	1	1	1	1	1
3	除泥器（清洁器）	台	1	1	1	1	1	1	1	1	1	1

序号	名称	单位	钻机类型									
			2 000 m 以内		3 000 m		4 000 m		5 000 m		≥6 000 m	
			基本	标准	基本	标准	基本	标准	基本	标准	基本	标准
4	除气器	台		1		1	1	1	1	1	1	1
5	离心机（中速）	台	1	1	1	1	1	1	1	1	1	1
6	锥形罐	套	1	1	1	1	1	1	1	1	1~2	1~2
7	循环罐	m³	80	120	120	120	160	160	320	320	360	360
8	储液罐	m³	80	80	80	80	120	120	160	160	200	200
9	加重漏斗	套	1	1	1	1	1	1	2	2	2	2
10	配液罐	个	1	1	1	1	1	1	2	2	2	2
12	水罐	m³	80	120	120	160	160	200	200	200	200	200
13	液气分离器	套	根据所钻井类型，按需要配置									
14	离心机（高速）	套	深井、超深井、高压井施工可配置 1 台									

注：本表中规定储液罐体积为最低配置。

二、固相控制设备使用要求

（1）振动筛的使用。

① 从井筒内返出的钻井液应首先采用振动筛净化，振动筛使用率应达到 100%。

② 正常钻进排量下，钻井液筛面过流面积宜保持在 75%～80%。

③ 应根据地层的岩性、钻速、井深和钻井液类型的变化，及时调整振动筛筛布的规格，尽可能选用较细目数的筛布。

（2）除砂器、除泥器（或清洁器）的使用。

① 除砂器、除泥器（或清洁器）的处理能力应达到钻进时最大循环排量的 150% 以上。

② 采用除砂器、除泥器（或清洁器）处理的循环钻井液量应占钻井液循环总量的 80% 以上。密度高于 $1.30 \ g/cm^3$ 以上的钻井液可使用清洁器代替除泥器，减少加重材料损失。

③ 钻井液黏度过高，应调整钻井液黏度和切力，确保除砂器、除泥器（或清洁器）运转正常。

④ 不定期检测并保持除砂器、除泥器（或清洁器）底流密度和进液密度的合理差值。除砂器正常差值为 $0.3～0.6 \ g/cm^3$，除泥器（或清洁器）正常差值为 $0.3～0.42 \ g/cm^3$。

（3）离心机的使用。

① 采用密度低于 $1.25 \ g/cm^3$ 以下的钻井液钻进时，离心机使用时间宜占循环总时间的 50% 以上。

② 钻井液加重前，宜使用离心机 2 个循环周以上（压井等应急情况除外）。

③ 在复杂深井、超深井作业中，可配备一台低速离心机和一台高速离心机，便于清除胶体颗粒，回收加重材料，减少液体排放量。

第四节　油层保护要求

一、油层保护设计的主要依据

（1）储层岩石矿物组成和含量。

（2）主要储集空间特征，包括储层岩石胶结类型，孔隙连通特性，孔喉大小、形态与分布，裂隙发育程度等。

（3）孔隙度、渗透率、饱和度等参数。

（4）储层孔隙压力、破裂压力、地应力、地层温度以及地层水分析数据。

（5）速敏、水敏、盐敏、酸敏、碱敏、应力敏感性等评价数据。

二、油层保护设计要求

（1）根据油气储层的不同特点和完井方式，采取合理的储层保护技术措施。

（2）储层保护材料和加重材料应尽可能选用可酸溶、油溶或采用其他方式可解堵的材料。

（3）储层钻进时，应尽量降低钻井液固相含量，严格控制钻井液滤失量和改善滤饼质量。API滤失量宜小于 5 mL，高温高压滤失量宜小于 15 mL。

（4）钻井液碱度、滤液矿化度和溶解离子类型应与地层具有较好的配伍性，避免造成储层碱敏、盐敏和产生盐垢损害。

（5）钻井液不改变储层岩石表面的润湿性。

（6）按照 SY/T6540《钻井液完井液损害油层室内评价方法》进行钻完井液储层损害室内评价。

三、油层保护措施

（1）钻井液油气层保护应从进入油气层以前50 m开始，直至油气层固井完成或进入油气生产环节时结束。

（2）油气层保护的措施主要包括：缩短钻井液浸泡时间；使用合理的钻井液密度；减少钻井液滤失量；提高滤饼质量；降低钻井液固相含量；增强钻井液滤液与储层流体的配伍性和适应性；使用可解堵的钻井液材料。

（3）根据储层特点和完井方法确定钻井液油气层保护主要技术措施，并在进入油气层以前50 m开始实施。

（4）钻开油气层后，应保持钻井液性能在设计范围内。

（5）严格执行钻井液油气层保护方案设计，加强作业监督，确保油气层保护方案及时、有效落实。

第八章　套管柱强度设计

第一节　套管特性

油气井在建井过程中都要下入一层或多层套管。按照在石油开采过程中的用途,套管可分为表层套管、技术套管、油层(生产)套管;按制造工艺,套管又可分为无缝套管和直焊缝套管。套管分 API 套管和非 API 套管,油田常用套管为 API 系列尺寸套管。

一、套管尺寸系列标准

美国石油学会(API)已提出了套管尺寸系列标准,并为国际石油工业界所接受。各厂家生产的套管系列,主要依据 API 标准。非 API 标准套管由使用者向厂家提出进行特殊定货。目前,我国基本上执行 API 标准,随着勘探开发的深入发展,特别是一些有着特殊工况区块的出现,非 API 标准套管的使用也越来越频繁。国外针对不同工况制定了不同的套管技术标准,油公司一般在执行 API 标准的同时,根据实际使用情况均要制定补充技术条件,尤其是对一些特殊工况还要制定专门的采购标准。因此根据不同的区块、不同的钻井设计需求,应制定相应的油套管订货补充技术协议,以保证使用最适于现场需要的产品。

API 标准对于套管尺寸系列主要规定了 3 个方面的内容:

(1)套管外径。

套管外径从 114.3 mm 到 508.0 mm 共 14 个尺寸系列。常用的套管外径有 114.3 mm、127.0 mm、139.7 mm、177.8 mm、193.7 mm、244.5 mm、273.05 mm、339.7 mm 8 个尺寸系列。随着钻井深度的逐渐增加,套管层次不断增多,大尺寸套管的使用也越来越多。

(2)壁厚。

对于同一套管外径,API 标准规定了若干壁厚尺寸,组成不同的强度等级套管,供选择使用。目前使用的套管壁厚主要在 5.21～16.13 mm 之间。而且相对而言,套管的尺寸越大,需要的壁厚相对较大。

(3)尺寸配合。

尺寸配合体现在两个方面,一是套管与井眼的尺寸配合,二是上下级套管之间的尺寸配合。

二、套管钢级

1. API 套管

由于套管的使用条件比较恶劣,对钢材的质量要求很严,必须按专门的标准或技术条件生产和校验。为了统一套管的强度特性,API Spec5CT 规定了套管钢级标准。钢级由字母及其后的数码组成。字母是任意选择的,没有特殊的含义,数码则代表了套管的强度特性。API 标准规定,钢级代号后面的数码值乘以 1 000 psi(6 894.763 2 kPa)即为套管以 psi 为单位的最小屈服强度。如 N80,N 为钢级符号,"80"表示 $80 \times 1~000$ psi(80 000 lbf/in²),指钢材的最小屈服强度。

目前常见的有 10 种钢级的 API 标准系列尺寸套管,即 H40,J55,K55,N80,C75,L80,C90,C95,P110,Q125。API 标准对钢级作了规定,还规定了最大屈服强度和最低抗拉强度,具体情况见表 8-1;其中适用于含硫化物地区的有 6 种,见表 8-2。在较高的温度下,几乎各级套管都适用于含硫化物地区。每种钢级的套管都有抗硫临界温度,在临界温度之上具有抗硫化氢腐蚀性能,AMCO 公司推荐的套管临界温度见表 8-3。API 标准只对钢级作了规定,管材的化学成分是由生产厂家自行选定的,同样钢级、同样规格的管材,各生产厂家所选定的钢种不一定相同。

表 8-1 API 套管钢级

钢级	颜色标志	最小屈服强度		最高屈服强度/MPa	最低抗拉强度/MPa	Rc (max)	延伸率/%	API 标准(适用范围)
		/kpsi	/MPa					
H40	无色或黑色	40	276	552	414			5A
J55	浅绿	55	379	552	517		22.5	5A
K55	绿色	55	379	552	665		18	5A
N80	红色	80	552	758	689		17	5A
C75	蓝色	75	517	620	665		18	5AC
L80	红夹棕色	80	552	665	665	23	18	5AC
C90	紫色	90	620	725	690	25.4		(5AC)
C95	棕色	95	665	760	720	25.4	16.5	(5AC)
P110	白色	110	758	965	865			5AX
Q125	白色	125	861	1040	930		18	(5AQ)

表 8-2 API 套管分类

API 技术规范	5A	5AC	5AX	5AQ
适用于含硫化物地区	H40	C75		
	J55	L80		
	K55	C90		
不适合含硫化物地区	N80	C95	P110	Q125

表 8-3　套管抗硫临界温度

套　管	临界温度/℃	套　管	临界温度/℃
K55	75	S95	150
L80	75	P110	180
C75	100	Q125	210
N80	150	S140	250
C90	150	V150	300

2. 非 API 套管

由于高温高压井、超深井、水平井、大斜度井、热采井以及腐蚀环境下的油气井的不断出现,API 标准套管已经满足不了需要。因此,国外许多套管生产厂家开发出非 API 标准套管,或称特殊钢级的套管。现今全世界使用的套管总量中,约有 25% 是非 API 套管。这些特殊套管的使用,相当程度上解决了深井、超深井、高压井、高腐蚀井、海洋和近海油气田、"三高"油气田、热采井、大位移井、水平井、沙漠腹地油气田开发所面临的难题。

非 API 套管的特点主要有两方面:一是套管钢级品种多,能适应不同类型条件的要求;二是螺纹普遍采用连接效率高、密封结构优良的特殊螺纹。

需要特别提到的是高抗挤套管。深井和超深井中存在盐膏岩、软泥岩等塑性流动地层,对套管的抗挤性能要求很高,选用 API 套管只能依靠提高壁厚和钢级来解决,这使套管柱的重量增大,也导致井眼下部缩小或套管缩小。选用高抗挤套管就能解决这些问题,而且降低了成本。

高抗挤套管比 API 套管的临界挤毁压力高 30%～40%,通过以下措施提高抗挤强度:

(1) 提高尺寸精度。不圆度和壁厚不均度的增大会很大程度地降低套管的抗挤强度,高抗挤套管的不圆度≤0.5%,壁厚不均度≤10%。

(2) 改善残余应力。套管生产经过冷矫直工艺,残余应力较大,残余应力大将降低套管的抗挤强度。高抗挤套管采用热矫直工艺,残余应力较小。

(3) 提高屈服强度至公差的上限附近。显然,高抗挤套管在不增加钢级和壁厚的情况下可提高抗挤强度,相同条件下使用同钢级同规格外径的高抗挤套管比使用 API 套管减少了壁厚,这就减轻了套管的重量,降低了成本。也可以认为同钢级同规格(外径和壁厚)高抗挤套管可以下入更深的深度。其制造方法有无缝和直焊缝两种,如天钢的 TP-T,TP-TT,宝钢的 B-TT,住友的 SM-TT,NKK 的 NT-K,世特佳的 SD-HC 等。

三、套管螺纹

1. 螺纹类型及连接

套管螺纹与螺纹连接是保证套管柱质量和强度的关键部分,因此提高套管螺纹加工质量及发展多种类型的螺纹已成为必然趋势。

套管螺纹的基本连接类型总体分为两大类,一类是 API 套管螺纹,另一类是非 API 标准的特殊套管螺纹。其中 API 套管螺纹分为四类,即短圆螺纹(STC)、长圆螺纹(LC)、梯形螺纹(BC)、直连接型螺纹(XC);非 API 标准螺纹,称为特殊螺纹,并由厂家规定专门代号加以区别。

为了满足高压井、深井、超深井、热采井、大斜度定向井、水平井及高腐蚀井油田开发的需要,特别是对高压气井和热采井,API标准螺纹不能满足连接强度、磨损抗力和气密封等方面的要求,世界各国都在积极开发特殊螺纹连接的套管。目前特殊螺纹已发展到百余种,主要生产厂家有数十个,国外主要有VAM、BDS、NSCC、NK系列、FOX、Hydril等。国内近年来通过技术引进等发展措施,特殊螺纹也发展很快,主要有天津钢管的TP系列、宝钢的BGC、西姆莱斯的WSP系列等。由于梯形螺纹具有较高的连接强度,几乎所有的特殊螺纹均采用梯形螺纹,只不过螺纹形状稍有差异。

2. 螺纹密封与强度

实践表明,套管螺纹连接是影响套管柱整体质量和强度的关键部位。API套管螺纹的连接密封性和连接强度都有一定的局限性,这是由于:① API螺纹在结构设计上存在泄漏通道,螺纹齿啮合间隙大;② 密封靠齿面过盈量和填密封脂实现,没有抗扭矩台肩,密封不能保证,尤其不适应气体密封,油脂抗高温性能差,不耐久;③ 螺纹加工精度相对较低;④ 连接强度低,只有管体的 $60\%\sim80\%$,其次API螺纹锥度大,易使套管接箍产生过大的切向应力(或周向应力)在含硫化物条件下易产生硫化物应力腐蚀。所以,API套管螺纹连接不适应高温高压大载荷及复杂环境下的油气井,特别是气井。

3. 特殊螺纹特点

(1)密封结构设计。

特殊螺纹接头不再单纯依靠螺纹过盈配合及螺纹脂的封堵作用实现密封,普遍增加了主密封结构,如金属和弹性密封结构,从而实现了多级密封(金属、弹性、螺纹、台肩等),提高了接头的泄漏抗力,使接头具有较高的气密性。API标准圆螺纹牙根到牙顶的间隙为0.152 mm,偏梯形螺纹最大间隙在导向侧为整个牙高,其密封一是依靠螺纹脂的封堵作用;二是靠螺纹牙侧面的过盈啮合来实现密封。特殊螺纹接头增加了主密封结构,如金属对金属的面密封结构或弹性密封环结构。弹性密封环结构是在接箍内适当位置加工一个或多个环形槽,其内充满弹性密封环,接头内外螺纹连接后,弹性密封环被切断,堵塞了螺纹间隙,实现了密封。这种密封结构简单,但在高温或腐蚀环境下寿命不长。金属对金属的面密封结构是靠光滑的金属表面弹性过盈配合实现密封,是螺纹密封技术的重大突破。按密封面的形状可分为锥面对锥面、锥面对球面和球面对球面三种类型。按密封面的位置可分为端面密封结构、径向密封结构、端面与径向密封相组合的复合多重密封结构。世界上主要的特殊螺纹接头多采用复合密封结构,即以径向金属对金属密封为主,以一个或多个端面密封为辅。如VAMTOP、NS-CC、TM、TS3SB、BDS、FOX等,就是这种典型密封结构的接头。

特殊螺纹接头密封性的主要特点就是借助密封结构实现密封,从根本上改善了依靠螺纹和螺纹脂实现密封的不足,可显著提高套管螺纹的密封性。通常采用的密封结构主要有两种:一种是金属-金属密封结构,依靠金属密封面过盈配合产生的接触压力实现密封;一种是弹性密封环结构,它是靠弹性密封环切断,堵塞螺纹泄漏通道,从而形成密封。许多特殊螺纹接头采用两种复合密封结构,可靠性更高。

(2)螺纹形式的改进。

特殊螺纹普遍采用连接效率较高的偏梯形螺纹及改进偏梯形螺纹,如钩形螺纹、楔形螺纹等,其承载面角为 $-3°\sim3°$,导向面角为 $10°\sim45°$。有的特殊螺纹如FOX还采用了变螺距技术,使载荷在各螺纹牙的分布更均匀。这种设计提高了接头的连接强度,上扣操作也方便。

（3）增加了扭矩能力。

特殊螺纹的设计不但提高了接头上扣的可靠性及过扭矩能力,也改善了接头抗压缩和弯曲性能。同时,扭矩台肩对有效控制螺纹和密封、保证主密封过盈配合有重要的作用,有的扭矩台肩本身就具有辅助密封作用。

（4）通过材料选择和表面处理工艺,基本解决螺纹的粘扣问题。

（5）结构优化设计减少了接箍环向应力,提高抗硫化物应力腐蚀能力。

（6）部分特殊螺纹套管连接可满足热采井的需要。

值得一提的是,油田试验结果已证明,套管单靠螺纹配合承受耐压密封是不可靠的,还应涂上合适的螺纹密封脂。为了适应复杂油气田的开发,开发特殊钢材套管的厂商相应开发了百余种享有专利权的特殊螺纹[投入生产应用的已有数十种之多(见表8-4)]及相应的密封脂。

表 8-4　特殊套管螺纹类型概况

螺纹类型及 其代号	名称及说明	制造厂	尺寸范围(in)及每英寸螺纹数
SL(Seal-Lock)	密封锁紧螺纹	Armco	$4\frac{1}{2}\sim13\frac{3}{8}$,5
SEU	超级整体接头螺纹	Hydril	$5\sim6\frac{5}{8}$,6,7$\sim10\frac{3}{4}$,4
TS(Triplescal)	三重密封整体接头螺纹		$4\frac{1}{2}\sim7\frac{5}{8}$,6,8$\frac{5}{8}\sim11\frac{3}{4}$,4,13$\frac{3}{8}$,3
CTS	三重密封螺纹		$4\frac{1}{2}\sim10\frac{3}{4}$,6
FJ-P	内平齐四重密封螺纹		$4\frac{1}{2}\sim7\frac{5}{8}$,6,8$\frac{5}{8}\sim13\frac{3}{8}$,4
SFJ-P	超级内平齐四重密封螺纹		$4\frac{1}{2}\sim10\frac{3}{4}$,6
FJ-40	平接40％连接效率二密封螺纹		$4\frac{1}{2}\sim10\frac{3}{4}$,6
HCS	多重密封两级非锥形螺纹		$5\frac{1}{2}\sim7$,6,8$\frac{5}{8}\sim9\frac{5}{8}$
MAC	多重密封连接螺纹		$5\sim9\frac{5}{8}$
NCTK	无螺纹错扣接头两级螺纹 (具有"O"形环)		20
NCTS	无螺纹错扣接头两级螺纹 (100％管体屈服强度)		20
BDS(BDS-TC)	双螺纹梯形 双重密封接头	Mannes mann	$5\sim7\frac{5}{8}$,5,8$\frac{5}{8}$,5,9$\frac{5}{8}\sim13\frac{3}{8}$,3
BDS(BDS-IJ)	梯形双重密封整体接头		$5\sim13\frac{3}{8}$,5
Omega	整体螺纹 台肩面压紧密封		$5\sim9\frac{5}{8}$,4
Moolified	密封环改良接头		APILTC
TC-4S	四重双藕螺纹密封	NL Atlas Bradford	$4\frac{1}{2}\sim10\frac{3}{4}$,6
FL-4S	内外平齐冲洗接头螺纹		$4\frac{1}{2}\sim8\frac{5}{8}$,6
IJ-4S	四密封整体螺纹接头		$4\frac{1}{2}\sim9\frac{5}{8}$,6
SL(Seal-Lock)	密封锁紧螺纹	Armco	$4\frac{1}{2}\sim13\frac{3}{8}$,5

螺纹类型及 其代号	名称及说明	制造厂	尺寸范围(in)及每英寸螺纹数
VAM (ATAC) (AG) (AF)	VAM(ATAC、AF、AG) ATAC—正规扭矩 AG—不锈钢、低扭矩 AF—硫化氢条件、低扭矩	Vallouree	$4\frac{1}{2}$,6 $5\sim8\frac{5}{8}$,5 $9\frac{5}{8}\sim13\frac{3}{8}$,5
VETL	梯形螺纹 L	Vetco offshore	$14\sim24$
VETR	梯形螺纹 R		$14\sim30$
PE	平　端		$14\sim36$
NK-2SC	双重密封、扭矩凸肩耦合螺纹	NKK	$5\sim7\frac{5}{8}$,6,$8\frac{5}{8}\sim10\frac{3}{4}$,5
NK-3SB	三重密封螺纹		$4\frac{1}{2}\sim13\frac{3}{8}$,5
NK-EL	整体三重金属密封螺纹		$5\sim7\frac{5}{8}$,6,$8\frac{5}{8}\sim10\frac{5}{8}$,5
TAMSA	TAMSA、短圆螺纹和 长圆螺纹、梯形螺纹	TAMSA	$4\frac{1}{2}\sim13\frac{3}{8}$,5
SEC-SD		Siderca	$5\sim13\frac{3}{8}$,5

第二节　套管柱受力分析

一、轴向力及抗拉强度

1. 套管的轴向拉力

套管的轴向拉力是由套管的自重产生的,在一定条件下还应考虑附加的拉力。

(1) 套管本身自重产生的轴向拉力:套管自重产生的轴向拉力,在套管柱上是自下而上逐渐增大,在井口处套管所承受的轴向拉力最大,其拉力 F_0 为:

$$F_0 = \sum qL \times 10^{-3} \qquad (8\text{-}1)$$

式中　q ——套管单位长度的名义重力,N/m;

L ——套管长度,m;

F_0 ——井口处套管的轴向拉力,kN。

实际上套管下入井内是处在钻井液的环境中,套管要受到钻井液的浮力,各处的受力要比空气中受的拉力小。考虑浮力时拉力 F_m 为:

$$F_m = \sum qL \left(1 - \frac{\rho_d}{\rho_s}\right) \times 10^{-3} \qquad (8\text{-}2)$$

式中　ρ_d ——钻井液密度,g/cm³;

ρ_s ——套管钢材密度,g/cm³。

其余与式(8-1)相同。若令:

$$K_{\mathrm{f}} = 1 - \frac{\rho_{\mathrm{d}}}{\rho_{\mathrm{s}}}$$

K_{f} 为浮力系数,则有:

$$F_{\mathrm{m}} = \sum K_{\mathrm{f}} q L \times 10^{-3} = \sum q_{\mathrm{m}} \cdot L \times 10^{-3} \tag{8-3}$$

式中　$q_{\mathrm{m}} = K_{\mathrm{f}} q$ 为单位长度浮重。

我国现场套管设计时,一般不考虑在钻井液中的浮力减轻作用,通常是用套管在空气中的重力来考虑轴向拉力,认为浮力被套管柱与井壁的摩擦力所抵消。但在考虑套管双向应力下的抗挤压强度时,采用浮力减轻作用下的套管重力来进行计算。

(2)套管弯曲引起的附加应力:当套管随井眼弯曲时,由于套管的弯曲变形增大了套管的拉力载荷,当弯曲的角度及弯曲变化率不太大时,可用简化的经验公式计算弯曲引起的附加力。

$$F_{\mathrm{bd}} = 0.073\,3 d_{\mathrm{co}} \theta A_{\mathrm{c}} \tag{8-4}$$

式中　F_{bd} ——弯曲引起的附加力,kN;

d_{co} ——套管外径,cm;

A_{c} ——套管截面积,cm^2;

θ ——每 25 m 的井斜变化角,(°)。

在大斜度定向井、水平井以及井眼急剧弯曲处,都应考虑套管弯曲引起的拉应力附加量。

(3)套管内注入水泥引起的套管柱附加应力:在注入水泥浆时,当水泥浆量较大,水泥浆与套管外液体密度相差较大,水泥浆未返出套管底部时,套管液体较重,将使套管产生一个拉应力,可近似按式(8-5)计算。

$$F_{\mathrm{c}} = h \frac{\rho_{\mathrm{m}} - \rho_{\mathrm{d}}}{1\,000} \cdot d_{\mathrm{cin}}^2 \cdot \frac{\pi}{4} \tag{8-5}$$

式中　F_{c} ——注入水泥产生的附加力,kN;

h ——管内水泥浆高度,m;

ρ_{m} ——水泥浆密度,g/cm^3;

ρ_{d} ——钻井液密度,g/cm^3;

d_{cin} ——套管内径,cm。

当注水泥过程中活动套管时应考虑该力。

(4)其他附加力:在下套管过程中的动载,如上提套管或刹车时的附加拉力,注水泥时泵压的变化等,皆可产生一定的附加应力。这些力是难以计算的,通常是考虑浮力减轻来抵消或加大安全系数。

另外,套管在生产过程中会受到温度作用,引起未固结部分套管的膨胀,也会引起附加应力。如温度变化较大,引起附加力很大时,应当从工艺上予以解决。

2.轴向拉力作用下的套管强度

套管柱所受轴向拉力一般为井口处最大,是危险截面。套管柱受拉应力引起的破坏形式有两种:一种是套管本体被拉断;另一种是螺纹处滑脱,称为滑扣。经大量的室内研究及现场应用表明,套管在受到拉应力时,螺纹处滑脱比本体拉断的情况要多,尤其是使用最常见的圆扣套管时更是如此。

圆扣套管的螺纹滑脱负荷比套管本体的屈服拉力要小,因此在套管使用中给出了各种套管的滑扣负荷,通常是用螺纹滑脱时的总拉力来表示,在设计中可以直接从有关套管手册中查用。

二、外挤力及抗外挤强度

1. 外挤压力

套管柱所受的外挤压力,主要来自套管外液柱的压力、地层中流体的压力、高塑性岩石的侧向挤压力及其他作业时产生的压力。

在具有高塑性的岩层,如盐膏层、泥岩层段,在一定条件下垂直方向上的岩石重力产生的侧向压力会全部加给套管,给套管以最大的侧向挤压力,会使套管产生损坏。此时,套管所受的侧向挤压力应按上覆岩层压力计算,其压力梯度可按照 $23\sim27$ kPa/m 计算。

在一般情况下,常规套管的设计中,外挤压力按最危险的情况考虑,即按套管全部掏空(套管无液体),套管承受钻井液液柱压力计算,其最大外挤压力为:

$$p_{oc} = 9.81\rho_d D \tag{8-6}$$

式中 p_{oc}——套管外挤压力,kPa;

D——计算点垂直深度,m;

ρ_d——管外钻井液密度,g/cm³。

式(8-6)表明,套管柱底部所受的外挤力最大,井口处最小。

2. 套管的抗挤强度

套管受外挤作用时,其破坏形式主要是丧失稳定性而不是强度破坏。丧失稳定性的形式主要是压力作用下失圆、挤扁,如图 8-1 所示。

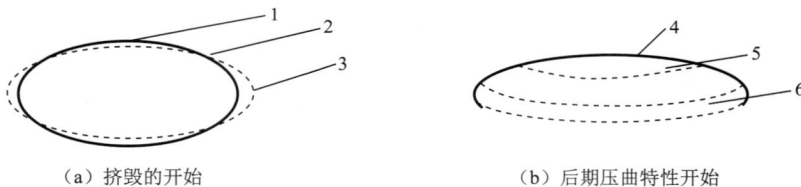

(a) 挤毁的开始   (b) 后期压曲特性开始

图 8-1 套管截面抗外挤实效

1—原始截面;2—交替平衡位置;3—继续变形后期压曲特性;4—继续变形;
5—较弱一侧压凹;6—挤毁截面的最后形式

在实际应用中,套管手册给出了各种套管的允许最大抗外挤压力数值,可直接使用。

三、内压力及抗内压强度

1. 内压力

套管柱所受内压力的主要来源有:地层流体(油、气、水)进入套管生产时的压力及生产中特殊作业(压裂、酸化、注水)时的外来压力。在一个新地区,由于在钻开地层之前,地层压力是难以确定的,故内压力也难以确定。对已探明的油区,地层压力可以参考邻井的资料。

当井口敞开时,套管内压力等于管内流体产生的压力,当井口关闭时,内压力等于井口压力与流体压力之和。井口压力的确定有三种方法:

（1）假定套管内完全充满天然气,则井口处的内压力 p_i 近似为:

$$p_i = \frac{p_{gas}}{e^{1.1155\times10^{-4}GD}} = \frac{p_{gas}}{e^{0.00011155GD}}$$ (8-7)

式中　p_{gas}——井底天然气压力,MPa;

　　　p_i——井口内压力,MPa;

　　　D——井深,m;

　　　G——天然气与空气密度之比,一般取 0.55。

（2）以井口防喷装置的承压能力为井口压力。

（3）以套管鞋处的地层破裂压力值决定井口压力。

$$p_i = D(G_f + \Delta G_f)$$ (8-8)

式中　G_f——套管鞋处地层破裂压力梯度,MPa/m;

　　　ΔG_f——附加系数,一般取 0.0012 MPa/m。

实际应用中有效的内压力可按套管内完全充满天然气时的井口处压力来计算。

2. 套管的抗内压强度

套管在承受内压力时的破坏形式是套管的破裂。各种套管的允许内压力值在套管手册中均有规定,在设计中可以从手册中直接查用。

实际上套管在承受内压时的破坏形式除管体的破裂之外,螺纹连接处密封失效也是一种破坏形式,密封失效的压力比管体破裂时要小。螺纹连接处密封失效的压力值是难以计算的。对于抗内压要求较高的套管,应当采用优质的润滑密封油脂涂在螺纹处,并按规定的力矩上紧螺纹。

四、套管柱的双向应力

在实际应用中,套管是处于双向应力的作用,既在轴向上套管承受有下部套管的拉应力,又在径向上存在套管内的压力或套管外液体的外挤力。由于轴向拉力的存在,使套管承受内压或外挤的能力会发生改变。

设套管自重引起的轴向拉应力为 σ_z,由外挤或内压力引起的套管的圆周向应力为 σ_t 及径向应力 σ_r。由于多数套管属于薄壁管,σ_r 比 σ_t 小得多,可以忽略不计,故只考虑轴向拉应力 σ_z 及周向应力的二向应力状态。根据第四强度理论,套管破坏的强度条件为:

$$\sigma_z^2 + \sigma_t^2 - \sigma_t\sigma_z = \sigma_s^2$$

式中　σ_s——套管钢材的屈服强度。

此式可以改写为:

$$\left(\frac{\sigma_z}{\sigma_s}\right)^2 - \frac{\sigma_z\sigma_t}{\sigma_s^2} + \left(\frac{\sigma_t}{\sigma_s}\right)^2 = 1$$ (8-9)

该方程是一个椭圆方程,用 σ_z/σ_s 的百分比为横坐标(拉伸为正、压缩力为负),用 σ_t/σ_s 的百分比为纵坐标(内压力为正、外挤力为负),可以绘出如图 8-2 所示的应力图,称为双向应力椭圆。

从图 8-2 可以看出:

第一象限是拉伸与内压联合作用,表明在轴向拉力下套管的抗内压强度增加,套管的应用趋于安全,因此设计中一般不予考虑。

第二象限是轴向压缩与套管内压的联合作用，由于套管受压缩应力的情况极少见，而且压缩应力作用在套管最下部，有效内压力最大值作用在井口，故这种情况一般不予考虑。

第三象限是轴向压缩应力和外挤的联合作用，压缩应力的存在使得套管的抗外挤强度增加，一般不予考虑。

第四象限是轴向拉应力与外挤压力联合作用，这种情况在套管柱中是经常出现的，即在水泥面以上部分套管都存在轴向拉应力与外挤压力的联合作用。从图中可以看出，轴向拉力的存在使套管的抗挤强度降低，因此在套管设计中应当加以考虑。

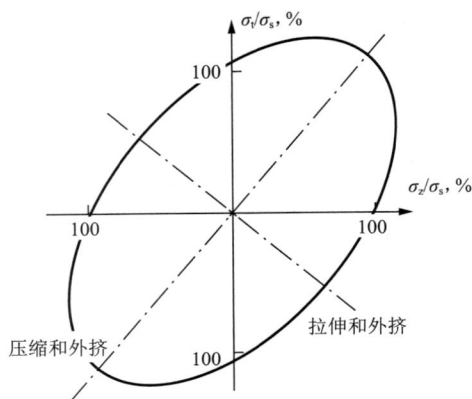

图 8-2　双向应力椭圆

当存在轴向拉应力时，套管抗挤强度的计算公式一般采用如下近似公式计算。

$$p_{cc} = p_c \left(1.03 - 0.74 \frac{F_m}{F_s} \right) \tag{8-10}$$

式中　　p_{cc}——存在轴向拉力时的最大允许抗外挤强度，MPa；

　　　　p_c——无轴向拉力时套管的抗外挤强度，MPa；

　　　　F_m——轴向拉力，kN；

　　　　F_s——套管管体屈服强度，kN。

其中，p_c 及 F_s 皆可由套管手册查出。该公式在 $0.1 \leqslant F_m/F_s \leqslant 0.5$ 的范围内计算误差与理论计算值比在 2% 以内。

第三节　套管柱设计原则及方法

一、套管强度设计原则

套管柱的强度设计是依据套管所承受的外载，根据套管的强度建立一个安全的平衡关系：

套管强度≥外载×安全系数

套管柱的强度设计就是根据技术部门的要求，在确定了套管的外径之后，按照套管所受外部载荷的大小及一定的安全系数选择不同钢级及壁厚的套管，使套管柱在每一个危险截面上都建立上述表达的关系。设计必须保证在井的整个使用期间，作用在套管上的最大应力应在允许的范围之内。

设计的原则应考虑以下四个方面：

（1）钻井过程中满足各种载荷要求。

（2）应能满足钻井作业、油气层开发和产层改造的需要。

（3）在承受外载时应有一定的储备能力。

（4）经济性要好。

二、套管强度设计中的若干规定

（1）设计系数，见表 8-5。

表 8-5 套管强度设计系数

标准代号	抗拉安全系数	抗挤安全系数	抗内压安全系数
AQ 2012—2007	>1.8	1.0～1.125	1.05～1.25
SY/T 5322—2000	1.6～2.00	1.0～1.125	1.05～1.15

在套管安全系数取值时应该注意：SY/T 5322—2000《套管柱强度设计方法》和 AQ 2012—2007《石油天然气安全规程》虽然同属行业标准，但 AQ 2012—2007 是强制性标准，而 SY/T 5322—2000 是推荐标准。因此，AQ 2012—2007 是进行钻井工程设计的主控标准。

（2）岩盐层，因岩层在高温下的塑性流动，抗外挤计算时按上覆岩层压力梯度考虑。

（3）含硫气层，应选用密封型螺纹的防硫套管。

（4）有腐蚀性水层及有害层活动的情况，套管按正常设计提高一级钢级或壁厚。

（5）非标准间隙（指过小间隙），宜选用无接箍套管。

（6）高温及注蒸汽井，抗拉安全系数 $S_T>2.5$，尽可能选用梯形螺纹套管。

（7）对于页岩中含蒙脱石，水泥浆终凝后，它还将继续吸水膨胀，在套管外形成局部高压而挤毁套管，因此在套管强度设计时考虑高外挤载荷。

（8）在计算轴向拉伸载荷以及拉伸载荷对抗外挤压和抗内压额定值的影响时，必须考虑浮力的影响。

（9）API 常规套管强度设计中，外挤力按最危险情况考虑，即认为套管内没有液柱压力的全掏空状态。

（10）内压力按以下三种方法，根据设计井的条件确定。

① 井喷后，套管内和环空充满气体，由于井口以下有外挤力作用，认为井口所受内压力最大，即最危险。

② 以井口装置承压能力作为控制套管内压力的依据。

③ 以井口压力（套压或立管压力）及井内套管内外压差之和来计算内压力。即当井内套管内外流体密度相同时，套管所受内压力等于井口压力；当井内套管内外流体密度不同时，则套管所受内压力等于井口压力与套管内外压差之和。

三、套管强度设计方法

套管强度设计方法有等安全系数法、边界载荷法、最大载荷法、AMOCO 法、西德 BEB 法、苏联套管强度设计方法等。下面简要介绍这些方法的内容，并重点讨论国内油田常用的等安全系数法。

1. 等安全系数法

既安全又经济的设计，必须使套管抵抗各种外载的强度与套管所受外载之比，等于所规定的安全系数。由于轴向载荷是由下而上的增加，而外挤压力则是由上而下的增加，因此为了达到既安全又经济的目的，整个套管柱应由不同强度（由不同钢级与壁厚所决定）的多段套管所组成,各段的最小安全系数应等于规定的安全系数,这种方法称为等安全系数设计法。在进行下部套管柱抗拉计算时要考虑外挤压力的影响。过去一般只根据抗拉与抗挤进行设计。近年来国外则多先按内压强度设计,选出符合抗内压强度的套管后,再进行抗拉与抗挤设计。

套管柱强度设计是由套管柱所受外载荷、套管管材强度,并根据不同区域地层特性、开采特点等因素确定安全系数,建立强度设计条件,即

$$管材强度/外载荷 \geqslant 安全系数$$

等安全系数法套管强度设计程序有两种。

(1) 从抗外挤强度开始,其步骤为:

① 计算套管下入深度外挤载荷,确定套管可下入深度。

② 由轴向载荷计算该段套管许可下入长度。

③ 最后校核该段套管抗内压强度。

这种设计程序一般适用于非高压油气井。

(2) 从抗内压强度开始,其步骤为:

① 由套管下入深度内压载荷,计算套管可下入深度。

② 由轴向载荷计算该段套管许可下入长度。

③ 最后进行抗外挤校核。

2.边界载荷法

该方法的抗内压与抗挤设计方法与等安全系数法相同,只是在中上部套管改由抗拉设计时,不是采用可用强度(抗拉强度/安全系数),而是采用边界载荷(即前一段套管的抗拉强度与可用强度的差值)和安全系数算出要设计段的许用强度,从而选用拟设计段套管。其关系式如下。

按抗拉设计的第一段套管:

$$抗拉强度/ s_T = 可用强度$$
$$抗拉强度 - 可用强度 = 边界载荷$$

式中 s_T——抗拉安全系数。

按抗拉设计的第二段套管:

$$抗拉强度 - 边界载荷 = 可用强度$$

以后均用各段的抗拉强度减去同一边界载荷而得出它们的可用强度,并以此设计各段的使用长度。这样设计出的各段套管之间的边界载荷相同,而不是安全系数相等,避免了所选套管的强度剩余过多,能减少套管柱总重,使得设计结果更为合理经济。

3.苏联套管设计方法

其设计方法有以下特点:

(1) 给出不同时期,不同井内作业条件下套管柱各部位内压力与外压力计算公式。设计时要根据该井的具体条件,计算出套管各部位所受的有效内压力及有效外压力,并依此作为选用套管的依据。

抗内压安全系数:直径 114~219 mm 套管为 1.10;直径 245~508 mm 套管为 1.46。

(2) 注水泥井段的外压计算,要考虑水泥环的卸载作用。渗透性良好的地层的外压力按地层孔隙压力计算;易流动滑移地层井段的外压力按上覆岩层压力计算。

水泥环卸载系数:114~148 mm 套管为 0.25;194~245 mm 套管为 0.30;273~324 mm

套管为 0.35;340～508 mm 套管为 0.40。

（3）不考虑双轴应力下拉力对抗挤强度的降低作用,但规定当管体拉应力达到屈服强度的 50％时,要把抗挤安全系数提高 10％。抗挤安全系数:油层部分为 1～1.3,其他部分为 1.0。

（4）拉力计算不考虑钻井液浮力。抗拉安全系数依套管直径与井深而不同,井越深套管直径越大,安全系数也越大,其变化范围为 1.3～1.75。

（5）技术套管分考虑磨损与不考虑磨损两种情况。

4.最大载荷法

此法系 1970 年 C. M. 普林斯蒂提出,其实质是根据实际条件下套管柱所受的有效载荷再考虑一定安全系数来设计套管柱,其步骤是先按有效内压然后再依有效外压及拉力进行设计,并考虑双轴应力对抗压强度的影响,一般情况下各段套管的长度是通过图解法确定的。

本方法最大的特点是外载计算做过细致的考虑:按技术套管、油层套管、表层套管分类,各类套管的外载计算方法各不相同,以充分在设计中将实际外载显现出来。

5.西德套管设计方法

西德 BEB 公司提出了一套完整的套管设计方法,其主要特点是根据不同的套管类型,较细致地给出外载的不同计算方法。

6.美国 AMOCO 套管设计方法

美国阿莫科公司最近提出了图解法和解析法两种套管设计方法,在载荷分析及设计方法上都有独特之处,主要特点是:

（1）在抗挤设计中,考虑拉应力的影响,即进行双轴应力计算,并采用了解析方法(只能用于老的双轴应力计算公式),避免了试凑法的烦琐。

（2）在计算外载时考虑了台肩力。

（3）在计算抗内压时考虑了轴向拉力的影响。

第四节　套管柱强度设计

一、套管柱强度的计算

1.抗挤强度

（1）屈服挤毁强度。

当 $(D_c/\delta) \leqslant (D_c/\delta)_{YP}$ 时,

$$p_{co} = 2Y_P \left[\frac{(D_c/\delta) - 1}{(D_c/\delta)^2} \right] \tag{8-11}$$

其中

$$(D_c/\delta)_{YP} = \frac{\sqrt{(A-2)^2 + 8(B + 0.006\ 894\ 7C/Y_P)} + (A-2)}{2(B + 0.006\ 894\ 7C/Y_P)} \tag{8-12}$$

$$A = 2.876\ 2 + 1.548\ 85 \times 10^{-4} Y_P + 4.480\ 6 \times 10^{-7} Y_P^2 - 1.621 \times 10^{-10} Y_P^3 \tag{8-13}$$

$$B = 0.026\ 233 + 7.34 \times 10^{-5} Y_P \tag{8-14}$$

$$C = -465.93 + 4.474\ 1Y_P - 2.205 \times 10^{-4} Y_P^2 + 1.128\ 5 \times 10^{-7} Y_P^3 \tag{8-15}$$

式中　D_c ——套管外径,mm;

　　　δ ——套管壁厚,mm;

　　　$(D_c/\delta)_{YP}$ ——屈服挤毁与塑性挤毁交点的径厚比;

　　　p_{co} ——抗挤强度,MPa;

　　　Y_P ——管材屈服强度,MPa。

（2）塑性挤毁强度。

当 $(D_c/\delta)_{YP} \leqslant (D_c/\delta) \leqslant (D_c/\delta)_{PT}$ 时,

$$p_{co} = Y_P \left[\frac{A}{(D_c/\delta)} - B \right] - 0.006\ 894\ 7C \tag{8-16}$$

其中

$$(D_c/\delta)_{PT} = \frac{Y_P(A - F)}{0.006\ 894\ 7C + Y_P(B - G)} \tag{8-17}$$

$$F = \frac{3.237 \times 10^5 \left(\dfrac{3B/A}{2 + B/A} \right)^3}{Y_P \left[\dfrac{3B/A}{2 + B/A} - (B/A) \right] \left(1 - \dfrac{3B/A}{2 + B/A} \right)^2} \tag{8-18}$$

$$G = F(B/A) \tag{8-19}$$

式中　$(D_c/\delta)_{PT}$ ——塑性挤毁与过渡挤毁交点的径厚比。

（3）塑弹性挤毁强度。

当 $(D_c/\delta)_{PT} \leqslant (D_c/\delta) \leqslant (D_c/\delta)_{te}$ 时,

$$p_{co} = Y_P \left[\frac{F}{(D_c/\delta)} - G \right] \tag{8-20}$$

其中

$$(D_c/\delta)_{te} = \frac{2 + B/A}{3B/A} \tag{8-21}$$

式中　$(D_c/\delta)_{te}$ ——过渡挤毁与弹性挤毁交点的径厚比。

（4）弹性挤毁强度。

当 $D/\delta \geqslant (D_c/\delta)_{te}$ 时,

$$p_{co} = \frac{3.237 \times 10^5}{\left(\dfrac{D_c}{\delta} \right) \left(\dfrac{D_c}{\delta} - 1 \right)^2} \tag{8-22}$$

2. 管体屈服强度

$$T_y = 7.854 \times 10^{-4} (D_c^2 - D_{ci}^2) Y_P \tag{8-23}$$

式中　T_y ——管体屈服强度,kN;

　　　D_{ci} ——套管内径,mm。

3. 抗内压强度

（1）管体破裂。

$$p_{bo} = 0.875 \left[\frac{2Y_P \delta}{D_c} \right] \tag{8-24}$$

式中　p_{bo} ——抗内压强度,MPa;

　　　δ ——套管壁厚,mm;

D_c ——套管外径,mm。

（2）接箍泄漏。

接箍泄漏压力按下式计算：

$$p_{iRj} = \frac{ET_{th}N_{mu}p_{th}(M_2^2 - M_1^2)}{4M_1M_2^2} \qquad (8-25)$$

式中　E ——钢材的弹性模量,Pa；

T_{th} ——螺纹锥度,mm/mm；圆螺纹套管为 0.062 5；偏梯形螺纹套管外径小于 339.7 mm 为 0.062 5,大于或等于 406.4 mm 为 0.083 3；

N_{mu} ——旋上螺纹的圈数；

p_{th} ——螺距,mm；圆螺纹套管为 0.125 mm；偏梯形螺纹套管为 0.200 mm；

M_1 ——圆螺纹套管手紧面节径的 1/2 或偏梯形螺纹套管完全螺纹处节径的 1/2,mm；

M_2 ——接箍外径的 1/2,mm。

（3）接箍开裂。

$$p_{bj} = 0.875\left(\frac{2Y_p\delta_{cj}}{D_{cj}}\right) \qquad (8-26)$$

式中　p_{bj} ——套管接箍开裂压力,MPa；

δ_{cj} ——接箍壁厚,mm；

D_{cj} ——接箍外径,mm。

4. 抗拉强度

（1）圆螺纹连接。

① 螺纹断裂强度。

$$T_o = 9.5 \times 10^{-4} A_{jp}U_p \qquad (8-27)$$

式中　T_o ——抗拉强度,kN；

A_{jp} ——最末一扣管壁截面积,mm^2；

U_p ——管材最小极限强度,MPa。

② 螺纹滑脱强度。

$$T_o = 9.5 \times 10^{-4} A_{jp}L_j\left[\frac{4.99D_c^{-0.59}U_p}{0.5L_j + 0.14D_c} + \frac{Y_p}{L_j + 0.14D_c}\right] \qquad (8-28)$$

$$A_{jp} = 0.785\,4\left[(D_c - 3.619\,5)^2 - D_{ci}^2\right] \qquad (8-29)$$

式中　L_j ——螺纹配合长度,mm。

（2）梯形螺纹连接。

① 管体螺纹强度值。

$$T_o = 9.5 \times 10^{-4} A_pU_p\left[25.623 - 1.007(1.083 - Y_p/U_p)D_c\right] \qquad (8-30)$$

② 接箍螺纹强度。

$$T_o = 9.5 \times 10^{-4} A_cU_c \qquad (8-31)$$

$$A_p = 0.785(D_c^2 - D_{ci}^2) \qquad (8-32)$$

$$A_c = 0.785(D_{cj}^2 - d_{cj}^2) \qquad (8-33)$$

式中　A_p ——管端截面积,mm^2；

A_c ——接箍截面积,mm^2；

d_{cj} ——接箍内径,mm。

5. 三轴应力强度

（1）三轴抗挤强度值。

$$p_{ca} = p_{co}\left[\sqrt{1 - \frac{3}{4}\left(\frac{\sigma_a + p_i}{Y_p}\right)^2} - \frac{1}{2}\left(\frac{\sigma_a + p_i}{Y_p}\right)\right] \tag{8-34}$$

式中　p_{ca}——三轴抗挤强度，MPa；

　　　　p_{co}——抗挤强度，MPa；

　　　　σ_a——轴向应力，MPa；

　　　　p_i——管内液柱压力，MPa；

　　　　Y_p——管材屈服强度，MPa。

（2）三轴抗内压强度值。

$$p_{ba} = p_{bo}\left[\frac{r_i^2}{\sqrt{3r_o^4 + r_i^4}}\left(\frac{\sigma_a + p_o}{Y_p}\right) + \sqrt{1 - \frac{3r_o^4}{3r_o^4 + r_i^4}\left(\frac{\sigma_a + p_o}{Y_p}\right)^2}\right] \tag{8-35}$$

式中　p_{ba}——三轴抗内压强度，MPa；

　　　　p_{bo}——抗内压强度，MPa；

　　　　r_i——套管内半径，mm；

　　　　r_o——套管外半径，mm；

　　　　p_o——管外液柱压力，MPa。

（3）三轴抗拉强度值。

$$T_a = 10^{-3}\pi(p_i r_i^2 - p_o r_o^2) + \sqrt{T_o^2 + 3 \times 10^{-6}\pi^2(p_i - p_o)^2 r_o^4} \tag{8-36}$$

式中　T_o——抗拉强度，kN；

　　　　T_a——三轴抗拉强度，kN。

（4）三轴应力强度其他计算公式。

等效应力设计公式：

$$\sigma_e = \left\{\frac{1}{2}\left[(\sigma_r - \sigma_t)^2 + (\sigma_t - \sigma_a)^2 + (\sigma_a - \sigma_r)^2\right]\right\}^{1/2} \tag{8-37}$$

其中

$$\sigma_a = \frac{T_a}{A_s} \tag{8-38}$$

$$\sigma_t = -p_i \tag{8-39}$$

$$\sigma_t = \frac{-2A_o p_o + (A_o + A_i)p_i}{A_s} \tag{8-40}$$

$$A_s = A_o - A_i \tag{8-41}$$

式中　σ_e——等效应力，MPa；

　　　　σ_r——径向应力，MPa；

　　　　σ_t——周向应力，MPa；

　　　　T_a——三轴抗拉强度，kN；

　　　　p_o——管外液柱压力，MPa；

　　　　p_i——管内液柱压力，MPa；

　　　　A_o——套管外截面积，mm^2；

　　　　A_i——套管内截面积，mm^2；

A_s ——管体横截面积，mm^2。

6.管体屈服强度值

$$T_y = 7.854 \times 10^{-4}(D_c^2 - D_{ci}^2)Y_p \tag{8-42}$$

式中　T_y ——管体屈服强度，kN。

7.轴向应力对抗挤强度的影响

$$Y_{pa} = \left[\sqrt{1 - 0.75\,(\sigma_a/Y_p)^2} - 0.5(\sigma_a/Y_p)\right]Y_p \tag{8-43}$$

式中　Y_{pa} ——当量管材屈服强度，MPa。

先计算当量屈服强度值，用此值代替抗挤强度公式中的屈服强度值，计算在轴向力作用下的有效抗挤强度值。

二、套管柱有效外载的计算

1.有效内压力

(1) 气井。

① 表层套管和技术套管。

按下一次使用的最大钻井液密度计算套管鞋处的最大内压力，即

$$p_{bs} = 0.009\,81\rho_{max}H_s \tag{8-44}$$

式中　p_{bs} ——套管鞋处最大内压力，MPa；

ρ_{max} ——下次钻井最大钻井液密度，g/cm^3；

H_s ——套管下深或套管鞋深度，m。

任意井深处套管最大内压力用式(8-45)计算：

$$p_{bh} = \frac{p_{bs}}{e^{1.115\,5\times10^{-4}(H_s - h)\rho_g}} \tag{8-45}$$

式中　p_{bh} ——计算点最大内压力，MPa；

ρ_g ——天然气相对密度(0.5～0.55)，无因次；

h ——计算点井深，m。

有效内压力用式(8-46)计算：

$$p_{be} = p_{bh} - 0.009\,81\rho_c h \tag{8-46}$$

式中　p_{be} ——有效内压力，MPa。

② 生产套管和生产尾管。

按管内全充满天然气考虑，即任一井深的最大内压力为：

$$p_{bh} = p_p \tag{8-47}$$

式中　p_p ——地层或油层压力，MPa。

有效内压力为：

$$p_{be} = p_{bh} - 0.009\,81\rho_c h \tag{8-48}$$

式中　ρ_c ——地层水密度(1.03～1.06)，g/cm^3。

③ 预设井涌量法。

气体充满井筒的上部，下部由钻井液充满，气体高度除以整个井眼的高度即为井涌量。

气液界面处压力为：

$$p_{mg} = p_{bs} - 0.009\,81\rho_{max}(H_s - H_{mg}) \tag{8-49}$$

式中　p_{mg} ——气液界面处套管内压力，MPa；

p_{bs} ——套管鞋处最大内压力,MPa;

ρ_{max} ——下次钻井最大钻井液密度,g/cm³;

H_s ——套管下深或套管鞋深度,m;

H_{mg} ——气液界面处测量深度,m。

其他位置内压力及有效内压力计算同前。

(2)油井。

① 表层套管和技术套管。

任一井深的套管最大内压力为:

$$p_{bh} = 0.009\,81\rho_{max}h \tag{8-50}$$

有效内压力用式(8-51)计算:

$$p_{be} = p_{bh} - 0.009\,81\rho_c h \tag{8-51}$$

② 生产套管和生产尾管。

对不用油管生产的用式(8-52)计算最大内压力:

$$p_{bs} = G_p H_s \tag{8-52}$$

式中 G_p ——油层或地层压力梯度,MPa/m。

任一井深处的最大内压力为:

$$p_{bh} = \frac{p_{bs}}{e^{1.115\,5\times10^{-4}(H_s-h)\rho_g}} \tag{8-53}$$

对用油管生产的用式(8-54)计算最大内压力:

$$p_{bh} = G_p H_s + 0.009\,81\rho_w h \tag{8-54}$$

式中 ρ_w ——完井液密度,g/cm³。

有效内压力为:

$$p_{be} = p_{bh} - 0.009\,81\rho_c h \tag{8-55}$$

2. 定向井

定向井有效内压应将斜直段和弯曲段的测量深度换算为垂直井深计算。

3. 有效外压力

(1)直井。

① 表层套管和技术套管。

对非塑性蠕变地层

$$p_{ce} = 0.009\,81[\rho_m - (1-k_m)\rho_{min}]h \tag{8-56}$$

式中 p_{ce} ——有效外压力,MPa;

ρ_m ——固井时钻井液密度,g/cm³;

k_m ——掏空系数($k_m = 0 \sim 1$),1 表示全掏空;

ρ_{min} ——下次钻井最小钻井液密度,g/cm³。

对塑性蠕变地层

$$p_{ce} = \left[\frac{\nu}{1-\nu}G_v - 0.009\,81(1-k_m)\rho_{min}\right]h \tag{8-57}$$

式中 ν ——地层岩石泊松系数,$\nu = 0.3 \sim 0.5$;

G_v ——上覆岩层压力梯度,MPa/m。

② 生产套管和生产尾管。

对非塑性蠕变地层

$$p_{ce} = 0.009\,81\big[\rho_m - (1 - k_m)\rho_w\big]h \tag{8-58}$$

对塑性蠕变地层

$$p_{ce} = \left[\frac{\nu}{1-\nu}G_v - 0.009\,81(1 - k_m)\rho_w\right]h \tag{8-59}$$

（2）定向井。

定向井有效外压力应将弯曲段和斜直段的测量井深换算为垂直井深计算。

4. 轴向力

（1）直井。

$$T_{en} = \sum_{i=1}^{n}\Delta L_i q_{ei} \tag{8-60}$$

式中　ΔL_i——第 i 段套管柱长度，m；

　　　T_{en}——第 n 段套管柱顶部的有效轴向力，kN；

　　　q_{ei}——第 i 段套管单位长度有效重量，N/m。

$$q_{ei} = q_{si}\left(1 - \frac{\rho_m}{\rho_s}\right) \tag{8-61}$$

式中　q_{si}——第 i 段套管柱在空气中的单位长度重量，N/m；

　　　q_{ei}——第 i 段套管单位长度有效重量，N/m；

　　　ρ_s——套管材料密度，一般取 7.850 g/cm^3；

　　　ρ_m——固井时钻井液密度，g/cm^3。

（2）二维井眼。

轴向力按上提管柱计算。

① 造斜井段，管柱和下井壁接触（$N>0$）

$$T_{ei+1} = (T_{ei} - A\sin\beta_i - B\cos\beta_i)e^{-\mu(\beta_{i+1}-\beta_i)} + A\sin\beta_{i+1} + B\cos\beta_{i+1} \tag{8-62}$$

式中　T_{ei}，T_{ei+1}——第 i 管柱单元下端和上端的有效轴向力；

　　　β_i，β_{i+1}——第 i 管柱单元下端和上端井斜角的余角；

　　　μ——摩阻系数。

$$A = \frac{2\mu}{1+\mu^2}q_{ei}R,\ B = -\frac{1-\mu^2}{1+\mu^2}q_{ei}R,\ N = q_{ei}\cos\beta_i - \frac{T_{ei}}{R} \tag{8-63}$$

式中　R——曲率半径；

　　　q_{ei}——第 i 段套管单位长度有效重量，N/m；

　　　T_{ei}——第 i 段套管有效轴向力，kN。

② 造斜井段，管柱和上井壁接触（$N<0$）。

$$T_{ei+1} = (T_{ei} + A\sin\beta_i - B\cos\beta_i)e^{\mu(\beta_{i+1}-\beta_i)} - A\sin\beta_{i+1} + B\cos\beta_{i+1} \tag{8-64}$$

③ 降斜井段。

$$T_{ei+1} = (T_{ei} + A\cos\alpha_i + B\sin\alpha_i)e^{\mu(\alpha_{i+1}-\alpha_i)} - A\cos\alpha_{i+1} - B\sin\alpha_{i+1} \tag{8-65}$$

式中　α_i——第 i 管柱单元下端的井斜角，（°）；

　　　α_{i+1}——第 i 管柱单元上端的井斜角，（°）。

④ 稳斜井段。

$$T_{ei+1} = T_{ei} + q_{ei}(\cos\alpha + \mu\sin\alpha)(L_i - L_{i+1}) \tag{8-66}$$

式中　α —— 井斜角,(°);

　　　L_i —— 管柱单元上端的测深,m;

　　　L_{i+1} —— 管柱单元下端的测深,m。

（3）三维井眼。

轴向力按上提管柱计算。

当已知管柱单元下端的轴向力 T_{ei} 和单位长度的侧向力 f_n 时,其上端的轴向力 T_{ei+1} 可由下式算得:

$$T_{ei+1} = T_{ei} + [\Delta L_i/\cos(\theta/2)][q_{ei}\cos\bar{\alpha} + \mu(f_E + f_n)] \tag{8-67}$$

$$\bar{\alpha} = (\alpha_{i+1} + \alpha_i)/2$$

$$f_E = 11.3EJK^3$$

式中　α_{i+1} —— 第 i 管柱单元上端的井斜角,(°);

　　　α_i —— 第 i 管柱单元下端的井斜角,(°);

　　　θ —— 管柱单元上下端之间井眼的全角变化,(°);

　　　f_E —— 管柱变形引起的侧向力,N;

　　　μ —— 井眼管柱之间的摩阻系数;

　　　J —— 管柱横截面的惯性矩,cm^4;

　　　E —— 钢材的弹性模量,Pa;

　　　K —— 管柱单元所在井段的井眼曲率。

全角平面上的总侧向力为:

$$F_{ndp} = -(T_{ei} + T_{ei+1})\sin(\theta/2) + n_3\Delta L_i q_{ei} \tag{8-68}$$

或

$$F_{ndp} = -2T_{ei}\sin(\theta/2) + n_3\Delta L_i q_{ei} \tag{8-69}$$

式中

$$n_3 = \{\sin[(\alpha_{i+1} + \alpha_i)/2]\sin[(\alpha_{i+1} - \alpha_i)/2]\}/\sin(\theta/2) \tag{8-70}$$

法线方向上的总侧向力为:

$$F_{np} = m_3 q_{ei}\Delta L_i \tag{8-71}$$

式中

$$m_3 \doteq \frac{\sin\alpha_i \sin\alpha_{i+1}\sin(\varphi_i - \varphi_{i+1})}{\sin\theta} \tag{8-72}$$

式中　φ_{i+1} —— 管柱单元上端的方位角,(°);

　　　φ_i —— 管柱单元下端的方位角,(°)。

三维井眼中一个管柱单元的总侧向力是全角平面的总侧向力和垂直全角平面的总侧向力的矢量和。由于它们相互垂直,所以可得单位管长侧向力的计算式如下:

$$f_n = \frac{\sqrt{F_{ndp}^2 + F_{np}^2}}{L_s} \tag{8-73}$$

式中　L_s —— 三维井眼管柱单元长度,m。

（4）套管弯曲应力。

$$F_b = 2.32D_c q_c\theta \tag{8-74}$$

式中　q_c —— 套管平均单位长度质量,kg/m。

弯曲段套管任一点的有效拉力为:

$$T_{ax} = F_b + T_e \tag{8-75}$$

式中　F_b——套管弯曲力，N；

　　　T_e——有效轴向力，N。

（5）动载荷。

$$T_s = 2\rho_s C_o v A \tag{8-76}$$

式中　A——套管柱管体横截面积，m^2；

　　　v——套管下入平均速度，m/s；

　　　C_o——应力波速度，m/s；

　　　ρ_s——钢材密度，kg/m^3。

对于热采井套管实际承载能力一般可由下式来修正：

$$R_{Cgt} = K(t)R_{Cg} \tag{8-77}$$

式中　R_{Cgt}——高温时实际套管强度，MPa 或 kN；

　　　R_{Cg}——室温时实际套管强度，MPa 或 kN；

　　　$K(t)$——强度下降率，等于高温套管材料屈服强度与室温套管材料屈服强度之比；

　　　t——温度。

热采井套管设计时，应考虑套管和水泥受温度影响伸长系数不一样的影响。

三、套管柱强度设计的步骤

1. 设计原始数据（见表 8-6）

表 8-6　设计原始数据

项目名称	单位	项目名称	单位	项目名称	单位
井　　别		下次最小钻井液密度	g/cm^3	套管下入总长	m
井　　号		地层水密度	g/cm^3	掏空系数	
套管类型		天然气相对密度		抗挤系数	
套管下深	m	地层压力梯度	MPa/m	抗内压系数	
水泥返深	m	上覆岩层压力梯度	MPa/m	抗拉系数	
固井时钻井液密度	g/cm^3	地层破裂压力梯度	MPa/m	是否塑变地层	
下次最大钻井液密度	g/cm^3	岩石的泊松系数			

2. 套管性能参数（见表 8-7）

表 8-7　套管性能参数

项目名称	单位	项目名称	单位
直　　径	mm	单位长度质量	kg/m
钢　　级		抗挤强度	MPa
螺纹扣型		抗内压强度	MPa
壁　　厚	mm	抗拉强度	kN
管体屈服强度	kN		

3. 设计方法及步骤

先按抗挤强度自下而上进行设计,同时进行抗拉强度和抗内压强度校核。当设计到抗拉强度或抗内压强度不满足要求时,选择比上一段高一级的套管,改为抗拉强度或抗内压强度设计,并进行抗挤强度校核,一直到满足设计要求为止。

(1)确定第一段套管的钢级和壁厚。

计算套管鞋处的有效外挤压力 p_{ce1},并根据 $p_{ca1} \geqslant S_c \cdot p_{ce1}$ 的原则,选择第一段套管的钢级和壁厚,用前述套管强度公式计算或查出套管强度,列出套管性能参数表。

(2)确定第一段套管的下入长度 L_1。

第一段套管下入的长度 L_1 取决于第二段套管的下入深度 H_2,因此,第二段套管应选比第一段套管强度低一级的。第二段套管的下入深度 H_2 用式(8-78)确定。

$$H_2 = \frac{-b + \sqrt{b^2 - 4ac}}{2a} \qquad (8-78)$$

式中

$$a = C_1{}^2 + C_1 C_2 + C_3{}^2, b = C_1 C_2 + 2C_2 C_3, c = C_2{}^2 - 1$$

$$C_1 = \frac{G_{ce} S_c}{p_{co2}}, C_2 = \frac{0.009\,81 q_1 H_1 k_f}{T_{y2}}, C_3 = \frac{9.81 \times 10^{-6}(1 - k_m)\rho_{min} A_2 - 0.009\,81 q_1 k_f}{T_{y2}}$$

若 $n > 3$

$$C_1 = \frac{G_{ce} S_c}{p_{con}}, C_2 = \frac{0.009\,81 \left(\sum\limits_{i=1}^{n-1} q_i H_i - \sum\limits_{i=2}^{n-1} q_{i-1} H_i \right) k_f}{T_{yn}},$$

$$C_3 = \frac{9.81 \times 10^{-6}(1 - k_m)\rho_{min} A_n - 0.009\,81 q_{n-1} k_f}{T_{yn}}$$

第一段套管的下入长度:

$$L_1 = H_1 - H_2 \qquad (8-79)$$

(3)对第一段套管顶部进行抗内压强度校核。

按前述三轴抗内压公式计算出第一段套管顶部的抗内压强度 p_{ba1} 及有效内压力 p_{be1},则第一段套管的抗内压安全系数:

$$S_{i1} = p_{ba1} / p_{be1} \qquad (8-80)$$

如果 $S_{i1} \geqslant S_i$,则满足要求,否则选择高一级的套管改为抗拉设计。

(4)对第一段套管顶部进行抗拉强度校核。

按前述三轴抗拉强度公式计算出第一段套管顶部的抗拉强度 T_{a1} 及有效拉力 T_{e1},则第一段套管抗拉安全系数:

$$S_{t1} = T_{a1} / T_{e1} \qquad (8-81)$$

如果 $S_{t1} \geqslant S_t$,则满足要求。按上述步骤继续设计第二段、第三段等,直到设计井深为止。

按上述抗挤设计到第 n 段套管时,如果抗拉强度或抗内压强度不满足,则应选用高一级的套管,改为抗拉强度设计该段套管。

(5)按套管抗拉强度计算该段套管的下入长度 L_{on}。

(6)计算该段套管的下入长度 L_{an}。

计算出 L_{on} 及 L_{an} 后,如果 $\left| \dfrac{L_{an} - L_{on}}{L_{an}} \right| \leqslant 0.01$,则 $L_n = L_{an}$,否则重复上述计算,直到满

足条件为止；然后进行该段套管抗内压和抗挤强度校核，直到满足设计井深为止。

四、酸性环境下的套管选材

气藏中酸性气体主要指 H_2S 和 CO_2，其中 H_2S 是腐蚀金属的重要酸性气体之一。我国的川东北地区主要储层中 CO_2 和 H_2S 含量都比较高，CO_2 和 H_2S 共存条件下的腐蚀有别于单项腐蚀。

1. 酸性环境下腐蚀原理

干燥的 H_2S 气体不腐蚀金属，只有当 H_2S 溶解于水并变成弱酸后才会腐蚀金属。主要表现为：硫化物应力腐蚀开裂、氢诱发裂纹、氢鼓泡和应力导向氢诱发裂纹。

（1）H_2S 对金属的腐蚀机理及影响因素。

① H_2S 对金属的腐蚀机理。

干燥的 H_2S 对金属材料无腐蚀破坏作用，H_2S 只有溶解在水中才具有腐蚀性。在油气开采中，CO_2 和 H_2S 在水中的溶解度最大。H_2S 一旦溶于水便立即电离且呈酸性。

金属的腐蚀主要是由于金属溶解（阳极过程）共轭的去极化过程（阴极过程）所控制，硫化氢腐蚀是氢去极化腐蚀。

其阳极反应为：

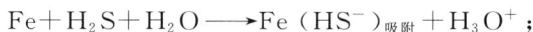

$Fe + H_2S + H_2O \longrightarrow Fe(HS^-)_{吸附} + H_3O^+$；

$Fe(HS^-)_{吸附} \longrightarrow Fe(HS)^+ + 2e$；

$Fe(HS)^+ + H_3O^+ \longrightarrow Fe^{2+} + H_2S + H_2O$。

由于 Fe 与 S 原子的电负性相差较大，在金属表面形成化学吸附的催化剂 Fe(HS)的作用下，Fe 与 S 原子结合较牢固，使金属原子间的结合力减弱，从而使 Fe 的电子容易失去而形成 Fe^{2+}，电离出的 Fe^{2+} 与 HS^- 按反应 $Fe^{2+} + HS^- \longrightarrow FeS + H^+$ 进行。

而阴极反应为：

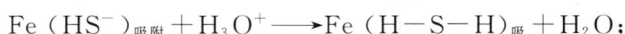

$Fe + H_2S + H_2O \longrightarrow Fe(HS^-)_{吸附} + H_3O^+$；

$Fe(HS^-)_{吸附} + H_3O^+ \longrightarrow Fe(H-S-H)_{吸} + H_2O$；

$Fe(H-S-H)_{吸附} + e \longrightarrow Fe(HS^-)_{吸附} + H_{吸}$。

由上可见氢脆系由金属 Fe 在阴极区吸收阴极产物氢原子。氢原子在金属表面的吸附，使金属表面氢原子浓度大增，使其逐步向金属内部渗入，占据金属原子空穴而引起氢脆。当氢原子从金属表面向其内部扩散至某些微裂纹的界面处，并在其上吸附时，降低了金属的表面能，在外力的作用下，断裂面就会扩大。当微小的氢原子扩散到金属内部微裂纹处，并聚集到足以使裂纹扩展所需的临界值，就会产生裂纹失稳扩展而急剧破坏。另外，滞留在金属内部的氢原子含量超过一定浓度时，就可能在金属内部微小孔隙处变成氢分子。这些氢分子易于在晶界、相界和微裂纹等内部缺陷处聚集，使金属产生鼓泡、白点等。

通常认为，湿 H_2S 对碳钢设备可以形成两方面的腐蚀：均匀腐蚀和局部腐蚀。局部腐蚀的形式包括氢鼓泡（HB）、氢致开裂（HIC）、硫化物应力腐蚀开裂（SSC）和应力导向氢致开裂（SO－HIC）以及碱性应力腐蚀开裂（ASCC）等。

② H_2S 对金属的腐蚀机理及影响因素。

a. H_2S 的浓度。随着 H_2S 浓度的增加，硫化物破裂的临界应力降低，较高的硫化氢浓度或分压会产生较大的均匀腐蚀速率。

b. H_2S 水溶液的 pH。H_2S 水溶液的 pH 为 6，是一个临界值。当 pH 小于 6 时，钢的腐蚀速率高；溶液呈中性时，均匀腐蚀速率最低；溶液呈碱性时，均匀腐蚀速率比中性高，但低于酸性情况。

c. 介质的温度。温度升高，均匀腐蚀速率升高，HB、HIC 和 SO-HIC 的敏感性也增加，但 ASCC 的敏感性下降。ASCC 发生在常温下的几率最大，而在 65 ℃以上则较少发生。

d. 管材暴露时间。在 H_2S 溶液中，碳钢初始腐蚀速率约为 0.7 mm/a。随着时间延长，腐蚀速率逐渐下降，2 000 h 后趋于平衡，约为 0.01 mm/a。

e. 气体流速。当气体流速高于 10 m/s 时缓蚀剂就不再起作用。因此，气体流速较高，腐蚀速率往往也较高。如果腐蚀介质中有固体颗粒，则在较高气体流速下将加剧冲刷腐蚀，因而必须控制气体流速的上限；但是，如果气体流速低，也可造成设备底部积液而发生水线腐蚀、垢下腐蚀等，故规定气体的流速应大于 3 m/s。

除了以上影响因素以外，H_2S 的腐蚀还受到其他腐蚀介质（如氯离子和氢氰根离子），材料的硬度及焊后热处理，管道元件的表面质量，材料的强度及碳当量，材料的硫、磷含量等因素的影响。

（2）CO_2 对金属的腐蚀机理及影响因素。

① CO_2 对金属的腐蚀机理。

干燥的 CO_2 气体本身是没有腐蚀性的。CO_2 在水湿环境下呈现酸性，会使钢铁表面发生电化学腐蚀，即 $CO_2 + H_2O + Fe \longrightarrow FeCO_3 + H_2\uparrow$。

CO_2 对金属材料的腐蚀，根据温度区间的不同，可以产生全面腐蚀，也有局部腐蚀。油气田设备的 CO_2 腐蚀类型主要表现为：局部腐蚀的点蚀、台地状腐蚀、环状腐蚀和冲刷腐蚀等形态。

一般来讲，在低温区（<60 ℃）时，$FeCO_3$ 成膜很困难，即使暂时形成 $FeCO_3$ 膜也是比较疏松且不依附着的 $FeCO_3$ 膜。此时，腐蚀速率是由水解生成碳酸的速度和扩散至金属表面的速度共同决定，以均匀腐蚀为主。

当温度高于 60 ℃时，金属表面有碳酸亚铁生成，腐蚀速率由穿过阻挡层传质过程决定，即垢的渗透率、垢本身固有的溶解度和介质流速的联合作用而定。

在中温区 100 ℃附近，$FeCO_3$ 膜的形成条件得以满足，金属基体上生成厚而松、结晶粗大、不均匀、易破损的 $FeCO_3$ 膜。因此，腐蚀速率达到一个极大值，也将引发严重的局部腐蚀。

高于 150 ℃时，铁的腐蚀溶解和 $FeCO_3$ 膜的形成速度都很快，基体将很快被一层晶粒细小、致密而附着力又强的 $FeCO_3$ 膜保护起来。这种保护膜大约在钢铁接触到腐蚀介质的最初 20 h 左右就可形成，以后就具有保护作用。因此，在温度高于 150 ℃时，CO_2 对金属的腐蚀速率很小。

② CO_2 腐蚀金属材料的主要影响因素。

影响 CO_2 腐蚀的因素有很多，总结起来可归为三大类：一类是环境因素，包括温度 T、CO_2 分压、流速、pH、腐蚀产物膜、细菌等；二是材料因素，包括材料的种类，材料中合金元素 Cr、C、Ni、Si、Mo 等的含量，热处理及材料涂层等；三类是介质因素，包括水含量，水溶液中 Cl^-、Ca^{2+}、Mg^{2+}、HCO_3^-、H_2S 等的含量。

a. 温度的影响。根据 CO_2 与金属的反应来看，生成的主要产物为 $FeCO_3$，该产物致密且附着力强地附着在金属上时,相当于一层保护膜阻止 CO_2 的水溶液与 Fe 接触,避免金属受到腐蚀作用。温度低于 60 ℃时,钢铁表面存在少量软而附着力小的腐蚀产物 $FeCO_3$。$FeCO_3$ 量少且附着力小时,就无法阻止腐蚀反应的发生,此时表现为金属表面光滑,易于发生均匀腐蚀;60～110 ℃范围,腐蚀产物层厚而松,易于发生严重的均匀腐蚀和局部腐蚀,局部腐蚀较为突出;110～150 ℃之间,随着温度的增加,腐蚀速率降低,当温度达到 150 ℃以上时,腐蚀产物是细致、紧密、附着力强、具有保护性质的 $FeCO_3$ 和 Fe_3O_4 膜,能够降低腐蚀速度。

　　b. 二氧化碳分压。CO_2 对金属材料的腐蚀程度在很大程度上取决于其在水溶液中的溶解度,即在系统中的 CO_2 分压。只有 CO_2 溶于水后,才会对钢铁产生腐蚀。CO_2 分压对腐蚀速度的影响随温度不同而异。在温度低于 110 ℃条件下,随着 CO_2 分压增大,在水中的溶解度增大,从碳酸中分解的氢离子浓度也就越高,其腐蚀速度也就越快;当温度达到 150 ℃以上时,CO_2 分压越大,腐蚀产物 $FeCO_3$ 和 Fe_3O_4 的形成越迅速,能够快速在金属材料上形成 $FeCO_3$ 和 Fe_3O_4 膜,对金属材料起到保护作用。

　　c. 流速。一般认为,流速对腐蚀速率的影响可分为两种情况。一是金属表面没有腐蚀产物膜覆盖时,流速增加会使流体中 HCO_3^-、H^+ 等扩散更快,增大了腐蚀介质到达金属表面的传质速度,使阴极去极化增强,同时使腐蚀产生的 Fe^{2+} 迅速离开金属表面,使腐蚀速率增大。二是金属表面被腐蚀产物膜覆盖后,高流速流体具有一定的冲刷力,对已形成的保护膜起破坏作用,同时阻碍金属表面新保护膜的形成,或对已形成的保护膜起破坏作用,使腐蚀加剧。

　　d. 腐蚀反应膜的附着特性。CO_2 腐蚀反应中,金属表面往往会形成 $FeCO_3$ 膜。这层膜能否对管材抗腐蚀起到缓蚀作用,关键取决于腐蚀产物膜的物理性能。完整、致密、附着力强的产物 $FeCO_3$ 膜可减小腐蚀速率,即当 $FeCO_3$ 膜致密分布于金属表面时将在一定程度上减少材料的腐蚀;而当 $FeCO_3$ 膜不能够致密分布时,不仅不能够起到有效的保护作用,反而会加剧材料的局部腐蚀。这层膜的物理性能与其形成的外部环境条件尤其是温度具有密切的关系。

　　e. 合金元素。合金元素对钢的腐蚀产物膜以及腐蚀速率有重要的影响,这些合金元素包括 Cr、Mo、V、Si、Cu 等,表 8-8 列出了部分合金元素对点蚀的影响。

表 8-8　合金元素对点蚀的影响

合金元素	对点蚀的影响
铬	增加对抗点蚀的能力
镍	增加对抗点蚀的能力
钼	增加对抗点蚀的能力
硅	降低抗点蚀的能力,当钢中含钼时有好作用
钛和铌	在 $FeCl_3$ 中降低抗点蚀的能力,在其他介质中作用不明显
硫和硒	降低抗点蚀的能力
碳	降低抗点蚀的能力
氮	增加对抗点蚀的能力

在碳钢中加入 Cr 元素,可大大降低材料出现局部腐蚀的可能性,同时也降低了材料表面的平均腐蚀速率。

影响二氧化碳腐蚀速率的除了上述的温度、CO_2 分压、流速、腐蚀产物膜及合金元素外,还有 pH、介质水含量、载荷、攻角、细菌及其他一些施工或阴极保护电流泄漏等因素造成的影响。

(3) H_2S 和 CO_2 共存条件下对金属的腐蚀机理。

我国的川东北地区主要储层中 CO_2 和 H_2S 含量都比较高,CO_2 和 H_2S 共存条件下的腐蚀有别于单项腐蚀,由于 CO_2/H_2S 共存条件下的腐蚀行为非常复杂,研究条件十分苛刻,国内外对两者共存条件下腐蚀机理的解释至今仍没有达成共识。国外虽然已经开展了一定的研究,但主要仍是依靠试验的手段,并没有很明确提出两者共存下的腐蚀机理模型,在国内,对于 CO_2 和 H_2S 在共存条件下的腐蚀机理研究报道也是近几年才出现的。

① CO_2 与 H_2S 的竞争协同效应。

学者们一般认为在 CO_2/H_2S 共存腐蚀环境中,CO_2 的存在对腐蚀起促进作用,CO_2 相对含量的增加会导致腐蚀形态逐步转化为以 CO_2 为主导因素,增加酸性气田防腐难度。而 H_2S 的存在既能通过阴极反应加速 CO_2 腐蚀,又能通过 FeS 沉淀减缓腐蚀。因此 CO_2 与 H_2S 共存条件下,两者的腐蚀存在竞争与协同效应。腐蚀过程受 H_2S 或 CO_2 控制,取决于两者的相对含量。

② 基于 CO_2/H_2S 分压比的腐蚀机理研究。

影响 CO_2/H_2S 共存腐蚀机理的因素众多,除了 CO_2 和 H_2S 分压、溶液温度外,还有溶液离子组成、介质流速、溶液 pH、金属本身元素以及微观结构等诸多因素也会影响金属的腐蚀行为。分压比是 CO_2/H_2S 腐蚀环境中特有的影响因素,也是研究 CO_2/H_2S 腐蚀特点和规律的切入点,目前国内外学者基本上倾向于从 CO_2/H_2S 分压比方面研究两者共存时的腐蚀行为。通过分析和总结国内外学者对 CO_2/H_2S 腐蚀的研究成果,分压比的研究基本可以分为两类:一类是体系中的 CO_2 含量保持不变,通过逐渐改变 H_2S 的含量来研究对金属腐蚀的影响;另一类是体系中的 H_2S 含量保持不变,通过逐渐改变体系中 CO_2 分压来研究腐蚀特点及规律。

关于两者主导腐蚀的分压比界限的划分,现有研究存有争议。目前具有代表性的主要有两种观点:一种是 Sridhar 等较早提出的 $P_{CO_2}/P_{H_2S}<200$;另一种是 Pots 等提出的 $P_{CO_2}/P_{H_2S}<20$。

Sridhar、Fierro、Masamura 等国外学者以及李鹤林院士等国内学者针对 CO_2/H_2S 共存腐蚀在理论上取得了一些研究成果,他们认为:① 在 H_2S 分压小于 7×10^{-5} MPa 时,CO_2 是主要的腐蚀介质,温度高于 60 ℃,腐蚀速率与产生的 $FeCO_3$ 膜的保护性能有关,与 H_2S 基本无关;② 随着 H_2S 含量的增加($P_{CO_2}/P_{H_2S}>200$),在 CO_2 为主导体系中,H_2S 的存在会在材料表面形成与温度和酸碱度有关的比较致密的 FeS 膜,导致腐蚀速率降低;③ 在 H_2S 为主导体系中($P_{CO_2}/P_{H_2S}\leqslant200$),$H_2S$ 的存在会使材料表面优先生成一层 FeS 膜,此膜的形成会阻碍 $FeCO_3$ 膜的生成。在 $60\sim240$ ℃的温度范围内,这层 FeS 膜对金属表面可以起到保护作用。当温度低于 60 ℃或者高于 240 ℃时,形成的 FeS 膜不稳定且多孔,不能起到保护作用。系统最终的腐蚀性取决于 FeS 膜和 $FeCO_3$ 膜的稳定性及其保护状况。

Pots 等学者对于分压比界限的划分持有不同观点,根据两者分压比将 CO_2/H_2S 共存体系分为 3 个控制区:当 $P_{CO_2}/P_{H_2S}<20$,H_2S 控制腐蚀过程,腐蚀产物主要为 FeS;当 $20<P_{CO_2}/P_{H_2S}<500$,CO_2/H_2S 混合交替控制,腐蚀产物包含 FeS 和 $FeCO_3$;当 $P_{CO_2}/P_{H_2S}>500$,CO_2 控制整个腐蚀过程,腐蚀产物主要为 $FeCO_3$。

虽然 Sridhar 和 Pots 等学者对分压比界限的划分值不同,但是划分依据是相同的。即都是依据腐蚀产物的组成来划分。若腐蚀产物主要为 FeS,则 H_2S 控制腐蚀过程;若腐蚀产物包含 FeS 和 $FeCO_3$,则 CO_2 和 H_2S 混合交替控制;若腐蚀产物主要为 $FeCO_3$,则 CO_2 控制整个腐蚀过程。有关学者通过试验研究认为 Pots 等划分的分压比界限比 Sridhar 等的分压比界限更合理一些。

2.套管选材标准

根据 DNV 于 1981 年颁布的 TN B111 标准,当油气的相对湿度大于 50%、腐蚀性气体的分压超过下列极限时,油气是腐蚀性的:O_2 100 Pa,CO_2 10 kPa,H_2S 10 kPa。当 H_2S 和 O_2 共存时,腐蚀性更强。而另一份研究报告则认为,油气井产出的水或凝析水是发生腐蚀的先决条件,当 $P_{CO_2}>200$ kPa 时,对碳钢的腐蚀性极强;而当 $P_{CO_2}<50$ kPa 时,对碳钢无腐蚀性;当 $P_{H_2S}>2$ kPa 时,属于含硫油气井(sour well),这时的腐蚀由 H_2S 或 H_2S+CO_2 引起,而非含硫油气井(sweet well)的腐蚀由 CO_2 所致。上述判据的差异很可能是由于工况条件不同所造成的。因此,必须根据具体的工况条件研究确定相应的工艺参数。结合川东北地区储层特点,依据腐蚀工程师协会(NACE) MR 0175/ISO 15156—2005,对日本的住友金属、NKK 和川崎公司,美国的 Lone tar Steel 公司、NACE、ISO,荷兰的 DMV 公司和法国的 Cabval 公司等 8 套酸性环境下的油套管选材原则和规范进行综合分析,得出川东北地区套管选材综合分区图和套管选材流程图,分别如图 8-3 和图 8-4 所示。

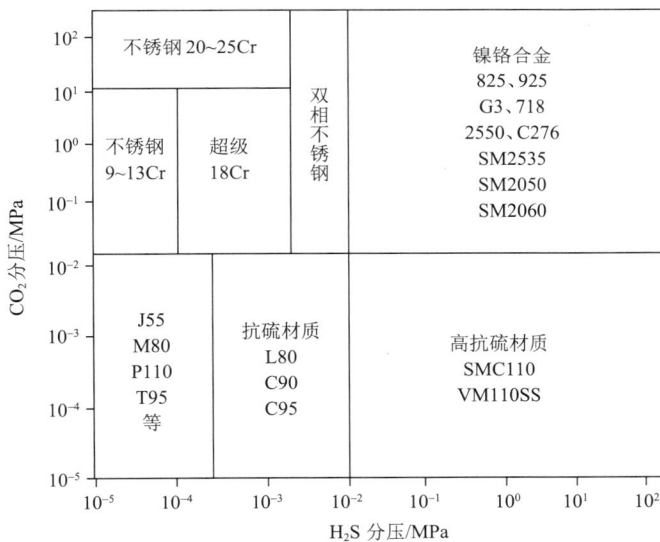

图 8-3　管材选用分区图

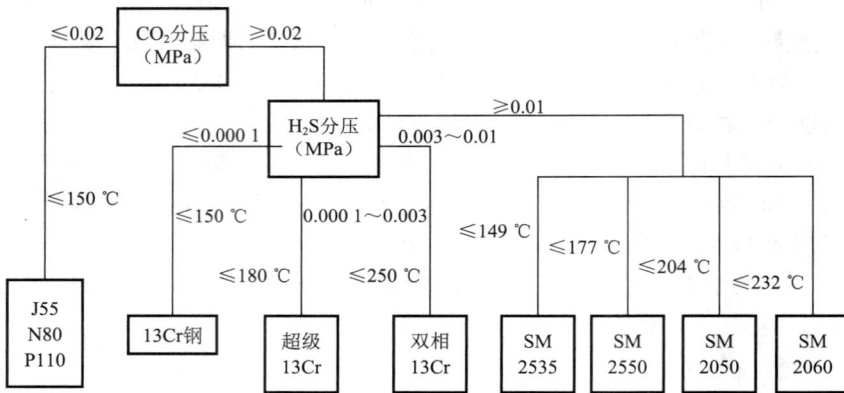

图 8-4　管材选用流程图

注:图 8-4 中未包含的有关气体分压的工况条件可参考图 8-3,未包含的有关温度的工况条件以上一级为准,如 CO_2 分压≤ 0.02 MPa,温度≥ 150 ℃时,可选超级 13Cr 或双相 13Cr 材料。

3. 套管选材原则

(1) 总体原则。

① 盐岩层、软泥岩层宜根据蠕变地层外载设计套管。

② 含 CO_2 气体地层推荐使用含 Cr 的合金套管。

③ 含 H_2S 气体地层应根据 H_2S 含量,套管强度设计结果和管材的抗硫性能选择低碳钢级套管。

④ 同时含 CO_2 和 H_2S 气体地层宜采用含镍铬合金套管。

⑤ 理论环空间隙小于 19 mm 的井眼宜采用无接箍套管或接箍壁厚小于标准接箍的套管。

⑥ 气井的生产套管和生产套管上一层技术套管,宜采用金属密封螺纹套管。

(2) 单纯 CO_2 存在。

通常都是按照 API Spec 5CT 的规定,根据井深/油气压等条件,选择不同强度级别的套管。例如,井深为 3 000 m 以下的浅井和 3 000~4 000 m 的中深井,所需的油管和套管大部分为 J-55 和 N-80 低强度级别;而对 6 000~7 000 m 的超深井,则需要用 C-95、P110、Q125 或更高强度级别。日本、德国的一些钢厂在上述 API 标准的基础上提出了他们本厂的产品系列。例如,在低强度范围内提出了抗硫化物应力腐蚀开裂、低温性能好并且抗挤毁能力强的"超 API 标准"油井套管和油管;在高强度范围内提供强度"超 API 标准"的油井管,如 SM-125G、SM-150G、NW-125、NW-140、NW-150、NK-125、NK-140 和 NK-150 等高强度和超高强度套管及油管。就钢种而言,以上强度级别的套管和油管一般都采用中碳(0.2%~0.4% C)-锰-钼(加微量铌、钒或钛)系低合金的热轧无缝钢管或高频直缝焊管。而在含 CO_2 的油气井中,国外已采用含铬铁素体不锈钢(9%~13% Cr)油管和套管;在 CO_2 和 Cl-共存的严重腐蚀条件下,采用铬-锰-氮体系的不锈钢管(22%~25% Cr)油管和套管;在 CO_2 和 Cl-共存并且井温也较高的条件下,用镍-铬基合金(Supper alloy)或钛合金(Ti-15Mo-5Zr-3Al)做套管和油管等。在苛刻的腐蚀环境条件下,对油井管螺纹也有特殊要求,圆螺纹和偏梯形螺纹不能满足使用要求,需用特种螺纹连接以使螺纹部分与腐蚀介质相隔绝并满足螺纹连接的强度超过管体强度的要求。

（3）CO_2 和 H_2S 共同存在。

若 CO_2 和 H_2S 共同存在，可根据以下原则进行选材：

① 表层套管的选材：根据表层套管工况条件，选用碳钢材质。

② 技术套管的选材：在储层流体硫化氢分压＞0.34 kPa 时，对于可能暴露于硫化氢流体中的技术套管，使用具有相应抗硫性能的高抗挤材质，并采用特殊金属气密封扣型。

③ 生产套管的选材。

a. 对于生产过程中直接接触含硫化氢、二氧化碳流体的生产套管，按含硫化氢、二氧化碳储层段的最高温度及压力情况参考图 8-3、图 8-4 进行材质选择。当地层水 Cl⁻含量＞5 000 mg/L 或生产过程中可能出现单质硫时，进行模拟工况条件下的电化学腐蚀实验、硫化物应力开裂和氢致开裂评价实验，根据实验结果进行材质选择。

b. 对于生产过程中不直接接触含硫化氢、二氧化碳流体的生产套管，储层流体硫化氢分压＞0.34 kPa 时，使用具有相应抗硫性能的材质。

c. 对于使用不同材质组合的生产套管，根据电偶腐蚀实验和电化学腐蚀实验等结果进行材质优化选择。

d. 图 8-4 中未包含的有关气体分压的工况条件可参考图 8-3，未包含的有关温度的工况条件以上一级为准，如二氧化碳分压≤0.02 MPa、温度≥150 ℃时，可选超级 13 Cr 或双相 13 Cr 材料；对于图中未包含材料，参考图中性能接近的相应材质进行类比选择。

4. 套管选材实施方案

以普光气田管材选择方案为例，选材综合考虑了钻井、采气及产层改造等工艺的要求。对于生产套管，不仅要考虑射孔对套管强度的影响，还要能承受在长期开采过程中气体可能进入套管与油管环空所产生的内压力，以及在井下高温、高压情况下地层流体等对生产套管的腐蚀破坏等一系列因素。普光气田 H_2S 含量为 11.42%～17.05%，平均含量14.28%，最高分压 9.65 MPa；CO_2 含量 7.77%～14.25%，最高分压 6.5 MPa；Cl⁻含量15 000 mg/m³；气藏温度 120～133 ℃，气藏压力 55～57 MPa。属高含硫化氢、中含二氧化碳气藏。套管柱设计不但要考虑防 H_2S 和 CO_2 腐蚀的要求，还要考虑生产井的寿命（按生产井寿命 15～20 年进行设计）。

结合普光气田储层特征，生产套管优选了国际上著名的日本住友、德国曼特斯曼和特纳公司生产的耐蚀合金钢套管（抗硫、耐 CO_2），钢级型号分别为 SM2242-110、VM825-110、TN028，壁厚 12.65 mm。

考虑钻井、完井、采气等工程中各种因素的影响，普光气田生产套管在气层顶以上 200 m 至井底采用耐蚀合金钢气密封扣型套管，其他井段采用抗硫气密封扣型套管。

由于井下套管柱长期处于高温高压高酸性环境，设计采用了具有良好密封性能的气密封螺纹连接套管，可以同时满足强度、密封和耐腐蚀要求。

5. 套管缓释技术

在解决油气田腐蚀问题时主要有以下几种方法：① 筛选抗腐蚀材料；② 涂层或衬里保护；③ 电化学保护；④ 加注缓蚀剂；⑤ 适时检测和维护。其中加注缓蚀剂是防护金属材料腐蚀的有效途径之一。

缓蚀剂又称腐蚀抑制剂，少量地添加到腐蚀介质环境中时会在金属与介质的界面上阻滞腐蚀进行，有效地减缓或阻止金属腐蚀，具有成本低、操作简单、见效快、能保护整个设备和适合长期保护等特点，采用缓蚀剂无疑特别适合于油气田油套管系统、井下采集工具、井口装置、井上集输设备和管线以及注水系统。国内外的有关研究资料和文献表明，在含有 CO_2/H_2S 的酸性油气田腐蚀环境中，缓蚀剂对于降低管材的腐蚀速率，抑制包括点腐蚀在内的局部腐蚀，降低硫化氢应力腐蚀开裂和氢致腐蚀开裂都具有非常显著的效果，同时缓蚀剂对于降低电偶腐蚀和增强 FeS 腐蚀产物膜的抗冲刷能力也具有一定的效果。

CO_2/H_2S 共存条件下常用的缓蚀剂按其在金属表面的缓蚀作用机理可以分为成膜型缓蚀剂（无机物）和吸附型缓蚀剂（有机物）两大类。成膜型缓蚀剂主要是无机物（如铬酸盐、亚硝酸盐等）。这类缓蚀剂性能良好，但这类缓蚀剂往往用量较大，可行性差，而且当用量不足时可能会导致严重的局部腐蚀，并且一般都有毒。由于生态环境保护的原因，这类物质的使用受到严格限制或被其他物质替代。无机缓蚀剂大多用于中性介质体系，它主要影响金属的阳极过程和钝化状态。与之相比，有机缓蚀剂则主要用于酸性介质体系，它在金属表面吸附，能在金属表面形成一层疏水性保护层，阻碍与腐蚀反应有关的电荷或物质向金属表面扩散，影响金属腐蚀的动力学过程，从而达到减缓金属腐蚀的目的。针对 CO_2/H_2S 共存的酸性腐蚀环境，目前国内外所使用的缓蚀剂基本上是吸附型有机缓蚀剂。

吸附型有机缓蚀剂在抑制 H_2S、CO_2 腐蚀方面研究较多的为烷基吡啶、酰胺类、松香胺衍生物、噻唑类、硫脲衍生物、季铵盐类、咪唑啉及其衍生物、嘧啶、烷氧基胺盐、喹啉等。普遍认为酰胺类、咪唑啉衍生物类、季铵盐类、Schiff 碱化合物类缓蚀效果较好。

第五节　套管柱下部结构与固井附件工具

一、套管柱下部结构

要把设计好的不同钢级、不同壁厚的套管柱顺利、安全地下入到预定深度，以及为了提高固井质量，必须在套管柱的下部安装一些附加装置，这些附加装置统称为套管柱下部结构。主要包括：引鞋、套管鞋、旋流短节、回压阀、承托环、扶正器、浮箍和浮鞋、水泥伞。

1. 引鞋（Guide Shoe）

引鞋的作用是引导套管顺利下入并保护下部套管。大部分类型的引鞋具有圆形凸头，凸头内部由可钻材料构成（针对完井套管也可用其他材料），外套通常用套管接箍钢材制成。目前，常用的引鞋有水泥制引鞋和铝制引鞋，如图 8-5 所示。对技术套管的引鞋，在钻掉下部引导部分后，套管下部要形成一个内斜面，以引导后续钻进工具的进入和上提，防止挂碰套管，此结构称为套管鞋。

2. 套管鞋

套管鞋用套管接箍做成并安装在引鞋之上，下端车成 45°内斜坡，以便引导所有的入井工具顺利进入套管，防止入井工具挂在套管的底端，其结构如图 8-6 所示。固井后不再钻进的油层套管可以不用。

水泥制引鞋　　　　铝制引鞋

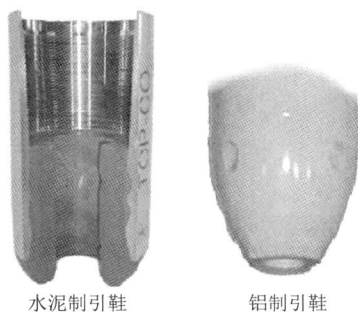

图 8-5　引鞋结构图　　　　　　图 8-6　套管鞋

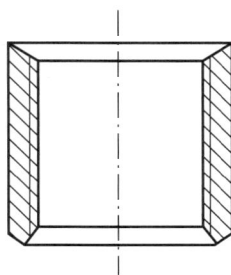

3.旋流短节

旋流短节是接在套管鞋上的一段带孔眼的短节,孔眼成螺旋状(左旋)分布,如图 8-7 所示。孔径一般为 25～30 mm,孔数为 8～9 孔。旋流短节的作用在于使水泥浆通过螺旋分布的孔眼螺旋上返,与从引鞋通过上返进入环空的水泥浆进行掺混,一般在低排量条件下达到紊流状态,从而提高水泥浆的顶替效率,保证固井质量。

在深井或超深井固井中,常将引鞋与旋流短节并为一体,旋流短节有一定的锥度,采用铸铝等较易钻的材料,如图 8-8 所示。固井后一起钻掉,使得井下管串均无通孔,保证下部套管强度,有利于后续钻进及完井作业。该旋流引鞋底端还采用带阻流阀的结构,可防止下套管过程中发生砂堵。

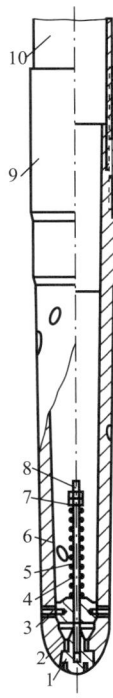

图 8-7　旋流短节　　　　　　　图 8-8　铝质旋流短节

1—阀体;2—锁紧螺母;3—锁紧销钉;4—弹簧;5—阀导杆;
6—旋流体;7—螺母;8—开口销;9—套管鞋;10—7 in 套管

227

4.承托环与回压阀

承托环的作用在于控制水泥塞的高度,下套管时装在水泥塞预定位置 O 处的套管接箍内。为了便于钻掉,一般用生铁等易钻的材料做成。其结构如图 8-9 所示。

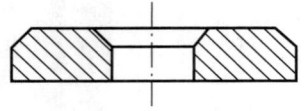

图 8-9　承托环

回压阀的作用主要有两个方面:其一是在下套管过程中,减轻套管柱的重量;其二是注水泥过程中及其结束候凝过程中,防止水泥浆回流。球式或半球式回压阀的球座挡板起到承托环的作用,其结构如图 8-10 和 8-11 所示。

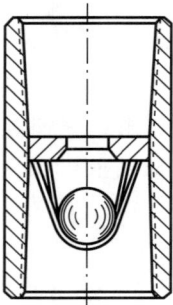

图 8-10　球式回压阀

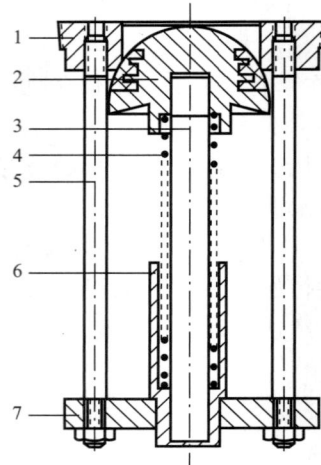

图 8-11　半球式回压阀
1—阀座;2—阀体;3—导杆;4—弹簧;
5—撑杆;6—弹簧座;7—底板

5.浮鞋和浮箍(Float Shoe and Float Collar)

浮鞋连接在套管串的最下部,其下部形状与引鞋相似,可以引导套管顺利下入。浮鞋内部有一个单流阀(浮阀),其作用是下套管过程中可增大浮力,减小大钩负荷,同时在顶替完毕后,防止水泥浆倒灌入套管内。采用常规浮鞋时,每下入 5~10 根套管就需向套管内进行灌浆,以防止掏空段过多挤坏套管或单流阀损坏。另外,采用单向阀可容易控制下套管过程中的井涌,在套管内灌入净化良好的钻井液,为注水泥做好准备。自动灌浆式浮鞋(或浮箍)可实现下套管过程中的自动灌浆,当环空压力与套管内压力达到一定值后,浮阀自动开启以实现自动灌浆。

浮箍的主要作用是防止水泥浆反流入套管内并实现碰压。在深井固井或长封固段时,为安全起见,常采用两个浮箍。对技术套管,应采用易钻材料制成的浮鞋和浮箍。如图 8-12 所示。

二、固井工具附件

固井工具附件包括浮鞋(引鞋)、浮箍、套管扶正器、滤饼刷、旋流短节、预应力地锚、胶塞、水泥头、水泥伞、分级注水泥器、承托环、悬挂器及其坐落接箍、尾管回接筒、套管外封隔器、内管法注水泥器和联顶节等。下面介绍几种常用固井工具附件。

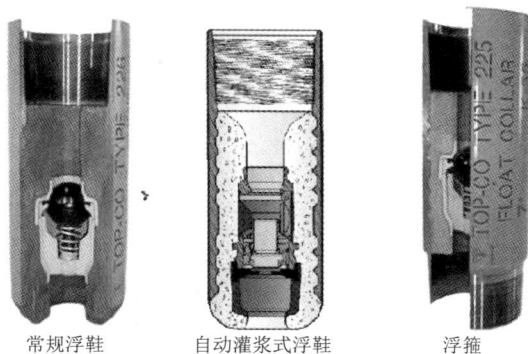

常规浮鞋　　　　自动灌浆式浮鞋　　　　浮箍

图 8-12　浮鞋和浮箍

固井管串主要由套管串组成，此外还包括套管串中的附件，如水泥头、引鞋、浮鞋、浮箍、扶正器、胶塞、分级箍、管外封隔器等。固井管串结构如图 8-13 所示。

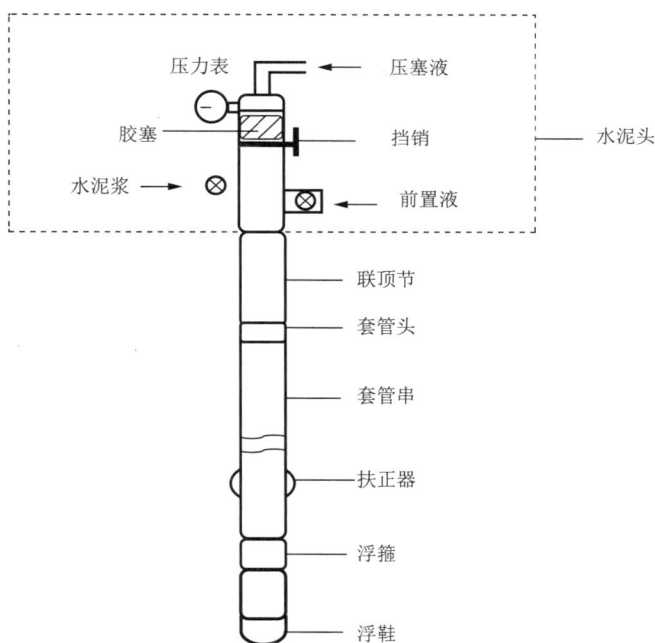

图 8-13　固井管串结构示意图

1. 水泥头（Cementing Head）

水泥头位于套管串的最顶部，是注水泥作业时浆体的注入控制头，下部与联顶节相连。固井水泥头按其连接螺纹分为钻杆水泥头与套管水泥头两大类。钻杆水泥头用于内管固井或尾管固井；套管水泥头分为单塞水泥头和双塞套管水泥头，其中双塞套管水泥头可应用于双胶塞固井和双级注水泥固井中。常用的水泥头类型如图 8-14 所示。

2. 胶塞（Cementing Plug）

胶塞用来分隔水泥浆和顶替液（冲洗液），防止两种不同液体间的相混。上胶塞为实心胶塞，在顶替过程中，当上胶塞下行到浮箍的阻流环位置时实现碰压，指示顶替过程的完成。下胶塞上部有一橡胶薄膜，下部为内空部分，下胶塞下行到浮箍的阻流环时被阻挡，上部胶

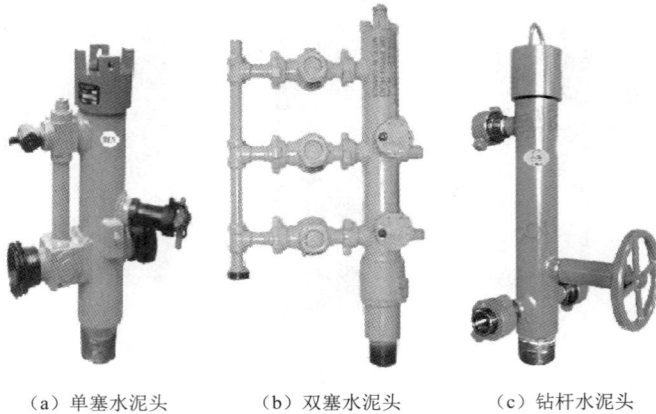

（a）单塞水泥头　　　（b）双塞水泥头　　　（c）钻杆水泥头

图 8-14　固井常用水泥头

膜被压破，保证水泥浆继续循环。常规固井采用的胶塞如图 8-15 所示。目前，固井过程中一般只用上胶塞。

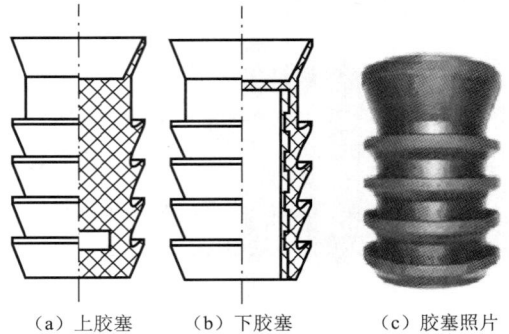

3.分级注水泥器（分级箍）

分级注水泥器简称分级箍，是分级注水泥作业的专用工具，主要分为机械式分级箍、压差式分级箍、机械压差双作用分级箍三种类型。由于机械压差双作用分级箍可代替压差式分级箍，所以常用的分级箍只有两种，即：机械式分级箍和机械压差双作用分级箍。分级箍的打开方式、主要附件及功用特点见表 8-9。

（a）上胶塞　　（b）下胶塞　　（c）胶塞照片

图 8-15　常用固井胶塞

表 8-9　分级箍的打开方式、主要附件及功用特点

类型	打开方式	主要附件及功用	特　　　点
机械式	投重力塞憋压打开循环孔；用打开塞打开循环孔	挠性塞：一级注水泥碰压塞； 重力塞：重力下落就位打开塞； 打开塞：泵送就位打开塞； 关闭塞：二级注水泥碰压关闭塞	1.适应井眼不畅通、易憋泵等复杂固井； 2.适用于一、二级封固段不连接的井
压差式	直接憋压在打开套两端产生压差打开循环孔	挠性塞：一级注水泥碰压塞； 关闭塞：二级注水泥碰压关闭塞	1.适应井眼畅通、不易憋泵的井固井； 2.适用于一、二级封固段连接的井； 3.适用于一、二级连续注水泥的井
机械压差双作用	投重力塞憋压打开循环孔、直接憋压打开循环孔或用打开塞打开循环孔	挠性塞：一级注水泥碰压塞； 重力塞：重力下落就位打开塞； 打开塞：泵送就位打开塞； 关闭塞：二级注水泥碰压关闭塞	1.适应井眼畅通、不易憋泵的井固井； 2.适用于一、二级封固段连接的井； 3.适用于一、二级连续注水泥的井； 4.直接憋压打不开循环孔时，可投重力塞憋压打开

（1）机械式分级箍结构原理。

机械式分级箍主要由母扣接头、本体、关闭套铝座、关闭套、关闭套销钉、打开套、打开套

销钉、打开套铝座、公扣接头等部件组成(如图8-16a)。工作原理:将分级箍连接于套管串中的设计位置,分级箍为原始状态。当重力塞(或连续打开塞)到达打开套时,压力升高,打开套销钉剪断,打开循环孔,建立循环,可进行注水泥作业。当替钻井液结束关闭塞到达关闭套时,压力升高,关闭套销钉剪断,关闭循环孔,固井结束。候凝后钻掉分级箍内的胶塞、重力塞(或连续打开塞)、关闭套铝座和打开套铝座,进入下道工序(如图8-16b)。

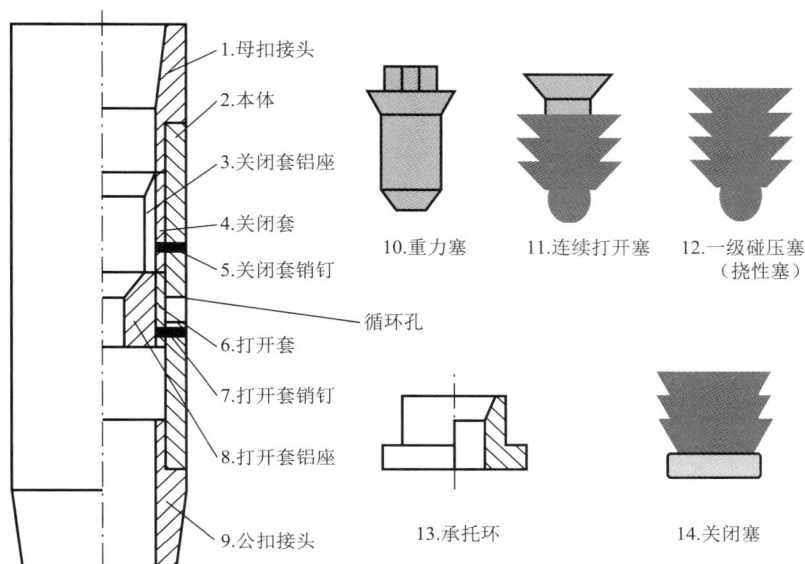

1.母扣接头
2.本体
3.关闭套铝座
4.关闭套
5.关闭套销钉
循环孔
6.打开套
7.打开套销钉
8.打开套铝座
9.公扣接头

10.重力塞　　11.连续打开塞　　12.一级碰压塞(挠性塞)

13.承托环　　　　　14.关闭塞

图 8-16a　机械式分级箍结构

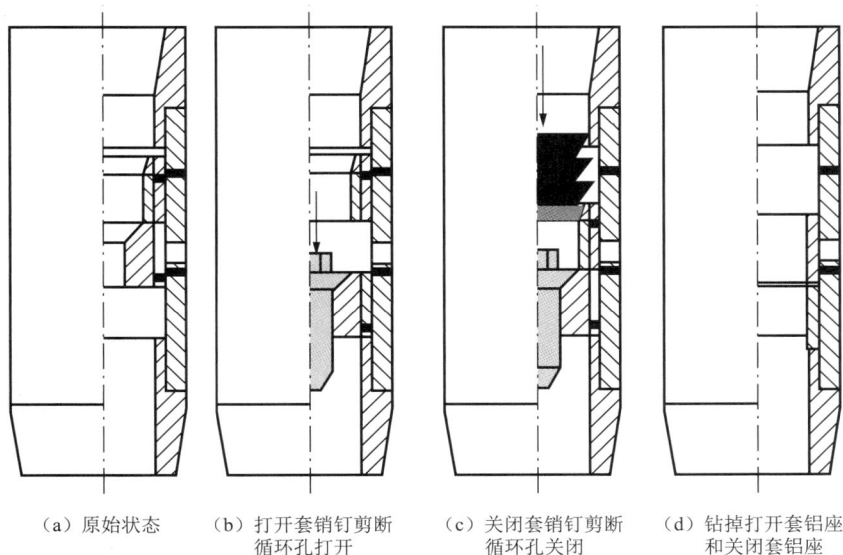

(a)原始状态　　(b)打开套销钉剪断循环孔打开　　(c)关闭套销钉剪断循环孔关闭　　(d)钻掉打开套铝座和关闭套铝座

图 8-16b　机械式分级箍结构

(2)压差重力双作用分级箍结构原理。

压差重力双作用分级箍主要由母扣接头、本体、关闭套铝座、关闭套、关闭套销钉、打开套、打开套销钉、打开套铝座、公扣接头等部件组成（如图 8-17a）。结构特点是：打开套（含打开套铝座）上、下两端截面积不一样，上端面截面积 S_1 大于下端面截面积 S_2，即：$S_1 > S_2$。当套管内有压力 P 时，打开套（含打开套铝座）上、下两端所产生的作用力 F_1 和 F_2 是不等的，$F_1 = PS_1$，$F_2 = PS_2$，因为 $S_1 > S_2$，所以 $F_1 > F_2$。压差打开分级箍工作原理是：将分级箍连接于套管串中的设计位置，分级箍为原始状态。当套管内憋压达到一定压力值时，打开套销钉剪断（$F_1 > F_2$），打开循环孔，建立循环，进行注水泥和替钻井液作业。当替钻井液结束关闭塞到达关闭套时，压力升高，关闭套销钉剪断，关闭循环孔，固井结束。候凝后钻掉分级箍内的胶塞、关闭套铝座和打开套铝座，进入下道工序（如图 8-17b）。若用压差方式打不开分级箍，可再采用投重力塞方式将分级箍打开。工作原理和操作程序与机械式分级箍相同（如图 8-17b）。

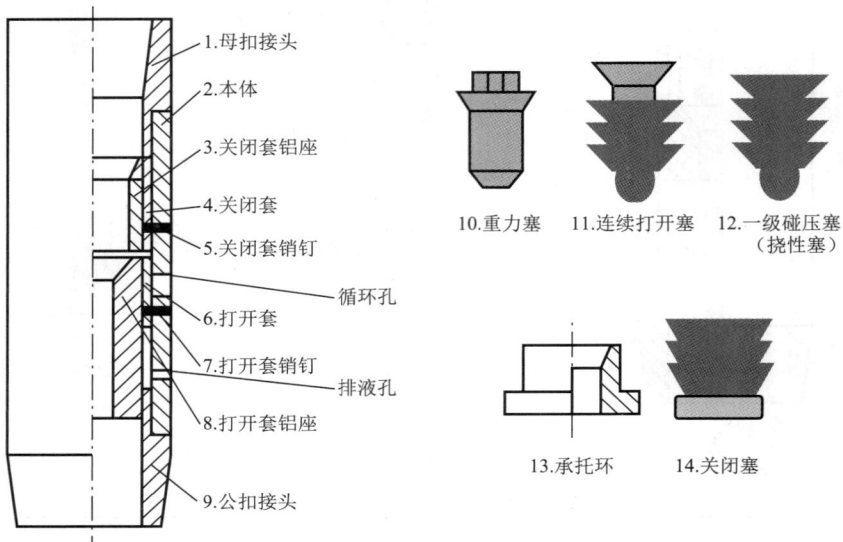

图 8-17a 压差重力双作用分级箍结构

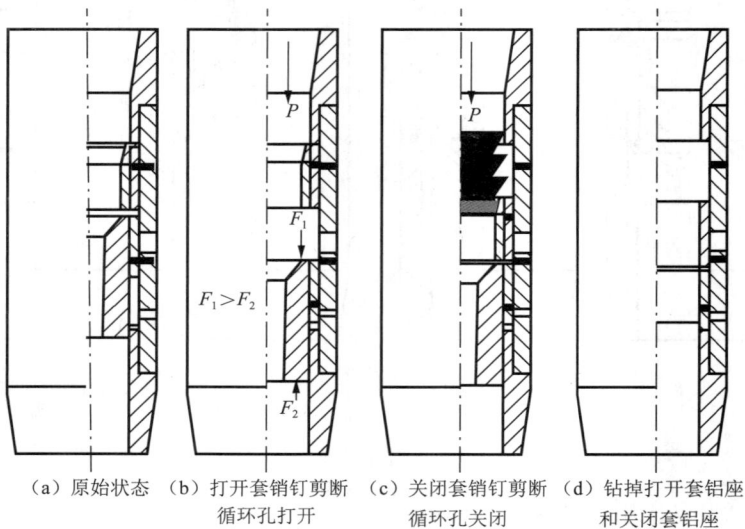

（a）原始状态　（b）打开套销钉剪断　（c）关闭套销钉剪断　（d）钻掉打开套铝座
　　　　　　　　　　　循环孔打开　　　　　　循环孔关闭　　　　　　和关闭套铝座

图 8-17b 压差重力双作用分级箍结构

4.尾管悬挂器

尾管固井可使用的尾管悬挂器(简称尾管挂)类型很多,尾管悬挂器的类型选择依据尾管长度、尾管直径、井下复杂情况和操作可靠性等因素。最常用的尾管悬挂器是"液压式尾管悬挂器"和"机械式尾管悬挂器"。常见尾管悬挂器类型见表8-10。

表8-10 常用悬挂器类型

类 型	作 用 机 理	特 点
水泥环悬挂	利用水泥环强度支承尾管	成本低;只适用保护性尾管
卡块悬挂器 台阶悬挂器	靠卡块、台阶悬挂尾管	成本低;结构简单;悬挂负荷小,只适用较短的尾管
机械卡瓦悬挂器	"J"形槽式是转动套管座卡瓦;轨道式是上下活动套管座卡瓦	可靠性差;悬挂负荷较小;只适用浅井和尾管较短的井;可套管回接
液压卡瓦悬挂器	下尾管后,投球憋压,液缸的环形活塞推动卡瓦座挂	可靠性强;悬挂负荷较大;易操作;可使用于深井、长尾管井;可套管回接

(1)机械式尾管悬挂器(轨道式)结构原理。

轨道机械式尾管悬挂器的主要部件有:回接筒、尾管体头、密封套、卡瓦、摩擦弹簧片、换轨销钉、中心管、空心塞销钉、空心塞等(如图8-18a)。工作原理是:当机械式尾管悬挂器下到设计悬挂深度后,此时导向销钉处于轨道短槽内,上提送入钻具的距离大于短槽长度,依靠弹簧片的摩擦力使换轨销钉在导向槽内自动进入长槽,再下放送入钻具的距离大于长槽长度,在弹簧片摩擦阻力的作用下,尾管头锥体下移时使卡瓦进入尾管头锥体与上层套管间隙内,卡死尾管头,实现尾管悬挂(如图8-18b)。开泵循环钻井液,调整钻井液性能,转入正常注水泥作业。

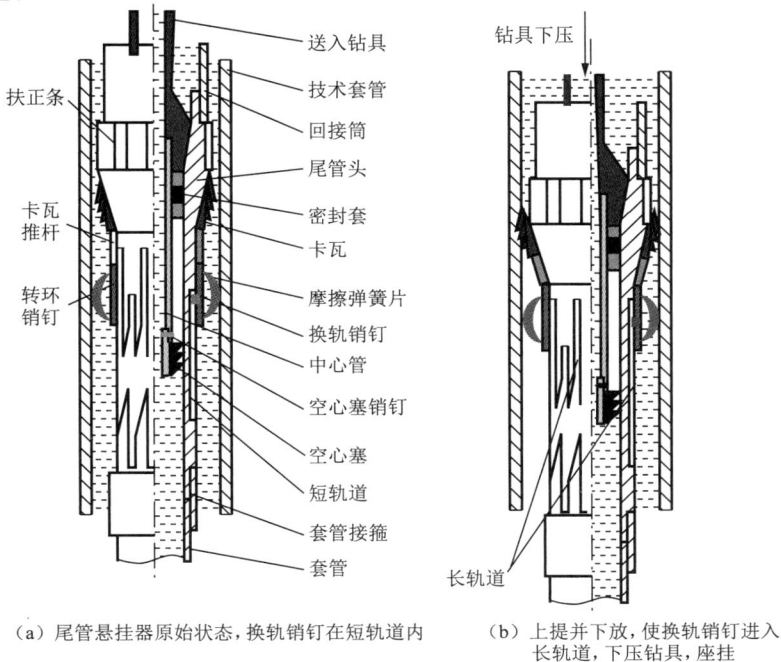

(a)尾管悬挂器原始状态,换轨销钉在短轨道内　　　　(b)上提并下放,使换轨销钉进入长轨道,下压钻具,座挂

图8-18 机械式尾管悬挂器(轨道式)结构及工作原理

（2）液压尾管悬挂器结构原理。

液压式尾管悬挂器的主要部件有：反扣接头、回接筒、尾管头锥体、密封套、中心管、卡瓦、卡瓦推杆、空心塞销钉、空心塞、环形活塞、环形活塞销钉、液缸等（如图 8-19a）。座挂原理是：当尾管下到设计井深后，从井口将一铜球投进送入钻具内，待铜球落到球座后，从井口憋压，当压力升高到一定值时，将环形活塞销钉剪断，钻井液从进液孔进入环形液缸，环形活塞上移，通过推杆推动卡瓦沿锥体上行，进入锥体与上层套管间隙，下放钻柱，实现尾管悬挂器座挂（如图 8-19b、8-19c）。

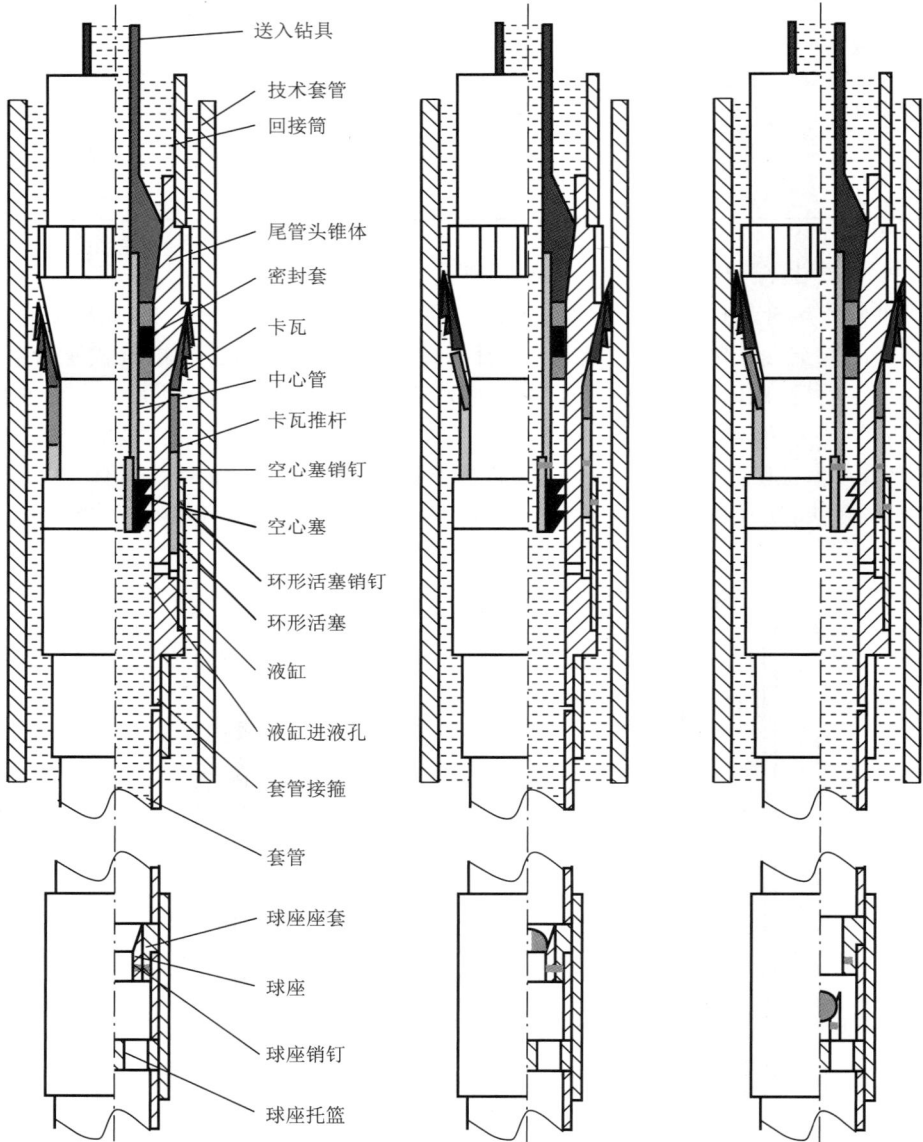

送入钻具
技术套管
回接筒
尾管头锥体
密封套
卡瓦
中心管
卡瓦推杆
空心塞销钉
空心塞
环形活塞销钉
环形活塞
液缸
液缸进液孔
套管接箍
套管
球座座套
球座
球座销钉
球座托篮

（a）尾管悬挂器原始状态　　（b）投球、憋压、下压钻具、尾管座挂　　（c）倒扣、憋掉球座、循环

图 8-19　液压尾管悬挂器结构及工作原理

5.套管外封隔器

套管外封隔器是用于封隔器完井和辅助固井使用的防油气水窜工具。目前使用的套管外封隔器有水力扩张式封隔器和压缩扩张式封隔器。水力扩张式封隔器使用方法是：固井下套管时按设计位置把它连接于套管串中，注水泥、替钻井液结束后，用水泥车对套管内加压将封隔器张开，以更好地封隔油气水层，或阻隔油气水上窜。压缩扩张式封隔器一般使用于尾管顶部，它是在尾管固井结束后，通过下压钻具对封隔器的橡胶膨胀体加压，使其径向膨胀，使环空封隔。压缩扩张式封隔器大多是与尾管悬挂器组合在一起的复合式工具。最常用的是水力扩张式封隔器。

（1）水力扩张式封隔器结构组成。

套管外封隔器主要由套管公扣短节、断开杆、阀件短节、膨胀胶筒、密封箍、中心管、套管母接箍等部件组成（如图 8-20）。阀件短节内有液体流道，连通中心管内部和中心管与胶筒间的膨胀空间，流道中间有三个控制阀，分别是开启锁紧阀、单流阀和限压关闭阀（如图 8-21）。

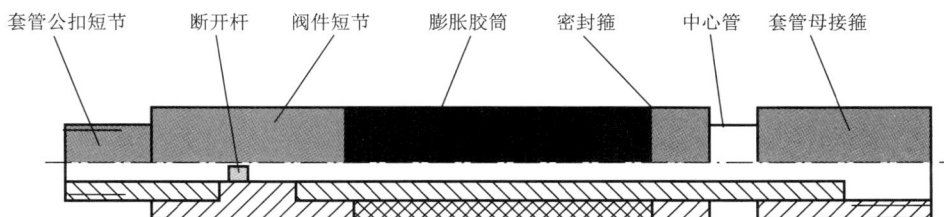

图 8-20　水力扩张式封隔器结构示意图

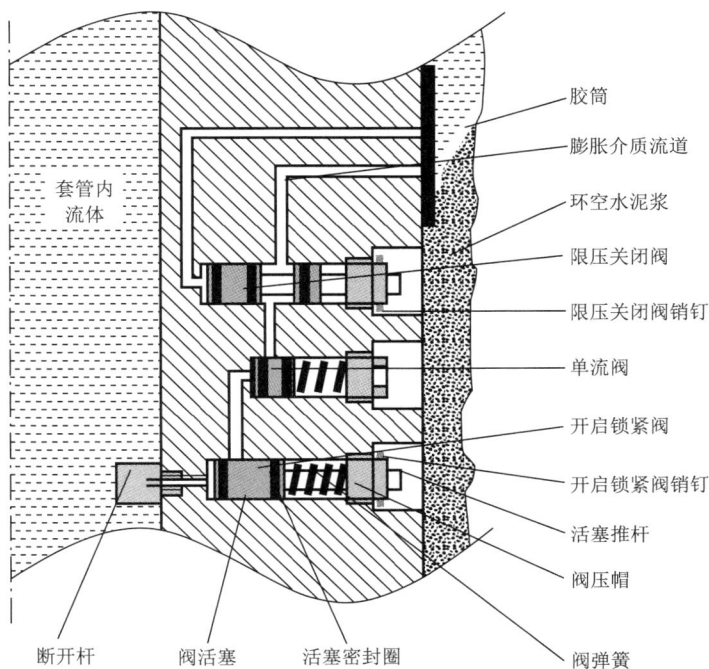

图 8-21　阀件短节结构示意图

（2）水力扩张式封隔器工作原理。

水力扩张式封隔器工作原理是：将封隔器按设计位置连接于套管串中，按下套管作业规程下套管到设计井深，循环钻井液，这时断开杆堵塞着膨胀介质流道入口，管内流体在较高压力下也不能进入膨胀腔内，封隔器不会胀封，以保证处理井下各种复杂情况、循环钻井液及注水泥施工时泵压过高而不会造成封隔器膨胀（如图8-22a）。在替钻井液过程中，当碰压胶塞运行到封隔器断开杆时，断开杆被胶塞顶断，膨胀介质流道入口打开（如图8-22b），由于套管内压力小于锁紧阀销钉剪断压力，锁紧阀不会打开，管内流体不能进入膨胀腔内，封隔器不胀封。当碰压胶塞运行到阻流环时，套管内压力升高，当达到一定值时，锁紧阀销钉剪断，阀打开，管内液体通过锁紧阀、单流阀和限压阀进入中心管与胶筒间的膨胀腔内，使胶筒变形膨胀与井壁紧密接触形成密封（如图8-22c）。当内外压差达到预定压力时，限压阀销钉剪断，限压阀关闭，将流道堵死，此时套管内压力的大小对膨胀腔内的压力已无任何影响，实现安全座封。井口放压，锁紧阀自动锁紧，实现永久性关闭（如图8-22d）。

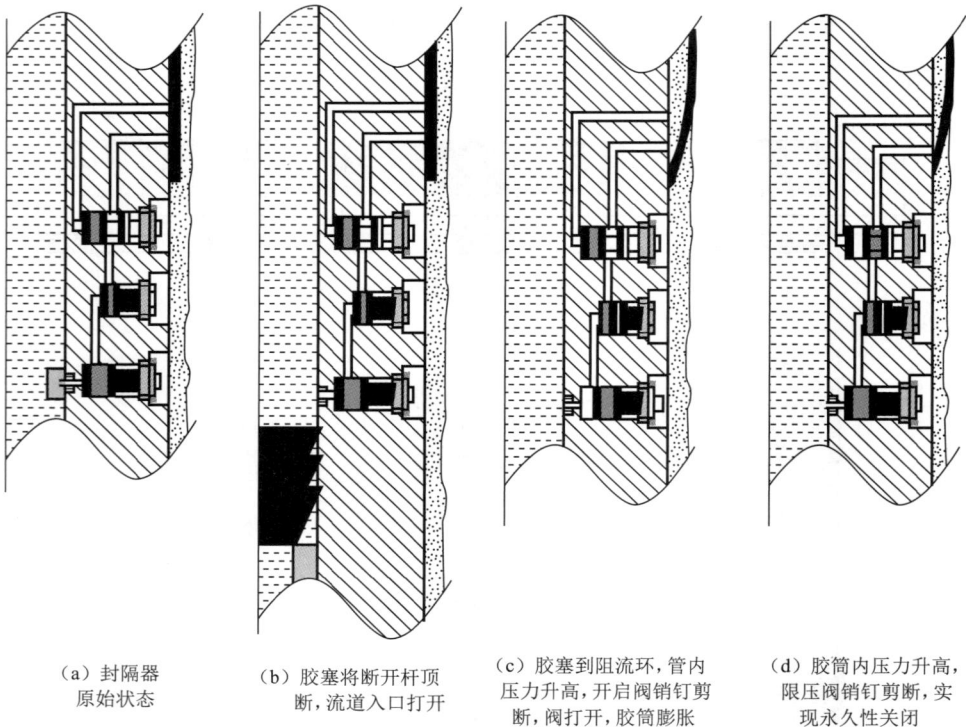

（a）封隔器原始状态　（b）胶塞将断开杆顶断，流道入口打开　（c）胶塞到阻流环，管内压力升高，开启阀销钉剪断，阀打开，胶筒膨胀　（d）胶筒内压力升高，限压阀销钉剪断，实现永久性关闭

图8-22　水力扩张式封隔器工作原理示意图

6.套管扶正器（Casing Centralizer）

扶正器是扶正套管的工具。为提高套管在井眼内居中度，进而提高固井质量，下套管作业时，一般在下部井段的每根套管外安装一个扶正器。常用的扶正器类型有弹性扶正器（单弓或双弓）、刚性扶正器、螺旋扶正器和带滚轮的扶正器等，如图8-23所示。在水平井中，保持套管的居中度非常重要，一般采用刚性扶正器。

螺旋扶正器可以使环空浆体形成旋流，从而提高顶替效率；带滚轮扶正器具有减阻作用，可降低套管与井壁之间的摩擦力，一般用于水平井中。

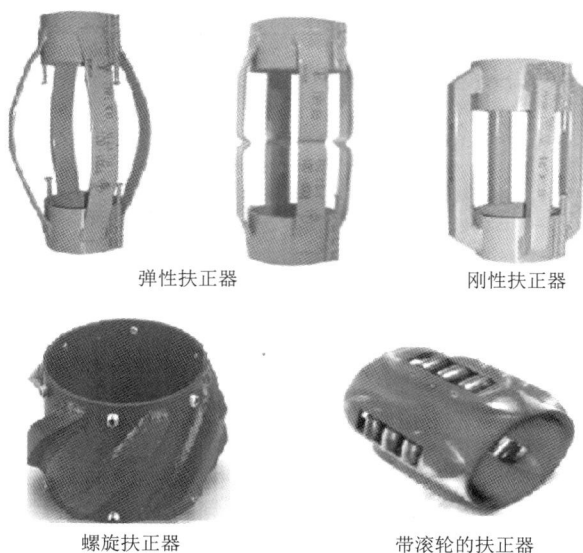

弹性扶正器　　　　　　　　　刚性扶正器

螺旋扶正器　　　　　　　　带滚轮的扶正器

图 8-23　套管扶正器

7. 水泥伞(Cement Basket)

水泥伞由锥形橡胶桶和弹性支撑筋制作而成,如图 8-24 所示。水泥伞一般安放在油层或破裂压力较低的薄弱地层上部,其作用是支撑上部的部分水泥浆重量,防止压漏和污染油气层。它与套管扶正器一样直接套在套管的外部,受水泥浆重量产生的压力后,其外径增大,封堵环形空间。

三、套管柱结构类型及安装要求

1. 套管柱的结构类型

主要注水泥方式的套管柱结构类型见表 8-11。

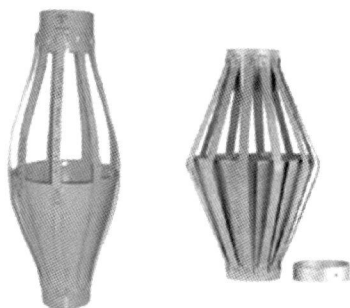

图 8-24　水泥伞

表 8-11　主要注水泥套管柱结构类型

序号	注水泥方式	套管串结构类型
1	内管注水泥	引鞋＋套管＋插座＋套管(扶正器)＋联顶节
2	常规注水泥	引鞋(浮鞋)＋套管＋浮箍(套管承托环)＋套管(扶正器、滤饼刷等)＋联顶节
3	双级注水泥	引鞋(浮鞋)＋套管＋浮箍＋承托环＋套管(扶正器、滤饼刷等)＋水泥伞＋分级注水泥器＋套管(扶正器、泥饼刷等)＋联顶节
4	尾管注水泥	引鞋(浮鞋)＋套管＋浮箍＋套管＋坐落接箍＋套管(扶正器、滤饼刷等)＋尾管悬挂器＋回接筒＋送入钻具
5	尾管封隔器注水泥	引鞋(浮鞋)＋套管＋浮箍＋套管＋坐落接箍＋套管外封隔器＋套管(扶正器、滤饼刷等)＋尾管悬挂器＋回接筒＋送入钻具
6	尾管回接注水泥	回接插头＋套管＋节流浮箍(套管承托环)＋套管(扶正器、泥饼刷等)＋联顶节

237

序号	注水泥方式	套管串结构类型
7	尾管回接双级注水泥	回接插头＋套管＋节流浮箍(套管承托环)＋套管(扶正器、滤饼刷等)＋水泥伞＋分级注水泥器＋套管(扶正器、滤饼刷等)＋联顶节
8	常规封隔器注水泥	引鞋(浮鞋)＋套管＋浮箍(套管承托环)＋套管(扶正器、滤饼刷等)＋套管外封隔器＋套管(扶正器、滤饼刷等)＋联顶节
9	分级封隔器注水泥	引鞋(浮鞋)＋套管＋浮箍(套管承托环)＋套管(扶正器、滤饼刷等)＋套管外封隔器＋分级注水泥器＋套管(扶正器、滤饼刷等)＋联顶节
10	带筛管的尾管封隔注水泥	引鞋(浮鞋)＋筛管＋盲板＋套管＋套管外封隔器＋套管＋分级注水泥器＋套管(扶正器、滤饼刷等)＋尾管悬挂器＋回接筒＋送入工具
11	短回接尾管注水泥	回接插头＋套管＋节流浮箍(承托环)＋套管(扶正器、滤饼刷等)＋尾管悬挂器＋送入工具
12	旋转尾管注水泥	引鞋(浮鞋)＋套管＋浮箍＋套管＋球座＋套管(扶正器、滤饼刷等)＋旋转尾管悬挂器(带封隔器＋回接筒)＋回接筒＋送入工具＋旋转水泥头

2.套管串安装要求

(1)安装前对附件应按相关标准与规范的要求进行检查。

(2)连接在套管柱上的附件螺纹上至同规格套管推荐的额定扭矩。

(3)技术套管自浮鞋至承托环以上1根套管螺纹应粘固。

(4)水泥伞、滤饼刷和扶正器应有可靠的限位装置;水泥伞和滤饼刷的上下位置应分别安装扶正器。

(5)尾管回接插头以上3~5根套管处应安装扶正器。

(6)分级注水泥器安装在井眼较规则、井斜较小、地层稳定的裸眼井段或上层套管内,其上、下位置应安装扶正器。分级注水泥器下部一根套管上宜安装水泥伞。

(7)套管外封隔器的安装位置应具备以下条件:

① 井斜较小、地层较硬、井眼规则、井径小于其最大可封井径。

② 当用于防止复杂地层水泥浆漏失或地层流体窜流时,安放在复杂地层上部第一段具备上述条件的井眼处。

③ 当用于层间封隔时,安放在两分隔层之间具备上述条件的井眼处。

④ 其上、下位置应分别安装一个扶正器。

(8)尾管悬挂器安装应符合SY/T5083的规定。

(9)扶正器安装应符合相关标准与规范的规定。

(10)旋转尾管固井应校核送入钻具和套管抗扭强度。旋转扭矩不应大于送入钻具额定扭矩的80%,且应低于套管的额定上扣扭矩。

(11)无接箍套管或壁厚小于标准接箍的套管,安装套管扶正器时应有可靠的限位装置。

(12)浮鞋与浮箍之间的最小间距应符合SY/T 5374.1和SY/T 5374.2的规定。

第六节 套管柱扶正器安放位置设计

目前,国内外计算套管扶正器安放间距的方法有很多种,现在简单介绍一下利用瑞利-里兹能量原理,结合正弦函数的三角级数方程求解扶正器安放间距的方法。

一、斜直井段(一维)扶正器间距模型

利用正弦函数三角级数方程得出的一维套管变形最大挠度计算公式为:

$$y_{max} = \frac{0.113 L_i w_e \sin \theta}{\frac{\pi^4 EI}{2L_i^3} + \pi^2 \left(\frac{w_e \cos \theta}{4} + \frac{T}{2L_i} \right)} \tag{8-82}$$

式中 L_i——扶正器间距,m;

w_e——套管当量线重,N/m;

T——轴向力,拉力取正,压力取负,N;

E——杨氏弹性模量,$2 \times 10^{11} \sim 2.1 \times 10^{11}$,Pa;

I——套管截面的轴惯性矩,$\pi(D^4 - d^4)/64$,m^4;

θ——井斜角,(°)。

根据不同的扶正器使用情况,建立的套管安放间距模型如下:

(1)刚性扶正器。

套管最大偏心距 e_i 应不大于偏心距的极限值 $\lambda \dfrac{D_1 - D_2}{2}$(该值是由偏心环空顶替机理研究确定的许可偏心矩),其中的 λ 值可以根据注水泥要求得出,一般可取 $\lambda = 1/3$。

因此,就需要确定一个合适的套管段跨长值 L_i,使得:

$$e_i \leqslant \lambda \frac{D_1 - D_2}{2} \tag{8-83}$$

式中 e_i——最大偏心距,m;

D_1——井眼直径,m;

D_2——套管外直径,m。

从实际工程的角度出发,即在满足要求的偏心度条件下,使套管扶正器的安放个数最少,也就是要有最大的跨长 L_i,所以取

$$e_i = \lambda \frac{D_1 - D_2}{2} \tag{8-84}$$

刚性扶正器与井眼之间的半径差为:

$$S_0 = \frac{D_1 - D_4}{2} \tag{8-85}$$

式中 S_0——刚性扶正器与井眼之间的半径差,m;

D_4——刚性扶正器直径,m。

使用刚性扶正器时,套管段最大偏心距为:

$$e_i = S_0 + y_{max} \tag{8-86}$$

联合式(8-82)至(8-86)可以得到计算斜直井段中刚性套管扶正器安放间距的方程组。

$$\begin{cases} y_{\max} = \dfrac{0.113L_iw_e\sin\theta}{\dfrac{\pi^4EI}{2L_i^3} + \pi^2\left(\dfrac{w_e\cos\theta}{4} + \dfrac{T}{2L_i}\right)} \\ \dfrac{D_1 - D_4}{2} + y_{\max} = \lambda\dfrac{D_1 - D_2}{2} \end{cases} \tag{8-87}$$

（2）弹性扶正器。

首先，计算弹性扶正器的压缩变形量：

$$S_i = f(N_i) \tag{8-88}$$

扶正器的压缩变形方程 $f(N_i)$ 应由厂家测定提供。

那么，在套管跨中点位置的压缩变形引起的位移量为 $\dfrac{S_i + S_{i+1}}{2}$，由于 $N_i \approx N_{i+1}$，有 $S_i \approx S_{i+1}$，所以取位移量为 S_i 就可以了。

对于使用弹性扶正器而言，可以得到在斜直井段中套管段的实际最大偏心距为：

$$e_i = S_i + y_{\max} \tag{8-89}$$

最后，联合式(8-82)、(8-84)、(8-88)和(8-89)就可以得到计算斜直井段中弹性套管扶正器安放间距的方程组。

$$\begin{cases} y_{\max} = \dfrac{0.113L_iw_e\sin\theta}{\dfrac{\pi^4EI}{2L_i^3} + \pi^2\left(\dfrac{w_e\cos\theta}{4} + \dfrac{T}{2L_i}\right)} \\ f(N_i) + y_{\max} = \lambda\dfrac{D_1 - D_2}{2} \end{cases} \tag{8-90}$$

（3）刚性和弹性扶正器并用。

$$\begin{cases} y_{\max} = \dfrac{0.113L_iw_e\sin\theta}{\dfrac{\pi^4EI}{2L_i^3} + \pi^2\left(\dfrac{w_e\cos\theta}{4} + \dfrac{T}{2L_i}\right)} \\ S_i = f(N_i) \\ S_0 = \dfrac{D_1 - D_4}{2} \\ \dfrac{S_i + S_0}{2} + y_{\max} = \lambda\dfrac{D_1 - D_2}{2} \end{cases} \tag{8-91}$$

在进行套管扶正器安放间距计算时，由下往上逐步设计计算，假定下部第一扶正器套管鞋端的套管长度值为 L_0，然后假定套管段初始长度为 L_i，代入计算模型中进行计算，如果该长度不满足居中条件，采用逐步逼近的办法，增加或减小套管段长度，直到满足居中条件为止，最终得到的套管段长度值即为扶正器的安放间距。

二、变井斜等方位井（二维）扶正器间距模型

利用正弦函数三角技术方程得出的二维造斜井段套管变形最大挠度计算公式为：

$$y_{\max} = \dfrac{0.113L_iw_e\sin\theta - \dfrac{2\pi EI}{RL_i}}{\dfrac{\pi^4EI}{2L_i^3} + \pi^2\left(\dfrac{w_e\cos\theta}{4} + \dfrac{T}{2L_i}\right)} + \dfrac{L_i^2}{8R} \tag{8-92}$$

根据等曲率井段的特点,建立的计算套管安放间距方程组如下。

(1) 刚性扶正器。

$$\begin{cases} y_{\max} = \dfrac{0.113L_i w_e \sin\theta - \dfrac{2\pi EI}{RL_i}}{\dfrac{\pi^4 EI}{2L_i^3} + \pi^2\left(\dfrac{w_e\cos\theta}{4} + \dfrac{T}{2L_i}\right)} + \dfrac{L_i^2}{8R} \\ \\ \dfrac{D_1 - D_4}{2} + y_{\max} = \lambda\dfrac{D_1 - D_2}{2} \end{cases} \tag{8-93}$$

(2) 弹性扶正器。

$$\begin{cases} y_{\max} = \dfrac{0.113L_i w_e \sin\theta - \dfrac{2\pi EI}{RL_i}}{\dfrac{\pi^4 EI}{2L_i^3} + \pi^2\left(\dfrac{w_e\cos\theta}{4} + \dfrac{T}{2L_i}\right)} + \dfrac{L_i^2}{8R} \\ \\ f(N_i) + y_{\max} = \lambda\dfrac{D_1 - D_2}{2} \end{cases} \tag{8-94}$$

(3) 刚性和弹性扶正器并用。

$$\begin{cases} y_{\max} = \dfrac{0.113L_i w_e \sin\theta - \dfrac{2\pi EI}{RL_i}}{\dfrac{\pi^4 EI}{2L_i^3} + \pi^2\left(\dfrac{w_e\cos\theta}{4} + \dfrac{T}{2L_i}\right)} + \dfrac{L_i^2}{8R} \\ \\ S_i = f(N_i) \\ \\ S_0 = \dfrac{D_1 - D_4}{2} \\ \\ \dfrac{S_i + S_0}{2} + y_{\max} = \lambda\dfrac{D_1 - D_2}{2} \end{cases} \tag{8-95}$$

同理,在进行套管扶正器安放间距计算时,由下往上逐步设计计算,假定下部第一扶正器套管鞋端的套管长度值为 L_0,然后假定套管段初始长度为 L_i,代入计算模型中进行计算,如果该长度不满足居中条件,采用逐步逼近的办法,增加或减小套管段长度,直到满足居中条件为止,最终得到的套管段长度值即为扶正器的安放间距。

三、三维井段扶正器间距模型

三维井段即变方位变井斜井段,具有与二维井段同样的假设前提,但三维井中扶正器间套管的弯曲是一条空间曲线,其受力是一个空间力系,为了简化模型,可以先把三维问题转化成二维问题来解决,即把空间曲线分解到两个平面上来研究,然后利用叠加原理将两个平面内求得的最大挠度进行叠加,即可得到实际空间曲线的最大挠度值,以此为基础来建立三维井段的套管扶正器模型。

最大挠度计算方法如下:

P 平面挠度计算

$$y_p = \dfrac{0.113L_i w_e \sin\theta - \dfrac{2\pi EI}{RL_i}}{\dfrac{\pi^4 EI}{2L_i^3} + \pi^2\left(\dfrac{w_e\cos\theta}{4} + \dfrac{T}{2L_i}\right)} + \dfrac{L_i^2}{8R} \tag{8-96}$$

Q 平面挠度计算

$$y_q = \frac{0.113L_i w_e \sin\theta \cos\gamma - \dfrac{2\pi EI}{RL_i}}{\dfrac{\pi^4 EI}{2L_i^3} + \pi^2 \left(\dfrac{w_e \cos\theta}{4} + \dfrac{T}{2L_i}\right)} + \frac{L_i^2}{8R} \tag{8-97}$$

根据叠加原理,可得变方位变井斜井段的最大挠度为:

$$y_{\max} = \sqrt{y_p^2 + y_q^2 + 2y_p y_q \cos\gamma} \tag{8-98}$$

由以上分析,可以得到计算变方位变井斜井段中套管扶正器安放间距的方程组。

(1) 刚性扶正器。

$$\begin{cases} y_{\max} = \sqrt{y_p^2 + y_q^2 + 2y_p y_q \cos\gamma} \\ \dfrac{D_1 - D_4}{2} + y_{\max} = \lambda \dfrac{D_1 - D_2}{2} \end{cases} \tag{8-99}$$

(2) 弹性扶正器。

$$\begin{cases} y_{\max} = \sqrt{y_p^2 + y_q^2 + 2y_p y_q \cos\gamma} \\ f(N_i) + y_{\max} = \lambda \dfrac{D_1 - D_2}{2} \end{cases} \tag{8-100}$$

(3) 刚性和弹性扶正器并用。

$$\begin{cases} y_{\max} = \sqrt{y_p^2 + y_q^2 + 2y_p y_q \cos\gamma} \\ S_0 = \dfrac{D_1 - D_4}{2} \\ S_i = f(N_i) \\ \dfrac{S_i + S_0}{2} + y_{\max} = \lambda \dfrac{D_1 - D_2}{2} \end{cases} \tag{8-101}$$

同理,在进行套管扶正器安放间距计算时,由下往上逐步设计计算,假定下部第一扶正器套管鞋端的套管长度值为 L_0,然后假定套管段初始长度为 L_i,代入计算模型中进行计算,如果该长度不满足居中条件,采用逐步逼近的办法,增加或减小套管段长度,直到满足居中条件为止,最终得到的套管段长度值即为扶正器的安放间距。

第九章 固井工程设计

固井工程就是在完成井眼后下入设计的套管管柱,使用特定的设备和工艺将水泥浆注入井壁与套管柱之间的环空中,使之将套管柱和地层岩石固结起来的过程。固井工程是整个钻井工程中重要的组成部分,随着石油天然气勘探开发及新能源的开发应用,对固井技术的需求越来越多,质量要求越来越高,难度越来越大。固井的目的是固定套管,封隔井眼内的油、气、水层,以便于后一步的钻进或其他生产。固井工程设计就是对注水泥设备、水泥浆体系、注水泥工艺技术的总体设计,由于钻井工程的特殊性和不可预见性,在完井阶段要在固井工程设计的基础上制定固井施工设计。最常见的注水泥方法是从井口经套管柱将水泥浆注入并从环空中上返。除此之外还有一些用于特殊情况下的注水泥技术,包括双级或多级注水泥、内管注水泥、反循环注水泥、延迟凝固注水泥等。

注水泥技术所包括的内容有选择水泥、设计水泥浆性能、选择水泥外加剂、井眼准备、注水泥工艺设计等。

油、气井注水泥的基本要求包括:

(1) 水泥浆返高和套管内水泥塞高度必须符合设计要求。

(2) 注水泥井段环形空间内的钻井液全部被水泥浆替走,不存在残留现象。

(3) 水泥石与套管及井壁岩石有足够的胶结强度,能经受住酸化压裂及下井管柱的冲击。

(4) 水泥凝固后管外不冒油、气、水,环空内各种压力体系不能互窜。

(5) 水泥石能经受油、气、水长期的侵蚀。

根据以上要求发展起来的现代注水泥技术涉及化学、地质、机械、石油等各学科的知识,可以分为水泥类型、水泥外加剂、注水泥工艺技术等几个方面的研究内容,可满足各种复杂井、深井、超深井及特殊作业井(高温、热采井等)的注水泥需要。

本章主要介绍油井水泥、水泥外加剂、固井工艺技术、提高固井质量工艺措施以及特种水泥体系等内容。

第一节 油井水泥

一、油井水泥的主要成分(熟料矿物组成)

油井水泥的主要成分如下:

(1) 硅酸三钙 $3CaO \cdot SiO_2$(简称 C_3S)是油井水泥的主要成分,一般含量为 $40\%\sim$

65%。它对水泥的强度,尤其是早期强度有较大的影响。高早期强度水泥中 C_3S 的含量可达 60%～65%,缓凝水泥中含量在 40%～45%。

(2)硅酸二钙 $2CaO \cdot SiO_2$(简称 C_2S),其含量一般在 24%～30%。C_2S 的水化反应缓慢,强度增长慢,但能在很长一段时间内增加水泥强度,对水泥的最终强度有影响,不影响水泥的初凝时间。

(3)铝酸三钙 $3CaO \cdot Al_2O_3$(简称 C_3A),是促进水泥快速水化的化合物,是决定水泥初凝和稠化时间的主要因素。对水泥的最终强度影响不大,但对水泥浆的流变性及早期强度有较大影响。它对硫酸盐极为敏感,因此抗硫酸盐的水泥应控制其含量在 3% 以下,但对于有较高早期强度的水泥,其含量可达 15%。

(4)铁铝酸四钙 $4CaO_2 \cdot Al_2O_3 \cdot Fe_2O_3$(简称 C_4AF),它对强度影响较小,水化速度仅次于 C_3A,早期强度增长较快,含量为 8%～12%。

除了以上四种主要成分之外,还有石膏、碱金属的氧化物等。

较典型的水泥成分见表 9-1,矿物成分对水泥物理性能的影响见表 9-2。

表 9-1 典型 API 水泥成分

API 级别	化合物				瓦格纳细度 /(cm² · g⁻¹)
	C_3S	C_2S	C_3A	C_4AF	
A	53	24	8(+)	8	1 600～1 800
B	47	32	5(−)	12	1 600～1 800
C	58	16	8	8	1 800～2 200
D 及 E	26	54	2	12	1 200～1 500
G 及 F	50	30	5	12	1 600～1 800

表 9-2 矿物成分对物理性能的影响

矿物 分子式 代号 项目		早期强度	长期强度	水化反应速度	水化热	收缩	抗硫酸盐腐蚀性能
$3CaO \cdot SiO_2$	C_3S	良	良	中	中	中	—
$2CaO \cdot SiO_2$	C_2S	劣	良	迟	小	中	—
$3CaO \cdot Al_2O_3$	C_3A	良	劣	速	大	大	低
$3CaO \cdot Al_2O_3 \cdot Fe_2O_3$	C_4AF	劣	劣	迟	小	小	—

二、油井水泥的水化作用

水泥与水混合成水泥浆后,即与水发生化学反应,生成各种水化产物,水泥浆也逐渐由液态变为固态,使水泥硬化和凝结,形成有一定强度的固体状物质——水泥石。

1. 水泥的水化反应

水泥的主要成分与水发生的水化反应为:

$3CaO \cdot SiO_2 + 2H_2O \longrightarrow 2CaO \cdot SiO_2 \cdot H_2O + Ca(OH)_2$;

$2CaO \cdot SiO_2 + H_2O \longrightarrow 2CaO \cdot SiO_2 \cdot H_2O$;

$3CaO \cdot Al_2O_3 + 6H_2O \longrightarrow 3CaO \cdot Al_2O_3 \cdot 6H_2O$;

$4CaO \cdot Al_2O_3 + Fe_2O_3 + 7H_2O \longrightarrow 3CaO \cdot Al_2O_3 \cdot 6H_2O + CaO \cdot Fe_2O_3 \cdot H_2O$;

除此之外还发生其他二次反应,生成物中有大量的硅酸盐水化产物及氢氧化钙等。在反应过程中,各种水化产物均逐渐凝聚,使水泥硬化。

水泥的水化反应是一个放热反应,水泥水化热的大小反映了水泥水化的程度(如图 9-1)。

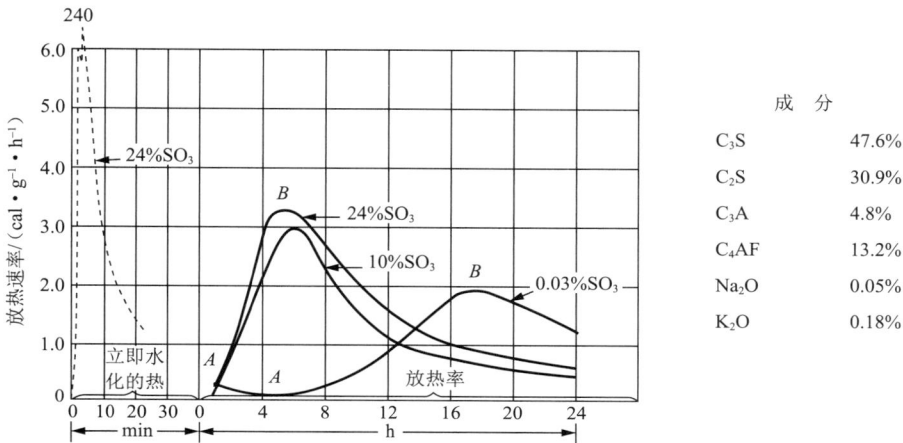

成　分	
C_3S	47.6%
C_2S	30.9%
C_3A	4.8%
C_4AF	13.2%
Na_2O	0.05%
K_2O	0.18%

图 9-1　水泥的水化速率

图 9-1 中的初凝时间在放热曲线的 A 点附近,水泥的终凝时间在 B 点附近,利用水泥的水化放热特性可以用来探测水泥面的位置。在实际生产中应当注意到水泥放热对套管的伸长及密封的影响。

2.水泥凝结与硬化理论

水泥的硬化可分为三个阶段。

(1)溶胶期:水泥与水混合成胶体溶液,此时水与水泥成分开始产生水化反应,水化产物的浓度开始增加,达到饱和状态时部分水化物以胶态或微晶体析出,形成胶溶体系。此时水泥浆仍有流动性。

(2)凝结期:水泥反应由水泥颗粒表面向内部深入,溶胶粒子及微晶体大量增加,晶体开始互相连接,逐渐絮凝成凝胶体系。水泥浆变稠,直到失去流动性。

(3)硬化期:水泥的水化物形成晶体状态,互相紧密连接成一个整体,强度增加,已经硬化成为水泥石。水泥的水化反应中放出热量,在第二个放热的峰值期水泥开始凝固。

在整个水泥的水化、凝固过程中,C_3S 是水泥凝结和硬化的主要因素。水化反应较慢的 C_2S 使水泥的硬化期变长。在水泥凝固的早期,铝酸盐是主要的因素,但对最终强度的影响较小。

水泥石主要由三部分组成:第一部分是无定性物质,也称为水泥凝胶,它具有晶体的结构,颗粒大小在 0.1 mm 左右,互相连接成一个整体;第二部分是氢氧化钙的晶体,是水化反应的产物;第三部分是未水化的水泥颗粒。

三、油井水泥的 API 分类

由于油井水泥要适应的井深从几百米到几千米,井下温度变化范围可达 100 ℃以上,压力变化值可达几十兆帕,固井施工所用时间可以从几十分钟到几个小时,要适应的井下情况是千差万别的。因此,单一品种的油井水泥是无法满足工程需要的。针对不同的工艺要求,油井水泥分为几种类型。

按照 API 分类标准,油井水泥的类型分为以下五类:

A 级:适用深度范围为 0~1 828.8 m,温度至 76.7 ℃,仅有普通型一种,无特殊性能要求。

B 级:适用深度范围为 0~1 828.8 m,属中热水泥,温度至 76.7 ℃,有中抗硫和高抗硫两种。

C 级:适用深度范围为 0~1 828.8 m,温度至 76.7 ℃,属高早期强度水泥,分普通、中抗硫及高抗硫三种。

G 级及 H 级:适用深度范围为 0~2 440 m,温度在 0~93 ℃,为两种基质水泥,加入调节剂后可用于较大的范围,分为中抗硫及高抗硫两种。

以上 5 类油井水泥中,A、B、C 级为基质水泥,G、H 级允许加入石膏。

API 标准的水泥适用范围见表 9-3。

表 9-3 API 水泥适用范围

API 级别	使用深度范围 /m	类型			备 注
		普通	抗硫酸盐型		
			中	高	
A	0~1 830	●	—	—	普通水泥,无特殊性能要求
B		—	●	●	中热水泥,中和高抗硫酸盐型
C		●	●	●	早强水泥,分普通、中和高抗硫酸盐型
G	0~2 440	—	●	●	基本水泥,分中和高抗硫酸盐型
H		—	●	●	

油井水泥在使用前应进行严格的试验,以检验其性能。所进行的试验包括水泥浆的稠化时间试验、水泥浆的失水试验、水泥浆的流变性测定、水泥石的抗压及抗折强度试验、水泥浆与前置液和钻井液的配伍性试验等。对用于高温、高压井的油井水泥,还应当在高温、高压条件下进行有关的测试,只有符合要求的水泥才能投入使用。

API 标准对每种水泥都规定了应达到的标准值。

第二节 水泥浆性能与指标要求

对固井工程有较大影响的水泥浆性能包括:水泥浆的密度、稠化时间、失水、凝结时间、稳定性,水泥石的强度特性、渗透性及水泥的抗腐蚀性能等。当通过调节水泥的化学成分不能完全满足固井工程的要求时,就要加入水泥的外加剂来调节。

一、水泥浆的密度

根据油井水泥中各组分含量的不同,水泥干灰的密度一般在 $3.05\sim3.20\ g/cm^3$ 之间。一般来说,在水泥浆的混拌过程中加水量与水泥干灰的质量比称为水灰比。通常要使水泥完全水化,水灰比为 $0.2\sim0.25$ 即可,但此时水泥浆基本不能流动。要使水泥浆满足流动的需求,需水量应该增加,而且不同的 API 水泥类型的需水量不同。需水量可以分为:水化需水量、最小用水量、最大用水量、正常用水量、最佳用水量。

水化需水量:在正常情况下,水泥水化和凝固的需水量一般为水泥质量的 25% 左右。而水泥浆具有可泵性的最小含水量为 38%。可见,实际水泥浆存在较大的游离水,主要以束缚水和自由水的形式存在。

最小用水量:根据"水泥浆含水量的确定"标准,在室温下,水泥浆在常压稠化仪中搅拌 $20\ min$,其最大稠度为 $30\ Bc$(水泥稠度单位)的含水量。

最大用水量:为了使水泥颗粒保持悬浮,直至凝固,根据"水泥浆含水量的确定"标准,在 $27\ ℃$ 条件下,水泥浆游离水不大于 1.4% 的含水量。

正常用水量:根据"水泥浆含水量的确定",在室温下,水泥浆在常压稠化仪中搅拌 $20\ min$,其稠度的最大值小于等于 $11\ Bc$ 的含水量。

最佳用水量:根据"水泥浆含水量的确定"标准,在室温下,水泥浆在常压稠化仪中搅拌 $20\ min$ 的最大稠度不大于 $11\ Bc$,且游离水不大于 1.4% 的含水量。

一般地,G 级水泥的水灰比为 0.44,A、B 级水泥的水灰比为 0.46,C 级水泥的水灰比为 0.56,H 级水泥的水灰比为 0.38。

水泥浆密度设计的准则为:

(1)满足井下压力条件限制。静液柱压力必须大于地层孔隙压力,静液柱压力与流动阻力之和必须小于地层破裂压力。

(2)满足顶替效率的密度差要求。尾浆＞领浆＞前置液＞钻井液。可能的条件下,考虑密度差 $0.12\sim0.24\ g/cm^3$,但密度越大,流动阻力也越大。

(3)满足水泥石强度和胶结要求。对于尾浆,特别是封隔油气层段的水泥浆,应尽量使用标准密度(同时,也有利于降低渗透率和孔隙度)。非胶凝材料加重剂和减轻剂应尽量少加。

水灰比在 $0.45\sim0.50$ 范围内,调节出的水泥浆的密度为 $1.80\sim1.90\ g/cm^3$ 之间。根据水泥浆密度的设计原则,可以用加入外加剂和外掺料的方法调节水泥浆的密度。密度小于正常密度时需要添加密度减轻剂,密度大于正常密度时需要添加加重剂进行调节。

二、水泥浆的稠化时间

水泥与水混拌之后形成水泥浆,随着水化反应的进行,水泥浆逐渐变稠,流动性变差。在注水泥时用泵注入及顶替过程中,可能会出现水泥浆流动越来越困难,直到不能被泵入,此时,虽然还没有达到水泥的凝固,但是已无法用泵注入及顶替。因此,注水泥的全过程必须在水泥浆稠化之前完成,稠化时间决定了安全固井施工作业的时间。对于施工周期长的深井注水泥,就应当有较长的水泥浆稠化时间做保证。

水泥浆的稠化时间是指水泥浆从配制开始到其稠度达到其规定值所用的时间。API标准中规定的水泥浆稠化时间是从开始混拌到水泥浆稠度达到 100 Bc 所用的时间。

在常压、设定温度下测定的稠化时间曲线为常压稠化曲线,在设定压力和稳定条件下测定的稠化时间曲线为增压稠化曲线。一般来说,常压稠化时间比增压稠化时间要长,常见的稠化时间曲线如图 9-2 所示。

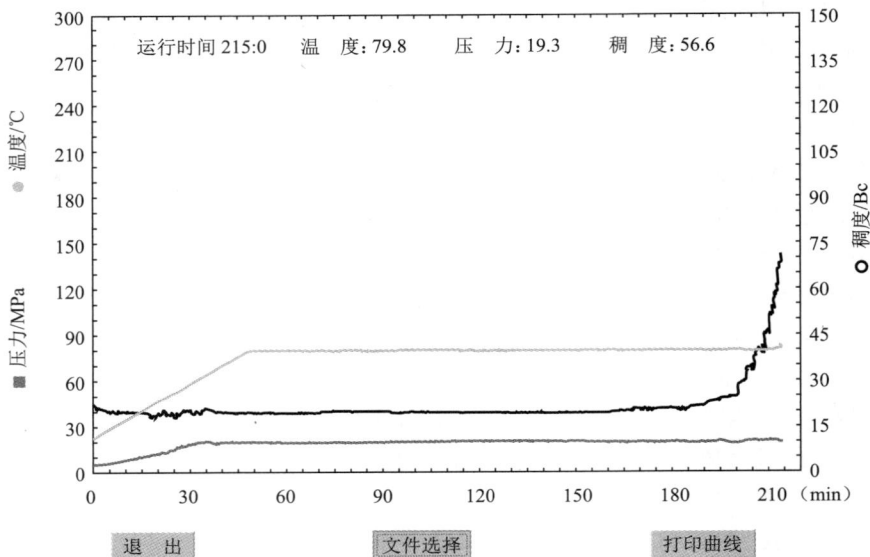

图 9-2　增压稠化曲线图

为了有利于防止固井过程中气窜的发生,要求水泥浆的稠度由 30 Bc 增长到 100 Bc 的时间尽量短(不超过 30 min)。通常将水泥浆稠度由 30 Bc 快速增长到 100 Bc 的现象称为直角稠化现象。

对水泥浆的可泵性与稠度的关系,目前仍然说法不一,但一般认为:

稠度为 5～20 Bc,容易泵注;

稠度为 20～30 Bc,不易泵注;

稠度为 30～40 Bc,难于泵注;

稠度为大于 40 Bc,不能泵注(也有人认为高密度>50 Bc 处于不能泵注状态);

稠度为小于 5 Bc(也有认为<2 Bc),易造成水泥浆的沉降,伴有自由水产生。

对于稠度与可泵性的关系的说法虽不统一,但对于是否可泵送并无妨碍,因用稠度描述可泵性只是定性的,实际施工中是以水泥浆的流变性作定量设计的。为了有利于泵送,API标准规定,任何水泥浆在增压稠化仪中稠化 15～30 min 的最大稠度应小于 30 Bc。好的稠化情况是在现场总的施工时间内,水泥浆的稠度在 30 Bc 以内。

温度对水泥浆的稠化时间具有非常大的影响,温度越高水泥水化的程度越快,水泥浆的稠化时间就越短。因此要根据现场固井施工时间的长短调整水泥浆的稠化时间,一般需要添加调凝剂来满足对稠化时间的需求。要求施工作业时间很短时,可以添加促凝剂;要求的施工时间长时,可以添加缓凝剂,而且缓凝剂的选择应该考虑对温度的需求。

三、水泥浆的失水

为保证水泥浆的流动,应当使水的加入量比完全水化所用的水量要多出很多。水泥在凝固之后,多余的水就析出。水泥浆中的自由水在压差作用下,通过井壁渗入到地层中的现象就称为水泥浆失水。水泥浆的失水会对生产层造成严重污染。如果析出的水不能进入地层,有可能留在水泥石中,形成孔道,会造成流体上窜的通道,破坏水泥石的封隔性及降低水泥石的强度。

API 根据大量实践和研究,总结出了公认的纯水泥浆滤失量控制情况。

控制很好:<200 mL;

控制中等:200~500 mL;

控制较差:500~1 000 mL;

不能控制:>1 000 mL。

同时 API 标准规定,在 6.9 MPa 压力和设定温度下,不同用途的水泥浆的滤失量应达到以下要求。

防气窜:30~50 mL/30 min;

固尾管和挤水泥:≤50 mL/30 min;

固表层套管:≤250 mL/30 min。

由于未经处理的水泥浆的失水量可达 1 000 mL/30 min。因此,水泥浆的失水量应当通过加入降失水剂的方法尽量使之降低。

四、水泥浆的凝结时间

水泥浆从液态转变为固态的转化过程称为水泥浆的凝结,所经历的时间称为凝结时间,可以分为初凝时间和终凝时间。从水泥浆配制开始到水泥浆失去流动性所经历的时间称为水泥浆的初凝时间;从水泥浆配制开始到水泥变成固态,并可以承受一定的压力所经历的时间称为水泥浆的终凝时间。

API 标准规定,水泥浆的初凝时间不能小于 45 min,而终凝时间不能大于 12 h。初终凝时间间隔越短越有利于防止固井过程中气窜的发生。

苏联的一专利数据显示,高温高压条件下水泥的稠化时间比初凝时间提前 15~30 min。但由于国内的初凝时间一般采用维卡仪只能在常压下测定,没有考虑压力变化的影响,因此就没有苏联专利上表述的比较稳定的稠化时间与初凝时间的时间差关系。

水泥浆的凝结时间对施工有较大的影响,即从注水泥到套管被封固后可承担一定负荷的这一段时间,就决定了固井完成到进行下一个工序所用的时间。对于封固表层及技术套管来讲,希望水泥能有早期较高的强度,以便于尽快开始下一道工序。通常希望固完井候凝 8 h 左右,水泥浆开始凝结成水泥石,其抗压强度达 2.3 MPa 以上即可开始下一次开钻。

五、水泥浆的流变性

流变参数是描述水泥浆在外力作用下产生流动的特点的参数,它的合理描述和准确测量直接影响准确计算注水泥过程的流动摩阻压力。

水泥浆属非牛顿液体,它的流变特性与注水泥工作有着密切的关系。国内外常用的流变模式主要有两参数、三参数与四参数三类,其中常用的有宾汉、幂律、卡森、赫谢尔-巴尔克莱(Herschel – Bulkley,简称赫-巴)、罗伯逊-斯第夫(Robertson – Stiff,简称罗-斯)以及多项式模式等,其模式形式为:

赫-巴模式 $\qquad\qquad \tau = \tau_s + K\gamma^n$ $\qquad\qquad\qquad$ (9-1)

罗-斯模式 $\qquad\qquad \tau = A(\gamma + C)^B$ $\qquad\qquad\qquad$ (9-2)

卡森模式 $\qquad\qquad \tau^{\frac{1}{2}} = \tau_0^{\frac{1}{2}} + (\eta_c\gamma)^{\frac{1}{2}}$ $\qquad\qquad$ (9-3)

多项式模式 $\qquad\qquad \tau = a_0 + a_1\gamma + a_2\gamma^{1-m}$ $\qquad\quad$ (9-4)

幂律模式 $\qquad\qquad \tau = K\gamma^n$ $\qquad\qquad\qquad$ (9-5)

宾汉模式 $\qquad\qquad \tau = \tau_0 + \eta_p\gamma$ $\qquad\qquad\qquad$ (9-6)

式中 $\quad \tau$——切应力,Pa;

$\qquad \tau_s$——赫-巴模式动切力,Pa;

$\qquad \tau_0$——动切力,Pa;

$\qquad \gamma$——速度梯度,$(m/s)^{-1}$;

$\qquad K$——稠度系数;

$\qquad n$——流性指数;

$\qquad \eta_c$——卡森模式结构黏度,mPa·s;

$\qquad \eta_p$——塑性黏度,mPa·s;

$\qquad A,B,C,a_0,a_1,a_2,m$——实验参数。

其中,赫-巴模式的总体误差是最小的,宾汉模式与幂律模式总的误差较大,但各自对于某些钻井液或水泥浆误差却很小。用宾汉模式描述的误差大时,用幂律模式描述的误差则小;用幂律模式描述的误差大时,用宾汉模式描述的误差则小。宾汉模式与幂律模式形式简单,易于计算,便于推广,且流变参数含义明确,具有可直接指导钻井液和水泥浆流变性能的控制与调节等特点,因此工程中一般采用宾汉模式、幂律模式和赫-巴模式。

研究表明,赫-巴模式的准确性通常要比宾汉和幂律模式高,因此,计算时如果采用赫-巴模式,则不再进行模式选择。相反,则需对具体液体进行流变模式优选,选择原则以实际水泥浆的剪切速率与剪切应力对两个模式的吻合程度为准,其方法可用线性回归中的相关系数或下面介绍的线性比较法(F比值法),用旋转黏度计测得的 300、200、100、6、3 转的读值 ϕ_{300}、ϕ_{200}、ϕ_{100}、ϕ_6、ϕ_3。F 值是采用旋转黏度计 300、200、100 转的读值计算,具体公式为:

$$F = \frac{\phi_{200} - \phi_{100}}{\phi_{300} - \phi_{100}} \qquad\qquad (9\text{-}7)$$

当 $F = 0.5 \pm 0.03$ 时选用宾汉流变模式,反之则应选用幂律流变模式。

常用流变模式参数有 τ_0、η_p(宾汉),n、k(幂律),τ_s、n、k(赫-巴)等。一般采用 6 速旋转黏度计测量,流变参数的计算公式为:

宾汉模式 $\qquad\qquad \begin{cases} \eta_p = 0.0015(\phi_{300} - \phi_{100}) \\ \tau_0 = 0.511\phi_{300} - 511\eta_p \end{cases}$ $\qquad\qquad$ (9-8)

幂律模式 $\qquad\qquad \begin{cases} n = 2.092\lg\left(\dfrac{\phi_{300}}{\phi_{100}}\right) \\ K = \dfrac{0.511\phi_{300}}{511^n} \end{cases}$ $\qquad\qquad$ (9-9)

$$\text{赫-巴模式} \quad \begin{cases} \tau_{\text{s}} = \dfrac{\tau_{\text{x}}^2 - 0.261\phi_{300}\phi_3}{2\tau_{\text{x}} - 0.511(\phi_{300} + \phi_3)} \\[3mm] K = \dfrac{0.511(\phi_{300} - \phi_3)}{511^n - 5.11^n} \\[3mm] n = \lg\dfrac{0.511\phi_{300} - \tau_{\text{x}}}{\tau_{\text{x}} - 0.511\phi_3} \end{cases} \quad (9\text{-}10)$$

$$\tau_{\text{x}} = 0.511(0.255\phi_{100} + 0.745\phi_6) \tag{9-11}$$

六、水泥浆稳定性

水泥浆稳定性是衡量水泥浆性能的重要指标之一。泥浆体系的沉降稳定性是指水泥浆体系中各种成分的不同颗粒的悬浮稳定性。稳定性较差的水泥浆所形成的水泥柱其致密程度从上到下非常不均匀。在大斜度及水平井中，这种水泥石的不均匀性表现尤为突出，从井眼下侧到上侧，水泥石的致密程度及胶结强度在不断减弱，这对水泥环的封固质量有着不良的影响。稳定性差的水泥浆，一般游离液（漂浮的自由水）都较多，这同样会在水泥柱中形成油、气、水窜的通道，影响水泥环的封固质量。

水泥浆的稳定性一般可用游离水量（水泥石的体积收缩量，上面分离出来的自由水）、水泥柱的纵向密度分布来表示。测量的方法主要有 API 标准的自由水（采用析水率表示：自由水体积与原水泥浆体积的百分比）、水泥柱纵向收缩、水泥浆沉降稳定性（即水泥柱纵向密度梯度）。

API 标准对常规水泥浆体系析出的自由水的最低要求是 250 mL 水泥浆析水不超过 3.5 mL，即析水率不超过水泥浆体积的 1.4%，而在斜井或水平井中要求析水率为 0。水泥柱在纵向上的收缩率不大于 0.2%。

水泥浆体系的稳定性纵向密度分布主要用一段不小于 20 cm 水泥柱顶端和低端的密度差的大小来表示。按照常规的测量水泥浆体系沉降稳定性的方法制备水泥浆柱并在室温下养护 12 h，然后再将水泥柱分割成若干段，对它们进行测量并计算得出各段的密度，再根据密度结果得到浆柱最大密度差，以此来评价该水泥浆体系是否具有良好的沉降稳定性。《固井标准（下册）》给出：低密度和常规密度水泥浆体系上下密度差不大于 0.03 g/cm³；定向井、水平井、大斜度井的上下密度差不大于 0.01 g/cm³；高密度水泥浆体系上下密度差不大于 0.05 g/cm³；其他水泥浆体系上下密度差不大于 0.03 g/cm³。

实际应用中，只要存在上述情况之一，就认为水泥浆是不稳定的，即：垂直水泥柱存在较大的密度梯度，和/或水泥浆静止 2 h 游离出较大的自由水（即水泥石体积有干缩）。这两种现象可单独发生，也可以同时出现。

七、水泥石强度

水泥石的强度应满足下述要求：

（1）支撑和加强套管。研究表明，当水泥石的抗压强度为 56 kPa 时，10 m 长的水泥环就可支撑 94 m 长的 $\phi177.8$ mm 的套管，因此支撑套管并不要很高的水泥石强度。

（2）应能承受钻柱的冲击载荷。

（3）应能承受酸化、压裂等增产措施作业的压力。

水泥石的强度包括抗压强度、抗折强度和胶结强度三个方面。

（1）水泥石的抗压强度。

水泥石的抗压强度体现了水泥石承受压力和支撑套管的能力，因此，在 API 标准中有明确的要求，见表 9-4。超低密度水泥浆体系封固产层时 24 h 抗压强度不低于 7 MPa，72 h 抗压强度不低于 14 MPa。

表 9-4　不同封固层水泥石抗压强度要求

套管层次	水泥浆类型	密度/(g·cm⁻³)	8 h 抗压强度/MPa	24 h 抗压强度/MPa
表层套管	领浆	1.60	>1.8	>3.5
	尾浆	1.90	>3.5	>8.0
技术套管	领浆	1.60	>2.1	>3.5
	尾浆	1.90	>5.0	>11.0
技术尾管		1.90	>5.0	>14.0
生产套管	领浆	1.60	—	>8.0
	尾浆	1.90	—	>14.0
生产尾管		1.90	—	>14.0

（2）水泥石的胶结强度。

要保证水泥石与套管和地层之间的胶结质量，达到有效封隔地层，应考虑两个胶结特性——剪切胶结力和水力胶结力，统称为胶结强度。

① 剪切胶结力：支撑套管的自重。一般通过测量水泥石与套管间开始产生移动时的作用力确定，用单位接触面积上所需作用力的大小表示。一般情况下，剪切胶结强度为抗压强度的 10%～20%。

② 水力胶结力：水泥的封固其目的是阻止流体在环空中窜移，因此水泥石的水力胶结力充分体现了水泥封固界面对流体的阻挡能力。一般通过测定套管与水泥环之间开始渗漏的压力确定。

对于有效封隔地层来说，水力胶结强度比剪切胶结强度的作用更大。而目前 API 标准还没有提出水泥石胶结强度的标准要求。

（3）水泥石的抗折强度。

小间隙井眼越来越多，在固井过程中对水泥石的韧性提出了更高的要求。评价水泥石韧性的方法主要有以下几种：

① 抗冲击韧性试验。指水泥试件受冲击断裂后所消耗能量（或称断裂功）的大小。用以表示水泥环承受冲击的能力。

② 抗折强度试验。抗折强度又称为弯曲抗拉强度，测定水泥试件在抗折实验机上连续均匀加载条件下断裂时的荷载，并计算出其抗折强度。

③ 弹性模量试验。弹性模量实际上代表了材料抵抗变形的能力。弹性模量越大，材料越不容易变形，刚性也就越大。

④ 抗拉强度试验。测定水泥试件在受到均匀拉伸载荷的作用下断裂时的载荷，并计算出抗拉强度。

⑤ 实弹射孔试验。模拟井下温度和压力条件下养护水泥环并用实弹射孔,以观察水泥环孔眼是否整齐、有无碎裂及裂纹,评价水泥塑性。

上述 5 种方法对固井工程都具有实际的指导意义,但试验的难度具有很大的差别。对比而言,抗折强度、弹性模量试验操作较为简单,对试件的要求较低,而且能定量地分析水泥石韧性变形能力的大小。因此,现在主要以水泥石的抗折强度、弹性模量试验所得到的实验数据来评价水泥石的韧性。而目前 API 标准还没有提出水泥石抗折强度的标准要求。

八、水泥石的渗透率

固井注水泥的目的之一,就是在井壁与套管之间保持良好的封隔,在正常生产时间内的任何时候,都不允许地层流体或完井液通过水泥环在环空中流动。

水泥石的渗透率是指一定压力下,水泥石允许流体通过的特性。一般情况下,水泥石渗透率应小于 $0.01 \times 10^{-3} \ \mu m^2$,用于封固腐蚀性地层以及页岩气层的水泥石其渗透率应尽量降低。

九、水泥石的抗蚀性

水泥石应能抗各种流体的腐蚀,主要应抗硫酸盐腐蚀。

在水泥成分中控制 C_3A 及 C_4AF 的含量为 $C_3A \leqslant 3\%$,$C_4AF + C_3A \leqslant 24\%$,可使水泥抗硫性提高。也可加入矿渣、石英砂等提高抗硫能力。

第三节　水泥添加剂及其主要作用原理

随着石油工业的发展,油气勘探和开发领域日益扩大,钻井技术逐渐提高。深井、超深井和特殊工艺井的出现对固井技术提出更高的要求。采用纯水泥已经远远不能满足工艺技术的要求,必须依靠外加剂(或外掺料)来调节其使用性能。一般来说,当功能调节剂的掺量大于 5%(质量比)称为外掺料;小于 5%的称为外加剂。

一、密度调节剂(外掺料)——加重剂及减轻剂

由于地层压力和地层破裂压力复杂多变,为了确保固井施工的安全和保证固井质量,需要在水泥浆中加入密度调节剂来满足固井施工的要求。水泥浆密度调节剂包括加重剂和减轻剂。

1. 加重剂

当钻遇高压油气层或在老油田调整井固井作业时,为防止井喷、气窜,需加大水泥浆的密度,常常往水泥中掺入加重剂(一般认为,高密度,$2.00 \sim 2.30 \ g/cm^3$;超高密度,$> 2.30 \ g/cm^3$)。常用的加重剂材料主要有重晶石、钛铁矿和赤铁矿等。

(1) 重晶石。

重晶石的主要化学组成为硫酸钡($BaSO_4$),晶体属正交(斜方)晶系的硫酸盐矿物,纯重晶石显白色,有光泽,由于杂质及混入物的影响也常呈灰色、浅红色、浅黄色等,密度为 $4.3 \sim 4.6 \ g/cm^3$。重晶石化学性质稳定,不溶于水和盐酸,无磁性和毒性。用重晶石配制的水泥浆的密度可达到 $2.2 \ g/cm^3$ 左右。

（2）钛铁矿。

钛铁矿颜色为灰色或黑色，密度为 4.45 g/cm³，具有金属光泽，性质稳定。由于其较大的密度，当钛铁矿作为加重剂时，水泥浆的密度最大可以加重到 2.40 g/cm³。

（3）赤铁矿。

赤铁矿的主要化学成分为氧化铁，硬度很大，化学性质稳定，密度为 5.0～5.3 g/cm³。由于其较高的密度，赤铁矿和钛铁矿一样，一般用于配制较高密度的水泥浆。赤铁矿可以使水泥浆的密度加重到 2.60 g/cm³。

（4）氧化锰。

超细四氧化三锰的密度为 4.8 g/cm³，粒径小于 10 μm。由于粒径小、密度高，因此其既有加重作用又有悬浮稳定作用，与铁矿粉混用，可以形成紧密堆积，有利于配制超高密度水泥浆。

2. 减轻剂

减轻剂用以降低水泥浆密度，从而使固井水泥浆柱的静压力下降。这有助于防止由于薄弱地层的破裂而引起的井漏，提高固井质量。低密度水泥浆体系一般是指密度为 1.2～1.75 g/cm³ 的水泥浆体系，当水泥浆密度低于 1.20 g/cm³ 时就称为超低密度水泥浆体系。

（1）黏土。

黏土的密度为 2.6～2.7 g/cm³，是最常用的黏土类水泥浆减轻剂。因为黏土的造浆率很高，可以使水泥含水容量增大，并由此使水泥浆密度降低。膨润土一般用量为 20%，增加膨润土用量可以使水泥浆密度降低，同时也使水泥石的抗压强度下降，渗透率增大。故这种水泥体系的抗腐蚀性能也相应降低。

（2）硅酸钠。

硅酸钠可以在水泥中与氧化钙或者与氯化钙反应形成硅酸钙凝胶，此胶体可以提供较大的黏度，从而大大提高水泥的加水量而不增加水泥浆的游离水。因此，可提高水灰比而降低水泥浆的密度。硅酸钠常用量为 0.2%～3%，可以使水泥浆密度降低到 1.7～1.37 g/cm³，且析水量小。该水泥浆体系的适宜的使用温度为 60～70 ℃，在高温下浆体稳定性变差。

（3）粉煤灰。

粉煤灰又称飞灰，它是从以煤为燃料的发电厂锅炉烟气中收集下来的灰渣，其货源广，产量高。粉煤灰的矿物组成主要有玻璃微珠、玻璃态 SiO_2、玻璃态 Al_2O_3、石英、莫来石、碳粒。其中以玻璃体和玻璃珠为主。粉煤灰的密度一般为 2.0～2.5 g/cm³，容重一般为 1 000～1 250 g/cm³，颗粒粒径在 0.5～300 μm 范围内。用粉煤灰配制的水泥浆，密度可降到 1.6～1.7 g/cm³。

（4）漂珠。

漂珠是薄壁的空心玻璃微珠，是一种从粉煤灰漂浮物中筛选出来的珠状颗粒中的一种。在常压下的密度大约为 0.7 g/cm³，直径 30～100 μm，壁厚只有颗粒直径的 5%～8%，其化学成分主要有 SiO_2、Al_2O_3 和 Fe_2O_3 等。

漂珠与水泥混合可制得轻质水泥浆，可以将水泥浆的密度降低至 1.05～1.45 g/cm³，漂珠的合适掺量应以 10%～40% 为宜。

（5）微硅。

微硅，也称超细硅粉，是铁合金生产过程中分离出来的一种副产品，其主要成分是 SiO_2（含量为 90％～98％），硅灰的密度约为 2.6 g/cm³，粒度很细，平均粒径为 0.1 μm，比水泥平均粒径（70 μm）和漂珠平均粒径（150～250 μm）小得多，粒度分布范围为 0.02～0.5 μm。微硅能够有效地起到提高水泥浆稳定性，减少游离液含量的作用。但是其降低水泥浆密度的范围较小（1.35～1.68 g/cm³），并且微硅与水泥混合时需要大量的水来润湿，水灰比增大，影响水泥石强度的发展。一系列的限制使得单加微硅的水泥浆体系在油田中的实际应用较少。

（6）硬沥青。

天然的沥青或通过沥青氧化法而得到高软化点的沥青，其密度为 0.9～1.1 g/cm³。由于其密度与水相近，固可配制出低密度、高强度的水泥浆体系。硬沥青常与高保水材料复合使用。加量 2.5％～50％可使水泥浆密度降到 1.7～1.37 g/cm³。适用温度为150 ℃以下。

（7）空心玻璃微珠。

空心玻璃微珠是由硼硅酸盐制成的粒径 10～200 μm，壁厚 1 μm 左右的空心微球。空心玻璃微珠具有抗压强度高、密度极低的特点，其密度为 0.2～0.6 g/cm³，粒径 2～130 μm，抗压强度最高可以达到 82 MPa。而且密度越小、粒径越大，配出的水泥浆体系密度越小，但相对适用的地层压力较小；粒径越小，自身的抗压强度越大，适用的井深或地层压力越大。可以配制出密度小于 1 g/cm³ 的水泥浆体系。

二、稠化时间调节剂——促凝剂及缓凝剂

在固井过程中，封固段所处的位置深浅不同、泵注水泥浆量的多少不同，施工作业时间具有较大的差异，而且水泥浆的稠化时间受温度影响较大。为了使水泥浆在不同的环境温度条件下均能较好地满足固井的要求，需要在水泥浆中加入速凝剂和缓凝剂来调节水泥浆的稠化时间。

1．促凝剂

在浅井或者深水固井注水泥施工中，虽然水泥浆满足了泵送的要求，但往往存在稠化时间长、强度发展慢的问题，严重影响钻井进度和固井质量。因此，需要在水泥浆中加入促凝剂来加速水泥的水化，缩短候凝时间。

（1）无机盐类促凝剂。

许多无机盐都可作为油井水泥促凝剂，其中最常见的为氯化物盐类。其他一些盐类，如碳酸盐、硅酸盐、铝酸盐、硝酸盐、硫酸盐等，都有促凝作用。

氯化钙在所有无机盐促凝剂中效果最好，成本最低。不存在缓凝点，一般加量为 2％～4％。氯化钠在加量低于配浆水质量的 10％时，起促凝作用；在 10％～18％之间时，对水泥浆稠化时间影响较小，但当加量超过 18％时则产生缓凝作用。

（2）有机化合物促凝剂。

油井水泥有机促凝剂包括甲酸钙、甲酰胺、草酸和三乙醇胺。

三乙醇胺既是水泥浆中铝酸盐的促凝剂，又是水泥浆硅酸盐的缓凝剂。它在硅酸盐中使硅酸三钙水化诱导期延长而表现出缓凝或先缓凝后促凝的作用。因此，三乙醇胺通常不能单独使用，须和其他外加剂一起使用来消除某些分散剂所造成的过度缓凝。

（3）促凝剂的主要作用机理。

不同促凝剂的促凝机理有所不同，目前的促凝机理主要有以下 3 方面的解释：

① 同离子效应（氯化钙）与盐效应（氯化钠），改变胶凝材料的溶解度，加快水化进程。

② 与水泥胶体矿物发生化学作用，生成溶积比相应单盐更小的复盐、络合物或难溶化合物，加快水化反应进程。

③ 形成结晶中心，加速水泥的凝结与硬化。

2. 缓凝剂

在中深井、深井以及超深井固井施工时，通常需要在水泥浆中加入缓凝剂以调节稠化时间来满足固井施工要求。

（1）有机物类缓凝剂。

目前常用的有机物类缓凝剂主要包括有机磷酸盐和羟基羧酸盐类缓凝剂。

有机磷酸（盐）种类繁多，有不少品种适合用作油井水泥缓凝剂，常用的有乙二胺四甲叉磷酸盐、羟基乙叉二磷酸等。有机磷酸盐缓凝剂的优点是它对水泥成分的微小变化不敏感。该缓凝剂有效使用的温度范围为 $40\sim170$ ℃，有机磷酸（盐）掺量大时会影响水泥强度发展，研究开发时应注意这个问题。

羟基羧酸（盐）是较早开发的高温缓凝剂，主要包括酒石酸、葡糖酸、葡庚糖酸等。国内外对其性能研究得比较透彻，其特点是：缓凝效果好，但加量敏感，稀释作用强。为了改善这类缓凝剂加量敏感的缺陷，Chatterji 等使链烷醇胺与羟基羧酸反应制得铵盐以缓解羟基羧酸的过缓凝作用。

（2）聚合物类缓凝剂。

聚合物类缓凝剂是近年来国内外研究最多的一类缓凝剂。由于通过聚合技术可将多种不同的功能性单体结合在一起，而且可以控制分子链的长短、相对分子质量的大小及分布，因此这类缓凝剂可以用分子设计思想来指导其合成，得到综合性能较为理想的缓凝剂。目前这类缓凝剂主要是通过 AMPS（2-丙烯酰胺基-2-甲基丙磺酸）与羧酸单体、丙烯酰胺等进行共聚得到。

AMPS 与衣康酸是这类缓凝剂中的典型代表，该缓凝剂缓凝效果明显强于 AMPS 与丙烯酸聚合物，无须加入硼砂、有机酸等缓凝增强剂，单独使用温度可达 260 ℃。

（3）缓凝剂的主要作用机理。

不同缓凝剂的缓凝机理不同，共同的认识在于：缓凝剂抑制水泥矿物组分水化速度，延缓结晶过程。现在存在以下 4 种理论解释：

① 吸附理论。分子吸附于水化颗粒表面，阻止水的接触（屏蔽层）。

② 螯合理论。分子与液相中 Ca^{2+} 螯合，阻碍晶核生成（夺电子）。

③ 晶核毒化理论。分子吸附于最初生成的核晶表面，阻止晶体连生，难于形成聚晶体。

④ 沉淀理论。分子与 Ca^{2+} 和 OH^- 作用，沉淀于水化表面，阻止水向晶体内部渗透，抑制水化。

三、降失水剂

固井施工时，水泥浆在压力下经过渗透地层时将发生"渗滤"。水泥浆滤液进入地层，其后果一是使水泥浆失水，流动性变差，严重者可使施工失败；二是滤液进入储层对储层形成不同程度的伤害。为了减少水泥浆的失水量,需要在水泥浆中加入降失水剂。降失水剂产品可分为两大类:颗粒材料和水溶性高分子及有机材料。

1. 颗粒材料

颗粒材料主要是一些粒径较小的微粒材料。降失水的机理在于这些微粒材料进入水泥滤饼并且嵌入水泥颗粒之间,使滤饼结构致密,渗透率降低。

属于这类材料的有微硅、沥青、胶乳以及热塑性树脂等。

2. 水溶性聚合物

目前,大部分降失水剂产品均为水溶性聚合物,这类产品又可分为改性天然产物与合成聚合物。

(1) 改性天然聚合物。

改性纤维素是水溶性天然产物中应用较多的一类降失水剂。可用作降失水剂的改性纤维素有 CMC(羧甲基纤维素)、HEC(羟乙基纤维素)、CMHEC(羧甲基羟乙基纤维素)等。改性纤维素共同的缺点是水溶性差、黏度高、耐温性能差、延迟水泥强度发展。通过对纤维素进行化学接枝共聚反应,引入其他功能单体,是改善其性能缺陷的较好方法。

(2) 聚合物类降失水剂。

合成聚合物类降失水剂品种繁多、性能优异,具有一些天然产物无法比拟的特点。

① 非离子型聚合物。

PVA(聚乙烯醇)体系是国内应用较广的一类非离子型降失水剂,具有独特的优点。该体系使用温度可达 95 ℃,高于此温度后,交联键被破坏,降滤失性能变差。此外,该体系抗盐(NaCl)性能差,抗盐通常不超过 5%。为了改善 PVA 体系耐温、耐盐性能较差的缺陷,可以采用化学交联的方法对 PVA 进行改性,改性后,耐温可达 120 ℃,抗盐可达 8%,滤失量可以控制在 50 mL 以下。

② 阴离子型聚合物。

阴离子型聚合物是国内外研究最为广泛、产品种类最多的一类降失水剂。AMPS 与丙烯酸、马来酸、丙烯酰胺等的共聚物是这类聚合物降失水剂的典型代表,这类降失水剂具有低增黏和优异的耐高温、耐盐特性,是一类性能优异的降失水剂。

(3) 水溶性聚合物降失水的作用机理。

水溶性聚合物大多为高分子聚合物,这些大分子在溶液中通过氢键作用形成较稳定的胶状聚集物,楔入水泥滤饼的微孔结构,有效地降低了滤饼渗透率。另外,这些高分子链上的极性基团吸附在水泥颗粒表面,以其吸附、溶剂化作用改变不同粒度水泥颗粒的粒径,从而满足颗粒级配作用,构成结构致密的水泥滤饼,其渗透率低,滤失量小。也就是说,吸附和胶凝两者的协同作用是聚合物类降失水剂的主要作用机理。

四、分散剂

分散剂的作用机理是通过削弱和拆散水泥颗粒之间的成团连接,释放自由水,破坏水泥颗粒的胶凝结构,改善水泥浆的流变性。目前常用的分散剂主要包括以下几类:

(1) 磺酸盐。

磺酸盐是最普通的水泥分散剂,分散剂分子中含有 5~50 个磺酸盐基团,这些基团连接在高度支化的大分子主链上。这类分散剂主要包括:密胺磺酸盐、聚萘磺酸盐、木质素磺酸盐、聚苯乙烯磺酸盐等。

（2）磺化醛酮缩聚物。

该缩聚物分子结构中含—OH、—CH₃、—C—和—SO₃H基团，其使用温度可达 150 ℃，是目前国内最好的高温水泥分散剂。

（3）低相对分子质量的羟基聚多糖。

属于此类的有水解淀粉、纤维素或半纤维素和它的非离子型聚合物、聚乙烯醇、聚氧乙烯和聚乙二醇等，均具有良好的分散性能。

（4）低分子化合物。

该类分散剂典型的为羟基羧酸。此类化合物具有很强的分散能力，同时又是强缓凝剂。其中最典型的是柠檬酸。

五、防漏失剂

注水泥期间，常常会发生水泥浆向高渗透地层、裂缝性地层和孔洞性地层漏失，为了控制水泥浆的漏失需要向水泥浆中加入堵漏剂。常用的水泥浆堵漏剂为片状、纤维状、颗粒状或凝胶状材料，如赛璐珞、玻璃纤维、云母片和硬沥青等。目前在堵漏方面用得较好的堵漏剂是 Schlumberger 公司研发的专门用于水泥浆的硅基合成纤维 AFCS。这些纤维呈圆柱形，平均长度 12.7 mm，直径 20 μm。这种纤维的形状和使用材料的类型非常适合于和水泥浆混合。不同于常规纤维，AFCS 中的纤维在水泥浆中易于分散，这种特性可以在漏失带形成坚固的纤维网，水泥浆中的固体颗粒被这些纤维网固定并建立桥塞从而阻止漏失。

六、消泡剂

在水泥浆的配制过程中，尤其是在水泥浆中加入磺酸盐型的外加剂时，往往会产生大量的气泡，水泥浆中气泡的产生会引起水泥浆密度的改变，也影响水泥石强度和水泥柱高度。因此需要加入消泡剂来消除气泡对水泥浆的影响。

1. 消泡剂的主要作用机理

其主要作用机理：抑制泡沫产生，利用本身的低界面张力，迅速铺展，使液膜变薄破裂。有以下 3 种理论解释：

① 抑制理论。泡沫将要产生时，消泡剂微粒迅速破坏气泡的弹性膜。

② 破坏理论。泡沫存在时，消泡剂利用自身的低界面张力使泡沫液膜变薄并最终破裂。

③ 排液理论。消泡剂能促使液膜排液，因而导致气泡破灭。

2. 常用的消泡剂

固井常用的消泡剂一般有两类：一类是醇类，另一类是硅氧烷类。

（1）醇类。

醇类包括醇、醚和酯，因其价廉而使用得最广。在大多数情况下，都是预先在配浆之前加入到混合水中，即可生效。这类消泡剂主要有甘油聚醚、斯盘-80、磷酸三丁酯、乙二醇、正丁醇等。

（2）有机硅类。

有机硅类是一类高效消泡剂，它与醇类所不同的是在水泥浆中起到破坏泡沫生成的作用。这类消泡剂主要有硅醚油和硅氧烷。

硅醚油是无色透明、无毒无味、中型油状液体。凝固点低,化学性质稳定,难溶于水,表面张力低,一般 1/100 000 的用量即可保证使用效果。

硅氧烷是将研磨极细的硅粉分散到聚二甲基硅氧烷或类似的硅氧烷中而制成的悬浮体系。也可制成 10%～30% 有效浓度的水包油体系的乳状液。

七、早强剂

早强剂是能减少水泥浆稠化时间,提高水泥石早期强度的化学剂。目前,已经应用到现场的早强剂的类型有无机盐类、有机物类、复合型早强剂 3 大类。

1. 常用的早强剂

早强剂是能减少水泥浆稠化时间,提高水泥石早期强度的化学剂。目前,已经应用到现场的早强剂的类型有无机盐类和有机物类两大类。

(1) 无机盐类早强剂。

无机盐类主要有氯化物,硫酸盐,硝酸盐,亚硝酸盐,碳酸盐以及钠、钾、铵的氢氧化物等。其中氯化物是最常用的油井水泥早强剂。

氯化钙是最有效、最经济的促凝、早强剂,其正常加量为 2%～4%(质量分数)。

硅酸钠通常用为水泥的填充料,也有促凝作用。在水泥浆液相中硅酸钠和 Ca^{2+} 反应生成水化硅酸钙(C-S-H)胶核,从而促使水泥水化诱导期提前结束。

(2) 有机盐类早强剂。

有机物主要是指三乙醇胺、三异丙醇胺、甲酸、乙二醇等。复合型是指有机盐与无机盐、有机盐与有机盐、无机盐与无机盐等复合型早强剂。

三乙醇胺在铝盐中为促凝剂,能加速 C_3A 的水化并能够在 $C_3A-CaSO_4$ 体系中能够加速钙矾石的生成。但在硅酸盐中使 C_3S 水化诱导期延长而表现出缓凝或先缓凝后促凝的作用。

2. 早强剂作用机理

早强剂作用机理一般认为,水泥浆液相最初由硫酸盐溶液和氢氧化钙、氢氧化钾、氢氧化钠溶液组成,它们之间处于动态平衡:

$$CaSO_4+2(K,Na)OH \longrightarrow (K,Na)_2SO_4+Ca(OH)_2$$

任何促使该反应向右移动的外加剂都能加速水泥浆的稠化与凝结过程,早强剂正是能加速该反应向右移动的外加剂。

归纳起来,早强剂的促凝早强机理有以下 3 个方面的原因:

(1) 离子效应。

无机盐在水泥浆体系中可发生盐效应和同离子效应,从而改变胶凝材料的溶解度,加快水泥水化反应的进程。若水泥浆中没有同类离子的电解质,早强剂在盐效应的作用下增大水泥浆溶液的离子浓度,改变水泥颗粒表面的吸附层,从而提高水化矿物的溶解度,加速水泥水化进程;若水泥浆中有同类离子的电解质,早强剂可在同离子效应的作用下,一方面减小一些水泥水化矿物的溶解度,另一方面却促使水泥水化产物更快地结晶析出,从而提高水泥石的早期强度。

阴/阳离子的早强效果如下:

$$Ca^{2+} > Mg^{2+} > Li^{+} > Na^{+} > H_2O$$
$$OH^{-} > Cl^{-} > NO^{3-} > SO_4^{2-} > H_2O$$

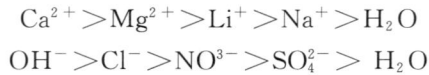

（2）生成复盐、络合物或难溶化合物。

一些早强剂可通过与水泥胶体矿物发生化学作用，生成复盐、络合物或难溶化合物。由于复盐、络合物或难溶化合物的溶度积比相应单盐更小，从而加速了水泥水化进程。如亚硝酸盐和硝酸盐能与 C_3A 生成络盐、亚硝酸铝酸盐和硝酸铝酸盐，加速水泥水化并促进水泥石早期强度的发展；胺类在水泥浆中可生成易溶解络合物，可加快 C_3A、C_4AF 的溶解速度，从而生成更多的硫铝酸钙以提高早期强度。

（3）形成结晶中心，加速水泥的凝结与硬化。

一些早强剂还能起到制备结晶中心的作用以加速水泥的水化进程，如 $NaAlO_2$、Na_2SiO_3 等物质，在水溶液中可水解为成胶态的氢氧化铝胶体、硅胶等，它们与钙离子结合可形成水化物的结晶中心而加速水泥浆的凝结与硬化。

八、膨胀剂

1. 膨胀剂的类型

膨胀剂可分为两种类型，一种是"刚性"膨胀剂，通过加入 CaO/MgO、$CaO/CaSO_4$ 等碱金属氧化物参与水泥水化反应，生成膨胀性晶体钙矾石、氢氧化钙、氢氧化镁等，补偿了水泥水化后的体积收缩，且使水泥石产生微膨胀；另一种是"发气"膨胀剂，以铝粉为主，与稳泡剂等材料复合而成，在井下与水泥水化产物 $Ca(OH)_2$ 反应，生成氢气，产生微膨胀，补偿水泥水化后的体积收缩。

国内外使用的各类油井水泥膨胀剂达数十种，按其组成主要为以下几类：

（1）无机盐：Na_2SO_4，$NaCl$，$CaSO_4 \cdot 0.5H_2O$，$4CaO \cdot 3Al_2O_3 \cdot SO_3$。

（2）金属氧化物：$CaO+MgO$，CaO，MgO，$CaO+Al_2O_3$。

（3）金属粉末：铝粉，铁粉，锌粉，镁粉等。

（4）有机材料：橡胶粉等。

在井下，由于受到套管和地层的限制，掺有膨胀剂的水泥水化后可产生轻度膨胀，补偿水泥石体积的收缩，堵塞环空微环隙，并且可以改善水泥石内部结构，减小水泥石渗透率，提高固井界面的胶结强度。

2. 膨胀剂的膨胀机理

常用的晶格膨胀剂为硫铝酸钙、方镁石和方钙石；发气膨胀剂为铝粉。硫铝酸钙、方镁石和方钙石的膨胀过程较为相似：水泥浆体的膨胀起因于膨胀剂水化产物的生成和生长，这些晶体在局部区域内的生成和生长使水泥浆体产生膨胀。在浆体处于受限状态时，膨胀将会使水泥石结构致密化，并产生膨胀应力。

（1）钙矾石的膨胀机理。

① 吸水膨胀。

钙矾石吸水膨胀理论认为，水泥浆中通过"溶解—沉淀"所形成的 AFt 是具有胶体尺寸的似凝胶物质，并且带负电、高比表面。凝胶状的钙矾石粒子吸引围绕在钙矾石晶体周围的极化水分子，引起颗粒之间的排斥力，造成整个体积的膨胀；而且当其与水溶液接触时会形成扩散双电层。宏观上却表现为膨胀，但膨胀力不大。

② 结晶压力。

钙矾石晶体交叉生长，互相施加压力，导致水泥浆体膨胀，晶体生长使膨胀水泥体积增大，且膨胀取决于单位体积内结晶晶核数和晶体生长速度。晶核数越多，晶体越细小，产生膨胀越大。晶核既可在溶液中形成，也可在水泥颗粒表面形成。实际上，微晶 AFt（Ⅱ型）因吸水膨胀产生膨胀压，粗晶钙矾石（Ⅰ型）则产生结晶压，在受限状态下，Ⅰ型 AFt 起增强作用，Ⅱ型 AFt 起膨胀作用。

（2）方钙石（CaO）的膨胀机理。

CaO 水化生成 $Ca(OH)_2$ 时固相体积增大，导致浆体体积膨胀。但是 $Ca(OH)_2$ 相并不是 CaO 水化的特有产物，其他熟料矿物如 C_3S、C_2S 等水化时也会生成 $Ca(OH)_2$，一般占水泥水化产物的 20% 左右。而后者在水化的同时还生成了 CSH 凝胶和 $Ca(OH)_2$ 相，两者可紧密地结合在一起，不会造成膨胀。但 CaO 水化时只形成 $Ca(OH)_2$ 相，此时形成的 $Ca(OH)_2$ 相可能主要堆积在 CaO 颗粒表面，即发生局部化学反应而导致水泥石体积膨胀。CaO 水化形成 $Ca(OH)_2$ 时不仅固相体积增加，其水泥石孔隙体积亦增加，且水化产物呈局部堆积状态时才会导致浆体膨胀。

（3）方镁石（MgO）的膨胀机理。

方镁石水化生成水镁石 $[Mg(OH)_2]$ 的反应属典型的原地固相反应，其膨胀作用源于水镁石的结晶生长压。方镁石的水化过程分为 4 步：① 水分子在 MgO 表面的物理吸附和化学吸附；② Mg^{2+} 和 OH^- 在吸附水分子层的扩散；③ $Mg(OH)_2$ 晶体的成核；④ $Mg(OH)_2$ 晶体的生长。

在 $Mg(OH)_2$ 晶体很小时，浆体的膨胀力主要来自吸水膨胀；随着 $Mg(OH)_2$ 晶体的长大，转为结晶压起主导作用，即方镁石造成的膨胀来自吸水膨胀力和结晶压力的共同作用，但前者的作用是非常有限的。

（4）铝粉的膨胀机理。

作为"发气"膨胀剂的铝粉需要经过精细粉碎，并且外表涂有一层树脂，以控制铝粉在井下发气和持续时间。在井下温度和压力等因素的作用下，铝粉与水泥浆中的氢氧化钙发生反应，生成微小的氢气气泡，并在稳泡剂的作用下形成相互独立的气泡，均匀分布在水泥浆中。微小气泡在水泥浆的圈闭作用下产生膨胀压力，补偿了因水泥浆体积收缩和水泥浆"失重"而产生的压力损失，在宏观上，水泥浆总体积产生微膨胀，提高了水泥环与套管和井壁间的胶结质量。

九、增韧剂

水泥环的层间封隔能力直接关系到后续钻井、完井、开发、提高采收率等强化开采措施能否有效实施。由于常规的水泥石脆性较大，抗冲击载荷能力较差，在套管试压、压裂和射孔等作业过程中，水泥环容易发生脆性破坏，从而丧失层间封隔能力，因此需要在水泥浆中加入增韧剂对水泥石的性能进行改善。常用的增韧剂主要有纤维、胶乳、弹性颗粒等。

1. 纤维

在水泥中加入纤维材料，使水泥具有一定韧性是提高水泥石承受井下外力作用的较好方法。纤维主要有钢纤维、玻璃纤维、聚合物纤维、碳纤维等。

（1）钢纤维。

钢纤维与其他纤维相比，与水泥基材复合使用，有较多的优越性。钢纤维的弹性模量与抗拉强度都比较高,为水泥基材的 5 倍以上,同时钢纤维也可制成各种变截面形状,以增加与水泥基材之间的黏结力。

（2）聚合物纤维。

常见的聚合物纤维有聚丙烯纤维、聚酯纤维等。聚丙烯是一种结构规整的结晶型聚合物,为乳白色、无味、无毒、质轻的热塑性塑料,密度为 0.90～0.91 g/L,是现有树脂中最轻的一种。聚丙烯与大多数化学品,如酸、碱和有机溶剂接触不发生作用,物理机械性能良好。其抗拉强度为 33.0～11.4 MPa,抗压强度和抗弯曲强度均为 41.4～55.1 MPa。

（3）玻璃纤维。

玻璃纤维具有原料易得、拉伸强度高、断裂伸长低、弹性模量高、防火、防霉、耐热、耐腐蚀和尺寸稳定性好的优点,是一种常用的性能优良的增强材料。玻璃纤维最大的特点是拉伸强度高,直径 3～9 μm 的玻璃纤维其拉伸强度可高达 1 500～4 000 MPa。玻璃纤维是在复合材料中应用最广泛的一种纤维,与碳纤维制成混杂复合材料,可以不降低碳纤维复合材料的强度而又提高其韧性,并降低了成本。

（4）碳纤维。

碳纤维是指碳的质量分数超过 90% 以上的纤维。碳纤维由沥青、聚合物（如聚丙烯腈）或含碳气体（如乙炔）制成。它具有轴向抗拉强度高、密度小、耐腐蚀性及耐久性好等特点。

2. 胶乳

胶乳在油井水泥中通常作为防气窜剂和耐腐蚀材料。但是加入胶乳后的水泥石抗拉强度、弹性变形能力以及抗冲击能力会发生较大的改善,因此胶乳也成为一种性能优良的增韧剂。曾被用于或正用于水泥外加剂的胶乳有醋酸乙烯酯、聚苯乙烯、氯苯乙烯-氯乙烯共聚物、苯乙烯-丁二烯共聚物、氯丁二烯-苯乙烯共聚物及树脂乳液等。目前在油田应用较多,效果较好的是丁苯胶乳。

3. 弹性颗粒

用于改善水泥石力学性能的弹性颗粒主要是橡胶粉。水泥浆中加入橡胶粉,在水泥的胶结作用下与孔隙四周形成了一种具有一定强度、能够约束微裂缝的产生和发展、吸收应变能的结构变形中心,因此可降低水泥石的刚性;当水泥石受到冲击力作用时,该结构变形中心能吸收震动能,从而提高水泥石的抗冲击性能。

但是,橡胶粉是惰性有机物质,表面不亲水,与水泥基体不胶结,并且因为其密度较低,在水泥浆中容易上浮,造成水泥浆体系性能不稳定。橡胶粉在应用时必须对其表面进行处理,增强其表面亲水性,提高橡胶粉与水泥基体的界面胶结。

第四节　注水泥设计及固井工艺技术

一、注水泥设计

注水泥设计过程中涉及注水泥的黏附损失、井眼直径的准确预测、钻井液的压缩等因素,需要在考虑附加量的基础上,合理设计水泥浆的用量、水泥浆性能等。

1.常用水泥浆设计系数及水泥添加剂的选用

常用水泥浆设计系数主要包括:

① 井径扩大系数,取 1.05;

② 水泥附加系数,取 1.10;

③ 水泥地面损失率,取 1.05;

④ 钻井液压缩系数,取 1.05;

⑤ 隔离液在环空附加系数,取 1.10;

⑥ 常用水泥浆密度,取 1.85 g/cm^3;

⑦ 常用水灰比,为 0.44。

在固井过程中,水泥的选用主要是推荐选用 G 级油井水泥。如果需固井的温度大于 110 ℃,则需要在水泥浆中添加抗高温剂,同时调整水泥浆外加剂使水泥浆体系达到良好的抗温能力。特殊地层条件下建议根据 API 标准进行选用。按照井深要求合理选择添加剂进行水泥浆的密度、失水量、稠化时间、初终凝时间、水泥浆稳定性、析水率等性能的调节。

2.浆柱结构设计

(1)固井浆体组成。

固井过程中用到的浆体包括前置液和水泥浆两大部分。

① 前置液。

前置液体系是指用于在注水泥浆之前,向井中注入的各种专门液体的总称。其作用是将水泥浆与钻井液隔开,起到隔离、缓冲、清洗的作用,可提高固井质量。在现代注水泥技术中这些专用液体已成一个专门的体系。

前置液可分为冲洗液和隔离液。

a.冲洗液。

冲洗液的作用是稀释和分散钻井液,防止钻井液的胶凝和絮凝,有效冲洗井壁及套管壁,清洗残存的钻井液及滤饼;在水泥浆及钻井液之间起缓冲作用,有利于提高固井质量。冲洗液应当具有接近水的低密度,可在 1.03 g/cm^3 左右;有很低的塑性黏度,有良好的流动性能,具有低剪切速率、低流动阻力,能在低速下达到紊流的流动特性,其紊流的临界流速在 0.3~0.5 m/s;应与水泥浆及钻井液都有良好的相容性。

冲洗液通常是在淡水中加入表面活性剂或是将钻井液稀释而成的。常用的冲洗液配方为:CNIC 水溶液、表面活性剂水溶液以及海水等。

b.隔离液。

隔离液的作用:能有效地隔开钻井液与水泥浆;能形成平面推进型的顶替效果;对低压、漏失层可起缓冲作用;具有较高的浮力及拖曳力,以加强顶替效果。隔离液通常为黏稠的液体。它的黏度较冲洗液要大,密度稍高,静切力应稍大。它的使用是在冲洗液之后注入,隔离液注完之后再注水泥浆。

隔离液一般为在水中加入黏性处理剂及重晶石等配成,其性能要求为:密度应比钻井液大 0.06~0.12 g/cm^3;黏度较高,切力值应在 40~80 mPa·s;失水量在 50 mL/30 min 左右。

隔离液的配方常见的有水溶液加入瓜胶或羟乙基纤维素,用重晶石调节密度。

② 水泥浆。

水泥浆是由干水泥(干灰)、水及各种添加剂混合后而形成的浆体。根据密度需求,水和干灰按一定比例配制,水与干灰的质量之比称为水灰比。

常规水泥浆的密度一般在 1.80～1.95 g/cm³之间。由于常规水泥浆的固相基本为水泥颗粒,形成的水泥石强度较大,可以有效地承载(套管载荷或射孔压力);另外,密度相对较大,产生的静液压力较大。为此,固井过程中为了达到有效封固产层而又不压漏层,一般采用两种或两种以上密度的水泥浆,油层部位用密度较高的水泥浆(尾浆)封固,上部地层采用密度相对较低的水泥浆(领浆)。

在水泥浆配制过程中,国内通常采用水泥车的混浆池进行混浆,由于干灰和水的下料速度存在变化,造成水泥浆的密度与设计要求存在一定偏差,施工过程中,密度偏差应控制在一定的范围内。

(2)各浆体的设计要求。

① 冲洗液在环空中的段长一般取 60～100 m,最长不超过 250 m。密度取 1.10～1.25 g/cm³。

② 隔离液在环空中的段长可取 30～100 m,最长可保持在环空中占 200 m 的高度。密度应根据带固井层段的地层压力合理选取,常规条件下一般取 1.35～1.50 g/cm³。

③ 水泥浆分为领浆和尾浆两部分,领浆密度可在 1.4～1.7 g/cm³,尾浆密度在 1.85～1.95 g/cm³;也可以根据注水泥段段长进行水泥浆密度的合理设计——前提是水泥石的强度要满足固井目的的需求。通常套管外领浆至少返至油层顶部 200 m 以上。

④ 压力平衡校核。在上述浆柱结构设计后,对井底和上层套管鞋位置进行破裂压力校核,保证不压漏地层并压稳高压层(不考虑失重影响);如若作用在井底的压力不满足要求时,应对水泥浆密度或前置液密度或段长进行调整。

3.环空液柱压力的计算

(1)静液柱压力的计算。

固井中的静液柱压力,一般指注水泥结束时的环空液柱压力,其计算公式为:

$$p_J = 0.009\,81 \times (h_{c1}\rho_{c1} + h_{c2}\rho_{c2} + h_冲\rho_冲 + h_隔\rho_隔 + L_d\rho_d) + p_b \qquad (9\text{-}12)$$

式中　p_J——环空静液柱压力,MPa;

　　　h_{c1}——尾浆水泥段长度,m;

　　　ρ_{c1}——尾浆水泥浆密度,g/cm³;

　　　h_{c2}——领浆水泥段长度,m;

　　　ρ_{c2}——领浆水泥浆密度,g/cm³;

　　　$h_冲$——冲洗液段长度,m;

　　　$\rho_冲$——冲洗液密度,g/cm³;

　　　$h_隔$——隔离液段长度,m;

　　　$\rho_隔$——隔离液密度,g/cm³;

　　　L_d——钻井液段长度,m;

　　　ρ_d——钻井液密度,g/cm³;

　　　p_b——环空蹩压压力,MPa;

　　　g——重力加速度,m/s²。

(2)动液柱压力的计算。

固井中的动液柱压力,一般指固井过程中的液柱压力,其计算公式为:

$$p_b = p_J + \Delta p_{la} \tag{9-13}$$

式中　p_b——环空动液柱压力，MPa；

　　　Δp_{la}——环空流动阻力产生的压力，MPa。

固井施工中环空动液柱压力 p_b 是个变量，不是固定的，它与液柱的变化和排量的大小有关，一般认为水泥浆碰压时刻作用在井底的动压力最大，并进行计算。

（3）固井压力平衡设计的基本条件。

根据环空压力计算，并对比几个关键位置（或关键时刻）的环空动液柱压力 p_b 值及环空静液柱压力 p_J，比较出最小环空静液柱压力 p_{Jmin} 和最大环空动液柱压力 p_{bmax}。

固井设计必须满足如下条件：

$$p_{Jmin} > p_p \text{ 和 } p_{bmax} < p_f \tag{9-14}$$

式中　p_{Jmin}——最小环空静液柱压力，MPa；

　　　p_{bmax}——最大环空动液柱压力，MPa；

　　　p_p——地层孔隙压力，MPa；

　　　p_f——地层破裂压力，MPa。

4. 水泥浆用量设计计算

在水泥浆用量设计计算过程中水泥浆用量、干水泥用量和混合水用量的计算都不考虑各种添加剂的质量和体积（考虑加入的为粉剂）。

① 水泥浆密度。

$$\rho_s = \frac{\rho_c \cdot \rho_w (1 + m)}{\rho_w + m\rho_c} \tag{9-15}$$

$$m = \frac{W_w}{W_c} \tag{9-16}$$

式中　ρ_c——干灰密度，取 3.2 g/cm^3；

　　　ρ_w——水（或混合水）密度，取 1.05 g/cm^3；

　　　m——水灰比，无因次，一般根据水泥的级别给定该数值，即 G 级水泥的 $m=0.44$；A、
　　　　　B 级的 $m=0.46$，C 级的 $m=0.56$，H 级的 $m=0.38$；

　　　W_w——配制水泥浆的总需用水量，kg；

　　　W_c——配制水泥浆的总需用水泥量，kg。

② 水泥浆用量。

a. 理论水泥浆用量公式。

$$V_c = \frac{\pi}{4} \left[\sum (D_i^2 - d_o^2) h_i + d_i^2 h \right] \tag{9-17}$$

$$h_{总} = \sum h_i \tag{9-18}$$

式中　D_i——不同井段的井眼直径（即实际分段测量井径），或如无测量井径数据则采用钻
　　　　　头直径与井眼扩大率（1.05）的乘积，m；

　　　d_o, d_i——分别表示套管的外、内径，m；

　　　h_i——对应井眼直径 D_i 的套管外水泥高度，m；

　　　$h_{总}$——套管外水泥的返升高度，m；

　　　h——套管内水泥塞高度，m；

V_c——水泥浆理论用量，m^3。

b. 实际水泥浆用量。

$$V_{实际} = K_1 V_c \ 或 \ V_{实际} = V_c + V_{附加} \tag{9-19}$$

式中 K_1——水泥附加系数；

     $V_{附加}$——注水泥附加体积，m^3；

     $V_{总}$——实际注水泥的总体积，m^3。

② 水泥用量公式。

$$W_c = V_{总} \frac{\rho_c \rho_w}{\rho_w + m\rho_c} K_2 \tag{9-20}$$

式中 K_2——水泥地面损失系数。

③ 配浆用水量。

$$V_w = \frac{mW_c}{\rho_w} \tag{9-21}$$

式中 V_w——水泥浆配制总用水体积，m^3。

④ 顶替液用量。

$$V_{替} = \frac{\pi}{4} K_3 \sum_{j=1} d_{ij}^2 h_j \tag{9-22}$$

$$h_z = \sum_{j=1} h_j \tag{9-23}$$

式中 $V_{替}$——顶替液用量，m^3；

     K_3——钻井液压缩系数；

     d_{ij}——各段套管内径，m^2；

     h_j——各段套管内径对应的套管长度，m；

     h_z——阻流环所处深度，m。

⑤ 前置液用量。

冲洗液用量

$$V_{冲} = \frac{\pi}{4} K_4 \sum (D_i^2 - d_o^2) h_{冲i} \ 且 \ h_{冲} = \sum h_{冲i} \tag{9-24}$$

隔离液用量

$$V_{隔} = \frac{\pi}{4} K_4 \sum (D_i^2 - d_o^2) h_{隔i} \ 且 \ h_{隔} = \sum h_{隔i} \tag{9-25}$$

式中 $V_{冲}$——冲洗液用量，m^3；

     K_4——隔离液在环空附加系数；

     $h_{冲i}$——对应井眼直径 D_i 的套管外冲洗液高度，m；

     $h_{冲}$——环空中冲洗液的总长度，m；

     $V_{隔}$——隔离液用量，m^3；

     $h_{隔i}$——对应井眼直径 D_i 的套管外隔离液高度，m；

     $h_{隔}$——环空中隔离液的总长度，m。

5. 下套管速度的计算

下套管时，为了控制钻井液回流速度，保证井壁稳定，以及防止压漏地层，必须控制套管下放速度。套管下放速度 v_x 计算公式为：

$$v_X = v_H U_H / U_{TW} \tag{9-26}$$

式中　v_X——套管下放速度,m/s;

　　　v_H——钻井液环空回流速度,m/s;

　　　U_H——套管外环形容积,L/m;

　　　U_{TW}——套管外容积,L/m。

由上式看出,套管下放速度 v_X 与钻井液环空回流速度 v_H 成正比,与套管外环形容积 U_H 成正比,与套管外容积 U_{TW} 成反比。由于套管外环形容积 U_H 和套管外容积 U_{TW} 都是固定值,所以套管下放速度 v_X 由钻井液环空回流速度 v_H 确定,套管下放速度 v_X 越快,钻井液环空回流速度 v_H 就越大,回流速度过大会影响井壁稳定。对钻井液环空回流速度的要求与地层性质有关,对易塌、易漏、油气活跃地层钻井液环空回流速度就要定得小一些,比较稳定的地层钻井液环空回流速度可以定得大一些。因此可以说,稳定的地层下套管速度可以快一些,不稳定的地层下套管速度就要慢一些。

二、固井工艺流程

1. 固井的特点

(1) 固井作业是一次性工程,如果质量不好,一般情况下难以补救。

(2) 固井作业是隐蔽性工程,主要流程在井下,施工时不能直接观察,固井质量受多种因素的综合影响,取决于固井设计的准确性和施工过程中的质量控制。

(3) 对油气田的开发和后续工程产生影响。若固井质量不好,在开发过程中(特别是注水过程)可能造成层间窜通,对油气田的正常开发造成严重影响。

(4) 固井是一项花钱多的工程。

(5) 施工时间短,工序多。

2. 常规固井基本条件

在常规固井施工中,为保证施工安全和固井质量,固井施工之前,必须认真分析是否具备施工条件,若条件不具备就盲目施工,可能会带来工程事故或质量事故。一般来说,满足固井施工的基本条件为:

(1) 井眼畅通。

(2) 井底干净。

(3) 固井前井下不漏失。

(4) 钻井液中无严重油气侵,油气上窜速度小于 10 m/h。

(5) 套管居中,居中度不小于 67%。

(6) 钻井液性能在不影响井壁稳定、保证井下压稳的情况下,应保证低黏度、低切力、低密度,具有良好的流动性能。

(7) 水泥浆稠化时间、流动度等物理性能应满足施工要求。

(8) 水泥浆和钻井液要有一定的密度差,一般要大于 0.2。

(9) 下灰设备、供水设备、注水泥设备、替泥浆设备及高低压管汇等,性能满足施工要求。

3. 固井的基本流程

常规固井的基本过程如图 9-3 所示。在注水泥作业的最后,顶替液将上胶塞顶到阻流环处,上、下胶塞碰到一起将循环通道堵死,泵压急剧上升,称为碰压(bumping)。

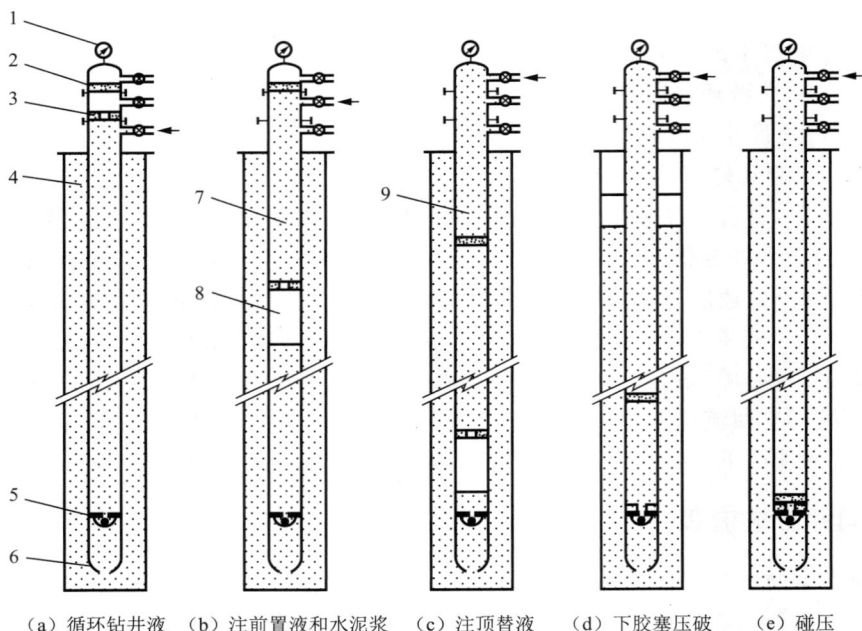

（a）循环钻井液　（b）注前置液和水泥浆　（c）注顶替液　（d）下胶塞压破　（e）碰压

图 9-3　常规固井的基本过程

1—压力表；2—上胶塞；3—下胶塞；4—钻井液；5—浮箍；

6—引鞋；7—水泥浆；8—隔离液；9—钻井液

具体作业步骤：

（1）钻达设计井深后电测，电测完毕后通井，然后下套管。

（2）下完套管后循环钻井液，清洗井眼，一般要求循环两个循环周。

（3）连接地面固井设备。

（4）注前置液（包括清洗液和隔离液）。

（5）压入下胶塞，注水泥浆，下胶塞到达浮箍后其薄膜被压破（注：也可没有下胶塞）。

（6）注入压塞液，压入上胶塞。

（7）泵入顶替液，上胶塞到达浮箍产生碰压后立即停泵。

三、常用的固井工艺技术

为了提高固井质量，减小固井过程中对生产层的损害，满足施工要求，国内外逐步发展起来了一些先进的固井工艺技术，并研制了相应的固井装置和工具。这里主要介绍目前常用单级固井工艺、分级固井工艺、尾管固井工艺、内插管固井工艺、预应力固井工艺和反循环注水泥固井技术。

1. 单级固井工艺技术

单级固井工艺技术是用水泥车、下灰车及其他地面设备配制好水泥浆，通过前置液、下胶塞（隔离塞）与钻井液隔离后，一次性地通过高压管汇、水泥头、套管串注入井内，从管串底部进入环空，到达设计位置，以达到设计井段的套管与井壁间的有效封固。固井施工流程：注前置液→注水泥浆→压碰压塞（上胶塞）→替钻井液→碰压→候凝（如图 9-4）。

2.分级固井工艺技术

分级固井工艺是把分级箍串联于套管串中的一定位置,在固井时使注水泥作业分两次或多次施工完成。根据分级箍循环孔的打开与关闭方式的不同,分级箍可分为机械式分级箍、液压分级箍和全通径分级箍。

机械式分级箍由打开滑套、关闭滑套、剪切球、防转动装置和本体等部件组成,另外还包括打开塞、关闭塞(如图9-5)。机械式分级箍依靠重力塞憋压打开循环孔,或用打开塞打开循环孔。

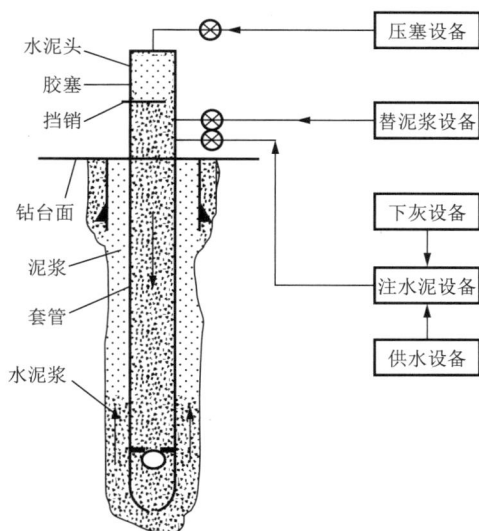

图 9-4　单级固井施工流程

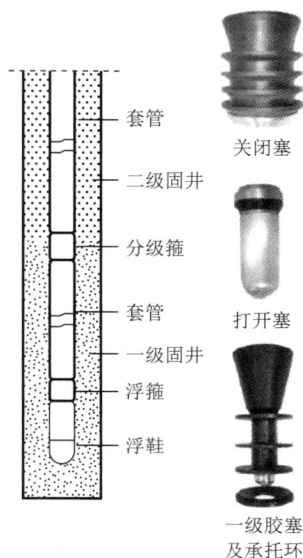

图 9-5　分级固井及工具(机械式分级箍)

液压分级箍不用打开塞,而采用液压方式打开循环孔,其原理是:在一级胶塞碰压后继续加压,形成一个向下的作用力,将下滑套打开从而露出循环孔。分级箍关闭时仍需要关闭塞对循环孔进行关闭。

全通径式注水泥分级箍没有打开塞和关闭塞,而是利用内管柱和专用的工具打开和关闭循环孔,打开方式有上提下放式和旋转式两种,通过上提、下放(或转动)打开循环孔。和普通分级箍一样,全通径分级箍接在套管串设计部位,下入套管串后,在套管内下入专用工具,用内管注完一级水泥后,通过专用工具打开循环孔进行第二级注水泥作业,完成后关闭循环孔,起出专用工具。

分级固井的原理在于:

对于长封固段的井来说,根据地层状况事先设计好需要分级的位置,在套管串下入时把安全合格的分级箍接装好随套管串一起下入井内。首先进行第一级固井作业,第一级注水泥与单级注水泥的工艺相似。根据分级箍打开原理的不同,打开分级箍循环孔并进行钻井液的循环直到一级固井水泥有一定强度;通过分级箍旁通孔进行第二级注水泥作业,二级注水泥完毕后压入关闭塞,关闭分级箍通孔并实现碰压;然后关井候凝;最后钻掉分级箍内的关闭塞和打开塞。

分级固井的应用范围:

① 一次注水泥封固段太长,顶替泵压过高,一般注水泥设备难以满足施工要求。

② 低压易漏失井固井时,由于一次封固段太长,环空压力过高,容易引起固井漏失和污染产层。

③ 因一次封固段太长,上下温差太大,水泥浆性能无法保证固井要求。

④ 油气分布不均,不连续且中间间隔距离太长时。

⑤ 其他特殊情况。

分级固井是油气层保护和长封固段固井的有效手段之一,分级箍也常与管外封隔器配合使用。

3. 尾管固井工艺技术

在深井、超深井、水平井、小环空间隙井、高压气井等复杂条件下,经常使用尾管以适应钻井和完井的要求。尾管固井(如图 9-6)不但可以节约套管费用、减小钻机负荷,而且有利于保护油气层,解决深井及复杂井中常规固井无法解决的技术难题。

尾管固井的关键部件是尾管悬挂器,尾管固井作业的顺利、成功与否,在很大程度上取决于尾管悬挂器设计和使用的合理性、可靠性。尾管悬挂器是将尾管下入井内,座挂在上层套管下部的预定位置上,并能完成固井施工作业的井下工具。尾管悬挂器的型号按坐挂方式分为机械式(包括轨道管式和J形槽式)、液压式、液压-机械联合式。按锥体机构分为单锥单液缸、双锥单液缸、双锥双液缸。按功能分为常规式、封隔式、旋转式、防腐式。另外还有带封隔器的尾管悬挂器、旋转式尾管悬挂器等。

尾管固井采用复合胶塞,如图 9-7 所示。上胶塞为钻杆胶塞,装在井口水泥头中;下胶塞为尾管胶塞,固定在送入工具中心管的下部,尾管胶塞是内空的。注水泥顶替时,钻杆胶塞下行到尾管胶塞时,插入尾管胶塞内孔进行复合,从而剪断尾管胶塞的固定销钉一起下行,复合胶塞到达球座时实现碰压,复合胶塞与球座锁紧在一起。

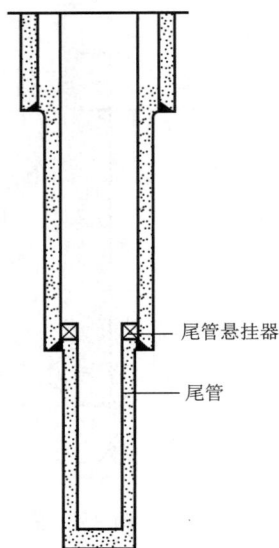

图 9-6 尾管固井示意图

尾管悬挂器
尾管

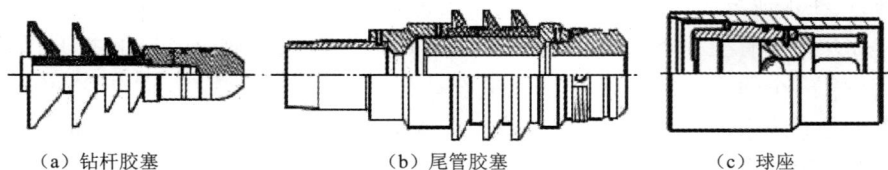

（a）钻杆胶塞　　　　（b）尾管胶塞　　　　（c）球座

图 9-7 尾管固井复合胶塞与球座

常规尾管固井后,重叠段封固质量差或根本无水泥的现象比较严重,由此导致地层内的油、气、水窜入套管内,这是尾管固井的主要问题。目前,常用带管外封隔器的尾管悬挂器,以阻断重叠段环空通道,或采用旋转尾管固井提高固井质量。

可膨胀式尾管悬挂器是国外研制的新型尾管悬挂器,悬挂器膨胀后紧贴到外层套管上,由于本体上带有封隔元件,所以会在环空形成有效密封。由于膨胀式尾管悬挂器具有诸多优点,因此它是国内尾管固井的发展方向。

4.内插管固井工艺技术

在表层套管或大尺寸套管固井时,由于套管直径大、管内浆体流速低、作业时间长,水泥浆和钻井液之间混浆现象严重,造成固井质量差。为此,对大尺寸套管经常采用内管固井方式。

（1）内管固井原理。

下套管之前,把内管注水泥插座安装在第一根套管底部;固井时,把内管注水泥插头接在钻杆柱的下端,下放钻柱把注水泥插头插入插座内,利用密封装置实现密封,循环钻井液正常后开始从钻杆内注水泥,水泥浆注完后投入钻杆胶塞、替浆碰压后起出钻杆,完成注水泥作业。

（2）内管固井工具。

内管注水泥的主要工具是内管注水泥器,包括插座和插头两部分,如图9-8所示。注水泥内管为钻杆,当插头进入插座后适当加压即可实现接头处的密封。

内管注水泥器有插入式密封连接和丝扣连接两种方式,目前常用的为插入式密封连接,它在注水泥完成后可直接拔出,不需倒扣。

5.预应力固井工艺技术

预应力固井是在稠油热采井固井中使用的一种固井工艺技术,在注水泥前或水泥浆凝固前,给套管一定的提拉拉力,使套管内部预先产生拉应力,从而平衡（减小）套管受热膨胀时产生的压应力,防止原油热采过程中套管膨胀损坏。

目前,一般采用地锚固井方式对套管施加拉应力。地锚是一种卡瓦,接在套管的底部（如图9-9）,在套管下到预定的深度后可按正常的方式固井注水泥,碰压后继续加压,将地锚的卡瓦销钉剪断,使卡瓦张开支撑井壁岩石,地锚就可承受拉力,然后上提套管到规定拉力候凝。

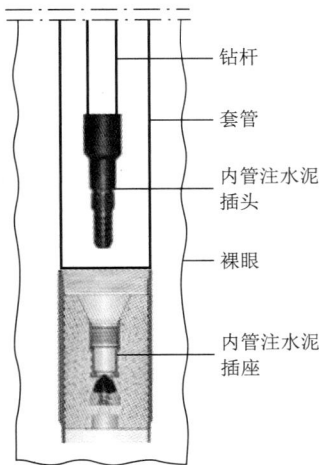

图 9-8　内插管固井示意图

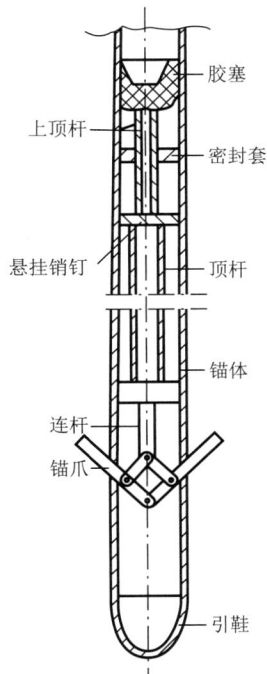

图 9-9　地锚固井示意图

也有用钻具下井的地锚,它是将地锚接在钻具的底部,钻具下到井底后在地面加压,将地锚的销钉剪断,张开地锚,倒扣卸开钻具起出。下套管后,套管与地锚对扣联结,试加拉力合格后注水泥。然后在地面给套管柱施加拉应力到预定值,保持该拉力候凝,待水泥凝固后再卸掉拉力。为提高地锚的抗拉力,也可用水泥先把地锚固死。

此外还可以采用双凝水泥法对套管施加拉应力。该方法的作用原理是:采用稠化时间差较大的双凝水泥,底部水泥凝固后,提拉套管施加预应力,待上部水泥凝固。

6.反循环注水泥固井工艺技术

反循环注水泥固井一般用于套管底部漏失严重的井。工艺特点是:从套管外环空按设计量向井内注入水泥,从套管内返出钻井液,有时井底严重漏失时,钻井液直接漏入地层,再用钻井液将水泥浆替到预定位置,达到固井目的。

反循环注水泥固井的优点:减少了因水泥浆上返时底部回压过大而造成的水泥浆漏失,从而保证水泥浆返高,减少水泥浆对产层的污染。

反循环注水泥固井的缺点:反循环注水泥水泥浆顶替效率低,易产生泥浆窜槽;为保证套管底部固井质量,需要部分水泥浆返入套管,固井后要钻水泥塞。

第五节　提高注水泥质量的措施

注水泥过程易于产生一些质量问题。其主要问题是管外水泥浆充填不完整及固井后管外冒油、气、水。

一、注水泥质量的基本要求

1.固井质量的基本要求

(1)依照地质及工程设计要求,套管的下入深度、水泥浆返高和管内水泥塞高度符合规定。

(2)注水泥井段环空内的钻井液全部被水泥浆替走。

(3)水泥环与套管和井壁岩石之间的连接良好。

(4)水泥石能抵抗油、气、水的长期侵蚀。

在固井质量指标中,最重要的是水泥环的固结质量。其表现为水泥与套管和井壁岩石两个胶结面都有良好的有效封隔,能承受两种力的作用。一种是水泥的剪切胶结力,它用于支撑井内套管;另一种是水力的胶结力,它可以防止地下高压的油、气、水穿过两个胶结面上窜,造成井口的冒油、气、水。

2.在固井中常出现的固井质量问题

(1)井口有冒油、气、水的现象。在固井工程中,将水泥石与套管的胶结界面称为固井一界面,将水泥石与井壁之间的胶结界面称为固井二界面。当固井作业完成后,尤其是经过一定的生产作业的各种工况后,由于各种原因造成固井一界面或固井二界面不能有效地封固,使得油气沿界面上窜,造成井口冒油、气。

(2)不能有效地封隔各种层位,开采时各种压力互窜,影响井的生产。固井完成后若固井二界面未能达到有效封固的需求,则不同压力地层的油、气、水就会相互窜扰,影响生产井的产量。

（3）因固结质量不良在生产中引起套管的变形,使井报废等。与套管牢固胶结的水泥石可以有效地支撑套管、承担地层的应力作用,减小套管受到的横向外挤力。一旦固井质量较差,水泥石对外挤压力不能有效分担,此时作用在套管上的外挤力一旦超过套管的抗外挤强度,就会使得套管被挤扁,严重时会使得套管错断。

最常见的质量问题是窜槽及管外冒油、气、水等。

二、防窜槽——提高水泥浆的顶替效率

在固井过程中,环空内的钻井液没有被水泥浆完全替出来,即水泥浆顶替钻井液的效率低。水泥浆在环形空间顶替钻井液的程度,常用顶替效率 η 表示。

顶替效率的表示方法有两种,即体积顶替效率和截面顶替效率。

所谓体积顶替效率 η_v,是指在注水泥段水泥浆所占据的体积与该井段环空体积之比。当 $\eta_v = 1$ 时,水泥浆全部替换了钻井液,注水泥质量优良。当 $\eta_v < 1$ 时,水泥浆部分替换了钻井液。η_v 越低注水泥质量越差。体积顶替效率并不能完全反映环空局部截面上钻井液严重窜槽的情况,有时体积顶替效率较好,而局部截面上的顶替效率却较差,如套管偏心后窄间隙的位置。

所谓截面顶替效率 η_{se},是指在注水泥段各横截面上,水泥浆所占据的截面积与该截面面积之比。截面顶替效率 η_{se} 考虑到各截面水泥浆对钻井液的顶替情况,因此对评价水泥浆的顶替质量更真实。

由于在注水泥过程中,水泥浆不能将环空中的钻井液完全替走,使环形空间局部出现未被水泥浆封固住的现象,这种现象就称为窜槽。

窜槽会引起封固质量的下降,使套管失去水泥石的保护,受到岩石侧向变形的挤压,引起套管损坏;使水泥石中形成连通的通道,丧失封隔不同压力体系地层的作用,使套管外冒油、气、水或使地下压力窜通。这是一种常见的注水泥质量缺陷。

1.窜槽形成的主要原因

窜槽的形成与水泥浆在环空中的顶替效率有关,水泥浆顶替效果不良,就会引起窜槽。

（1）套管的居中不好。

当套管在井眼中居中时,环空的空隙各方向大小是一致的,在某个断面的圆环上,环空中各方向的平均流速是相同的。在顶替过程中,水泥浆上升是均匀的。

但当套管不居中时（如图 9-10）。假设外径 $d(2r)$ 的套管下入直径为 $D(2R)$ 的井眼内,由于套管偏心,不同位置处的间隙将发生变化。套管的偏心程度可用偏心度表示,偏心环空各位置的间隙可用下式表示:

$$y = |O'A - O'B| = \varepsilon\cos\phi + \sqrt{R^2 - \varepsilon^2\sin^2\phi} - r \tag{9-27}$$

当 ϕ 为 0 和 π 时,即可得偏心环形空间内最宽与最窄间隙的宽度为:

$$y_w = R - r + \varepsilon = (R - r)(1 + e) \tag{9-28}$$

$$y_n = R - r - \varepsilon = (R - r)(1 - e) \tag{9-29}$$

注水泥流动过程中,其流动表现为间隙大的一侧,流动阻力小,流速快;间隙小的一侧,流动阻力大,流速变慢,就造成顶替过程中各个方向上的顶替流速不均匀,水泥浆的上升高度不一致。高速一侧易于突进,低速一侧则顶替不良,钻井液不易于驱替走。偏心越大,此现象越严重。井眼的倾角变化越大,此现象越严重。可能会出现间隙小的一侧钻井液不能

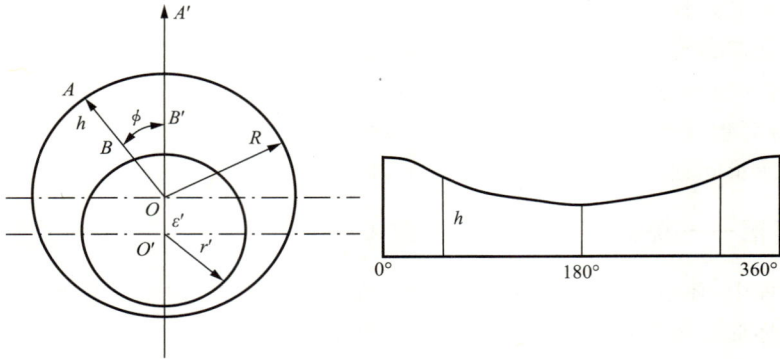

图 9-10　偏心环空示意图

被水泥浆替走,形成死区,在环空中形成窜槽。

（2）井眼不规则。

当井径不规则时,井径较小处流速高,井径较大处流速低。根据流体力学理论,不管是由大直径井眼变化到小直径井眼,还是由小直径井眼变化到大直径井眼,都会存在局部阻力损失,而且流体的流动都是沿着流线方向流动。这样就造成变径处附近的边角地方残存涡旋流动的钻井液,该部分钻井液只能原地旋转而不能被顶替向前流动,残存在注水泥浆段。尤其是在套管不居中时,极易在变径处残留钻井液,形成窜槽。

（3）顶替措施不当。

注水泥浆顶替中使用的流速不当,也会加重窜槽现象。固井流体在注替过程中通常有 3 种流动方式:塞流、层流和紊流（如图 9-11）;流体的流态取决流体的流速、边界条件和性能。判断流体流态的标准,通常采用雷诺数 Re 判断,其值与流体的流速、环空或管径、密度和黏度的大小有关。

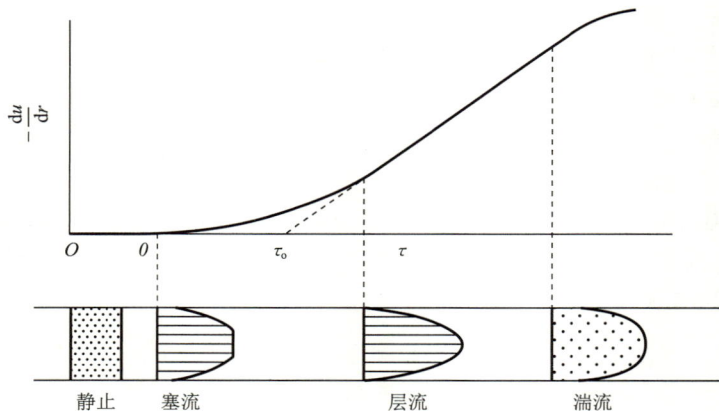

图 9-11　固井流体流动流态

① 塞流:指流体以等速塞状流动。一般塑性流体才可能产生塞流流动。道威尔公司的标准认为,当流体"流核"直径与管径之比大于 0.8 时为塞流流动,塞流设计一般取临界雷诺数 $Re_c = 100$,此时线速度 < 27 m/min,颗粒沿直线流动。

② 层流:流体的各层均按自己的轨迹以不同流速做互不干扰的运动,主要表现为流体

质点的摩擦和变形,其速度剖面为抛物线形状。设计时一般取雷诺数 $Re_c \leqslant 2\ 300$。

③ 湍流(又名紊流):流体流动时做不规则运动,有脉动的横向流速,形成流动的漩涡和涡流,主要表现为流体质点的互相撞击和掺混。设计时,一般取雷诺数大于 2 300。

一般认为,层流流动边界处流速为 0,顶替效率最差;紊流流动各质点在同一截面处流动速度差异较小,顶替效率最高;塞流的顶替效率居中。在注替过程中采用紊流顶替可以有效地提高顶替效率。

(4)水泥浆性能不合理。

水泥浆的流变性不良,水泥浆的流动性较差,使顶替困难,泵压高,不易达到紊流状态顶替;而选用层流时,会使环空中部的流速大,造成突进,会加重窜槽。

2. 提高顶替效率的主要措施

(1)采用套管扶正器,改善套管居中条件。

在井斜角或方位角有较大变化的井段,大量采用套管扶正器是改善套管居中程度的有效措施。扶正器可以使套管不居中的程度有所减缓,尤其是在斜井段更应该大量使用套管扶正器。

在一般井中,由于井斜角、方位角变化不太剧烈,可采用弹性扶正器。在斜井段及井斜角、方位角变化很大的井段,应采用刚性扶正器。

扶正器的安放位置取决于扶正器支撑高度、套管性能参数、套管与经验间的间隙等。在水平井或大斜度井中有时在一根套管上至少有一个扶正器。

(2)注水泥过程中活动套管。

在注水泥的顶替阶段活动套管(上提下放套管或旋转套管),对于提高顶替效率,将死区钻井液驱走是十分有帮助的。

上提下放套管对其周围钻井液具有带动效应,使钻井液产生向上的运动趋势,有利于水泥浆对钻井液的顶替流动,从而提高顶替效率。

活动套管时,由于摩擦阻力的存在,会使钻井液与套管一起运动,使钻井液获得一个牵引力。这个力使死区的钻井液获得一定的流动速度,帮助水泥浆替走该区的钻井液。通常转动套管要使用专门的设备,工艺比较困难。

(3)调整水泥浆性能,提高顶替效率。

可以采用加大水泥浆与钻井液密度差的方法,使钻井液获得一个浮力,促使其"漂浮"在水泥浆之上,被顶替走。采用优良的前置液体系,加强钻井液与水泥浆的隔离及冲洗井壁的效果。使用冲洗液可稀释钻井液,使之易于替走。

(4)调节注替浆柱在环空中的流速,满足紊流顶替。

在顶替中应尽量使水泥浆的流速在环空中达到紊流,在各断面上有相同的推进速度,顶替的效果最好。一般要求在关注点处的紊流顶替时间不低于某个时间,这个时间称为紊流接触时间,现场操作中紊流接触时间不小于 7 min。

顶替中若采用水泥浆流动为紊流状态,则此时应调整水泥浆的性能,要求水泥浆的流动阻力要小,失水量要小,流变性要好,但紊流顶替时顶替流量较大,泵压较高。如果井眼、设备等条件不允许采用紊流顶替,如高速顶替时设备的允许功率不足,或是会在井下造成很高压降,可能压漏地层,此时应采用小流量使水泥浆形成塞流,即成为平面推进顶替,而尽量不用塞流与紊流之间的流态——层流进行顶替。这就要用很小的流量进行顶替,注水泥作业时间长,水泥浆的稠化性能难以调节。

具体紊流及层流的临界流速,可以通过对井内流体的流变性质的研究得到。

(5)打入优质的前置液体系。

在注水泥前,打入一定量的隔离液或冲洗液,增加二者的密度差,形成有利的"漂浮"作用的同时,满足紊流接触时间的紊流顶替要求。一般在进行水泥浆密度设计时,要求水泥浆的密度比钻井液的密度大 $0.2\sim0.4$ g/cm³,而冲洗液的密度约等于 1 g/cm³,这样就增大了密度差值,使钻井液更容易被顶替出环空。

在现场实际注水泥过程中,由于尾浆很难做到紊流顶替或塞流顶替,一般通过冲洗液或隔离液体系的注替实现紊流注替,满足紊流接触时间的需求。冲洗液具有低密度、低黏度及低流动阻力,能在低速下达到紊流的流动特性,其紊流的临界流速在 $0.3\sim0.5$ m/s。要求前置液体系的紊流接触时间长于 7 min,从而保证良好的顶替效率。一旦前置液体系的注替量不能满足紊流接触时间要求,可以采用部分领浆为紊流顶替,以便达到提高顶替效率的紊流接触时间要求。

三、水泥浆在凝结过程中的油、气、水上窜问题

在水泥浆的凝结过程中有许多因素可能会引起油、气、水窜入环形空间,进而引起管外冒油、气、水的问题,这是一个压力体系的平衡问题。防止的办法是始终保持水泥浆的静液柱压力大于地层压力,或是在水泥凝固时固井一界面、固井二界面都具有良好的水力胶结强度满足对油气水的封隔。

1. 引起油、气、水上窜的原因

(1)水泥浆失重。水泥浆是一种凝胶物质,与水混合后会逐渐由液态转变为固态。在水泥浆为液态时,它具有静液柱压力,一般水泥浆密度是大于钻井液密度的。在固井条件下,环空中的液柱压力通常是大于地层压力的。在水泥浆转变成固态之后,它与套管、与岩石有相当高的胶结强度,该强度可以防止地层压力突破其胶结面而上窜。但在水泥浆由液态向固态转变的过程中,随着水泥水化和胶凝,水泥浆在水泥颗粒及井壁和套管之间形成不同类型相互搭接的结构网,胶凝强度不断增加,使水泥柱的部分重量悬挂在井壁和套管上,从而降低了水泥浆柱作用在下部地层的有效液柱压力,甚至就丧失了静液柱压力对地层压力的平衡作用,这种现象被称为水泥浆胶凝失重(如图 9-12)。

虽然水泥浆的大部分重力挂在交界面上时,水泥浆并未完全固化,交界面上的胶结强度很低。

当水泥浆的有效静液柱压力由于固化而降低时,则不能平衡地层压力。如果水泥与套管、与岩石的胶结强度较低,则地层压力有可能突破其连接而上窜。如果碰巧井口是敞开的,就有可能造成管外冒油、气、水。这种现象是由水泥浆失重所引起的。

(2)桥堵引起的失重。在注水泥过程中及水泥返至设计高度静止之后,由于水泥浆失水所形成的滤饼、钻井时并未携带出的岩屑、注水泥时高速冲蚀的岩块以及水泥颗粒下沉等因素,在渗透层或环空间隙小的井段形成堵塞(即桥堵,如图 9-13 所示)。桥堵阻止了水泥浆压力体系的下传,使作用于桥堵点以下的地层的静液柱压力下降,地层流体会窜入桥堵点以下的环空中,并突破桥堵点,使管外冒油、气、水。

(3)水泥体积收缩造成油、气、水上窜。水泥体积的收缩使胶结面上出现裂缝,有可能产

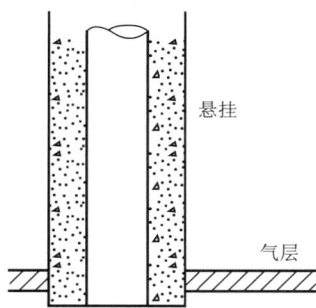

图 9-12　水泥浆胶凝失重示意图　　　　　　图 9-13　桥堵失重示意图

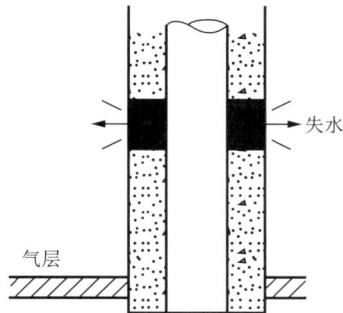

生油、气、水的通道。常规的硅酸盐水泥在凝固时体积会略有收缩,收缩率在 0.2% 以下。这一微小的收缩对高压层来讲是十分危险的。

（4）套管内憋压。在注水泥结束前的碰压使套管内产生憋压现象。水泥候凝时,如果套管内保持该压力,套管处于膨胀状态。候凝完毕,放掉套管内压力,会使套管收缩,而水泥石无法与套管进行同步回缩,就产生一界面处的环隙,致使油、气、水沿此微环隙向上窜流。

（5）二界面处滤饼的存在。在钻井过程中,为了平衡地层压力,通常采用的钻井液密度大于地层压力当量密度,为此就形成了钻井液静液压力与地层压力的一个压差。在该压差作用下,钻井液失水,在井壁上形成一层滤饼。当水泥浆注入环空后,水泥浆与井壁之间不能直接接触,而是通过附着在井壁上的滤饼相互连接。而水泥浆由浆体转化成固体的水化反应是一个放热反应,热量的扩散导致滤饼中的部分水分被蒸发,滤饼发生卷曲变形(体积缩小),从而导致滤饼与井壁产生微裂隙(二界面微环隙)。地层中的油气水在压力作用下,就会沿二界面微环隙上窜,由此产生井口冒油、气、水现象。

2.防止油、气、水上窜的办法

（1）注完水泥后及时使套管内卸压,并在环空内加压,可以防止油、气、水上窜。因此在注水泥的过程中应使套管柱底部的回压阀保持良好。

（2）使用膨胀性水泥,防止水泥石收缩。在水泥浆体系中添加膨胀剂(在本章第三节已经叙述),使得水泥浆体系在形成水泥石时产生微膨胀,避免水泥石的干缩现象,达到水泥石与套管及井壁的牢固黏结。

（3）采用多级注水泥技术或采用两种凝速的水泥。在注水泥过程中采用多级注水泥工艺技术,使注水泥段长度减小,降低由于水泥浆胶凝失重造成的油、气、水窜;或者采用两种凝速的水泥,使得整个环空上下的凝固速度基本达到一致,从而延长液体传压时间,快速的凝固又使得地层内的油、气、水难以进入到水泥石中形成通道。

（4）使用刮泥器,清除井壁滤饼。滤饼的清除可以使得水泥和井壁直接接触,从而形成良好的二界面胶结强度,避免二界面的微裂隙存在,达到有效封隔油、气、水的目的。

第六节　固井质量评价方法

固井的目的在于封固疏松地层,封隔油气水层,防止互相窜通,保证油水井正常采注。

如果地层间没有做到有效封隔,在油气生产时,可能会出现油、气、水同出的现象,严重时会只出水而不出油,会给生产管理带来许多问题,造成很大的经济损失。由于水泥石的封固效果受到诸多因素影响,固井时在某些层段可能会出现钻井液窜槽,或钻井液与水泥浆掺混的现象,也可能出现注入水泥浆质量差达不到设计密度和水泥石强度的现象等,都会在发生以上现象的井段造成固井质量差。为了找出这些固井质量差的井段,以及时采取补救措施,确保油气井投产后能正常生产,在固井完成以后,要在适当的时间进行固井质量检查,确定固井水泥是否有效地封隔了地层。水泥胶结评价测井就是检查水泥与套管(固井一界面)、水泥与地层(固井二界面)封隔情况的测井方法的统称。

随着油田生产实践的发展,固井质量评价测井技术的发展较快,由早期使用的仅确定水泥返高面的温度测井,发展到评价水泥环与套管(第一界面)胶结情况的声波幅度测井和可以同时评价一、二界面的水泥胶结质量的声波变密度测井,目前又推广了能直观、准确、详细地反映水泥沟槽和空隙的扇区水泥胶结测井和为了克服声幅测井和变密度测井不能显示某方位胶结不好的缺点的水泥评价测井。

一、声波幅度测井(CBL)

声波幅度测井也称声波水泥胶结测井,此方法只记录声波波列中的首波幅度,因而只能提供水泥环与套管(第一界面)的封固情况,不能评价第二界面的水泥胶结质量。

1. 基本原理

声波幅度测井,使用单发单收声系,源距 1 m(如图 9-14),接收器接收的声讯号为沿套管传播的滑行纵波(叫套管波),其幅度与套管内外介质的性质与分布有关,套管及管内介质的影响是一个定值。因此接收器收到的声讯号幅度主要取决于套管外介质的性质及分布。

声波幅度测井是检查固井质量好坏的常用测井方法,在注水泥后的套管内进行,只能检测第一界面的水泥胶结质量。如果套管与水泥胶结良好,则套管外就有一层水泥环紧贴于套管。套管与水泥的声阻抗差别很小,界面上的声耦合好,当套管波在套管上传播时它的能量大部分被耦合到水泥环中去了,只有小部分能量折回井中被记录,因此接收器接收到的声波幅度低。对应记录声幅的水泥胶结曲线上有低值时,说明水泥环与套管外表面胶结良好,固井质量好。相反,如果套管与水泥环胶结差,则套管外是水泥与钻井液的混浆或是纯钻井液,套管与钻井液声阻抗差别大,界面声耦合差,套管波的能量不易通过界面传到管外去,大部分能量折回井中被记录,水泥胶结测井曲线上有较高的值。所以,可以通过声幅相对幅度判断水泥胶结情况,以评价固井质量(如图 9-15)。

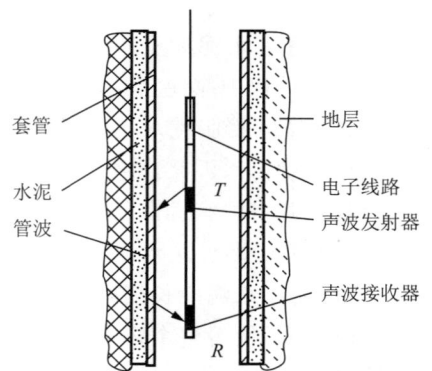

图 9-14　固井声波幅度测井原理图

2. 声波幅度测井评价标准

(1)相对幅度值评价标准。

国内对固井质量的评价分为胶结良好、胶结中等和胶结差 3 个等级,所采用的相对幅度值及计算方法为

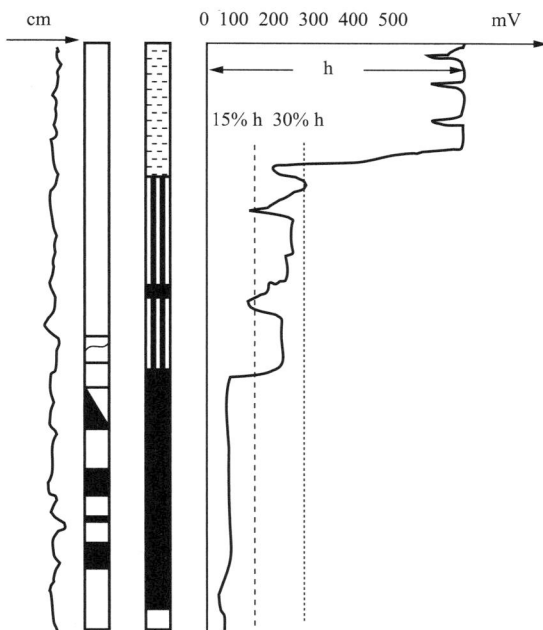

图 9-15　固井声幅测井曲线实例

$$U = \frac{A}{A_{fp}} \times 100\%$$ (9-30)

式中　U——相对幅度，%；

　　　A——目的井段曲线幅度，mV；

　　　A_{fp}——自由套管段曲线幅度，mV。

自由套管指管外为纯钻井液的井段（其声幅值应为 95%～100%），该井段对应的曲线幅度为自由套管曲线幅度。

①　测井时间在 24～72 h 内，固井质量评价如下：

当 U 值小于 15% 时，为胶结良好。

当 U 值介于 15%～30% 之间时，为胶结中等。

当 U 值大于 30% 时，为胶结差。

②　测井时间不足 24 h，固井质量评价如下：

当 U 值小于 20% 时，为胶结良好。

当 U 值介于 20%～40% 之间时，为胶结中等。

当 U 值大于 40% 时，为胶结差。

③　测井时间大于 72 h，固井质量评价如下：

当 U 值小于 10% 时，为胶结良好。

当 U 值介于 10%～20% 之间时，为胶结中等。

当 U 值大于 20% 时，为胶结差。

不同油田根据各自油田的不同地质条件、井眼条件、钻井液性能及不同的固井工艺等，采用的评价方法和指标有些许差异，如某油田采用的声波幅度标准见表 9-5。

表 9-5 某油田 CBL 测井评价指标

水　　泥	声波幅/%	封固质量
常规密度水泥	≤10	优　　质
	10~20	良　　好
	20~30	合　　格
	>30	不合格
低密度水泥	≤20	优　　质
	20~30	良　　好
	30~40	合　　格
	>40	不合格

（2）胶结指数或胶结比评价标准

现场也会使用胶结指数法来评价固井质量，其定义为：相对于当次固井井段中水泥环完全胶结井段的声波衰减率之比。

$$BI = \frac{\alpha}{\alpha_g} \tag{9-31}$$

胶结比 BR 定义为：扣除套管影响后，相对于当次固井井段中水泥环完全胶结井段的声波衰减率之比。

$$BR = \frac{\alpha - \alpha_{fp}}{\alpha_g - \alpha_{fp}} \tag{9-32}$$

或

$$BR = \frac{\lg A - \lg A_{fp}}{\lg A_g - \lg A_{fp}} \tag{9-33}$$

其中，当水泥环厚度大于 19.525 mm（¾ in）条件下，测量层段的声波衰减率可由式（9-34）计算得出。

$$\alpha = -21.872\ 3\lg \frac{A}{A_{fp}} - 0.013\ 7d_o + 49.62 \tag{9-34}$$

当水泥环厚度小于 19.525 mm（¾ in）条件下，需要先采用式（9-34）计算出水泥环厚度大于 19.525 mm 时的测量层段声波衰减率，然后采用式（9-35）进行修正。

$$\alpha_c = 0.825\ 5\ t^{-0.538\ 5}\alpha \tag{9-35}$$

式中　BI——水泥胶结指数；

　　　BR——水泥胶结比；

　　　α ——现场测定的目的层段声波衰减率，dB/m；

　　　α_{fp}——自由套管声波衰减率，dB/m；

　　　α_g ——本次测井中胶结良好井段声波衰减率，dB/m；

　　　A——目的井段曲线幅值，mV；

　　　A_{fp}——自由套管段曲线幅值，mV；

　　　α_c ——经过校正的声波衰减率，dB/m；

　　　t——水泥环厚度，mm。

利用水泥胶结指数或胶结比进行测量点的固井质量评价的指标见表 9-6。

表 9-6 水泥胶结指数或胶结比进行固井质量评价指标

胶结比	胶结指数	胶结状况
$BR \geqslant 0.8$	$BI \geqslant 0.8$	胶结好
$0.5 \leqslant BR \leqslant 0.8$	$0.6 \leqslant BI \leqslant 0.8$	胶结合格
$BR < 0.5$	$BI < 0.6$	胶结差

Consult 公司(1987)提出了固井作业的固井质量评价标准,见表 9-7,这也是目前国内外普遍沿用的标准。

表 9-7 本次固井作业的固井质量评价标准

评价等级	BI 评价标准	BR 评价标准
优	$BI > 0.8$ 的井段占 95% 或者 95% 以上	$BR \geqslant 0.8$ 的井段占 95% 或者 95% 以上
良	$BI > 0.8$ 的井段占 85%~95%	$BR \geqslant 0.8$ 的井段占 85%~95%
中等	$BI > 0.8$ 的井段占 75%~85%	$BR \geqslant 0.8$ 的井段占 75%~85%
差	$BI > 0.8$ 的井段占 75% 以下	$BR \geqslant 0.8$ 的井段占 75% 以下

注:CBL 测井过程未对套管加压。

(3) CBL 测井胶结强度及最小封固段长计算。

根据经验公式(9-36)可直接将相对声幅值转换为水泥胶结强度。

$$S = (1.809\ 7t_{套管}^2 - 15.58t_{套管} + 15.71)k\left(\frac{t_{套管} + 2.54}{83.33}\alpha\right)^p \times 10^{-3} \qquad (9-36)$$

$$p = -0.004\ 34t_{套管}^2 - 0.062\ 2t_{套管} + 4.44 \qquad (9-37)$$

式中 S——水泥石胶结强度,MPa;

$t_{套管}$——套管壁厚,mm;

k——与源距 l 有关的系数[由式(9-38)计算或由表 9-8 查出];

p——指数。

$$k = 1.854\ 1l^2 - 5.793\ 5l + 4.747\ 3 \qquad (9-38)$$

式中 l——接收源与发射源之间的源距,m。

表 9-8 几个常见声幅曲线测源距对应的 k 值

源距/m	0.914	1.000	1.219	1.500	1.524
源距/ft	3	3.281	4	4.921	5
k 值	1.000 0	0.807 9	0.439 9	0.228 8	0.224 3

注:k 值适用范围为 0.914~1.524 m(3~5 ft)。

在不进行水力压裂的条件下,可根据胶结比由图 9-16 查得最小纵向有效封隔长度指标。

图 9-16 中两条曲线分别代表 $BR = 0.6$ 和 $BR = 0.8$。向图的上方 BR 减小,向图的下方 BR 增大。当 $BR > 0.8$ 时,令 $BR = 0.8$;当 $BR < 0.6$ 时,水泥环层间封隔的可能性很小,建议不要利用本图版评价水泥环封隔能力。例如,套管外径为 177.8 mm(7 in),$BR = 0.75$,那么,可通过 $BR = 0.6$ 的曲线和 $BR = 0.8$ 的曲线内插,得保证水泥环具有足够封隔能力的最小有效封隔长度为 3.3 m。

套管外径/in

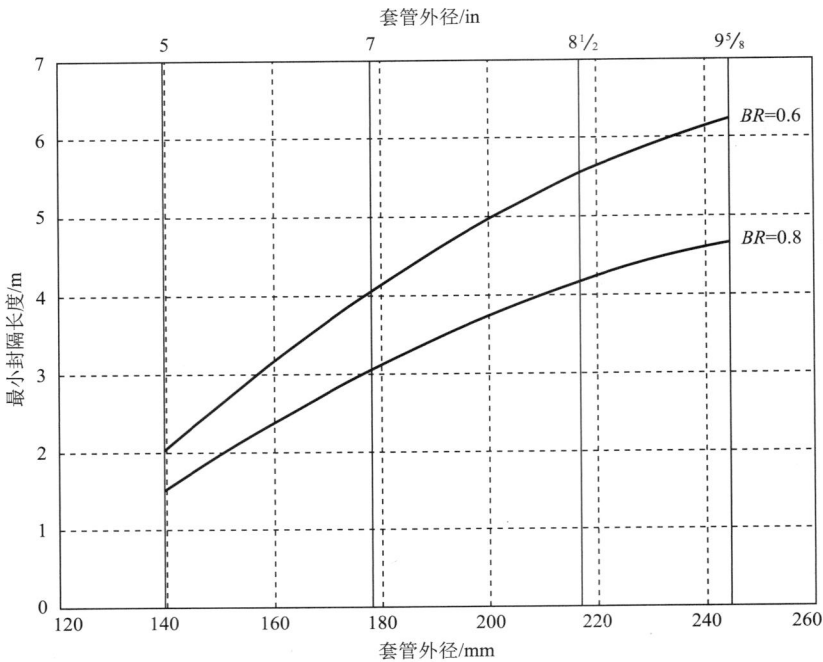

图 9-16　水泥胶结比和水泥环层间最小有效封隔长度的关系

在不进行水力压裂的条件下,也可以根据水泥胶结强度由图 9-17 确定最小纵向有效封隔长度指标。

图 9-17 中三条曲线分别代表水泥胶结强度 $S=2.24$ MPa（325 psi）, $S=3.45$ MPa（500 psi）和 $S=4.83$ MPa（700 psi）。向图的上方水泥胶结强度减小,向图的下方水泥胶结强度增大。当 $S>4.83$ MPa（700 psi）时,令 $S=4.83$ MPa（700 psi）;当 $S<2.24$ MPa（325 psi）时,水泥环层间封隔的可能性很小,建议不要利用本图版评价水泥环封隔能力。例如,套管外径为 177.8 mm（7 in）, $S=4.0$ MPa（580 psi）,可通过代表水泥胶结强度 $S=4.83$ MPa（700 psi）和 $S=3.45$ MPa（500 psi）的两条曲线内插,得保证水泥环具有足够封隔能力的最小有效封隔长度为 3.7 m。

3.影响固井质量评价的因素

（1）测井时间。

注水泥后,水泥有一个凝固过程。未凝固的水泥其声学性质与钻井液相似。如果此时测井,会有较高的声幅值。当水泥凝固后声幅值显示变低。因此水泥胶结测井要求必须在注水泥 24 h 后进行,24～48 h 内进行测量最好。测井时间过迟,也会因钻井液沉淀、固结、井壁坍塌造成无水泥井段声幅值降低,造成显示失真。

（2）水泥环厚度。

厚度大于 19.05 mm（约 3/4 in）的水泥环对套管波的衰减是一个定值。厚度小于 19.05 mm 时,水泥环越薄对套管波的衰减越小,测得的声幅值越高,容易把胶结好的井段判断为胶结差,产生误判。解释时应参考井径曲线,对环空间隙较小（水泥环相对较薄）的井段予以注意。此外,水泥环较薄时,硬地层的地层波将掩盖套管波,也会造成误解释。

套管外径/in

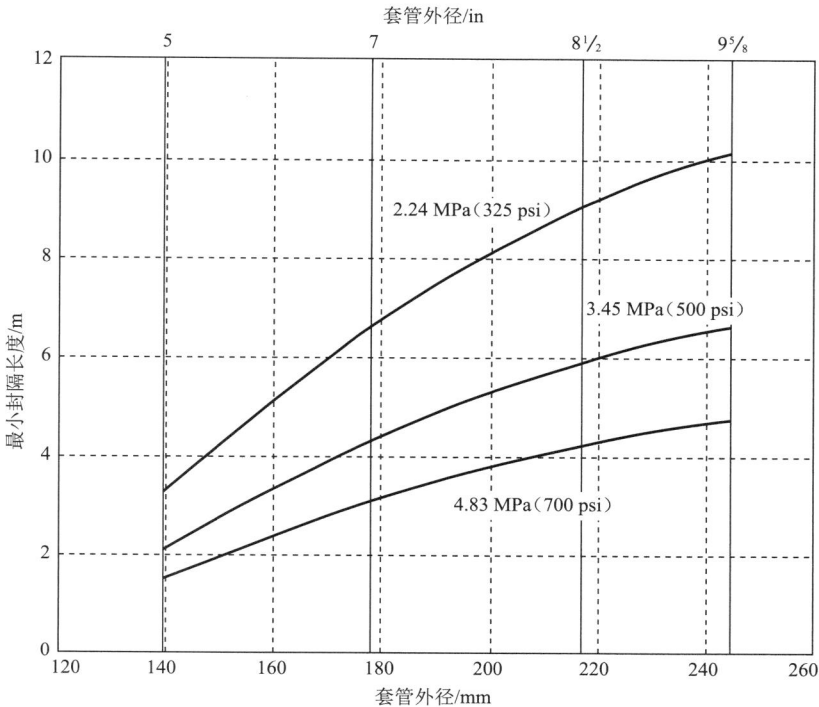

图 9-17　水泥石胶结强度和水泥环层间最小有效封隔长度的关系

（3）气侵钻井液。

气侵钻井液使声波的衰减很大，测得声幅值偏低。当以此类钻井液测自由套管声幅值时，也容易造成误解释，固井质量降低。

（4）混浆。

注水泥施工时，前面注入的低密度水泥浆（有时注入密度小于 1.5 g/cm³ 的水泥浆以提高水泥浆的流动性和紊流接触时间）与前置液和钻井液的混浆可能被误认为自由套管钻井液，使自由套管曲线值偏低，也容易造成误解释。

（5）套管。

套管波在套管中传播时，套管本身要吸收能量。套管可视为均匀介质，它对波能的吸收是固定的。实验表明，对目前使用的声系（$L=1$ m），自由套管对声波的衰减为 2.4 db/m，套管越薄，对声波的衰减越大，因此声幅值低。

（6）微间隙。

由于水泥石体积的收缩、通井钻水泥塞、热效应及压力变化等原因造成水泥环与套管和地层之间的微间隙，对固井水泥胶结评价测井产生不利影响，使 CBL 呈高值响应，VDL 地层波显示弱，影响了测井资料的解释评价。微间隙厚度一般不到 0.1 mm，不足以形成流体通道，但却使声波测井无法真实反映实际的固井质量。微间隙的识别，目前除了加压测井进行验证外，还没有较为简单的方法。

（7）仪器偏心和某方位有窜槽。

当仪器偏心和某方位有窜槽时，水泥胶结测井曲线以低声幅显示，与水泥胶结好坏无关。这是由于不同方位到达接收器的套管波相位不同，相互抵消，造成低声幅值。

二、声波变密度测井（VDL）

现场应用实例表明，即使在第一界面固井质量好的情况下，第二界面的固井质量也不一定好。当水泥环与地层（第二界面）封固不好时，生产中就易发生油、水层窜通，影响井的正常使用。水泥胶结测井只能显示套管与水泥的胶结情况，而不能显示水泥环与井壁地层的胶结情况。然而固井质量的好坏，水泥环与井壁地层的胶结也是至关重要的。为了全面评价水泥环的两个界面的胶结情况，提出了声波变密度测井，可以较全面地评价固井水泥胶结质量。

声波变密度测井除记录首波外，还记录到后继波（沿套管传播的套管波和通过水泥环沿地层传播的地层波等），不仅可以评价第一界面的水泥胶结质量，还能较好地评价第二界面的水泥胶结质量，更好地满足油田开发中对固井质量检查的需要。在现场推广应用中，见到了较好效果，逐步代替了传统的声波幅度测井。

1. 基本原理

如图 9-18 所示，在套管井中，声波从发射器到接收器好像有四种可能的传播途径特征：沿套管、沿水泥环、通过地层和井内钻井液。其实只有三种途径：沿套管、通过地层和井内钻井液。声波在评价固井质量中沿套管、钻井液、水泥石、地层的传播速度不同，其传播速度关系存在：$V_{套管} > V_{钻井液}$；$V_{套管} > V_{水泥}$；$V_{地层} > V_{水泥}$。只要测量仪器的源距足够大，接收到的波的先后顺序是套管波、地层波、钻井液波。在接收到的波形中没有沿水泥滑行的水泥波，这是因为水泥的声速远低于钢的声速，也低于地层的声速，根据产生滑行波的条件，它是不可能产生的。

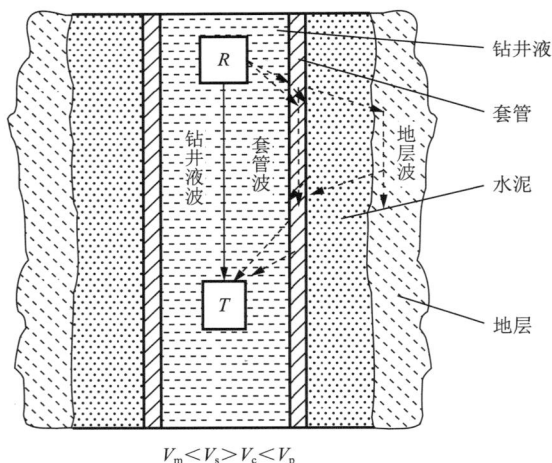

$V_m < V_s > V_c < V_p$

图 9-18　套管井中接收到的波

套管井中的变密度测井，采用单发单收声系，源距为 5 ft。接收器收到的全波列波形如图 9-19。波列中，套管波是最先到达接收器的波；其次是地层纵波、地层横波和假瑞利波的组合波，特征是幅度较高；最后是钻井液波，其特征是稳定、频率低、幅度变化不大。

为了把接收器收到的波列记录成随深度变化的连续记录，而每个深度点的波列又不互相干扰，采用了变密度测井的记录方式，因此叫变密度测井。变密度测井的记录方式有两

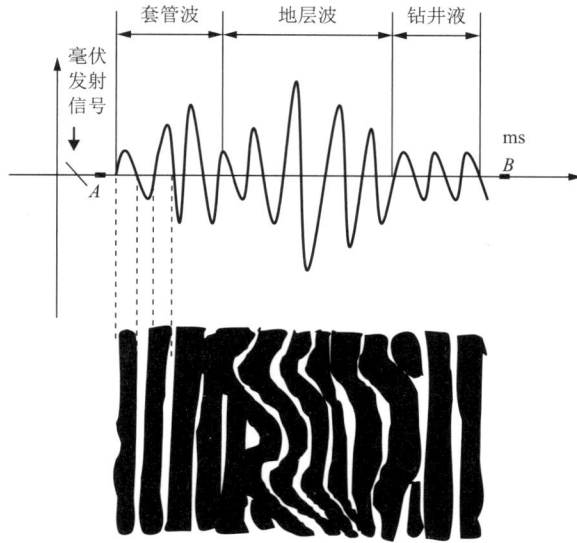

图 9-19　全波列波形图

种：调辉记录和调宽记录。

调辉记录是，首先将如图 9-19 所示的全波列信号进行削波处理，削去负半周波，然后将剩下的正半周信号放大，变为宽度一致、幅度与波幅成正比的矩形波。将矩形波列作为示波管光点的辉度控制信号，当示波管的光点从 A 到 B 扫描时，由于矩形波的幅度不同，于是在荧光屏上显示出一条亮暗相间等宽的扫描线。扫描线上亮斑的亮度与矩形波幅度成正比。对一个波列信号，扫描线在同一水平线上被摄像仪感光在相纸上。当仪器在井中上升测量时，相纸同步走动，这样就连续地把不同深度的扫描线拍摄成了变密度测井图。在图中，左边的条纹代表套管波，中间是地层波，右边是钻井液波（如图 9-19）。

调宽记录与调辉记录原理相同，只是再把波形转变成矩形波，矩形波的幅度一致，而宽度正比于声波列的幅度。调宽变密度图条带颜色深浅一致，只是条带的宽窄不相同。目前，以调辉记录较为常见。

2. 变密度图的解释

由于变密度测井记录了套管井传播的整个波列，波列中套管波的强弱与第一声学界面有关，而地层波的强弱又与第二声学界面有关，因此可以从变密度测井图上了解套管与水泥环和水泥环与地层的胶结情况。根据两个界面的胶结情况，变密度测井图有如下几种显示。

（1）自由套管。

在水泥面以上，套管外被钻井液包围，形成套管与钻井液的第一声学界面。在全波列波形图上，套管波很强，地层波很弱或完全没有。在变密度图上，出现平直的条纹，越靠近左边，反差越明显，对应着套管接箍出现人字纹（如图 9-20）。

（2）第一和第二界面都胶结良好。

在这种情况下，声能很容易从套管传递到水泥环，再经水泥环传递到地层。声能传递值与自由套管相反，因此在全波列波形图上表现为套管波很弱，地层波很强。在变密度图上，左边的条纹模糊或消失，右边的条纹反差大且不规则，线条不规则是由地层波不同造成的（如图 9-21）。

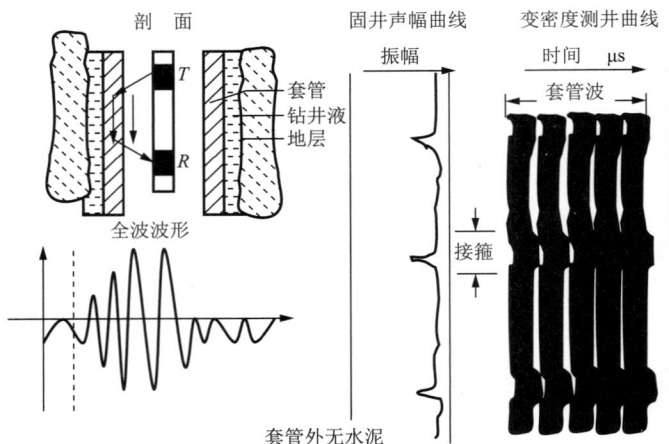

图 9-20　自由套管波形图

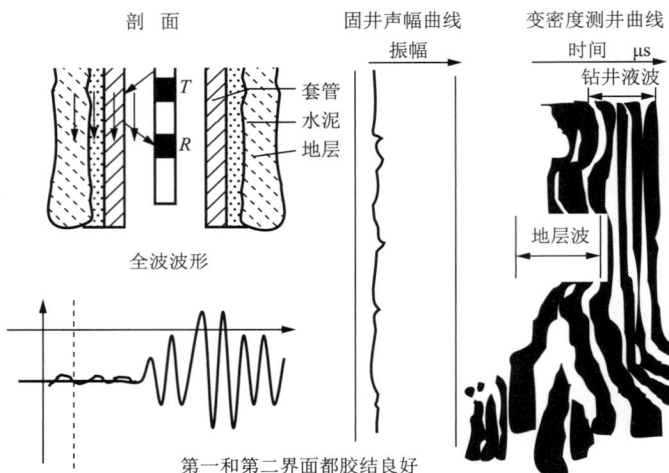

图 9-21　第一和第二界面胶结良好波形图

（3）第一界面胶结好，第二界面胶结差。

在这种情况下，声波能很容易从套管传递到水泥环，很少部分能够耦合到地层，因此套管波很弱，地层波弱或消失。在变密度图上，左侧及中间条纹模糊，信号很弱。在这种情况下，如果只看水泥胶结测井曲线其幅度值低，显示胶结良好。但情况并非如此，通过变密度图右侧的图形可以得出第二界面胶结不好。部分油田井因水泥环与地层胶结不好造成生产过程发生油层窜水（如图 9-22）。

（4）第一界面胶结差，第二界面胶结好。

这种情况，套管周围有钻井液或混浆，也有水泥，在全波列波形图上，套管波较强。由于套管与地层中间有水泥，所以地层信号中等显示，比自由套管时强一些。在变密度图上，左边条纹明显，右边也有显示，如图 9-23 所示。这时要考虑以下两种情况：

① 如果地层疏松或井眼很大，都可使地层信号减弱；

② 如果水泥与套管间隙很大，会影响声能的传递，也可造成较弱的地层波显示。

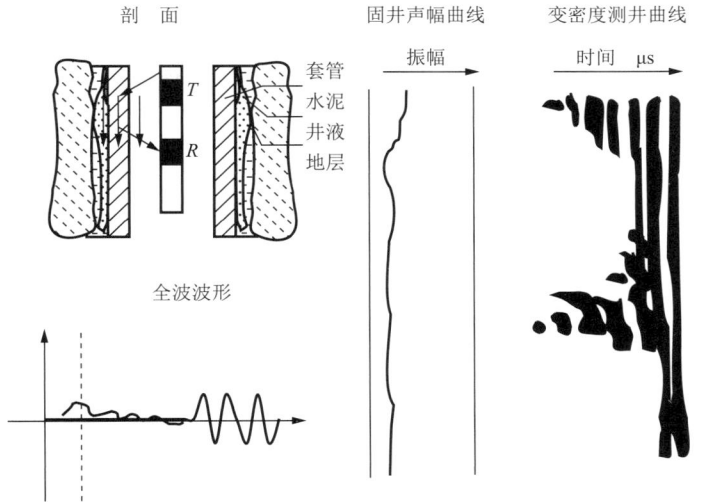

图 9-22　第一界面胶结好,第二界面胶结差波形图

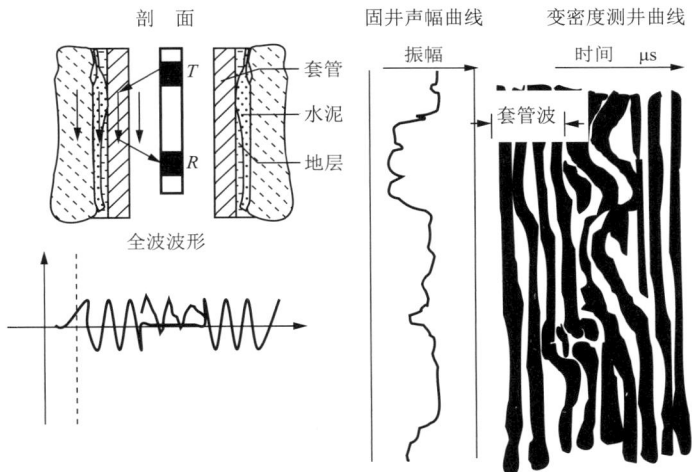

图 9-23　第一界面胶结差,第二界面胶结好波形图

（5）第一和第二界面都胶结差。

套管波明显,不仅条纹多,且幅度大,有的井段套管信号占据了地层波和钻井液波的位置,与自由套管式的套管波类似,地层波微弱以至消失。在变密度图上,反映地层波的条纹基本消失。钻井液波由于受套管波等的影响,条纹出现波浪形。

3. CBL/VDL 测井及评价

CBL/VDL 测井采用单发双收声系(如图 9-24),其测量源距分别为 3 ft 和 5 ft,常规工作主频为20 kHz左右,测井的测量速度应低于 9.0 m/min。利用源距为 3 ft 的接收器接收套管波幅度(CBL),其测量及评价原理与声波幅度测井相同;利用源距为 5 ft 的接收器接收全波列波形,进行固井第二界面胶结质量的评价(VDL)。

CBL/VDL 记录了两个源距全波波列的水泥胶结测井,可从全波波列中提取声幅曲线,然后利用式(9-39)和未经百分数标准化的声幅值计算衰减率[式(9-40)]。

$$\alpha = -\frac{20}{L}\lg\left(\frac{A_2}{A_1}\right) \qquad (9\text{-}39)$$

$$\alpha = \alpha_g - \frac{20}{L}\lg\left(\frac{A_2}{A_1}\frac{A_{1g}}{A_{2g}}\right) \qquad (9\text{-}40)$$

对于记录了两个源距声幅曲线的水泥胶结测井资料,可利用式(9-40)将声幅曲线转换成衰减率。

对于仅记录了一个源距声幅曲线的水泥胶结测井,可根据式(9-41)计算衰减率。

$$\alpha = -\frac{20}{l}\lg\left(\frac{A}{A_{fp}}\right) \qquad (9\text{-}41)$$

式中 A_1,A_2——近接收换能器 R_1 和远接收换能器 R_2 接收的声幅值,mV;

A_{1g},A_{2g}——当次固井最好水泥胶结井段近接收换能器 R_1 和远接收换能器 R_2 接收的声幅值,mV;

L——近接收换能器 R_1 与远接收换能器 R_2 之间的距离(即间距),m;

α——现场测定的目的层段声波衰减率,dB/m;

α_{fp}——自由套管声波衰减率,dB/m;

α_g——本次测井中胶结最好井段声波衰减率,dB/m;

A——目的井段曲线幅值,mV;

A_{fp}——自由套管段曲线幅值,mV;

l——单发单收系测量仪的接收源与发射源之间的源距,m。

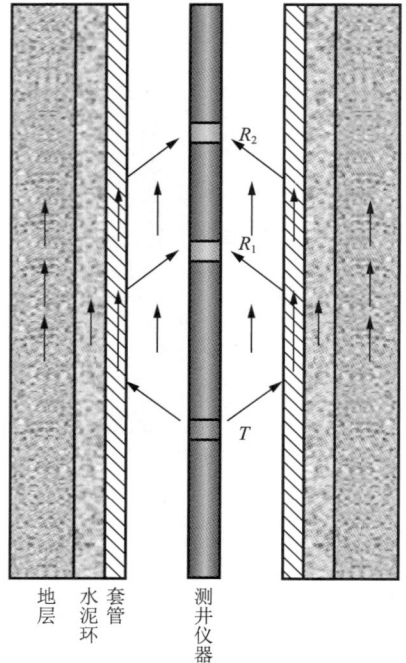

图 9-24 CBL/VDL 测量原理示意图

在式(9-39)、式(9-40)和式(9-41)中可以采用未经百分数标准化的声波幅值(mV),也可以采用经过标准化处理的相对声幅值(%)。对于记录了一个源距声幅曲线和另一个源距全波列的水泥胶结测井,可从全波列中提取声幅曲线,然后利用实测声幅曲线、计算声幅曲线和式(9-40)计算衰减率,也可根据单源距声幅曲线按式(9-41)求衰减率。

根据 VDL 的测井解释进行定性地评价固井质量,见表 9-9。

表 9-9 利用 VDL 测井解释定性评价固井质量

VDL 特征		固井质量定性评价结论	
套管波特征	地层波特征	第一界面胶结情况	第二界面胶结情况
很弱或无	地层波清晰,且相线与 AC 良好同步	良好	良好
很弱或无	无,AC 反映为松软地层,未扩径	良好	良好
很弱或无	无,AC 反映为松软地层,大井眼	良好	差
很弱或无	较弱	良好	部分胶结
较弱	地层波较清晰	部分胶结(或微间隙)	部分胶结至良好
较弱	无或地层波胶乳	部分胶结	差

VDL 特征		固井质量定性评价结论	
套管波特征	地层波特征	第一界面胶结情况	第二界面胶结情况
较弱	地层波不清晰	中等	差
较强	弱	较差	部分胶结至良好
较强	无	差	无法确定
AC 为裸眼井中测量的声波时差曲线。			

结合式(9-39)、式(9-40)和式(9-41)得出的声波衰减率或计算出的声波相对幅值,根据相对幅值、胶结指数、胶结比等评价固井一界面的标准,再结合 VDL 测井解释进行第一界面和第二界面胶结质量的评价。

三、扇区水泥胶结测井(SBT)

为了解决环向水泥胶结的不均匀性,探测水泥沟槽和空隙,更好地评价由于水泥上返地面和尾管完井水泥上返喇叭口时没有可供刻度的纯钻井液段,以及有微间隙井的固井水泥胶结情况,人们发明了扇区水泥胶结成像测井仪(SBT)并在现场广泛应用,获得良好效果。该仪器刻度简易、灵活且精度高,水泥成像图直观,可准确地反映水泥沟槽和空隙,并有助于识别微间隙,正确评价水泥胶结质量。

最具有代表性的是康普乐公司的 SBT(Sector cement Bond Tool)和 Sondex 公司的 RBT(Radial Bond Tool),阿特拉斯公司的 SBT(Segmented Bond Tool)以及 Weatherford 公司的 SBT(Sector Bond Tool)和 SSBT 测井仪都属于分扇区类水泥胶结测井。

康普乐公司的 SBT 采用分扇区声波发射方式,而 Sondex 公司的 RBT 测井方法则是无定向声波发射方式,它们都采用多扇区定向接收套管波的测量方式。

下面以阿特拉斯公司的 SBT 为例进行介绍。

1. 基本原理

扇区水泥胶结测井(SBT)是从纵向和横向(沿套管圆周)两个方向测量水泥胶结质量。该 SBT 测井仪有 6 个极板,其极板部分以环绕方式使用互成 60°的 6 个动力推靠臂,每个推靠臂上安装有一个高频定向换能器的声波发射探头和一个接收探头。测井时极板与套管内壁在推靠力下紧密接触,6 个极板上声波换能器按照一定的时序不断地发射和接收声波信号,SBT 测井仪从纵向和横向沿套管圆周对水泥胶结质量进行测量,把套管外的水泥环等分成 6 个 60°的扇区,12 个高频定向换能器不断地发射和接收声波信号,进行补偿衰减测量;由于测井时同时测量 6 个极板分属的 6 个区域信息,因而可得到 6 条分区的套管水泥胶结评价曲线,故该仪器称为扇区水泥胶结测井仪。SBT 声波滑板阵列 360°展开图见图 9-25,SBT 测井设备外观见图 9-26。

SBT 也提供改进的全波测量和鉴别井眼低侧的仪器方位曲线,两个井下加速度计用来确定下井仪相对于井斜的低侧,当下井仪垂直时,相对方位是多解的,而且可能是变化的;当井斜大于 1°时,相对方位测量精度在±5°以内。

SBT 采用声波换能器控制技术增强滑板换能器和全波列发射器二者的输出。这种技术

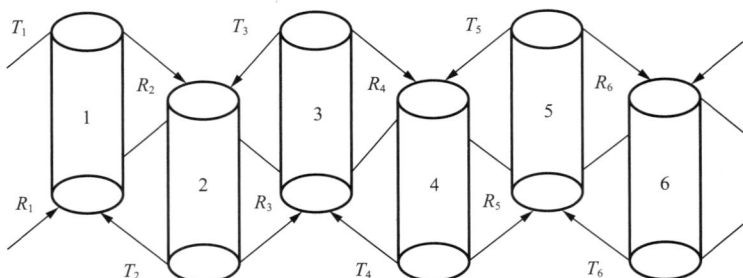

图 9-25　SBT 声波滑板阵列 360°展开图

也同时利用两个发射单元(每个为 1/4 波长)控制发射器的方向特性。工作时,从所要求的方向最远的单元首先发射,当声波从第一单元通过第二单元时,第二单元发射,从而增强了该预定方向上的声波,如图 9-27 所示。声波强度随幅度的平方变化,故有效声波能量增大 4倍。可控换能器提高了变密度测井或全波显示的质量,因为它增强了地层方向的声波能量。因此波列分析有了改进,特别是对低速地层。

图 9-26　SBT 扇区胶结测井仪

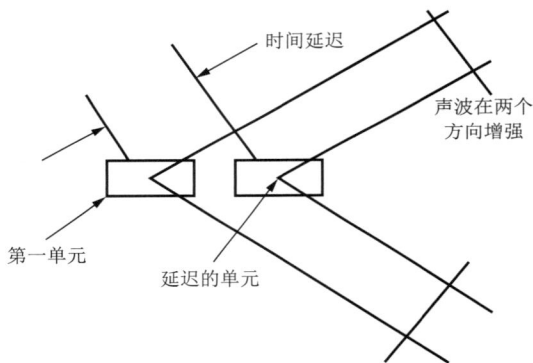

图 9-27　SBT 双单元控制束发射器

同一发射源进行两个幅度值测量时,衰减测量只取决于幅度比。相对而言,远离的测量值由于衰减测量得到的幅值相对较小。而阿特拉斯公司的 SBT 在每个 SBT 分区中,利用 4 个邻近滑板上的 2 个发射器和 2 个接收器组成的声系从两个方向来测量声波衰减(如图 9-28)。

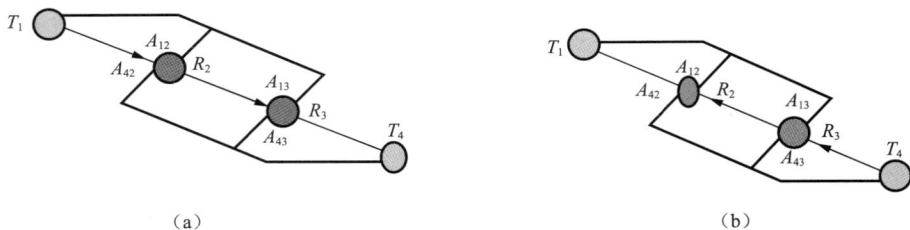

（a）　　　　　　　　　　　　　　　　　（b）

图 9-28　SBT 提供第一扇区的补偿衰减测量

当发射器 T_1 发射时,接收器 R_2 和 R_3 测量其下行声幅,定义为 A_{12} 和 A_{13}。套管波的衰减率为:

$$\alpha_1 = 10\lg(A_{12}/A_{13})$$

当发射器 T_4 发射时,由接收器 R_2 和 R_3 测量其声幅,定义为 A_{42} 和 A_{43}。套管波的衰减率为:

$$\alpha_2 = 10\lg(A_{43}/A_{42})$$

则以第一扇区两次测量结果组合在一起可求出补偿后的衰减值。

$$ATC1 = \alpha_1 + \alpha_2 = 10\lg[(A_{12} \times A_{43})/(A_{13} \times A_{42})] \tag{9-42}$$

其他扇区依此类推计算,衰减率越高,水泥胶结越好,反之则差。

这种测量过程在 6 个分区中的每一个都重复进行。这样,对于 6 个区块的每一个,在整个 25 dB/ft 的范围内,衰减测量结果得到完全的补偿。发射器和接收器的排列也同时补偿了套管表面不平和套管内壁有残留水泥的影响。因而所得结果消除了接收器灵敏度的影响。

该仪器从纵向、横向(沿套管周围)两个方向测量固井胶结质量,同时该仪器设计考虑的短源距补偿使衰减测量结果基本上不受快速地层的影响,因而该仪器能用于各种流体的井内,包括重钻井液和含气井液等。

2. 扇区水泥胶结测井的解释

扇区水泥胶结测井的测量结果通过主测井图和分区阵列图来表示。其中,主测井图包括水泥胶结声幅、平均衰减曲线、最小衰减曲线、特征波形或变密度显示、对比曲线和接箍定位曲线;分区阵列图定量显示 6 个补偿衰减测量值、仪器方位曲线和随深度变化的套管周边"胶结图"。胶结图利用由黑到白的阴影表示法,阴影越黑代表胶结得越好,白区指示未胶结套管,而白色区域的宽度指示该特定深度窜槽的程度。

(1)利用 6 条测井曲线计算得到有关衰减率的 4 条曲线。

通过 6 个极板中相邻 4 个极板的补偿测量,共有 6 组,最终得出以下 6 条测井曲线:由 6 个声系组合 24 个收发排列测得的声幅曲线 A;6 条 60° 扇区双发双收补偿声衰减曲线 ATC;相对方位角曲线 RB;由 6 个声系组合 24 个收发排列测得的全波列曲线;由 6 个声系组合 24 个收发排列测得的声波传播时间曲线;井斜曲线。通过上述曲线,可以计算出 6 段扇区的最小衰减率、最大衰减、平均衰减率和平均声幅。

(2)利用平均衰减曲线与最小衰减曲线幅度差判别水泥缺失。

平均衰减曲线的幅值是 6 个扇形区块测量结果的平均值,最小衰减曲线则代表最小衰减 60° 区块。这两条曲线在同一行道按同一比例、同一深度显示,二者幅度差表示套管外某一方向缺失水泥。至于具体位置的判别,需要结合水泥胶结成像图进行整体判断。

(3)结合 VDL 识别水泥沟槽。

CBL 和 VDL 测井具有多解性,即当测得的胶结系数符合要求($BI = 0.8$)时,有可能是套管周围由低抗压强度水泥完全胶结,也有可能由于高强度水泥部分胶结,但仍存在未胶结区域。这时可利用扇区水泥胶结测井,以进一步解释水泥胶结图的图像。分区水泥胶结测井解释方法采用灰色度的级别进行判断,而灰色度级别是依据分区测井声波相对幅值大小来划分:当相对幅值大于 56% 时为白色,相对幅值小于 14% 时为黑色,黑色与白色之间分为三个等级过渡。然后再将灰色分为:暗灰、中等灰和亮灰(即三个过渡等级)。为此将分区水泥胶结测井解释曲线上颜色分为五级刻度,分别对应不同的胶结状况(见表 9-10)。其中,黑色表示水泥胶结良好;暗灰、中灰、亮灰表示水泥部分胶结,即有三个过渡等级;白色表示水泥没胶结或空套管。这种以幅度的平均划分表示水泥胶结程度而绘制的灰度图，能够显示出套管周围的水泥胶结有无沟槽及胶结程度，但是只能定性地评价，无法定量评价胶结情况。

表 9-10　分区水泥胶结测井解释的五级刻度

声波幅值/%	刻度/%	显示灰度	胶结状况
0～14	0～20	黑　色	水泥胶结良好
14～28	20～40	暗　灰	水泥部分胶结（胶结中等）
28～42	40～60	中 等 灰	水泥部分胶结（胶结较差）
42～56	60～80	亮　灰	水泥部分胶结（或混浆）
>56	>80	白　色	水泥没胶结或空套管

SBT 仪器的使用需要进行现场刻度标定，方法同常规的变密度测井仪一样，即要根据自由套管段 3 ft 声幅首波幅度进行刻度标定，又要依据扇区首波 1 个周期的面积积分进行刻度划分，最后确定几个等级划分标准的相对幅度值，这要根据现场的实际情况而定，最终的判断标准受水泥浆密度等因素的影响是不同的。

（4）三种具体胶结情况的定性解释。

① 第一、第二界面胶结都差。

测井显示特征为：CBL 幅度略低于自由套管幅度值，幅度值较高，且不稳定；VDL 显示的套管波比自由套管时显示的弱，能显示出一些地层波信息；扇区声波灰度图有水泥部分，胶结不好呈灰色，无水泥呈白色。

② 第一界面胶结好，第二界面胶结差。

测井显示特征为：CBL、最大、最小、平均声幅曲线保持较低的数值；VDL 显示的套管波微弱或缺失，记录的地层波极弱或几乎没有；扇区声波灰度图呈黑色。

③ 第一、第二界面胶结都好。

测井显示特征为：CBL、最大、最小、平均声幅曲线保持较低的数值；VDL 记录的套管波缺失，而地层波较强，有明显的地层波显示，呈黑白相间的起伏条带；扇区声波灰度图呈全黑色。

概括地来说，对于第一界面的胶结程度的判定，需要结合扇区声波灰度图的黑白颜色和变密度图上套管波的强弱，即灰度图呈黑色、变密度图上套管波微弱或缺失表示第一界面胶结良好；对于第二界面胶结程度的判定，需要结合扇区声波灰度图的黑白颜色和变密度图上地层波的强弱，即灰度图呈黑色、变密度图上地层波显示强表示第二界面胶结良好。此外还可以结合声幅曲线进一步确定接箍位置。

3. SBT 测井响应的影响因素

（1）地层岩性的影响。

在水泥固井第一、二界面完全胶结好的情况下，由于地层声波传播速度过高或过低会给测井资料解释带来多解性的困难，快速地层会造成第一界面胶结状况的解释误差。所以一般地层对 SBT 响应基本没有影响，但是快速地层对 SBT 测井还是有一定的影响。图 9-29 为 SBT 衰减值与地层岩性的关系，由图可以看出，在地层声波速度不大时（泥岩、砂岩），SBT 补偿衰减值几乎没有变化；当地层声波速度变大甚至较高时（灰岩），SBT 的衰减值明显变小,反映了水泥胶结变差的趋势,而实际情况是水泥胶结好。说明一般地层对 SBT 响应基本没有影响,但是快速地层对 SBT 测井还是有一定的影响。

(2) 固井第一界面的胶结情况。

当第一界面水泥有缺失,水泥环隙宽度变化会引起声波衰减值的变化(如图 9-30)。由图所示第一界面不存在水泥环隙(即完全胶结好)时,声波衰减值大;当出现水泥环隙时,声波衰减值迅速减小,且衰减值随着环隙宽度的增加而缓慢减小。这说明第一界面的水泥环隙对 SBT 测井影响明显,当环隙宽度大于某一数值时,环隙宽度增加对 SBT 响应的影响趋势变小。

(3) 第二界面水泥扇形缺失的影响。

在第一界面完全胶结好、第二界面水泥扇形缺失情形下的 SBT 响应见图 9-31,当第二界面水泥胶结体积比由 0.5 增加到 0.75(即水泥扇形缺失减小时),声波衰减值增大,说明第二界面水泥缺失对 SBT 响应有一定的影响,在测井资料解释时要考虑这种影响。

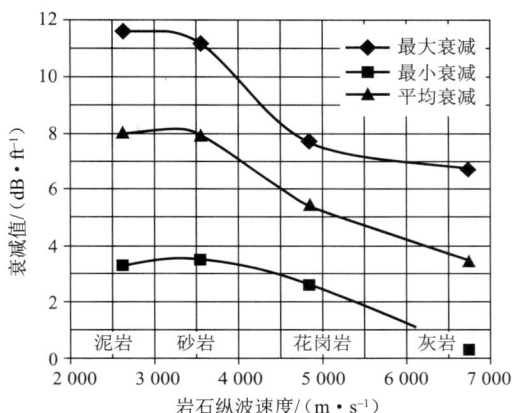

图 9-29 SBT 衰减值与地层岩性的关系

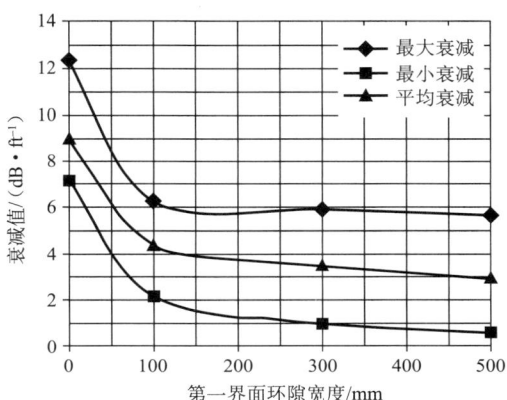

图 9-30 第一界面水泥有缺失时 SBT 衰减值与水泥环隙宽度的关系

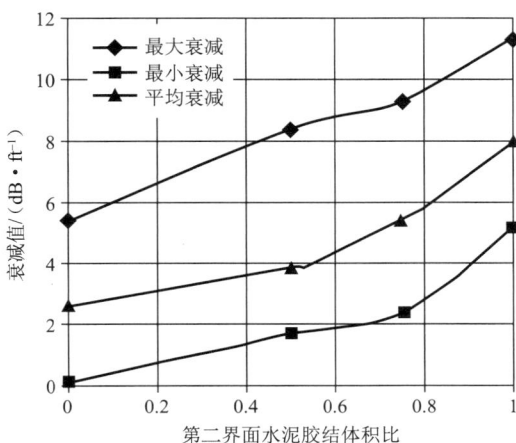

图 9-31 第二界面水泥有缺失时 SBT 衰减值与水泥扇形缺失的关系

(4) 不同密度水泥的影响。

随着水泥密度的增加,SBT 衰减值整体呈缓慢增大趋势,中等水泥密度(1.5 g/cm^3 和

1.89 g/cm³）时衰减值几乎没有增大,响应特征的原因可能一方面在水泥密度大于2.0 g/cm³时,超出了 SBT 的响应测量范围使其分辨率下降,另一方面可能与水泥和地层之间声阻抗的差值大小有关,有待进一步分析和研究。

（5）套管偏心的影响。

在水泥完全胶结好的情况下,即使固井所用水泥密度相同,套管偏心程序不同也会致使声波响应有所不同。根据 SBT 在水泥完全胶结好情况下存在套管偏心和套管完全居中时的测井响应结果,SBT 的最大衰减值基本没有变化,而套管偏心的最小衰减值明显小于套管完全居中的最小衰减值,说明存在套管偏心时 SBT 最小衰减值减小的趋势。

综上,SBT 对第一界面的胶结情况反映灵敏,可以较好地区分各种角度水泥扇形缺失的固井质量,但不能区分水泥扇形缺失小于 45°的胶结情况;其补偿声波衰减值主要受固井第一界面的胶结情况和环空水泥扇形缺失的影响,而井外快速地层、第一界面水泥环隙宽度、第二界面水泥扇形缺失、套管偏心、不同密度水泥对其响应有一定的影响,基本不受水泥环厚度、双层套管的影响,这是 SBT 能够较好地反映水泥胶结情况的优势所在。

4. SBT 测井的优缺点

（1）SBT 测井的优点。

① 推靠臂使极板紧贴套管内壁进行测井,能更好地反映水泥胶结情况,且衰减率成像图形象直观。

② 能够确定水泥窜槽的有无、大小和方位,有较高的环向分辨率。

③ 阿特拉斯公司的 SBT 测井不受快速地层和井内各种流体的影响,通过可控换能器将声场强度放大 4 倍,使图像更清晰准确。

（2）SBT 测井的缺点。

① 第一界面微间隙和第二界面的环空水泥扇形缺失对 SBT 响应的影响明显。

② 康普乐 SBT 测井和 RBT 测井的使用具有局限性:a. 需要居中测量;b. 不适用于测量快地层;c. 不同密度水泥对 SBT 响应有一定的影响。

③ 尽管 SBT 等先进仪器具有很大的技术优势,考虑到经济方面的因素,SBT 测井适宜作为精细评价固井质量的技术手段,主要用于重点疑难井的固井质量检测。

四、水泥评价测井(CET)

为了克服声幅测井和变密度测井不能显示某方位胶结不好的缺点,在 20 世纪 80 年代末 SCLUMBERGER 公司推出了水泥评价测井仪(CET)。

1. 基本原理

CET 是一种高频超声波仪器,其结构如图 9-32 所示。它有 8 个换能器,以双螺旋线的形式排列在声系上,它们既是发射器又是接收器。采用的是超声脉冲回声方法,每一个发射器依次向井壁发射超声脉冲,使得套管产生厚度型谐振,然后再由各换能器接收由套管反射回来的回波,其波形如图 9-33 所示。所采用波的传播方式（垂直于套管表面的纵波）,不受微环带的影响。仪器的响应主要决定于水泥的声阻抗（密度和声速的乘积）。再经过实验确定油井水泥的声阻抗和抗压强度之间的经验关系,因此,水泥胶结评价曲线可直接刻度为抗压强度值,从而利用反射声波来确定套管的平均直径、椭圆度、偏心度及反映水泥胶结质量的水泥抗压强度。胶结好的水泥使谐振减弱,而胶结不好的水泥使谐振增强。

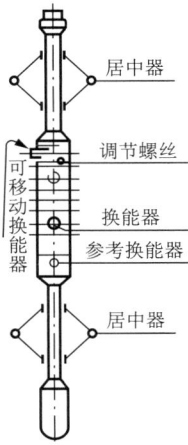

图 9-32　CET 测井仪结构示意图

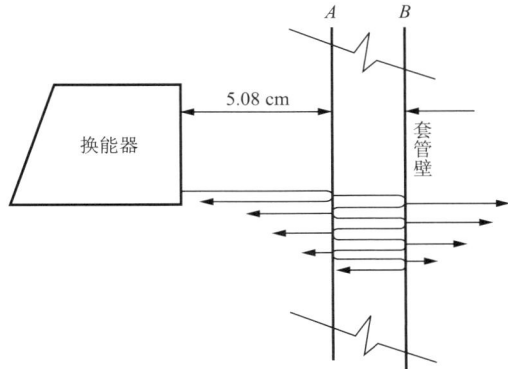

图 9-33　CET 测井回声波形示意图

2. CET 测井曲线及评价

测井图由三道曲线组图组成：

（1）第一道包括自然伽马曲线（GR）、套管接箍曲线（CCLU）、偏心曲线（ECCE）。

偏心曲线是用于检查仪器偏心程度的曲线，其计算方法是取对置的两个换能器（相隔 180°）所对应的两条半径的最大差值并除以 2，这个参数用于控制测井曲线的质量。平均井径曲线（CALV）是由传播时间得到的 4 条井眼直径的平均值，分辨率接近 0.1 mm。套管椭圆度为最大直径与最小直径之差，它可以敏感指示套管的磨损、腐蚀和变形等特征。

相对方位曲线（RB），它准确指示各换能器所在的位置。

（2）第二道显示的是水泥抗压强度曲线。

抗压强度的大小与水泥胶结质量有关，同时水泥胶结质量也取决于套管表面的粗糙度、套管的表面处理层和流体的黏度等因素。如果套管周围的水泥分布是均匀的，那么渗透率小于 $1×10^{-4}$ μm^2，抗压强度大于 3.447 MPa 的水泥材料才能满足固定和密封套管的要求。只有在某个深度段上的整个套管周围都充满最小抗压强度的水泥时，水泥胶结质量才算好。

（3）第三道为抗压强度图。

在每个深度上，其明暗度与水泥抗压强度成正比，白色部分对应于自由套管。黑色部分与抗压强度大于 24.13 MPa 的水泥胶结质量好的相对应，每一个 45°面中所显示的抗压强度都是两个换能器之间的线性差值，而每个换能器测量的都是井周上一点的抗压强度。可用于鉴别快速地层反射或探测气层，8 条线表示 8 个换能器，各条线通常都是细的，快速地层反射用一条粗线表示；管外气体用两条平行细线表示。

CET 测井的另一种几何测量显示了 8 个换能器所测量的 8 条井眼半径曲线，可以直观显示套管破损、变形程度及方向。

第十章　油气井压力控制

井控设计是钻井工程设计的重要组成部分,其内容包括满足井控要求的钻前工程及合理的井场布置、合理的井身结构、适合地层特性的钻井液类型、合理的钻井液密度、满足井控安全的井控装备系统等等。科学合理的井控设计,应有全井段的地层孔隙压力、地层破裂压力、浅气层资料以及已开发地区分层地层压力动态数据等基础资料。

第一节　井控设计的依据

井控设计的依据是地质设计提供的地层与压力情况、可能的流体情况、当前钻井技术水平、井控设备能力、钻井施工地区环境及气候状况等。井控设计必须在国家有关法律法规及行业要求范围内编制。

一、遵循的有关法律法规

在设计井位确定后,要清楚应遵守的法律、法规、标准以及规定。无论是在国内还是国外、在海上还是陆上、在热带地区还是寒冷地带钻井,都应该遵守所在国家和地区的各种法规。应该说,各种法律、法规、标准以及规定是井控设计的首要依据。

在国内,国家与地方安全环保法律法规已逐步健全。《中华人民共和国安全生产法》《中华人民共和国环境保护法》《中华人民共和国海洋环境保护法》《中华人民共和国放射性污染防治法》《中华人民共和国海洋石油勘探开发环境保护管理条例》等法律法规已全面实施。

国家安全生产监督管理总局 2007 年颁布了 AQ2012—2007《石油天然气安全规程》。在石油行业,SY/T 5087《含硫化氢油气井安全作业技术规程》、SY/T 6203《油气井井喷着火抢险做法》、SY/T 6277《含硫油气田硫化氢监测与人身安全防护规程》、SY 6504《浅海石油作业硫化氢防护安全规定》、SY/T 6634《滩海陆岸石油作业安全规程》、SY/T 6551《欠平衡钻井安全技术规程》、SY/T 6044《海上石油作业安全应急要求》、SY 6432《浅海石油作业井控要求》等安全环保方面的标准以及相应的技术规定,越来越受到重视并得到落实。

在井控设计方面,SY/T 5964《钻井井控装置组合配套、安装调试与维护》、SY/T 6426《钻井井控技术规程》、SY/T 6616《含硫油气井钻井井控装置组合配套、安装和使用规范》、Q/SH 0205《川东北天然气井钻井井控技术规范》、Q/SH 0206《川东北天然气井钻井井控装置配套、安装和使用规范》等标准和各企业相应的规定和细则,是井控设计的直接依据。长期以来 SY/T 5964、SY/T 6426、SY/T 6616 三项行业标准一直用于指导石油行业钻井设计。目前,该三项标准整合升级为 1 项国家标准 GB/T 31033《石油天然气钻井井控技术规范》。

随着开拓国外钻井市场活动的日益增多,应了解和掌握所在国的有关法律与法令,并在井控设计时认真遵守。

二、地层压力

井控设计的目的是满足钻井施工中对井下压力的控制要求,防止井喷及井喷失控事故的发生。准确的地层压力是井控设计的首要条件。为了掌握井内各层段的地层压力,可以借鉴邻近井试油气资料、钻井过程中使用的钻井液密度和油气显示情况、邻近井的电测评价、邻近井的压力检测(如指数 dc)曲线等。

第二节　井控装置选择

一、井控装置简介

井控装置系指实施油气井压力控制所需的一整套设备、仪器、仪表和专用工具,是井控技术中不可缺少的组成部分。标准配套的井控设备应具有以下功用:

(1)预报、监测、报警。通过对油气井检查和报警,及时发现溢流预兆,尽快采取控制措施。

(2)防止井喷。保持井筒内钻井液静液柱压力始终略大于地层压力,防止溢流及井喷条件的形成。

(3)迅速控制井口。溢流或井喷发生后,迅速关井控制住井口,并实施循环,排除溢流和压井作业,对油气井重新建立压力平衡。

(4)处理复杂情况。在油气井失控的情况下,进行灭火抢险等处理作业。

井控装置主要包括 7 个部分,典型的井控装置组成如图 10-1 所示。

(1)钻井井口装置:钻井井口装置以液压防喷器为主体,又称防喷器组合,主要包括液压防喷器、套管头、四通、过渡法兰等。

(2)防喷器控制系统:主要包括司钻控制台、远程控制台、辅助遥控台等。

(3)井控管汇:主要包括节流管汇、压井管汇、防喷管线、放喷管线、注水及灭火管线、反循环管线、点火装置等。

(4)钻具内防喷工具:主要包括钻具止回阀、旋塞阀、钻具旁通阀等。

(5)井控仪器仪表:主要包括循环罐液面监测报警仪、返出流量监测报警仪、有毒有害及易燃易爆气体检测报警仪、密度监测报警仪、返出温度监测报警仪、井筒液面监测报警仪。

(6)钻井液加重、除气、灌注设备:主要包括钻井液加重设备、液气分离器、除气器、起钻自动灌液装置等。

(7)特殊井控设备:主要包括强行起下钻装置、旋转防喷器、灭火设备、拆装井口设备及工具等。

一般情况下,应首先配齐前六部分的井控装置,第七部分特殊井控设备和工具是进行特殊作业所需要的,通常井队不予配备。由于各油气田井控技术的差异和油气层状况的不同,以及设备供应能力的不同,其井控设备配备完善程度方面也不相同。

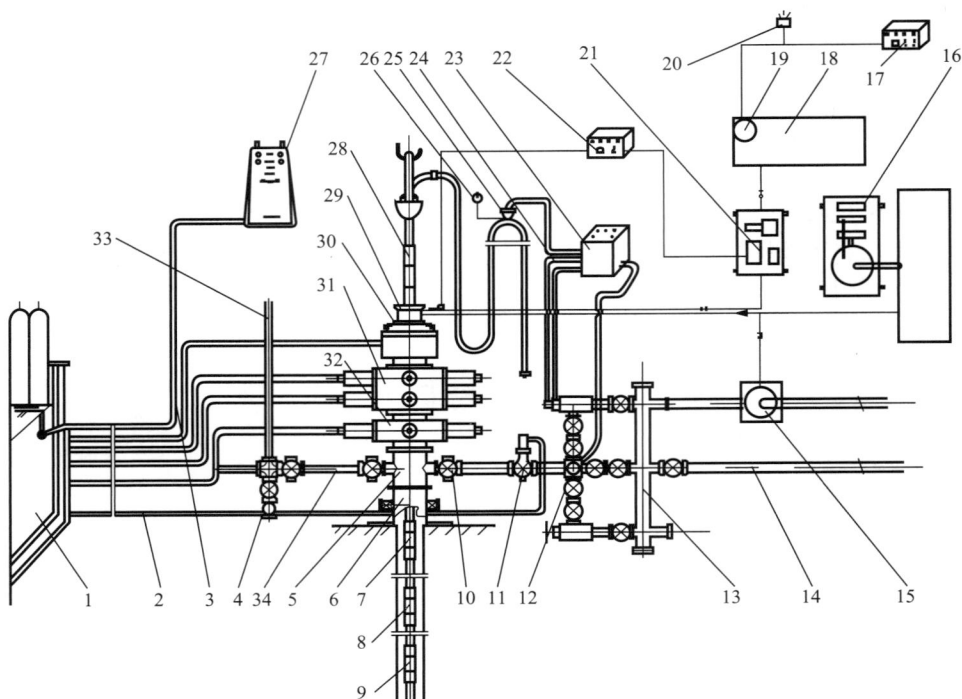

图 10-1　井控装置配套示意图

1—液压防喷器控制装置;2—防喷器液压管线;3—防喷器气管束;4—压井管汇;5—钻井四通;
6—套管头或底法兰;7—方钻杆下旋塞;8—旁通阀;9—钻具止回阀;10—手动闸阀;11—液动闸阀;
12—套管压力表;13—节流管汇;14—放喷管线;15—钻井液液气分离器;16—真空除气器;
17—钻井液池液面监测仪;18—钻井液罐;19—钻井液池液面监测传感器;20—钻井液池液面报警器;
21—自动灌钻井液装置;22—自动灌钻井液装置报警箱;23—节流管汇控制箱;24—节流管汇控制线;
25—压力变送器;26—立管压力表;27—防喷器司钻控制台;28—方钻杆上旋塞;29—防溢管;
30—环形防喷器;31—双闸板防喷器;32—单闸板防喷器;33—反循环管线;34—防喷管汇

井控设备的遥控方式可采用液动、气动或电动遥控。现场主要采用气控(机械钻机或电动钻机)和电控(电动钻机)。

1. 井口防喷器

(1) 环形防喷器。

环形防喷器(如图 10-2)是因其封井元件——胶芯呈环状而得名。封井时环形胶芯被迫推向井眼中心积聚、环抱钻具。环形防喷器常与闸板防喷器配套使用。

环形防喷器必须配备液压控制系统才能安全使用。地面防喷器组合中一般只配备一个环形防喷器,并与闸板防喷器配套使用。环形防喷器的具体功能如下:

① 在钻进、取心、下套管、测井、完井等作业过程中发生溢流或井喷时,能有效封闭方钻杆、钻杆、钻杆接头、钻铤、取心工具、套管、电缆、油管等工具与井筒所形成的环形空间。

② 当井内无管柱时能全封闭井口,即"封零"。环形防喷器现场操作中不推荐做封零试验。

③ 在使用液压调压阀或缓冲储能器的情况下，能通过 18°台肩的对焊钻杆接头进行强行起下钻作业。

现场常用环形防喷器的类型，按其密封胶芯的形状可分为锥形环形防喷器、球形环形防喷器和组合环形防喷器。环形防喷器主要由顶盖、壳体、胶芯、活塞等组成。

工作原理：发生溢流关闭防喷器时，从控制系统输送过来的高压油进入关闭腔，推动活塞上行，在顶盖的限制下，迫使胶芯向井眼中心运动，支撑筋相互靠拢，将其中间的橡胶挤向井口中心，实现密封钻具或全封井口。打开时，从控制系统输送过来的高压油进入开启腔，推动活塞下行，胶芯在本身橡胶弹性力作用下复位，将井口打开。

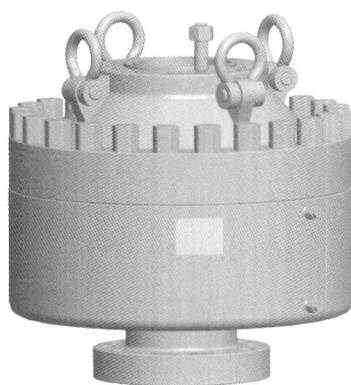

图 10-2 环形防喷器

（2）闸板防喷器。

按闸板用途来分，闸板防喷器可分为全封、半封、变径和剪切闸板。

按闸板腔室来分，闸板防喷器可分为单闸板、双闸板、三闸板，如图 10-3 所示。

按动力方式来分，闸板防喷器包括手动和液压闸板防喷器两类，每类都包括全封和半封闸板防喷器，液压闸板防喷器又包括剪切闸板和变径闸板防喷器。目前钻井常用的是液压闸板防喷器。

| 单闸板 | 双闸板 | 三闸板 |

图 10-3 闸板防喷器

闸板防喷器具有结构紧凑、操作简单、耐压高、密封可靠等特点，在陆地和海洋钻井中得到广泛应用。闸板防喷器的主要功用有：

① 当井内有管柱发生溢流或井喷时，能封闭管柱与井筒形成的环形空间。

② 当井内无管柱时，可用全封闸板（又称盲板）全封闭井口。

③ 使用变径闸板，可封闭一定范围不同规格管柱与套管之间的环形空间。

④ 配置剪切闸板，可切断钻具后达到封井的目的。

⑤ 必要时管子闸板可以悬挂钻具（对防喷器要求高）。

⑥ 在封闭情况下，通过防喷器壳体侧出口可连接管线用以替代节流、压井管汇进行钻井液循环、节流放喷、压井等特殊作业。

闸板防喷器具虽有上述功用，但在具体使用时仍有所限制。如闸板防喷器悬挂钻具的功能，有的允许承重，有的则不允许承重，应严格按照产品说明书执行；利用壳体侧孔节流、放喷时，高压井内流体将严重冲蚀壳体，从而影响壳体的耐压性能，通常不使用壳体侧孔节流、放喷。半封闸板封井时不宜上下活动钻具，不能旋转钻具，否则易导致胶芯刺漏。半封闸板防喷器可以长期封井。

闸板防喷器主要由本体(壳体)、闸板、活塞与闸板轴、侧门、液缸、锁紧轴、油缸总成、铰链部分、二次密封装置、手控总成等部件组成。

闸板防喷器工作原理:需要关闭防喷器时,通过三位四通阀使高压油进入左右两侧油缸关闭腔,推动活塞、闸板轴(活塞杆)使左右闸板总成沿着闸板室内导向筋限定的轨道,分别向井口中心移动,达到关井的目的。需要打开防喷器时,使高压油进入左右油缸开启腔,推动左右两个闸板总成分别向离开井眼中心的方向移动,以达到开井的目的。闸板开关由液控系统中的换向阀控制,闸板开关作用力与活塞受力面积、作用于该面积上的液控压力成正比。

(3) 旋转防喷器。

旋转防喷器常用于欠平衡压力钻井中。欠平衡压力钻井,是指在钻井过程中井底压力低于地层压力、施工中允许有溢流情况下的钻井方法。

旋转防喷器的功用:① 封闭钻具与井眼之间的环形空间。② 允许在额定动密封压力条件下旋转钻具,实施带压钻进作业。③ 通过排出管汇(液动节流阀),对返出的油气侵钻井液进行分离、处理,实现连续欠平衡钻进。④ 在与强行起下钻设备配合时,可以进行带压起下钻作业。

旋转防喷器的基本组成:旋转防喷器由底座、液压卡箍、大直径高压密封元件、现场测试装置(包括井压传感器、试压塞等)、高压动密封旋转轴承总成等组成。

旋转防喷器按密封结构方式可分为主动密封式旋转防喷器和被动密封式旋转防喷器。

(4) 分流系统。

分流系统是把井内流体引出井场以外的一种控制装置。适用于只下导管或虽下套管但下深过浅,井口不允许承压的井眼。

分流系统包括分流器、分流四通和分流管线(如图 10-4)。其中分流器可以是特制的,也可以用低压大通径的环形防喷器代替使用。它主要由壳体、顶盖、胶芯、活塞和油孔组成(如图 10-5)。利用液压防喷器控制系统提供的高压油可以密封方钻杆、钻杆、钻杆接头、钻铤、套管等各种形状和尺寸的管柱,同时分流放喷井内流体。

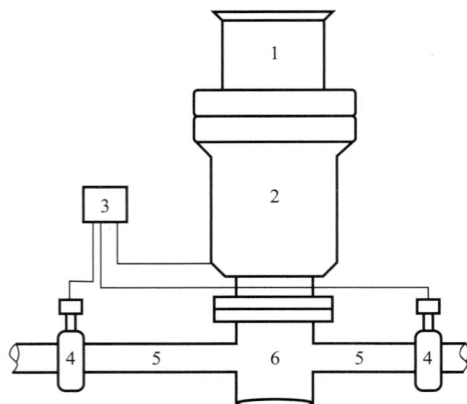

图 10-4 分流系统示意图

1—溢流管;2—分流器;3—控制盘;
4—全开阀;5—放喷管线;6—导管或套管

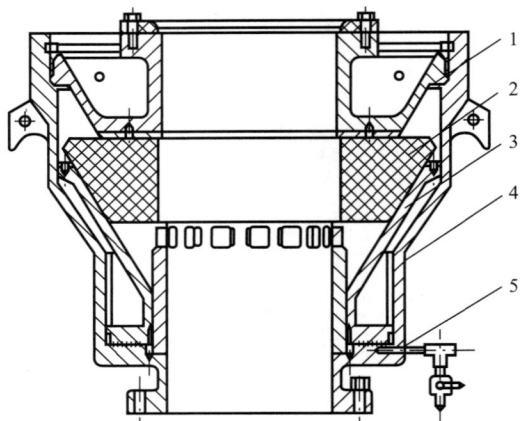

图 10-5 分流器结构示意图

1—顶盖;2—胶芯;3—活塞;
4—壳体;5—关闭油口

分流系统不是用来关井憋压的,而是按预先铺设的分流管线将井内流体从井场引至安全距离以外,使井内流体回压最低,以防井口和井眼承受高压造成井口损坏、憋漏井眼、地面窜漏,利于井口、井眼和井场设备的安全。

放喷阀的开与关和分流器胶芯的关与开是联动的。即放喷阀打开的同时胶芯随即关闭,胶芯打开的同时放喷阀关闭。

分流器型号的表示方法如下:

```
FFZ    75    3.5
                └── 工作压力,3.5 MPa

           └── 通径代号:75(φ749.3 mm)

 └── 分流器类型:锥形分流器
```

工作原理:当钻遇浅气层需分流放喷时,将远程控制台换向阀手柄扳至"分流"位(即开放喷阀关分流器),高压油从分流器壳体油口进入活塞下部关闭腔,推动活塞向上运动,迫使胶芯向上运动,将胶芯挤向井口中心,抱紧钻具封闭井口。同时,井内流体经分流四通从分流放喷管线和全开阀引到井场下风口的安全地方。当需打开井口时,只需泄掉关闭腔油压,同时打开分流器壳体油口处的手动闸阀即可。这时关闭腔液压油迅速流回油箱,活塞在自身重力的作用下落回起点,胶芯在自身弹性的作用下恢复原位,将井口打开。

2. 套管头、四通与法兰

(1) 套管头。

套管头是安装在表层套管柱上端,用来悬挂除表层套管以外的套管和密封套管环形空间的井口装置部件。一般由本体、四通、套管悬挂器、密封组件和旁通管等组成。

套管头的作用:① 套管头安装在套管柱上端,悬挂除表层套管以外的各层套管重量。② 能够使整个钻井井口装置实现压力匹配,是套管与防喷器、采气井口连接的重要装置。③ 能够提高钻井井口装置的稳定性。④ 能在内外套管柱之间形成压力密封。⑤ 为释放聚积在两层套管柱之间的压力提供出口。⑥ 在紧急情况下,可向井内泵入流体。如压井时的钻井液、水或高效能灭火剂等。⑦ 进行钻采工艺方面的特殊作业。⑧ 若固井质量不好,可从侧口处补灌水泥浆。⑨ 酸化压裂时,可从侧口处注压力平衡液。

根据生产标准,套管头可分为标准套管头和简易套管头。按照结构,标准套管头又可分为以下几种类型(如图 10-6～10-16)。

① 按悬挂套管层数分为单级、双级和多级。

② 按本体连接形式分为卡箍式、法兰式。

③ 按组合形式分为单体式、组合式。

④ 按悬挂套管方式分为卡瓦式、螺纹式和焊接式。

⑤ 根据套管头通径分为通孔式、缩孔式。

目前国内使用较多的是多级、卡瓦式套管头。

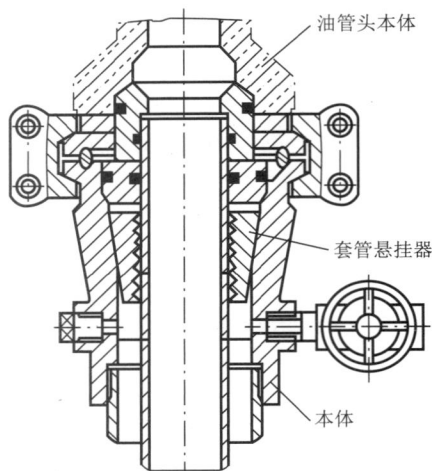

图 10-6　卡箍连接卡瓦悬挂单级套管头

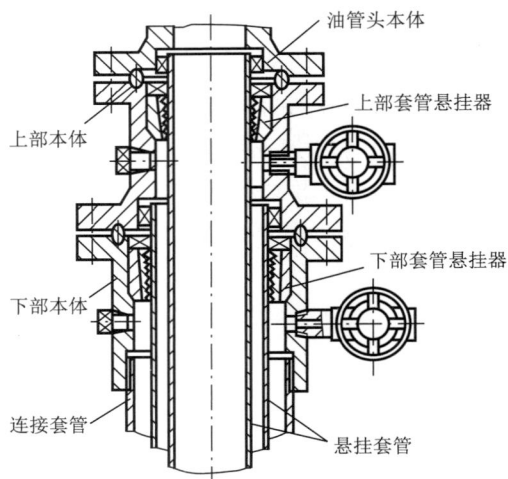

图 10-7　法兰连接卡瓦悬挂双级套管头

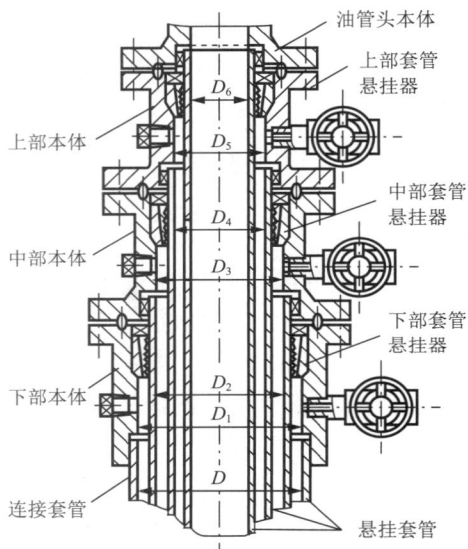

图 10-8　法兰连接卡瓦悬挂三级套管头

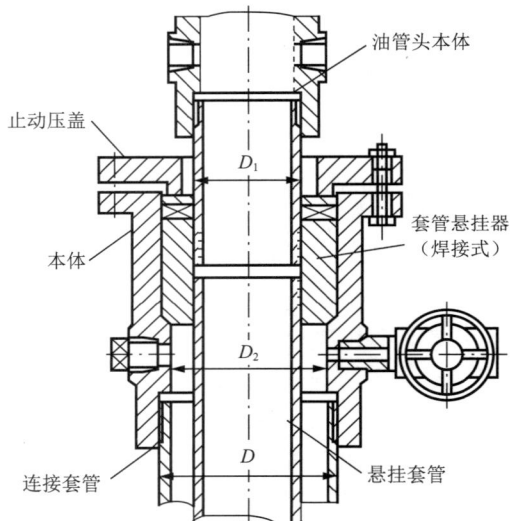

图 10-9　焊接悬挂通孔独立螺纹式套管头

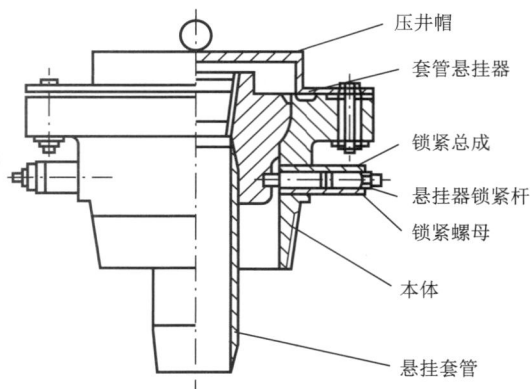

图 10-10　坐挂式单级套管头图

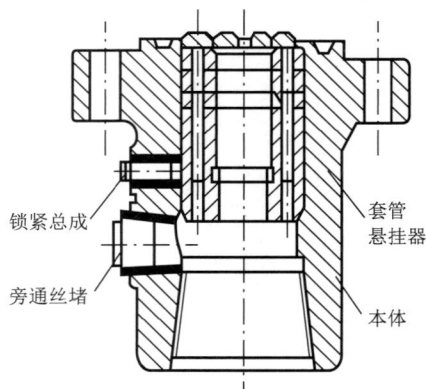

图 10-11　法兰式简易套管头

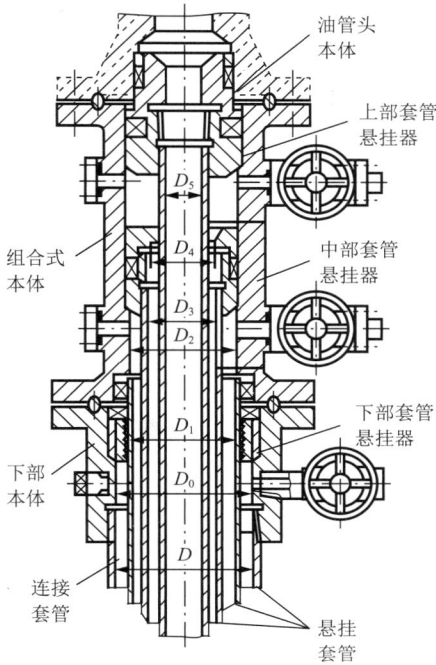

图 10-12　组合式三级套管头

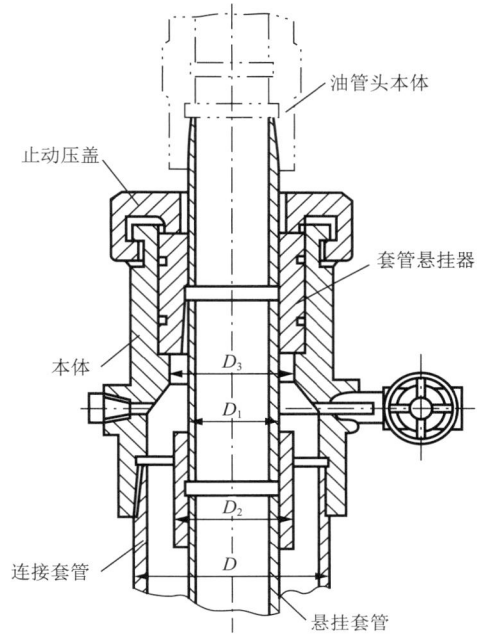

图 10-13　螺纹悬挂缩孔独立螺纹式套管头

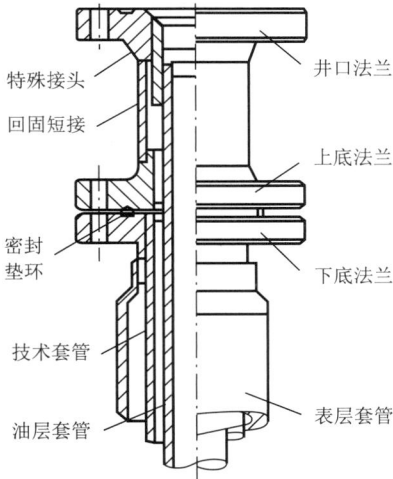

图 10-14　螺纹悬挂式简易套管头

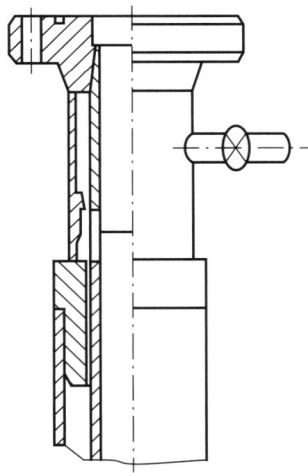

图 10-15　两瓣卡瓦悬挂式
简易套管头

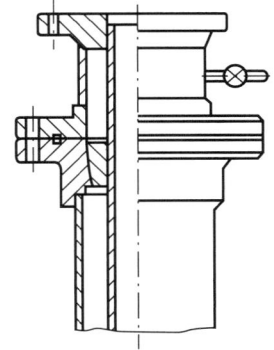

图 10-16　卡瓦悬挂式
简易套管头

套管头表示方法：

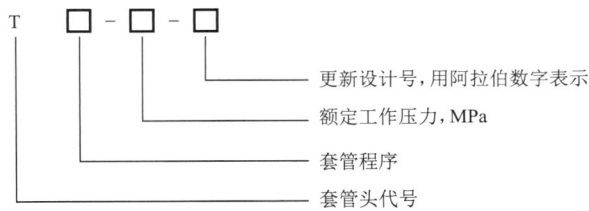

更新设计号，用阿拉伯数字表示

额定工作压力，MPa

套管程序

套管头代号

例如:双级油(气)井套管头表示如下:

35MPa 型:T 13⅜″×9⅝″×7″-35;

70MPa 型:T 13⅜″×9⅝″×7″-70。

(2)四通。

按用途分,有防喷器四通(也称为钻井四通)、采油树四通和套管头四通等;按结构分,有普通四通和特殊四通。

钻井四通主要用于连接防喷器与套管底法兰,侧口连接放喷或压井管线,进行放喷或压井作业。钻井四通的基本结构如图10-17 所示。

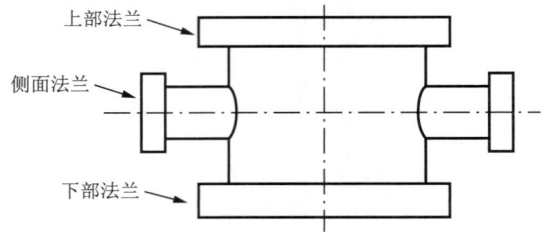

图 10-17　钻井四通结构图

(上部法兰、侧面法兰、下部法兰)

(3)法兰。

法兰是石油井口装置的重要连接件,其可靠性对井口装置的安全工作具有极其重要的作用。

井口法兰分为环形法兰、盲板法兰、扇形法兰和变径法兰。环形法兰又分为 6B 型、6BX型,盲板法兰也分为 6B 型、6BX 型。

环形法兰的表示方法如下:

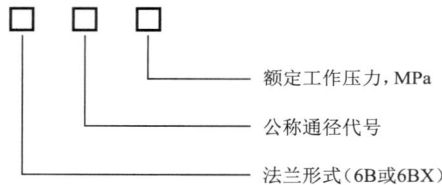

额定工作压力,MPa

公称通径代号

法兰形式(6B或6BX)

例如:6B 型法兰的公称通径为 13⅝ in(346.1 mm),额定工作压力为 21 MPa,则表示为6B13⅝-21。

扇形法兰表示方法如下:

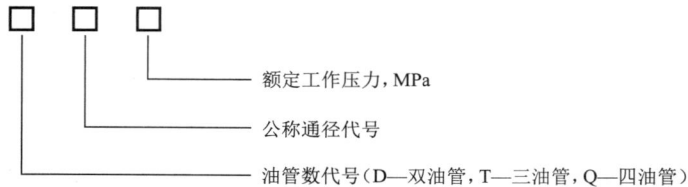

额定工作压力,MPa

公称通径代号

油管数代号(D—双油管,T—三油管,Q—四油管)

例如:双油管扇形法兰的公称通径为 2 9⁄16 in(65.1 mm),额定工作压力为 35 MPa,则表示为 D2 9⁄16-35。

法兰通径系列见表 10-1。

表 10-1　法兰公称通径及代号

公称通径及代号 /mm(in)	34.9 (1⅜)	46.0 (1 13⁄16)	52.4 (2 1⁄16)	65.1 (2 9⁄16)	79.4 (3⅛)	103.2 (4 1⁄16)	130.2 (5⅛)	179.4 (7 1⁄16)
公称通径及代号 /mm(in)	228.6 (9)	279.4 (11)	346.1 (13⅝)	425.6 (16¾)	539.8 (21¼)	679.4 (26¾)	762.0 (30)	

法兰压力系列见表 10-2。

表 10-2 法兰压力系列

额定工作压力/MPa	14	21	35	70	105	140

3. 液压防喷器控制系统

液压防喷器控制系统(又称液控装置)是控制井口防喷器组、液动放喷阀的主要设备,是钻井、井下修井作业机试油中防止井喷、排除溢流和压井过程中必不可少的装置,液压防喷器必须配备控制装置。控制装置的作用是预先制备与储存足量的压力油并控制压力油的流动方向,使防喷器得以迅速开关动作。在使用中,由于油量消耗,油压降低到一定程度时,控制装置将自动启动补充压力,使液压油始终保持在一定的范围内。

控制系统由储能器装置(又称远程控制台或远程台)、遥控装置(又称司钻控制台或司控台)以及辅助遥控装置(常称辅助控制台)等组成,其典型结构如图 10-18 所示。

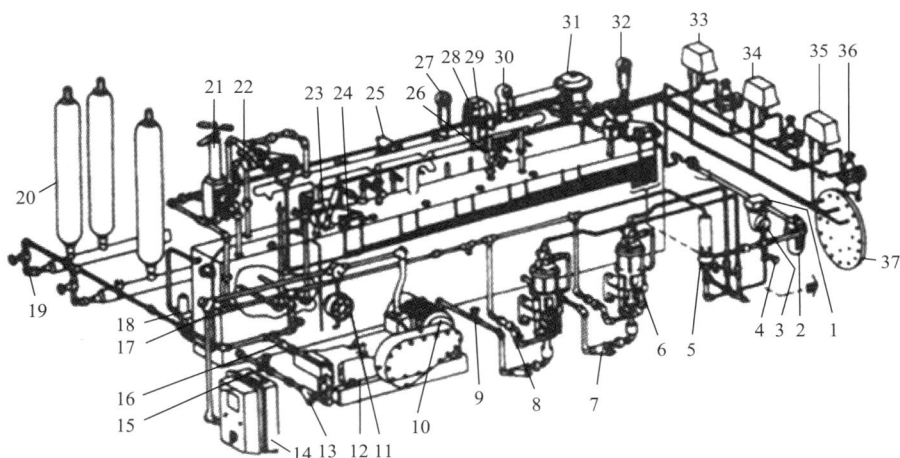

图 10-18 控制系统结构图

1—分水滤气器;2—油雾器;3—气源压力表;4—气路旁通截止阀;5—压力继气器;6—气泵;7—滤清器;
8—单向阀;9—进油阀;10—电泵马达;11—压力继电器;12—三缸单作用油泵;13—滤清器;14—电控箱;
15—进油阀;16—单向阀;17—精滤器;18—储能器安全阀;19—截止阀;20—储能器钢瓶;21—手动减压阀;
22—旁通阀;23—换向阀(三位四通换向转阀);24—二位气缸;25—管汇安全阀;26—泄压阀;
27—蓄能器压力表;28—三通旋塞;29—调压阀;30—闸板防喷器供油压力表;31—气动减压阀;
32—环形防喷器供油压力表;33,34,35—气动压力变送器;36—空气调压阀(空气过滤减压阀);37—接线盒

储能器装置是制备、储存与控制压力油的液压装置,由油泵、储能器、阀件、管线、油箱等元件组成。通过操作换向阀可以控制压力油输入防喷器油腔,直接使井口防喷器实现开关动作。

遥控装置是使储能器装置上的换向阀动作的遥控系统,间接使井口防喷器开关动作。遥控装置安装在司钻岗位附近。

辅助遥控装置安装在值班房内,作为应急的遥控装置备用。

储能器装置上的换向阀其遥控方式有 3 种,即液压传动遥控、气压传动遥控和电传动遥控。据此,控制装置分为 3 种类型,即液控液型、气控液型、电控液型。目前陆上钻井所用控制装置多属气控液型。

地面防喷器控制系统的型号表示方法如下(以 FKQ4005B 为例):

```
FK    Q   400   5 - B
                      └─ 结构改进次数(此例为第二次改进)
                  └──── 控制对象数(此例为5)
            └────────── 储能器总容积(此例为400 L)
      └──────────────── 遥控形式(Q—气控液型,D—电控液型,Y—液控液型)
└────────────────────── 防喷器控制装置产品代号
```

4. 井控管汇

在井控压井作业中,需要借助一套装有可调节流阀的专用管汇给井内施加一定的回压,并通过管汇控制井内各种流体的流动或改变流动路线,这套专用管汇称为井控管汇。井控管汇包括节流管汇、压井管汇、防喷管线、放喷管线等,节流压井管汇是成功控制井涌、实施油气井压力控制的可靠和必需的设备。节流管汇由节流阀、平板阀、五通、汇流管、缓冲管和压力表等组成,如图 10-19 所示。液动节流管汇还配有液控箱、阀位变送器、气动压力变送器等。压井管汇由单流阀、平板阀、三通和压力表等组成,如图 10-20 所示。

面对井架大门,井口四通右翼安装节流管汇,左翼安装压井管汇。管汇处于"待命"工况时,各阀的开关状况见表 10-3。

井控管汇的安装如图 10-21、10-22 所示,图 10-21 是双钻井四通节流压井管汇安装布置示意图,图 10-22 是单钻井四通节流压井管汇安装示意图。

表 10-3　井控管汇阀门正常工况下开关状态一览表

阀门编号	开关位置
单四通:2♯、3♯;双四通:2♯、3♯、6♯、7♯	开
单四通:1♯、4♯;双四通:1♯、4♯、5♯、8♯	关
J2a,J2b,J3a,J5,J6a,J7,J8	开
J1,J12,J4	开 3/8~1/2
J9,J11,J6b,J10,J3b	关
Y2,Y4	关

图 10-19　节流管汇

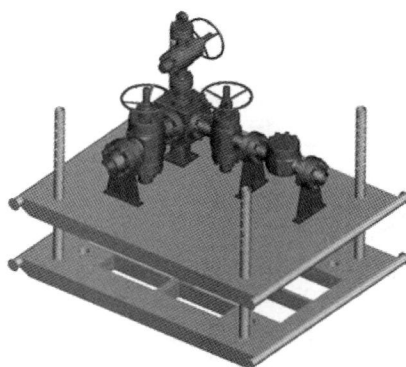

图 10-20　压井管汇

（a）

（b）

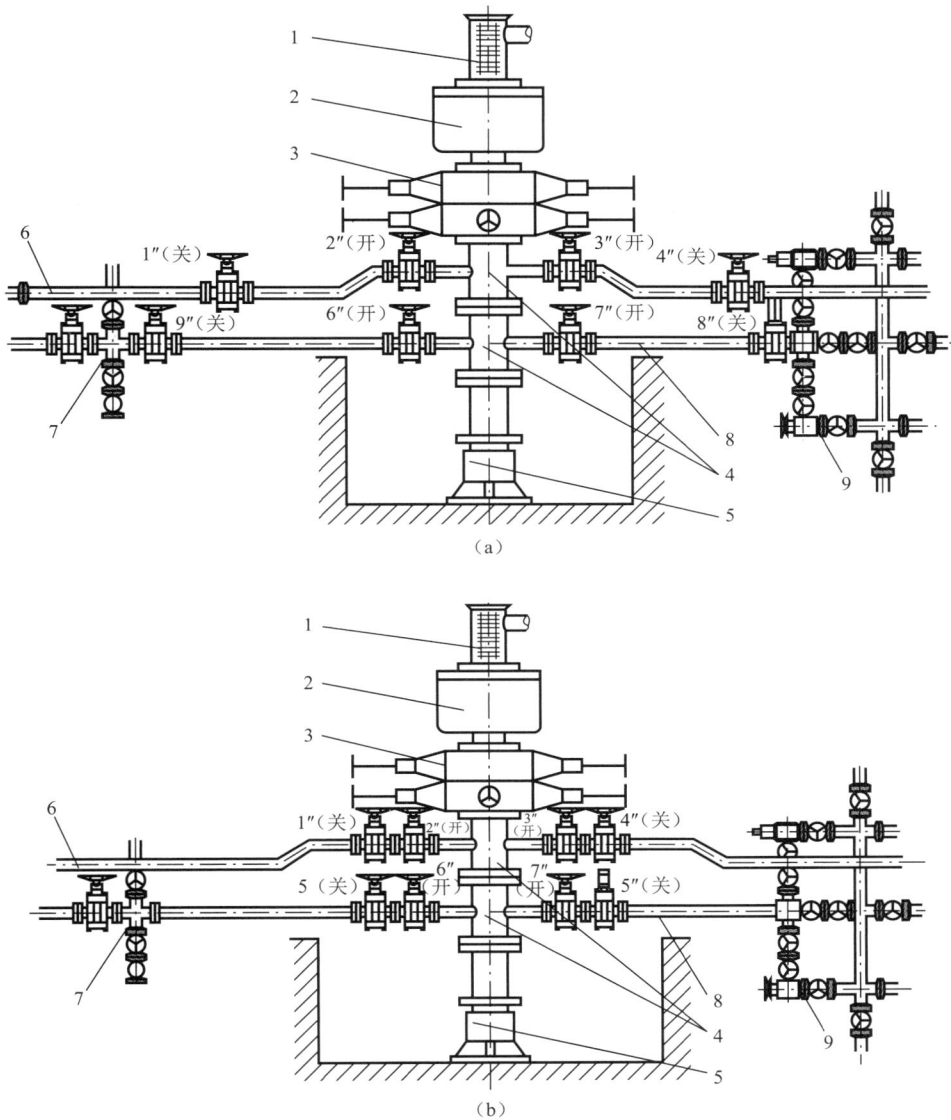

图 10-21 双钻井四通井控管汇示意图

1—防溢管；2—环形防喷器；3—闸板防喷器；4—钻井四通；5—套管头；

6—放喷管线；7—压井管汇；8—防喷管线；9—节流管汇

节流管汇的作用：

① 通过节流阀的节流作用实施压井作业，替换出井内被污染的钻井液。同时控制井口套管压力与立管压力，恢复钻井液柱对井底的压力控制，控制溢流。

② 通过节流阀的泄压作用，降低井口压力，实现"软关井"。

③ 通过放喷阀的大量泄流作用，降低井口套管压力，保护井口防喷器组。

④ 起分流放喷作用，将溢流物引出井场以外，防止井场着火和人员中毒，确保钻井安全。

307

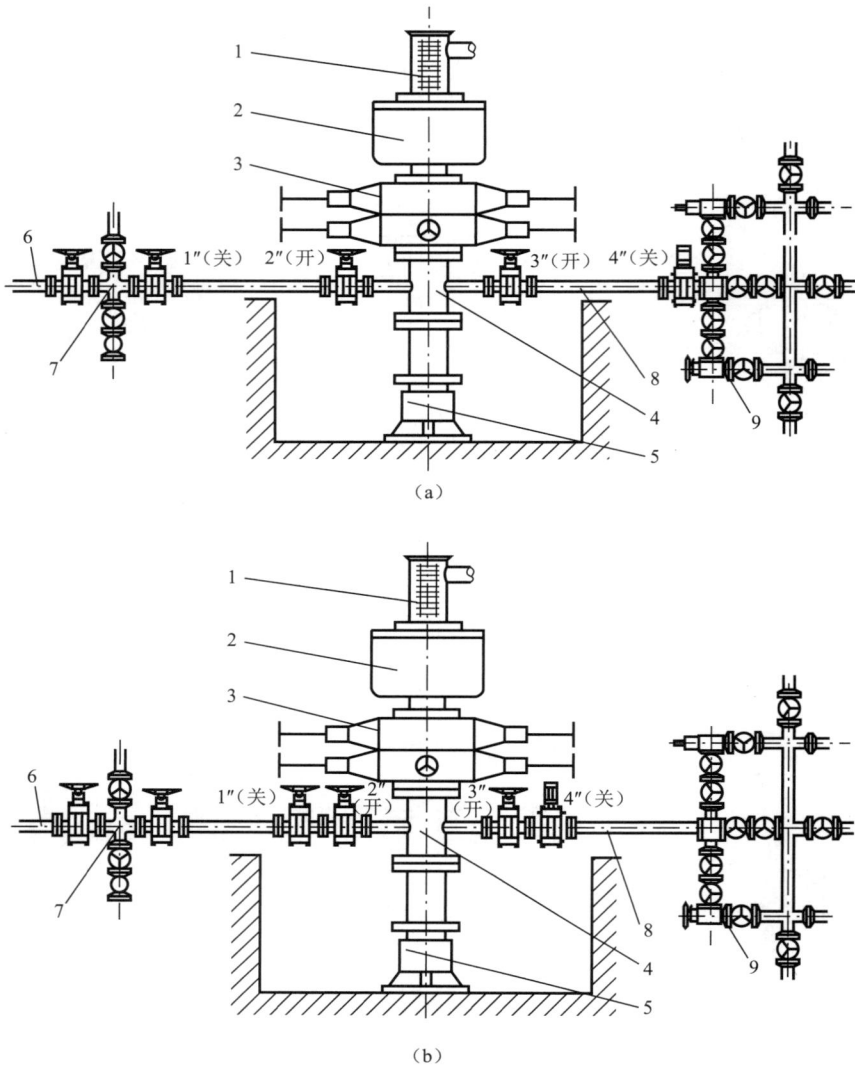

图 10-22　单钻井四通井控管汇示意图

1—防溢管;2—环形防喷器;3—闸板防喷器;4—钻井四通;5—套管头;
6—放喷管线;7—压井管汇;8—防喷管线;9—节流管汇

压井管汇作用:

① 当用全封闸板全封井口时,通过压井管汇往井筒里强行吊灌或顶入重钻井液,实施压井作业。

② 当已经发生井喷时,通过压井管汇往井筒里强注清水,以防燃烧起火。

③ 当已经井喷着火时,通过压井管汇往井筒里强注灭火剂,以助灭火。

5.钻具内防喷工具

钻具内防喷工具是装在钻具管串上的专用工具,用来封闭钻具的中心通孔。在钻井中发生溢流或井喷时,钻具内防喷工具能防止钻井液沿钻柱水眼向上喷出,保证水龙带及其他装置不因高压而憋坏。现场常用的钻具内防喷工具有方钻杆旋塞阀、钻具止回阀等,与井口防喷器组配套使用。

（1）旋塞阀。

方钻杆旋塞阀是安装在方钻杆上的手动控制阀，是防止钻柱内喷的有效工具之一。方钻杆旋塞阀可分为钻杆上部旋塞阀和下部旋塞阀。上部旋塞阀连接于水龙头下端和方钻杆之间，下部旋塞阀连接于方钻杆下端和方钻杆保护接头之间。钻井液可无压降地自由流过方钻杆旋塞阀。用专用扳手按指示要求转动90°即可实现开关。

（2）钻具止回阀。

钻具止回阀是钻井过程中的一种重要内防喷工具。按结构形式分，钻具止回阀有蝶形、浮球形、箭形、投入式等。使用中安装在钻具的预定部位，只允许钻柱内的流体自上而下流动，而不允许其向上流动，从而达到防止钻具内喷的目的。它们的使用方法也不相同，有的被连接在钻柱中，有的在需要时才连接在钻柱上，有的在需要时才投入钻具水眼内，起封堵钻柱内压力的作用。根据现场使用经验，在正常钻井过程中通常并不装设钻具止回阀（特殊要求除外）。因为把钻具止回阀（投入式除外）长期连接在钻柱上进行钻井作业，其零部件（尤其是密封件）会因钻井液的冲刷、腐蚀而损坏，当发生溢流、井喷时就不能起到应有的作用。一般情况是将钻具止回阀放在钻台上备用，需要时再连接到钻柱上。但是，在含硫化氢井钻井过程中，应在钻具中加装回压阀等内防喷工具。

钻井现场大量使用箭形止回阀，内部结构受钻井液冲蚀作用小、表面硬度较高，密封垫采用耐冲蚀、抗腐蚀的尼龙材料，其整体性能好。

投入式止回阀由止回阀组件和一个联顶接头组成。联顶接头预先装在靠近钻铤的钻柱上，当发生溢流或井喷和进行不压井起下钻作业时，投入钻具水眼的止回阀组件，将自动锁紧在联顶接头处，起到止回阀的作用。止回阀组件除有橡胶密封圈以增强其密封能力外，还有强有力的锁紧细齿，使其可靠牢固地锁在联顶接头处。钻具止回阀的名称、代号见表10-4。

表 10-4 止回阀的结构形式及代码

名　称	箭形止回阀	球形止回阀	蝶形止回阀	投入式止回阀	钻具浮阀（或称浮式止回阀）
代　号	FJ	FQ	FD	FT	FZF

钻具止回阀的型号表示方法：

接头螺纹代号（右旋不标注，左旋为LH）

额定工作压力，MPa

止回阀外径，mm

结构形式代号

（3）钻具旁通阀。

钻具旁通阀是一种备用安全阀，在钻头喷嘴被堵死无法循环的情况下，打开钻具旁通阀可恢复正常的钻井液循环。一般情况下，在钻开油气层前将钻具旁通阀接在钻柱预定位置。

6.井控辅助设备

井控辅助设备与监测装置是预防、监测钻井现场的井涌、井漏等异常情况的钻井仪器与配套设施。目前使用的监测装置与辅助设备主要有分离系统、自动灌注装置、液面监测报警仪、气体监(检)测仪、加重装置等。监测与辅助装置可对钻井施工过程实现连续监测,为钻井提供可靠保证。

(1)钻井液气体分离器。

钻井中发生油气侵后,需要对钻井液进行液、气分离,保持钻井液的有效密度,钻井液气体分离器(液气分离器)就是对混气钻井液脱气的专用设备。液气分离器是一级除气装置,是将井内气侵钻井液的游离气进行初级脱气处理的专用设备,液气分离器可从旋转防喷器出液口处接出,也可以连接于节流管汇出口。经分离后的钻井液还需经过振动筛分散、除气器真空除气等进一步分离,达到恢复钻井液真实密度,利于实施井控压的目的。

液气分离器有封底式、开底式两种,钻井现场常用的一般是封底式。

工作原理:当气侵钻井液从井底循环到井口时,气体将膨胀。混气钻井液经节流阀降压后由汇流管切向进入柱状分离器,分离器上部的旋流体对气体和钻井液进行初步分离,初步分离的含气钻井液以薄层状流经隔离板时气泡被暴露在表面并膨胀、破裂,含气钻井液再次得到分离。游离气体通过罐顶的气体排气管送出井场外烧掉,脱气钻井液下降到底部排入循环罐的振动筛上送回钻井液池。如图 10-23 所示。

分离器的工作压力等于游离气体排出时的摩擦阻力。分离器内始终保持一定高度的液面(钻井液柱高),如果上述摩擦阻力大于分离器

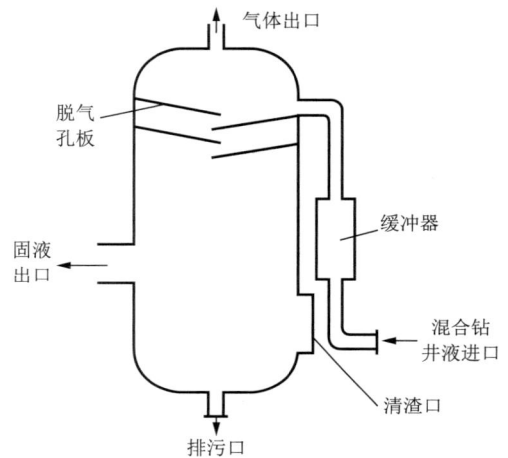

图 10-23　液气分离器工作原理示意图

内钻井液柱的静液压力将造成"短路",未经分离的混气钻井液就会直接排入振动筛。分离器发生短路一般是在混气钻井液中出现大量气体的情况下发生的,表明分离器的处理能力不足。

(2)除气器。

除气器能有效地控制钻井液的气侵,排除有毒气体和易燃气体。当钻井液中气体含量较多时,会使钻井液密度下降、泵上水效率降低、油气侵越来越严重。除气器应安装在沉砂罐和第一级旋流器之间,用于去除侵入钻井液中直径小于 1.587 5 mm 的气泡。按吸入方式可分为压式除气器和真空式除气器两大类。

(3)其他装置。

井控辅助设备还包括钻井液液面监测装置、起钻灌钻井液装置、不压井起下钻装置、检测仪器仪表(随钻压力检测仪、流量仪等)、油水分离装置、燃烧系统、钻井液加重装置等。设计中根据具体情况配套。

二、井控装置的选用

合理选用井控设备组合或配置是安全、顺利、高效钻井的重要环节。液压防喷器组合、井控管汇及阀件的选择包括压力级别、公称尺寸(通径)、组合形式及控制系统的选择等。影响液压防喷器组合选择的因素主要有:井的类别、地层压力、套管尺寸、地层流体类型、人员技术状况、工艺技术要求、气候影响、交通条件、物资供应状况以及环境保护要求等。对于井控装置及其工具的配套、组合形式、安装与试压要求等,目前已形成了石油天然气行业标准、企业标准和相关规定。

1. 井控防喷器的选择

(1) 防喷器压力级别的选择。

液压防喷器的额定压力是指其最大的工作压力,其组合压力级别的选择取决于所用套管的抗内压强度、套管鞋处裸眼地层的破裂压力和预计所承受的最大井口压力。但主要是根据防喷器组合预计承受的最大井口压力来决定。一般预计承受的最大井口压力是以井眼内已无钻井液,井眼完全掏空的条件估算的。

防喷器压力级别共有 6 种:14 MPa(2 000 psi)、21 MPa(3 000 psi)、35 MPa(5 000 psi)、70 MPa(10 000 psi)、105 MPa(15 000 psi)、140 MPa(20 000 psi)。

(2) 防喷器公称尺寸的选择。

防喷器的公称尺寸,即防喷器的通径,是指能通过防喷器中心孔最大钻具的尺寸。防喷器组合的通径必须一致,其大小取决于井身结构设计中的套管尺寸,即通径必须略大于连接套管的直径。

防喷器通径共有 10 种,见表 10-5。

表 10-5 防喷器通径代号与公称尺寸

通径代号	公称尺寸	通径代号	公称尺寸
18	180 mm($7\frac{1}{16}$ in)	48	476 mm($18\frac{3}{4}$ in)
23	230 mm(9 in)	53	528 mm($20\frac{3}{4}$ in)
28	280 mm(11 in)	54	540 mm($21\frac{1}{4}$ in)
35	346 mm($13\frac{5}{8}$ in)	68	680 mm($26\frac{3}{4}$ in)
43	426 mm($16\frac{3}{4}$ in)	76	760 mm(30 in)

注:其中现场常用的通径代号有 28、35、54。

(3) 防喷器组合形式的选择。

选择组合形式主要根据地层压力、钻井工艺要求、钻具结构及设备配套情况。设计中常用的防喷器组合形式如下:

① 选用的压力等级为 14 MPa 时,防喷器组合形式如图 10-24 所示。

② 选用的压力等级为 21 MPa 和 35 MPa 时,防喷器组合形式如图 10-25 所示。

③ 选用的压力等级为 70 MPa 和 105 MPa 时,防喷器组合形式如图 10-26 所示。

④ 硫油气井、高压高产油气井、区域探井应安装剪切闸板,如图 10-27 所示。

(4) 防喷器及其组合形式的表示。

防喷器表示方法:

FH — □ — □

额定工作压力,MPa

防喷器通径代号

防喷器代号(FH—环形,FZ—单闸板,2FZ—双闸板)

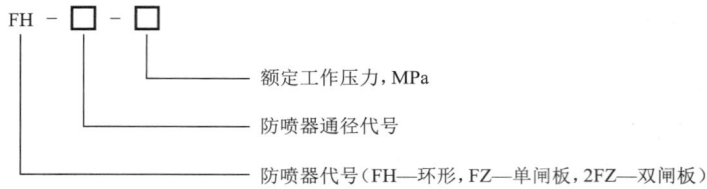

例如:公称通径 280 mm,压力级别 35 MPa 的环形防喷器表示为 FH28-35;
公称通径 346 mm,压力级别 70 MPa 的双闸板防喷器表示为 2FZ35-70。

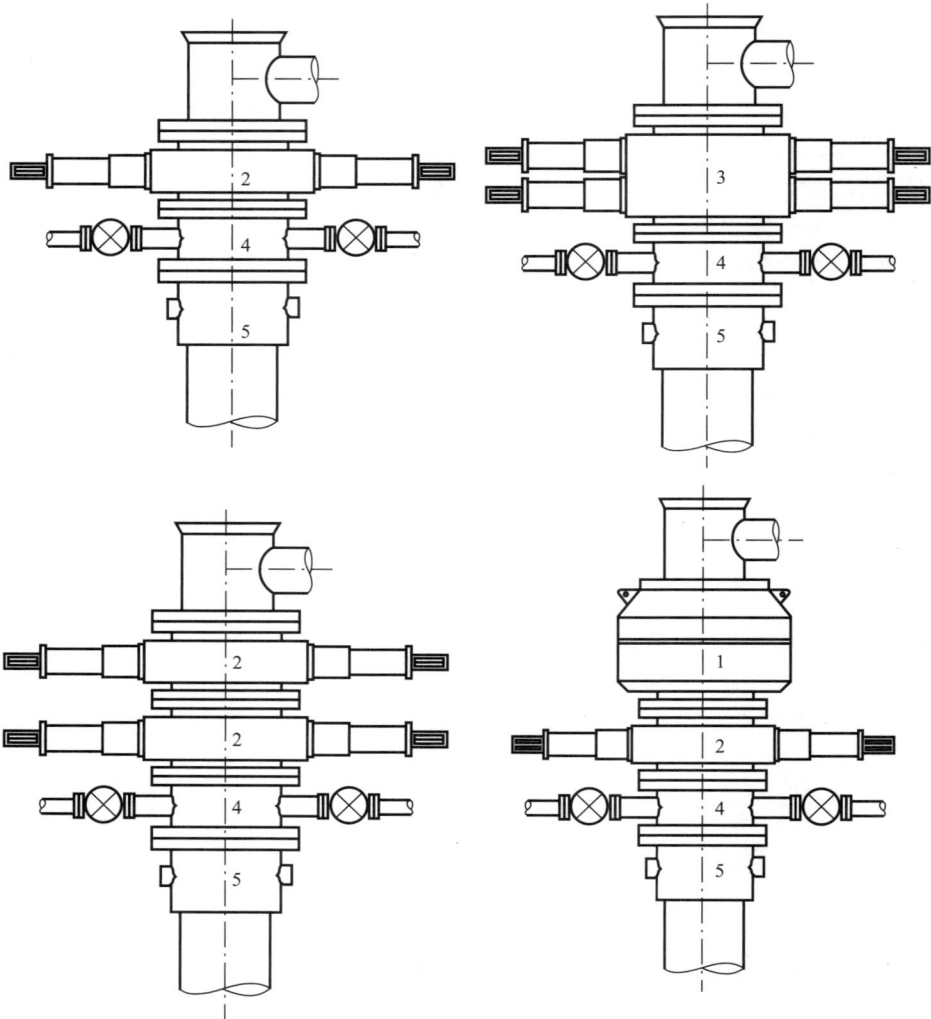

图 10-24 压力等级为 14 MPa 时防喷器的组合形式

1—环形防喷器;2—单闸板防喷器;3—双闸板防喷器;4—钻井四通;5—套管头

井口组合的表示方法举例如下:

某井井口防喷器通径为 280 mm,压力级别为 35 MPa,其组合形式(自下而上)为:单闸板+四通+双闸板+环形防喷器。其井口组合的表示方法为:

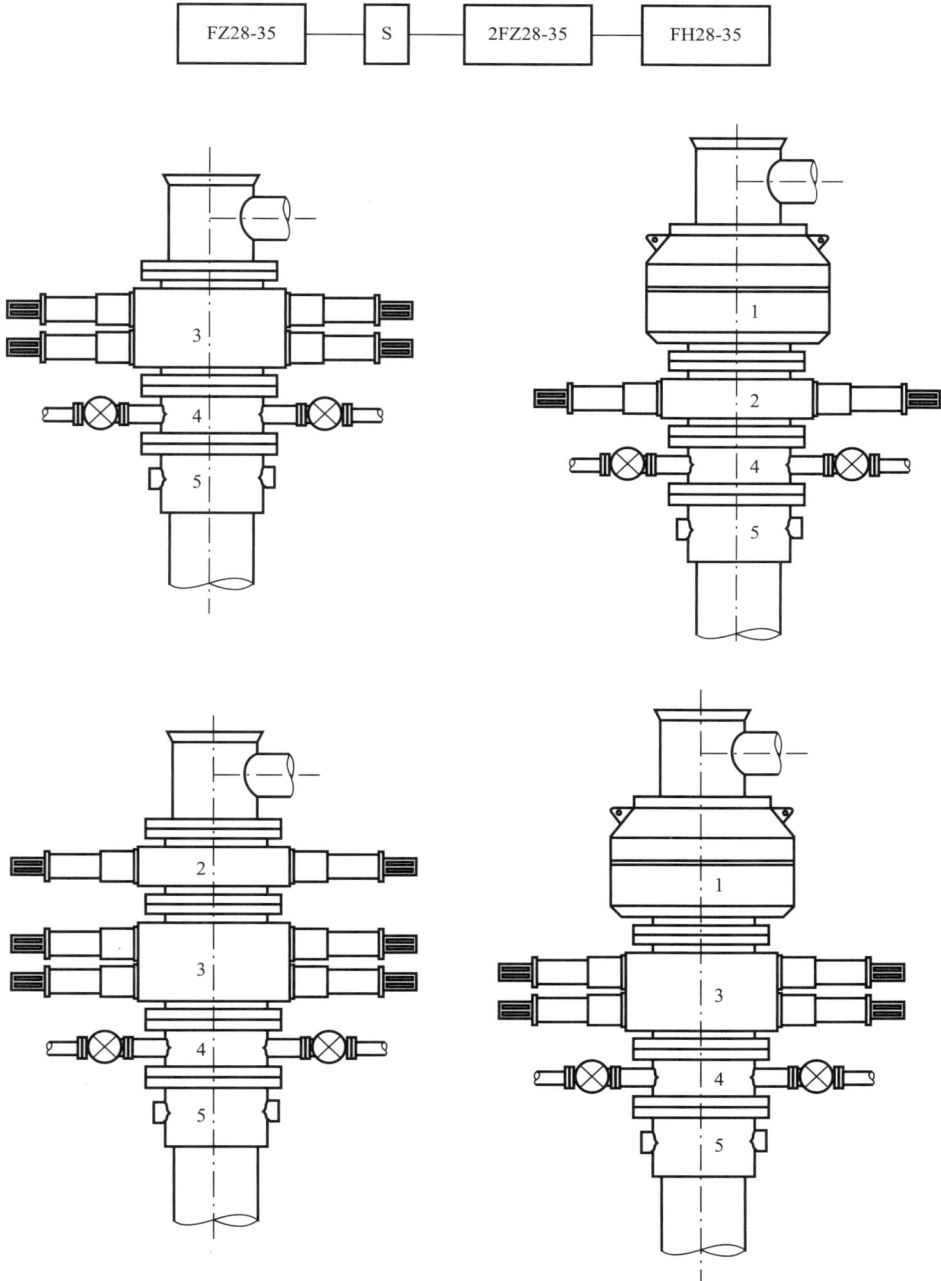

图 10-25　压力等级为 21MPa 和 35MPa 时防喷器的组合形式
1—环形防喷器;2—单闸板防喷器;3—双闸板防喷器;4—钻井四通;5—套管头

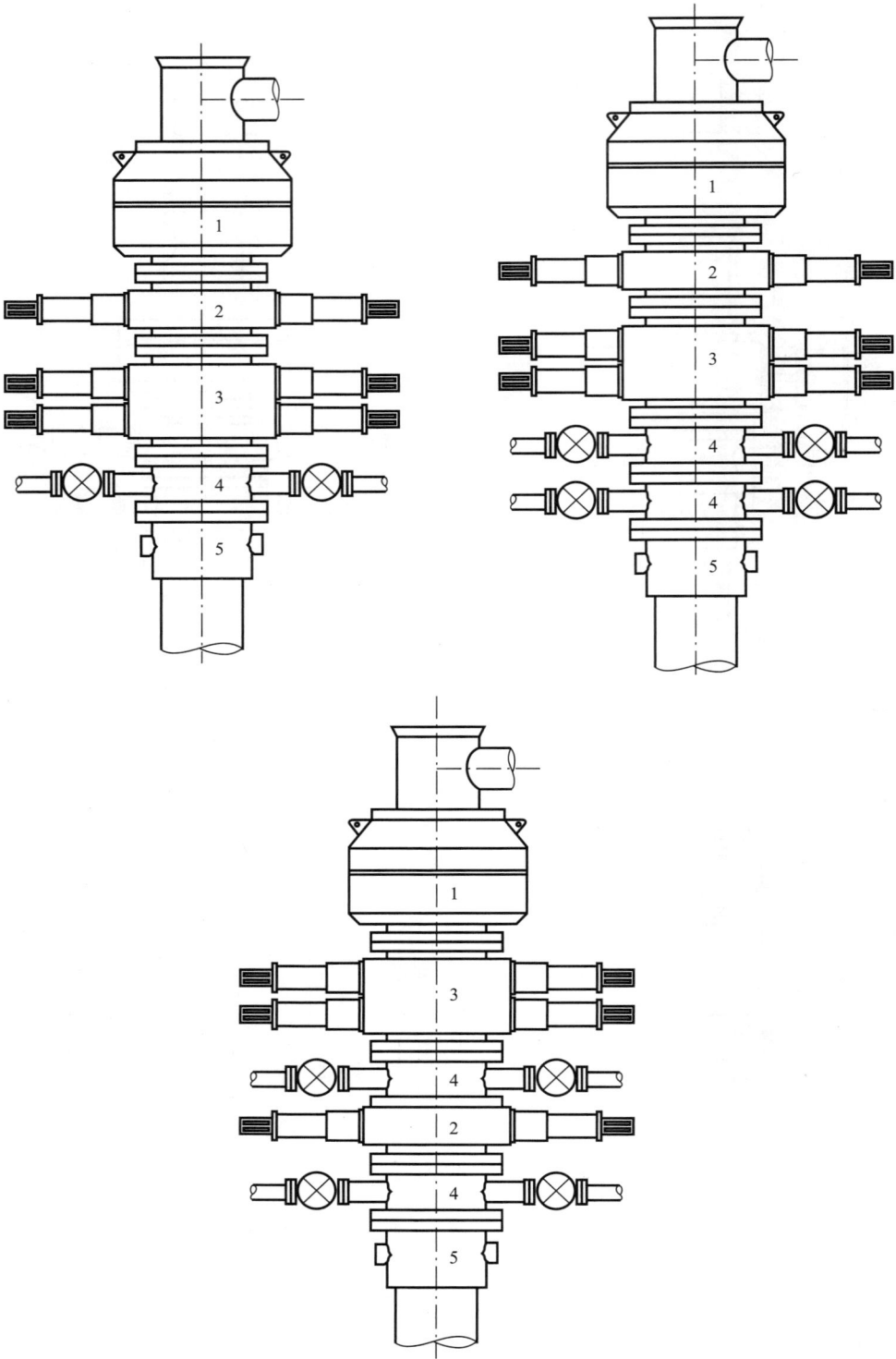

图 10-26　压力等级为 70 MPa 和 105 MPa 时防喷器的组合形式
1—环形防喷器;2—单闸板防喷器;3—双闸板防喷器;4—钻井四通;5—套管头

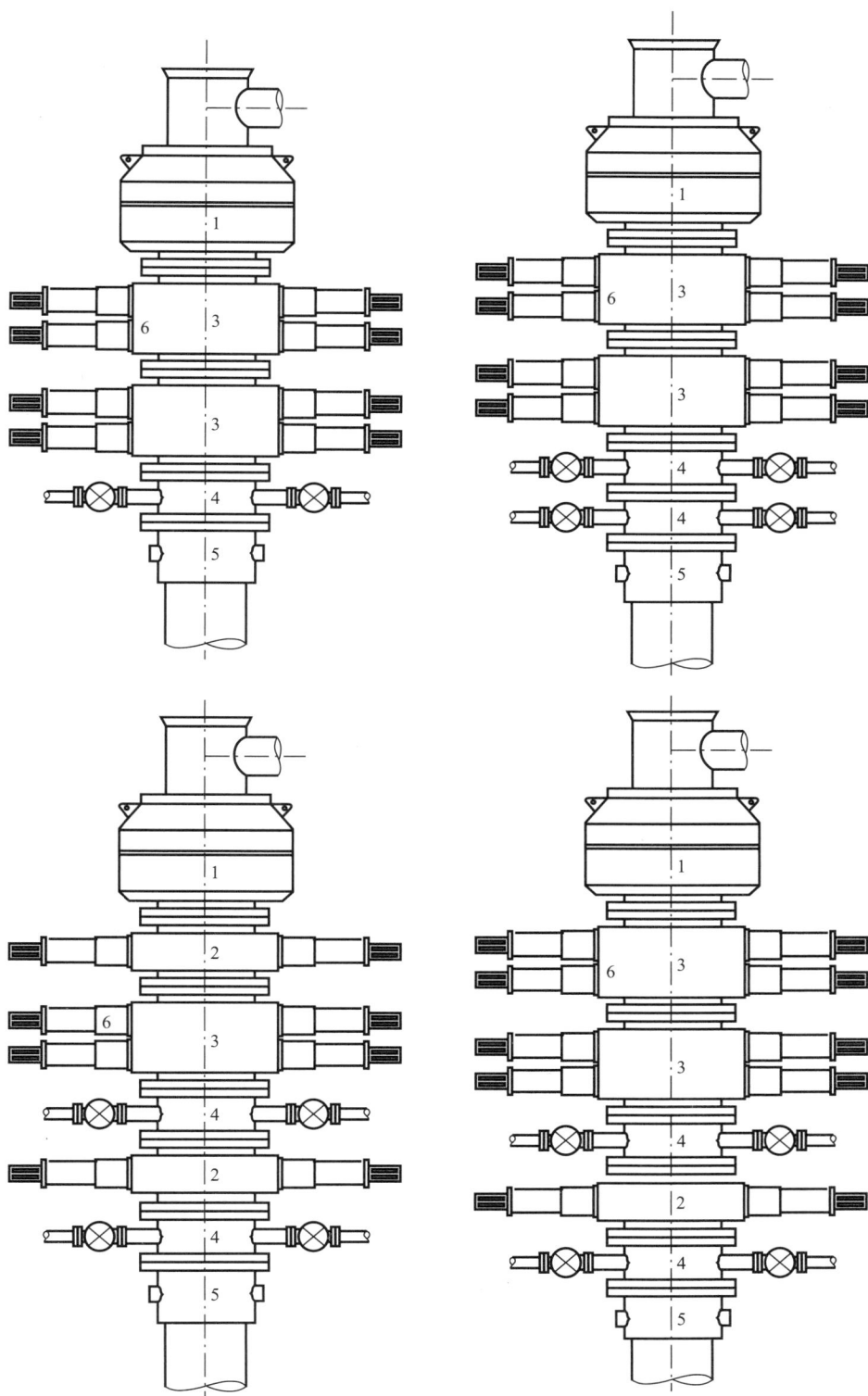

图 10-27 高含硫、高压地区(配备剪切闸板)防喷器组合形式
1—环形防喷器;2—单闸板防喷器;3—双闸板防喷器;4—钻井四通;5—套管头;6—剪切闸板

2.控制系统控制点数的选择

控制点数除满足选择的防喷器组合所需要的控制点数外,还需要增加两个控制点数,用来控制两个液动阀,或用来控制一个液动阀,另一个作为备用。

3.井控管汇的选择

(1)最大工作压力的选择。

我国节流压井管汇的最大工作压力分为 6 级,即 14 MPa、21 MPa、35 MPa、70 MPa、105 MPa、140 MPa。

节流压井管汇的压力等级必须与井口防喷器组压力级别相匹配。通常,管汇压力等级的选定以最后一次开钻时井口防喷器组的压力等级为准,这样就避免了由于井口防喷器组压力等级的改变而频繁更换管汇。

(2)公称通径的选择。

管汇的公称通径指管线内径。井口四通与节流管汇五通间的连接管线,其公称通径一般不得小于 78 mm,预计在钻井作业中有大量气流时不得小于 102 mm。节流阀上下游的连接管线,其公称通径不得小于 50 mm,放喷管线的公称通径不得小于 78 mm。压井管汇的公称通径一般不得小于 50 mm,四通与压井管汇之间的连接管线,其公称通径一般不得小于 52 mm。

(3)组合形式的选择。

节流压井管汇按压力等级有以下几种组合形式:

① 节流管汇组合形式。

以下是目前常用的组合形式,在高压高产气井钻井、高含硫化氢地区钻井,组合形式可以更加完善,可以采用双钻井四通、多级节流。

压力等级 14 MPa 的节流管汇示意图如图 10-28 所示。

压力等级 21 MPa 的节流管汇示意图如图 10-29 所示。

压力等级 35 MPa 的节流管汇示意图如图 10-30 所示。

压力等级 70 MPa 的节流管汇示意图如图 10-31、10-32 所示。

压力等级 105 MPa 的节流管汇示意图如图 10-33、10-34 所示。

② 压井管汇组合形式。

压井管汇示意图如图 10-35、10-36 所示。

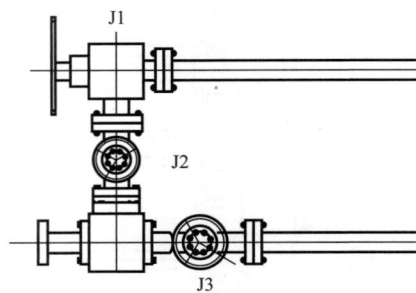

图 10-28　14 MPa 节流管汇示意图
J1—手动节流阀;J2,J3—平板阀

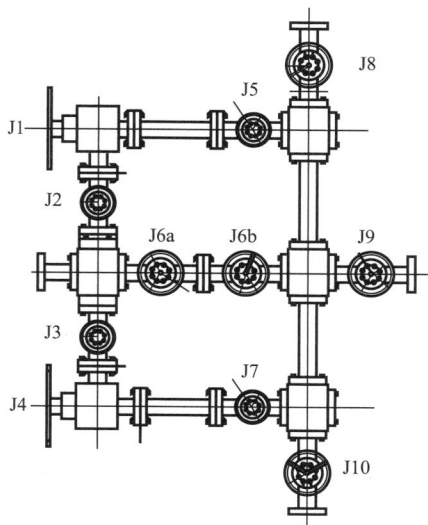

图 10-29 21 MPa 节流管汇示意图

J1,J4—手动节流阀;

J2,J3,J5,J6a,J6b,J7,J8,J9,J10—平板阀

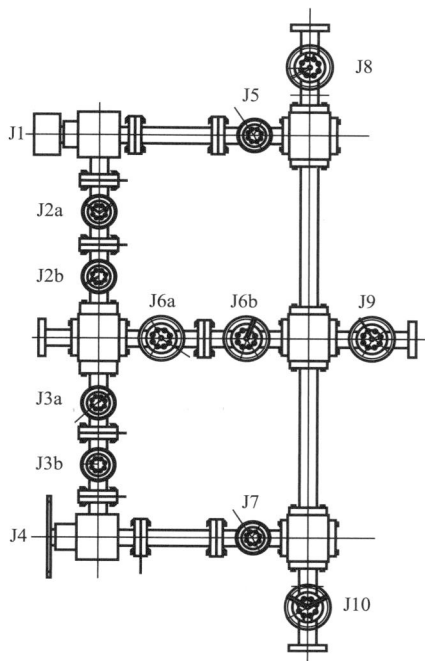

图 10-30 35 MPa 节流管汇示意图

J1—液动节流阀;J4—手动节流阀;

J2a,J2b,J3a,J3b,J5,J6a,J6b,J7,J8,J9,J10—平板阀

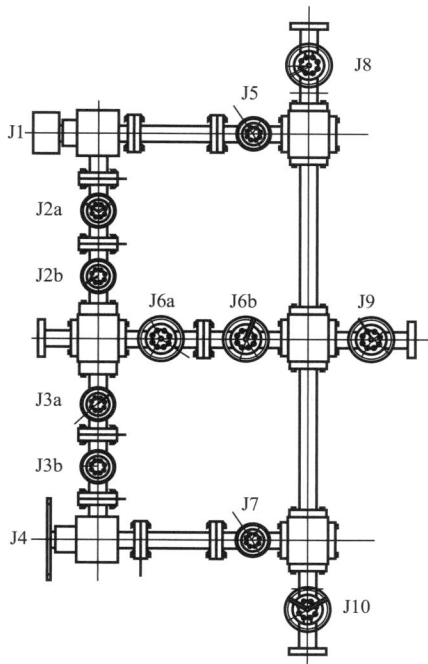

图 10-31 70 MPa Ⅰ型节流管汇示意图

J1—液动节流阀;J4—手动节流阀;

J2a,J2b,J3a,J3b,J5,J6a,J6b,J7,J8,J9,J10—平板阀

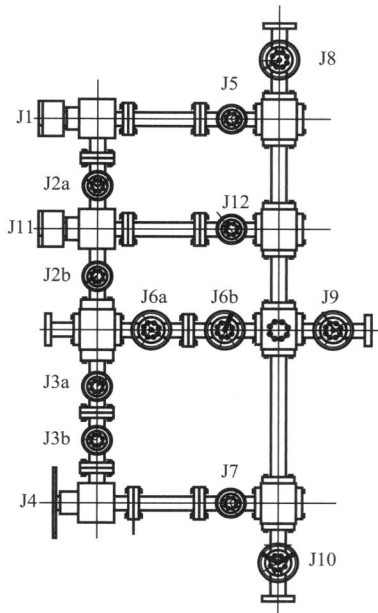

图 10-32 70 MPa Ⅱ型节流管汇示意图

J1,J11—液动节流阀;J4—手动节流阀;

J2a,J2b,J3a,J3b,J5,J6a,J6b,J7,J8,J9,J10,J12—平板阀

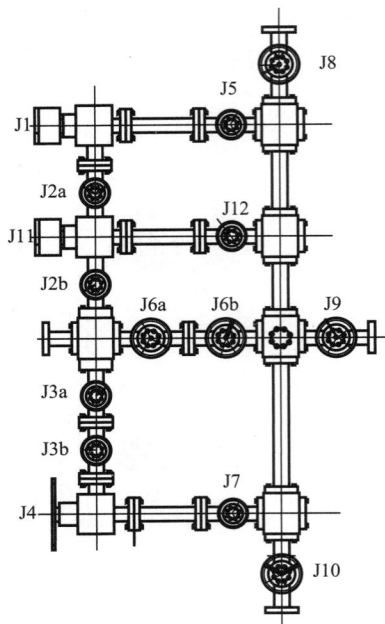

图 10-33　105 MPa I 型节流管汇示意图
J1,J11—液动节流阀;J4—手动节流阀;
J2a,J2b,J3a,J3b,J5,J6a,J6b,J7,J8,J9,J10,J12—平板阀

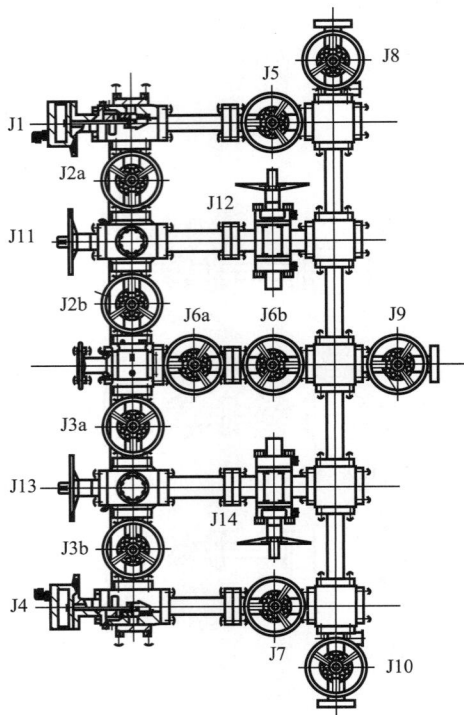

图 10-34　105 MPa II 型节流管汇示意图
J1,J4—液动节流阀;J11,J13—手动节流阀;
J2a,J2b,J3a,J3b,J5,J6a,J6b,
J7,J8,J9,J10,J12,J14—平板阀

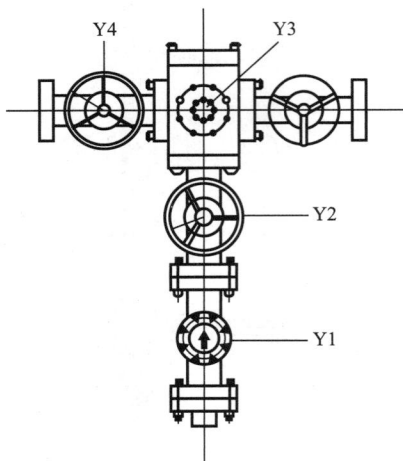

图 10-35　35 MPa 压井管汇示意图
Y1—单流阀;Y2,Y4—平板阀;Y3—五通

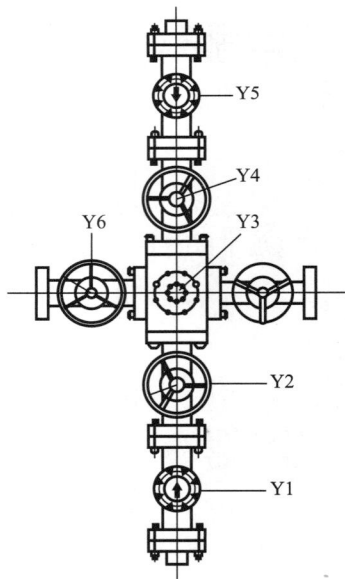

图 10-36　70 MPa、105 MPa 压井管汇示意图
Y1,Y5—单流阀;Y2,Y4,Y6—平板阀;Y3—五通

（4）管汇型号表示方法

节流管汇的型号表示方法如下：

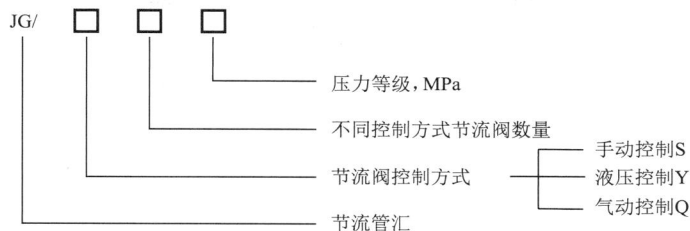

JG/ □ □ □

压力等级，MPa

不同控制方式节流阀数量

节流阀控制方式　　　手动控制S

液压控制Y

气动控制Q

节流管汇

压井管汇型号表示方法如下：

YG/ − □

压力等级，MPa

压井管汇

4.其他井控装置的选择

其他井控装置包括套管头、钻具内防喷工具、钻井液池液面检测仪、钻井液自动灌注系统、钻井液液气分离器、钻井液除气器、点火装置等。

套管头额定工作压力应与所选用的防喷器组合工作压力一致。套管头的压力级别一般与防喷器压力级别相同，根据实际的套管程序选择相应的套管头。

钻具内防喷工具：

（1）钻具内防喷工具的额定工作压力应不小于井口防喷器额定工作压力。

（2）钻台上配备与钻具尺寸相符的钻具止回阀或旋塞阀。

（3）钻台上准备一根防喷钻杆单根（带与钻铤连接螺纹相符合的配合接头和钻具止回阀）。

应配备钻井液循环池液面监测与报警装置、钻井液净化装置，探井、气井及气油比高的油井还应配备钻井液气体分离器和除气器。

其他井控装置宜根据各油田的具体情况配备，以满足井控工艺的要求。

第三节　井控的要求

一、井控装置的安装、调试、试压、使用和管理

1.井控装置的安装

井控装置的安装在石油工业行业标准中有明确规定，经油田有关部门进行安全评估后，在确保钻井安全的情况下，可对标准中的相关条款进行适当调整。

（1）钻井井口装置的安装。

① 防喷器顶部安装防溢管时，用螺栓连接，不用的螺孔用丝堵堵住。防溢管宜采用两半组合式。防溢管与防喷器的连接密封可用金属密封垫环或专用橡胶圈。

② 防喷器上的液控管线接口应面向钻机绞车一侧。

③ 防喷器组安装完毕后,应校正井口、转盘、天车中心,其偏差不大于 10 mm。用 16 mm 的钢丝绳在井架底座的对角线上将防喷器组绷紧固定。

④ 闸板防喷器应配备手动或液压锁紧装置。具有手动锁紧机构的防喷器应装齐手动操作杆,靠手轮端应支撑牢固,手轮应接出井架底座,便于操作。手动操作杆与防喷器手动锁紧轴中心线的偏斜应不大于 30°。手动操作杆手轮上应挂牌标明开、关方向和到底的圈数。

⑤ 单钻井四通和双钻井四通的下钻井四通旁侧出口应在基础面之上。

(2) 防喷器控制装置的安装。

① 远程控制台应安装在井架大门左侧、距井口不小于 25 m 的专用活动房内,距放喷管线或压井管线应有 1 m 以上距离,并在周围留有宽度不小于 2 m 的人行通道,周围 10 m 内不得堆放易燃、易爆、易腐蚀物品。

② 远程控制台上的全封闸板防喷器控制换向阀应装罩保护。

③ 控制剪切闸板防喷器的远程控制台上应安装防止误操作剪切闸板防喷器控制换向阀的限位装置。

④ 远程控制台电源应从发电房或配电房用专线直接引出,并用单独的开关控制。

⑤ 管排架与防喷管线及放喷管线的距离应不小于 1 m,车辆跨越处应装过桥盖板;不允许在管排架上堆放杂物和以其作为电焊接地线或在其上进行焊割作业。

⑥ 气管缆的安装应沿管排架安放在其侧面的专门位置上,剩余的管缆盘放在靠远程控制台附近的管排架上,不允许强行弯曲和压折。

⑦ 司钻控制台应安装在钻机司钻操作台侧,并固定牢固。

⑧ 根据特殊要求,对重点井、含硫油气井、区域探井和环境特殊井可配置防喷器辅助控制台装置。防喷器辅助控制台应安装在平台经理或工程师值班房便于操作处。

⑨ 司钻控制台、远程控制台和防喷器之间的液路连接管线在连接时应清洁干净,并确保连接正确。

⑩ 司钻控制台和远程控制台气源应从专用气源排水分配器上用管线分别连接到远程控制台和司钻控制台上。

⑪ 应安装防喷器/钻机刹车联动防提安全装置(钻机防提断装置)。该装置按钮盒应安装在钻机操作台上,其气路与防碰天车气路并联。

(3) 井控管汇的安装。

① 防喷管线的安装:a. 与节流管汇、压井管汇连接的额定工作压力大于或等于 35 MPa 的防喷管线应采用金属材料。b. 防喷管线上的液动闸阀,应由防喷器控制装置控制。c. 采用钻井四通连接时,应考虑上、下防喷管线能从钻机底座工字梁下(或上)顺利通过。转弯处应用角度不小于 120°的预制铸(锻)钢弯头。防喷管线等不允许在现场进行焊接。d. 钻井四通两翼应各装两个闸阀,紧靠四通的闸阀应处于常开状态。e. 防喷管线长度若超过 7 m 应固定牢固。f. 在寒冷地区冬季作业时,应考虑防喷管汇等所用材料的低温性能,各组件可通过加热、排放、充填适当的流体等方式防冻。

② 节流、压井管汇的安装:a. 节流管汇水平安装在井口液动闸阀端井架底座外的基础上。若节流管汇基础坑低于地平面,应排水良好。b. 压井管汇水平安装在井口液动闸阀对

称端井架底座外的基础上。若基础坑低于地平面,应排水良好。c.节流管汇控制台应安装在节流管汇上方的钻台上,套管压力表及套管压力变送器应安装在节流管汇五通上。立管压力变送器在立管上应垂直于钻台平面安装。泵冲计数器、传感器应按说明书要求安装在钻井液泵上。d.供给控制台的气源管线应用专门的闸阀控制,所有液气管线应用快换接头连接。e.节流管汇、压井管汇上所有闸阀应编号挂牌,并标明开、关状态。

③ 放喷管线的安装:a.放喷管线至少应有两条,其通径不小于 78 mm。b.放喷管线不允许活接头连接和在现场进行焊接。c.布局要考虑当地季节风向、居民区、道路、油罐区、电力线及各种设施等情况。d.两条管线走向一致时,应保持大于 0.3 m 的距离,管线出口方向应朝向同一方向,并分别固定。e.管线尽量平直引出,如因地形限制需要转弯,转弯处应使用角度大于 120°的铸(锻)钢弯头。f.管线出口应接至距井口 75 m 以外的安全地带,含硫油气井管线出口接出井口距离应不小于 100 m,距各种设施不小于 50 m。g.管线每隔 10～15 m、转弯处用水泥基墩加地脚螺栓或地锚或预制基墩固定牢靠,悬空处要支撑牢固;管线出口处应用双基墩固定,并应配备性能可靠的点火装置;若跨越 10 m 宽以上的河沟、水塘等障碍,应架设金属过桥支撑。h.水泥基坑的长×宽×深的尺寸应为 0.8 m×0.8 m×1.0 m,遇地表松软时,基础坑体积应大于 1.2 m³;水泥基墩的预埋地脚螺栓直径不小于 20 mm,长度大于 0.5 m。i.放喷管线应有防冻、防堵措施,确保放喷时畅通。

④ 钻井液回收管线、防喷管线和放喷管线应使用经探伤合格的管材。防喷管线应采用螺纹与标准法兰连接,不允许现场焊接。

⑤ 钻井液回收管线出口应接至钻井液罐并固定牢靠,转弯处应使用角度大于 120°的铸(锻)钢弯头,其通径不小于 78 mm。

(4)钻具内防喷工具的安装。

① 钻具止回阀:a.钻具止回阀的安装位置以最接近钻柱底端为原则。不能安装钻具止回阀时,应制定相应内防喷措施。b.在钻具中安装投入式止回阀,其阀座短节尺寸应和所用的钻具一致,投入阀芯应能从短节上部钻具的最小水眼通过。c.钻台上应配置和钻具尺寸一致的备用钻具止回阀。

② 钻具旁通阀:a.应安装在钻铤与钻杆之间。b.无钻铤的钻具组合,应安装在距钻具止回阀 30～50 m 处。c.水平井、大斜度井,应安装在井斜 50°～70°井段的钻具中。

(5)其他井控装置的安装。

① 钻井液池液面检测仪:a.钻井液池液面检测仪应能准确显示钻井液池液量变化,并应在液量超过预调范围时报警。b.坐岗用观察钻井液罐液面高度的标尺刻度,宜根据钻井液罐结构尺寸换算成立方米体积单位标注,以便快速直读。

② 钻井液自动灌注系统:a.钻井液自动灌注系统应能定时定量自动灌注作业,能对井涌、井漏或异常情况进行监测报警,能对灌注钻井液瞬时排量、累积流量进行记录和显示。b.钻井液自动灌注系统应有强制性人工灌注保证措施,确保当自动灌注系统失效时,用人工完成钻井液灌注等作业。

③ 钻井液液气分离器和钻井液除气器:a.钻井液液气分离器的压力等级的处理量应满足钻井工程设计要求。b.钻井液液气分离器应安装在节流管汇汇流管出口一侧,与节流管汇专用管线连接。其钻井液出口管线应接至循环罐上的振动筛。c.钻井液液气分离器排气管线走向应沿当地季节风的下风向,接出井场 50 m 以远,并应配备性能可靠的点火装置。

d. 钻井液液气分离器钻井液进出口管线、排气管线采用法兰连接,通径应不小于设计进出口尺寸,转弯处应用预制铸(锻)钢弯头,各管线出口处应固定牢固。e. 钻井液除气器应安装在钻井液循环罐或地面上。设备和管线应固定牢固,避免吸入或排出钻井液时产生太大的震动。除气器排气管线应接出 15 m 以远。

④ 固定(或自动)点火装置:应建立维护、检查及使用制度,确保点火装置在高速、高压流体作用下的正常工作。

2. 井控装置的调试

(1)防喷器及控制装置。

① 通径小于 476 mm 的环形防喷器,关闭时间不应超过 30 s;通径大于或等于 476 mm 的环形防喷器,关闭时间不应超过 45 s。使用后的环形胶芯应在 30 min 内恢复原状。闸板防喷器的关闭时间不应超过 10 s,闸板总成打开后应完全退到壳体内。

② 检查防喷器/钻机刹车联动防提安全装置在关闭防喷器半封闸板时是否正常工作。

③ 远程控制台储能器应冲氮气,压力 7 MPa±0.7 MPa,气源压力 0.65～0.80 MPa,电源电压 380 V±19 V。

④ 远程控制台换向阀转动方向、司钻控制台换向阀转动方向与防喷器开关状况应一致。

⑤ 关闭远程控制台的储能器,其电动泵和气动泵的总输出液量应在 2 min 内使环形防喷器(不包括分流器)能够密封在用的最小尺寸钻具,打开所有液动闸阀,并使管汇具有不小于 8.4 MPa 的压力。

⑥ 启动远程控制台的电动泵和气动泵,在 15 min 内应使储能器的液压从 7 MPa±0.7 MPa 升至 21 MPa。

⑦ 检查远程控制台的压力控制器和液气开关,分别控制电动泵和气动泵。当泵的输出压力达 21 MPa±0.7 MPa 时应自动停泵,并在系统压力降至 18.5 MPa±0.3 MPa 时自动启动。

⑧ 检查远程控制台储能器溢流阀是否能在 23.1 MPa 全开溢流,闭合压力应不低于 21 MPa。

⑨ 将司钻控制台二次仪表在无液压情况下调节到零位。

⑩ 远程控制台压力变送器进气压力值范围按说明书调节。

⑪ 在储能器压力为 21 MPa、环形防喷器调压阀出口压力为 10.5 MPa 和管汇压力为 21 MPa 的情况下,用丝堵堵严液压油出口,使各三位四通换向阀分别在"中位""开位"和"关位"5 min 后,检查 3 min 内的压力降。处于"中位"时压力降应不大于 0.25 MPa,处于"开位""关位"时应不大于 0.6 MPa。

⑫ 管排架和高压软管可作 31.5 MPa 耐压试验。保压 10 min 后,不允许有泄漏,各处不允许有明显的变形、裂纹等缺陷。

⑬ 远程控制台气源压力 0.8 MPa,切断气源后,观察 3 min 内司钻控制台各操作阀分别在"中位""开位"和"关位"的压力降,在"中位"时应不大于 0.05 MPa,"开位"和"关位"时应不大于 0.20 MPa。

⑭ 调节压力变送器,使司钻控制台与远程控制台上的储能器压力误差不大于 0.6 MPa、管汇压力和环形压力误差不大于 0.3 MPa。

（2）节流管汇及控制箱。

① 节流阀控制箱气泵、变送器气源压力、储能器的充气压力和溢流阀的溢流压力应符合表 10-6 的规定。

表 10-6　气动节流控制箱调压值　　　　　　　　　　单位：MPa

部　　件	35 MPa 节流控制箱	70 MPa 节流控制箱
阀位变送器	0.35	0.35
压力变送器	0.35	0.35
气泵停泵的工作压力	1.05～1.10	3
储能器氮气压力	0.35±0.05	1.00±0.05
溢　流　阀	1.2	3.5

② 液动节流阀开关应无阻卡。用开关速度调节阀调节全开至全关应在 2 min 以内完成。

③ 检查阀位开度表能否正常显示开关程度，并把开关位置调节到全程的 3/8～1/2 位置。

④ 检查力压变送器、套压变送器工作情况及二次仪表与立管和套管压力是否一致。

⑤ 对电动节流控制箱，按产品使用说明书规定的技术参数进行调试。

3. 井控装置的试压

（1）试压值。

① 在井控车间（基地），环形防喷器（封闭钻杆，不封空井）、闸板防喷器、四通、防喷管线、内防喷工具和压井管汇等应做 1.4～2.1 MPa 的低压试验和额定工作压力试压；节流管汇按各控制元件的额定工作压力分别试压，并应作 1.4～2.1 MPa 的低压试验。

② 在钻井现场安装好后，井口装置应作 1.4～2.1 MPa 的低压试验。试验压力在不超过套管抗内压强度 80% 的前提下，环形防喷器封闭钻杆试验压力为额定工作压力的 70%；闸板防喷器、四通、防喷管线、压井管汇和节流管汇的各控制元件应试压到额定工作压力；放喷管线试验压力不低于 10 MPa。

③ 钻开油气层前及更换井控装置部件后，应采用堵塞器或试压塞按照井上安装好后的试压要求重新试压。

④ 防喷器控制系统用 21 MPa 的油压做一次可靠性试压。

（2）试压规则。

① 除防喷器控制系统采用规定压力油试压外，其余井控装置试压介质均为清水。

② 试压稳压时间不少于 10 min，允许压降不大于 0.7 MPa，密封部位无渗漏为合格。

4. 井控装置的使用

（1）环形防喷器不得长时间关井，非特殊情况不允许用来封闭空井。

（2）在套压不超过 7 MPa 情况下，用环形防喷器进行不压井起下钻作业时，应使用 18° 斜坡接头的钻具，起下钻速度不得大于 0.2 m/s。

（3）具有手动锁紧机构的闸板防喷器关井后，应手动锁紧闸板。打开闸板前，应先手动解锁，锁紧和解锁都应先到底，然后回转 1/4～1/2 圈。

（4）环形防喷器或闸板防喷器关闭后，在关井套压不超过 14 MPa 情况下，允许以不大于 0.2 m/s 的速度上下活动钻具，但不准转动钻具或过钻具接头。

（5）当井内有钻具时，不允许关闭全封闸板防喷器。

（6）严禁采用打开防喷器的方式来泄井内压力。

（7）检修装有铰链侧门的闸板防喷器或更换其闸板时，两侧门不能同时打开。

（8）钻开油气层后，定期对闸板防喷器开、关活动及环形防喷器试关井（在有钻具的条件下）。

（9）井场应备有一套与在用闸板同规格的闸板和相应的密封件及其拆装工具和试压工具。

（10）防喷器及其控制系统的维护保养：① 对井控装置的管理、操作、维护和现场检查工作，应落实专人负责，制定相关管理、使用维护制度，参照相关标准进行日常的巡回检查和维护。② 对设备出现的一般性故障应及时处理。③ 生产班组应将设备现场使用情况填入"井控装置班报表"，"井控装置班报表"应随井控装置回收时交给井控车间（基地），以便检修时参考。

（11）有二次密封的闸板防喷器和平行闸板阀，只能在密封失效至严重漏失的紧急情况下才能使用，且止漏即可。待紧急情况解除后，立即清洗更换二次密封件。

（12）平行闸板阀开、关到底后，应回转 1/4～1/2 圈。其开、关应一次完成，不允许半开半闭和作节流阀用。

（13）压井管汇不应用作日常灌注钻井液用，防喷管线、节流管汇和压井管汇应采取防堵、防漏、防冻措施，最大允许关井套压值在节流管汇处以明显的标示牌标志。

（14）井控管汇上所有闸阀都应挂牌编号并标明其开、关状态。

（15）采油（气）井口装置应经检验、试压合格后方能上井安装；采油（气）井口装置在井上组装后还应整体试压，合格后方可投入使用。

5. 井控装置的管理

（1）各油气田应有专门机构负责井控装置的管理、维修和定期现场检查工作，并规定职责范围和管理制度。

（2）钻井队在用井控装置的管理、操作应落实专人负责，并明确岗位责任。

（3）应设置专用配件库房和橡胶件空调库房，库房温度应满足配件及橡胶件储藏要求。

（4）各油气田应制定欠平衡钻井特殊井控作业设备的管理、使用和维修制度。

二、钻开油气层前的准备

（1）应加强地层对比，及时提出可靠的地质预报，在进入油气层前 50～100 m，应按照下步钻井的设计最高钻井液密度值，对裸眼地层进行承压能力检验。

（2）调整井应指定专人按要求检查邻近注水、注气（汽）井停注、泄压情况。

（3）日费井由钻井监督、大包井由钻井队技术人员向钻井现场所有工作人员进行工程、地质、钻井液、井控装置和井控措施等方面的技术交底，并提出具体要求。

（4）以班组为单位，落实井控责任制。作业班每月应进行不少于一次不同工况的防喷演习。钻进作业和空井状态应在 3 min 内控制住井口，起下钻作业状态应在 5 min 内控制住井口，并将演习情况记录于"防喷演习记录表"中。此外，在各次开钻前、特殊作业（取心、测试、完井作业等)前,都应进行防喷演习,到达合格要求。

(5) 钻井队应组织全队职工进行防火演习,含硫地区钻井还应进行防硫化氢演习,并检查落实各方面安全预防工作,直至合格为止。

(6) 强化钻井队干部在生产作业区 24 h 轮流值班制度,负责检查、监督各岗位严格执行井控责任制,发现问题立即督促整改。要求:① 值班干部应在进入油气层前 100 m 开始挂牌值班,并认真填写"值班干部交接班记录";② 井控装置试压,防喷演习,处理溢流、井喷及井下复杂等情况,值班干部应在现场组织指挥。

(7) 应建立"坐岗"制度,定专人、定点观察溢流显示和循环池液面变化,定时将观察情况记录于"坐岗记录表"中。

(8) 应检查所有井控装置、电路和气路的安装是否符合规定,功能是否正常,发现问题及时整改。

(9) 应按设计要求储备足够的加重钻井液和加重材料,并对储备加重钻井液定期循环处理。

三、油气层钻进过程中的井控作业

(1) 钻井队应严格按工程设计选择钻井液类型和密度值。钻井中要进行以监测地层压力为主的随钻监测,绘出全井地层压力梯度曲线。当发现设计与实际不相符合时,应按审批程序及时申报,经批准后才能修改。但若遇紧急情况,钻井队可先处理,再及时上报。

(2) 发生卡钻需泡油、混油或因其他原因需适当调整钻井液密度时,井筒液柱压力不应小于裸眼段中的最高地层压力。

(3) 每只钻头入井开始钻进前以及每日白班开始钻进前,都要以 1/3~1/2 正常流量测一次低泵速循环压力,并做好泵冲数、流量、循环压力记录。当钻井液性能或钻具组合发生较大变化时应补测。

(4) 下列情况需进行短程起下钻检查油气侵和溢流:① 钻开油气层后第一次起钻前;② 溢流压井后起钻前;③ 钻开油气层井漏堵漏后或尚未完全堵住起钻前;④ 钻进中曾发生严重油气侵但未溢流起钻前;⑤ 钻头在井底连续长时间工作后中途需刮井壁时;⑥ 需长时间停止循环进行其他作业(电测、下套管、下油管、中途测试等)起钻前。

(5) 短程起、下钻的两种基本做法:① 一般情况下试起 10~15 柱钻具,再下入井底循环一周,若钻井液无油气侵,则可正式起钻。否则,应循环排除受侵污钻井液并适当调整钻井液密度后再起钻。② 特殊情况时(需长时间停止循环或井下复杂时),将钻具起至套管鞋内或安全井段,停泵检查一个起下钻周期或需停泵工作时间,再下回井底循环一周观察。

(6) 起、下钻中防止溢流、井喷的技术措施:① 保持钻井液有良好的造壁性和流变性;② 起钻前充分循环井内钻井液,使其性能均匀,进出口密度差不超过 0.02 g/cm³;③ 起钻中严格按规定及时向井内灌满钻井液,并做好记录、校核,及时发现异常情况;④ 钻头在油气层中和油气层顶部以上 300 m 井段内起钻速度不得超过 0.5 m/s;⑤ 在疏松地层,特别是造浆性强的地层,遇阻划眼时应保持足够的流量,防止钻头泥包;⑥ 起钻完应及时下钻,严禁在空井情况下进行设备检修。

(7) 发现气侵应及时排除,气侵钻井液未经排气不得重新注入井内。

(8) 若需对气侵钻井液加重,应在对气侵钻井液排完气后停止钻进的情况下进行,严禁边钻进边加重。

（9）加强溢流预兆及溢流显示的观察，做到及时发现溢流。"坐岗"观察溢流显示的人员应在进入油气层前 100 m 开始"坐岗"。"坐岗"人员上岗前应经钻井队技术人员技术培训。"坐岗"人员发现溢流、井漏及油气显示等异常情况，应立即报告司钻。要求：① 钻进中注意观察钻时、放空、井漏、气测异常和钻井液出口流量、流势、气泡、气味、油花等情况，及时测量钻井液密度和黏度、氯根含量、循环池液面等变化，并做好记录；② 起下钻中注意观察、记录、核对起出（下入）钻具体积和灌入（流出）钻井液体积，观察悬重变化以及防钻头水眼堵塞后突然打开引起的井喷。

（10）钻进中发生井漏应将钻具提离井底，方钻杆提出转盘，以便关井观察。采取定时、定量反灌钻井液措施保持井内液柱压力与地层压力平衡，防止发生溢流，其后采取相应措施处理井漏。

（11）电测、固井、中途测试应做好如下井控、防喷工作：① 电测前井内情况正常、稳定；若电测时间长，应考虑中途通井循环再电测。② 下套管前，应换装与套管尺寸相同的防喷器闸板；固井全过程（起钻、下套管、固井）应保证井内压力平衡，尤其防止注水泥候凝期间因水泥失重造成井内压力平衡的破坏，甚至井喷。③ 中途测试和先期完成井，在进行作业以前观察一个作业期时间；起、下钻杆或油管应在井口装置符合安装、试压要求的前提下进行。

四、溢流的处理和压井作业

（1）溢流应在本油田规定的溢流量范围内发现并报警。

（2）发现溢流显示应立即按关井操作规定程序迅速关井，关井后应及时得井立管压力、关井套压和溢流量。

（3）起下钻中发生溢流，应尽快抢接钻具止回阀或旋塞。只要条件允许，控制溢流量在允许范围内，尽可能多下一些钻具，然后关井。

（4）电测时发生溢流应尽快起出井内电缆。若溢流量将超过规定值，则立即砍断电缆，按空井溢流处理，不允许用关闭环形防喷器的方法继续起电缆。

（5）任何情况下关井，其最大允许关井套压不得超过井口装置额定工作压力、套管抗内压强度的 80% 和薄弱地层破裂压力所允许关井套压三者中的最小值。在允许关井套压内严禁放喷。

（6）关井后应根据关井立管压力和套压的不同情况，分别采取如下相应处理措施：① 关井立管压力为零时，溢流发生是因抽汲、井壁扩散气、钻屑气等使钻井液柱压力降低所致，其处理方法如下：a. 当关井套压也为零时，保持原钻进时的流量、泵压，以原钻井液敞开井口循环，排除侵污钻井液即可。b. 当关井套压不为零时，应在控制回压维持原钻进流量和泵压条件下排除溢流，恢复井内压力平衡；再用短程起下钻检验，决定是否调整钻井液密度，然后恢复正常作业。② 关井立管压力不为零时，可采用工程师法、司钻法、边循环边加重法等常规压井方法压井：a. 所有常规压井方法应遵循在压井作业中始终控制井底压力略大于地层压力的原则；b. 根据计算的压井参数和井的具体条件（溢流类型、钻井液和加重剂的储备情况、加重能力、井壁稳定性、井口装置的额定压力等），结合常规压井方法的优缺点选择其压井方法。

（7）天然气溢流不允许长时间关井而不作处理。在等候加重材料或在加重过程中，视情况间隔一段时间向井内灌注加重钻井液,同时用节流管汇控制回压,保持井底压力略大于地层压力排放井口附近含气钻井液。若等候时间长,则应及时实施司钻法第一步排除溢流,防止井口压力过高。

（8）空井溢流关井后,应根据溢流的严重程度,采用强行下钻分段压井法、置换法、压回法等进行处理。

（9）压井施工前应进行技术交底、设备安全检查、人员操作岗位落实等工作。施工中安排专人详细记录立管压力、套压、钻井液泵入量、钻井液性能等压井参数,对照压井作业单进行压井。压井结束后,认真整理压井作业单。

五、防火、防爆、防硫化氢安全措施

1. 防火、防爆措施

（1）按标准摆放发电房、锅炉房和储油罐。

（2）按标准安装井场电器设备、照明器具及输电线路。

（3）柴油机排气管应无破漏和积炭,并有冷却灭火装置;出口与井口应相距 15 m 以上,不朝向油罐。在苇田、草原等特殊区域内施工应加装防火帽。

（4）钻台上下、机泵房周围禁止堆放杂物及易燃、易爆物,钻台、机泵房下无积油。

（5）按标准配备消防器材。

（6）井场内严禁烟火。钻开油气层后应避免在井场使用电焊、气焊。若需动火,应执行 SY/T 5858 中的安全规定。

2. 防硫化氢措施

（1）在井架上、井场盛行风入口处等地应设置风向标,一旦发生紧急情况,作业人员可根据自己所在的位置向安全方向疏散。

（2）钻台上下、振动筛、循环罐等气体易聚集的场所,应安装防爆排风扇用以驱散工作场所弥漫的有害、可燃气体。

（3）含硫地区的钻井队应按 SY/T 5087 的规定配备硫化氢监测器和防护器具,并做到人人会使用、会维护、会检查。

（4）钻井队技术人员负责防硫化氢安全教育,队长负责监督检查。

（5）含硫地区钻井液的 pH 要求控制在 9.5 以上。加强对钻井液中硫化氢浓度的测量,充分发挥除硫剂和除气器的功能,保持钻井液中硫化氢浓度含量在 50 mg/m³ 以下。

（6）当在空气中硫化氢含硫超过安全临界浓度的污染区,需要进行必要的作业时,应按 SY/T 5087 中的相应要求做好人员安全防护工作。

（7）钻井队在现场条件不能实施井控作业而决定放喷点火时,应按 SY/T 5087 中的相应要求进行。

（8）一旦发生井喷事故,应及时上报上一级主管部门,并有消防车、救护车、医护人员和技术安全人员在井场值班。

（9）控制住井喷后,应对井场各岗位和可能积聚硫化氢的地方进行浓度检测。待硫化氢浓度降至安全临界浓度时,人员方能进入。

六、井喷失控的处理

（1）严防着火。井喷失控后应立即停机、停车、停炉,关闭井架、钻台、机泵房等处全部

照明灯和电器设备，必要时打开专用探照灯；熄灭火源，组织警戒；将氧气瓶、油罐等易燃易爆物品撤离危险区；迅速做好储水、供水工作，并尽快由注水管线向井口注水防火或用消防水枪向油气喷流和井口周围设备大量喷水降温，保护井口装置，防止着火或事故继续恶化。

（2）应设置观察点，定时取样，测定井场各处天然气、硫化氢和二氧化碳含量，划分安全范围。

（3）应迅速成立有领导干部参加的现场抢险指挥组，根据失控状况制定抢险方案，统一指挥、组织和协调抢险工作。

（4）抢险中的每个步骤实施前，均应进行技术交底和模拟演习。

（5）井口装置和井控管汇完好条件下井喷失控的处理：① 检查防喷器及井控管汇的密封和固定情况；② 检查方钻杆上、下旋塞阀的密封情况；③ 井内有钻具时，要采取防止钻具上顶的措施；④ 按规定和指令动用机动设备、发电机及电焊、气焊，对油罐、氧气瓶、乙炔发生器等易燃易爆物采取安全保护措施；⑤ 迅速组织力量配制压井液压井，压井液密度根据邻近井地质、测试等资料和油、气、水喷出总量以及放喷压力等确定，其准备量应为井筒容积的 2～3 倍；⑥ 当具备压井条件时，采取相应的特殊压井方法进行压井作业；⑦ 对具备投产条件的井，经批准可坐钻杆挂以原钻具完钻。

（6）井口装置损坏或其他原因造成复杂情况条件下井喷失控或者着火的处理：① 失控井都应清除抢险通道及井口装置周围可能使其歪斜、倒塌、妨碍处理工作进行的障碍物（转盘、转盘大梁、防溢管、钻具、垮塌的井架等），充分暴露和保护井口装置；着火井应在灭火前按照先易后难、先外后内、先上后下、逐段切割的原则，采取氧炔焰切割和水力喷砂切割带火清障；清理工作要根据地理条件、风向，在消防水枪喷射水幕的保护下进行；未着火井要严防着火，清障时要大量喷水和使用铜制工具。② 采用密集水流法、突然改变喷流方向法、空中爆炸法、液固快速灭火剂综合灭火法以及打救援井等方法扑灭不同程度的油气井大火，密集水流法是其余几种灭火方法须同时采用的基本方法。

（7）新井控装置按下述原则设计：① 在油气敞喷情况下便于安装，其内径不小于原井口装置的通径，密封垫环要固定；② 原井口装置不能利用的应拆除；③ 大通径放喷以尽可能降低回压；④ 优先考虑安全控制井喷的同时，兼顾控制后进行井口倒换、不压井起下管柱、压井、处理井下事故等作业。

（8）原井口装置拆除和新井口装置安装作业时，应尽可能远距离操作，尽量减少井口周围作业人数，缩短作业时间，消除着火的可能。

（9）井喷失控的井场内处理施工应尽量不在夜间和雷雨天气进行，以免发生抢险人员人身事故，以及因操作失误而使处理工作复杂化；施工同时，不应在现场进行干扰施工的其他作业。

（10）按要求做好人身安全防护。

七、其他要求

（1）油气井井口距高压线及其他永久性设施应不小于 75 m，距民宅应不小于 100 m，距铁路、高速公路应不小于 200 m，距学校、医院和大型油库等人口密集性、高危险场所应不小于 500 m。

（2）对井场周围一定范围内的居民住宅、学校、矿厂（包括开采地下资源的矿业单位）、国防设施、高压电线和水资源情况以及风向变化等进行勘察和调查,并在地质设计中标注说明。特别需标注清楚诸如煤矿等采掘矿井坑道的分布、走向、长度和离地表深度。

(3) 从事钻井生产、技术和安全管理的各级人员应持证上岗,严禁无证上岗。

(4) 硫化氢环境中井控装置材质要求:① 在硫化氢环境中使用的井控装置、金属材料应具有抗应力开裂的性能,符合 NACE MR0175 的规定,并应通过相关检验部门检验;非金属材料,应能承受指定的压力、温度和硫化氢环境,具有在硫化氢环境中满足使用而不失效的性能,并应通过相关检验部门检验。② 在硫化氢环境中使用的井控装置需要更换的零部件,其材料牌号、力学性能及抗硫化氢性能应与原零部件的性能一致或更高。

(5) 应全面考虑人员安全、防止污染、恢复控制等,并应制定应急计划(预案)。

第十一章　欠平衡钻井设计

　　欠平衡钻井是指钻井流体的循环压力低于地层孔隙压力,并将流入井内的地层流体循环到地面进行有效控制的情况下所进行的钻井作业。其作用是通过消除钻井液滤液和固相经井壁渗入到储层中的主动力——正压差,达到减少污染、保护油气层和提高产能的目的,同时还可以实现实时地质评价,有助于及时发现油气层。欠平衡钻井还可以提高机械钻速,减少压差卡钻以及解决井漏,尤其是因井漏导致井眼复杂问题。其中提高机械钻速的主要技术是气体钻井技术,而解决与井眼环空压力有关的漏、喷、塌、卡等复杂问题的钻井技术则是控压钻井技术。因此,本章将分为两节介绍产层欠平衡钻井设计及气体钻井设计。

第一节　产层欠平衡钻井设计

　　钻井流体(或介质)按相态可分为气相、气液两相和液相三大类,IADC 根据所使用的钻井流体不同将欠平衡钻井划分为气体钻井、雾化钻井、泡沫钻井、充气钻井和液体钻井五种技术,其中雾、泡沫和充气钻井液属于气液两相流体。泡沫又可分为不稳定泡沫、稳定泡沫、硬(胶)泡沫和微泡,其中微泡是循环使用的,而不稳定泡沫、稳定泡沫、硬泡沫一般是不循环的,但稳定泡沫可以循环,但必须采用化学、机械或二者相结合的方法消泡。这里需要指出的是,通过泡沫池静止消泡回收利用部分泡沫基液不属于可循环泡沫。上述五种流体都可用于欠平衡钻井,但是气体钻井、雾化钻井和不稳定泡沫钻井主要用于非产层的提速,在产层大多用于致密低渗气层。

一、欠平衡钻井的设计依据及内容

　　欠平衡钻井设计所依据的标准有行业标准 SY/T 6543.2—2009《欠平衡钻井技术规范 第 1 部分:液相》和 SY/T 6543.2—2009《欠平衡钻井技术规范 第 2 部分:气相》。

　　欠平衡钻井俗称边喷边钻,即钻井过程中井眼压力小于地层压力,同时随钻可能产出油气。因此,欠平衡钻井设计除了常规钻井设计所依据的钻井和油藏地质设计以及邻井的钻井、地质、测井和试井资料外,地层流体产量的预测和井壁稳定性分析尤为重要,如有条件应进行这方面的分析。

　　1. 地层流体产量

　　欠平衡钻井的特点是钻井的同时,地层要产出流体,而地层流体的类型和产能在欠平衡钻井设计中,是非常重要的数据。一般常规钻井的钻井地质设计只提供压力和流体类型(主要是酸性气体浓度),不提供产能数据。油藏地质设计包含油气产量的分析,但其提供的是在开发确定的生产压差下的产量,一般不能直接应用于欠平衡钻井设计。因此,需要油藏工程部门提供必要的产能数据。

产出的地层流体影响井筒的压力,在多相流计算中,有稳态和动态两种模型。

(1) 稳态模型。

① 对于稳态模型,可以根据油气井的动态数据,估算油气产量,对于油井:

$$q_{\mathrm{o}} = J_{\mathrm{oR}} \Delta p h \tag{11-1}$$

式中　J_{oR} ——比采油指数,t/(d·MPa·m);

　　　Δp ——欠平衡压差,MPa;

　　　h ——油层有效厚度,m;

　　　q_{o} ——原油产量,t/d。

当油井产量很高时,可以采用如下二项式:

$$A q_{\mathrm{o}} + B q_{\mathrm{o}}^2 = \Delta p \tag{11-2}$$

式中　A,B ——流动实验系数,可以利用可靠的试井实测数据用最小二乘法确定。

欠平衡钻井时,欠平衡压差一般较小,采用式(11-1)估算产量就能满足要求。溶解气产量可根据油气比和原油产量计算得到。

需要指出的是,有的稳态模型没有考虑原油的相态转化。对于这种模型,溶解气产量对井底压力的影响只能作近似计算。由于油气在从井底向井口的运动过程中发生着相态转化,因此,只有考虑了油气相态转化的稳态模型,才能较为准确地进行模拟计算。

② 对于气井,如果渗流符合达西定律,可按下式估算气体产量:

$$q_{\mathrm{g}} = J_{\mathrm{g}} (p_{\mathrm{p}}^2 - p_{\mathrm{b}}^2) \tag{11-3}$$

式中　p_{p} ——气层压力,MPa;

　　　p_{b} ——井底压力,MPa;

　　　J_{g} ——采气指数,m³/(d·MPa²);

　　　q_{g} ——气体产量,m³/d。

如果欠平衡压差小时,可以按式(11-3)估算气体产量。否则,应按下式计算气体产量:

$$A q_{\mathrm{g}} + B q_{\mathrm{g}}^2 = p_{\mathrm{p}}^2 - p_{\mathrm{b}}^2 \tag{11-4}$$

亦可采用如下的经验方程:

$$q_{\mathrm{g}} = C (p_{\mathrm{p}}^2 - p_{\mathrm{b}}^2)^n \tag{11-5}$$

式中　C ——气体产量系数;

　　　n ——指数。

在油藏工程中,油气产量的估算也是一项复杂的工作,以上只列出了直井单相渗流的产量计算公式。对于油气水多相渗流、水平井以及裂缝性地层,地层流体产量的计算更复杂。因此,目前要求油藏地质设计提供详细的产量计算公式和相关参数尚不现实,但要尽量提供不同欠平衡压差下的产量。由于气体钻井的井眼压力很小,因此,在气体钻井条件下的产量就是地层无阻流量,产层气体欠平衡钻井油藏工程部门应提供无阻流量。

(2) 动态模型。

在实际的欠平衡钻井过程中,渗流和井筒多相流动多处于非稳定流动,因此,有的商用多相流软件能提供瞬变模型,用于动态模拟。对于单相渗流,油或水的侵入量按下式计算:

$$q = \frac{4 \times 10^6 \pi K h (p_p - p_b)}{\mu \ln \left(\dfrac{2.25 \eta t}{r_w^2} \right)} \tag{11-6}$$

$$\eta = \frac{K}{c \phi \mu} \tag{11-7}$$

式中　q——油或水侵入流量，m^3/s；

　　　h, r_w——储层（油、气、水）裸露厚度和井眼半径，m；

　　　K——地层渗透率，md；

　　　c——综合压缩系数，Pa^{-1}；

　　　μ——黏度，$Pa \cdot s$；

　　　t——时间，s；

　　　ϕ——孔隙度，%。

气井的侵入量按下式计算：

$$q_g = \frac{7.33 \times 10^{-18} K h (p_p^2 - p_b^2)}{(0.8 + \ln t_D) [(T_k - 255) Z \mu_g]} \tag{11-8}$$

$$t_D = \max \left\{ 10, \frac{1.47 \times 10^{-9} t}{r_w^2} \left(\frac{K}{c \phi \mu_g} \right) \right\} \tag{11-9}$$

式中　μ_g——气体黏度，$Pa \cdot s$；

　　　T_k——绝对温度，K。

目前，国内几乎没有采用多相流动态模拟，但国际上已有商用软件，以上的公式仅供参考。

2. 井壁稳定性分析

在常规钻井中普遍采用弹性设计方法。首先根据弹性力学条件，推导出直井和斜井的井壁应力分布公式，按照强度准则列出井壁坍塌条件，从而预测坍塌压力，再用弹性力学公式和强度准则确定坍塌压力和设计钻井液密度。这种方法虽然安全（井壁附近不出现破坏区，自然不会形成碎块坍塌），但也非常保守。

钻开地层以后，在钻井液的影响下，井周孔隙压力重新分布，进而导致井周应力重新分布；同时由于钻井液对井周岩石的浸泡作用，使得井周泥质含量较高的岩石强度发生变化，在力的作用下，井周岩石呈塑性破坏。这就是所谓的井壁稳定力学—化学耦合，其实质是流—固—化学耦合。因此，井壁坍塌过程呈现动态变化过程，需进行坍塌周期预测，即在不同的钻井液类型下，对不同时段（浸泡时间）、不同密度下的井径扩大率进行预测。尤其是泥页岩地层，弹性设计方法得到的地层坍塌压力往往大于地层压力，即得出地层无法实施欠平衡钻井的结论，而实际情况是在一定的塑性变形下仍能保持相对稳定。因此，欠平衡钻井应进行力化耦合分析，确定地层的坍塌周期。

3. 欠平衡钻井设计内容

欠平衡钻井设计内容主要包括欠平衡钻井方式选择、欠平衡压差设计、水力参数或多相流设计、欠平衡钻井设备等方面的设计。除此之外，提出对井身结构、钻具组合、欠平衡钻井井口、压井液、储备液、欠平衡钻井终止条件、欠平衡完井以及健康、安全与环保措施等方面的要求。

对井身结构的要求在井身结构设计中予以考虑，不再单列。钻具组合、欠平衡钻井井口以及压井液与储备液通常放在对应的钻具组合、油气井压力控制和钻井液设计部分中。但欠平衡钻井的水力参数设计一般不放在钻井参数设计部分；欠平衡钻井设备也不放在钻井设备选择设计部分；液体钻井液、充气钻井液的基液设计放在对应的钻井液设计部分，一般不在欠平衡钻井设计部分列出，而泡沫基液设计通常放在欠平衡钻井设计部分。如果需要欠平衡完井，相应的内容也放在欠平衡钻井设计部分。

二、钻井方式选择

根据地层压力系数，可以初步确定钻井流体类型和欠平衡钻井方式，表 11-1 给出了各种钻井流体的密度范围。

表 11-1　欠平衡钻井流体的密度范围

欠平衡钻井流体	密度/($g \cdot cm^{-3}$)	欠平衡钻井方式
气体	0.001 2～0.012	气体欠平衡钻井
雾	0.012～0.036	雾化钻井
泡沫	0.036～0.84	泡沫钻井
充气钻井液	0.48～0.84	充气钻井
液体	0.84～2.28	液体欠平衡钻井

注：表中数据来自美国《Underbalanced Drilling Manual》(1997)。

充气钻井液的最高密度实际上不限于 0.84 g/m^3，该密度是柴油的密度，意思是当地层压力系数高于 0.84 时，可以采用油、油基泥浆和水包油等低密度液体钻井液。实际上充气钻井液的最高密度是基浆密度，如果基浆是常规水基泥浆，密度在 1～1.05 g/m^3。因此，泡沫与充气钻井液、充气钻井液与液体钻井液密度范围有交叉，具体采用何种钻井流体尚需根据油气层保护的要求、技术能力和成本等因素综合考虑。在实际应用中，也遇到选择充气钻井液或水包油钻井液的问题。

欠平衡钻井方式的选择与应用对象或所需要解决的问题关系密切。一般说来，在非产层的硬地层解决机械钻速低、井漏和压差卡钻等钻井问题时，采用气体、雾和泡沫流体；在产层，根据地层压力系数的大小选择液体钻井液、充气钻井液或泡沫流体，用来解决地层损害和漏喷并存等问题。气体、雾和泡沫通常用于致密低渗气藏，因为致密地层不易坍塌，同时气体产量较低，实施气体、雾化和泡沫欠平衡钻井比较安全。若产层采用含气钻井流体，应选择氮气。

三、压差设计

欠平衡压差也叫欠平衡压力，现场通常称为负压差，是国内钻井界非常重视的一项参数，这是因为欠平衡压差直接关系到油气井的压力控制。从理论上说，井眼压力应大于地层坍塌压力，且小于地层孔隙压力，这界定了欠平衡压差的范围。

井口压力控制和地层流体的地面处理是欠平衡钻井井控的关键。欠平衡压差的大小决定了地层流体产量的大小，因此欠平衡压差设计要考虑地面处理系统对油气的处理能力。气体量及其在井眼中的分布是影响井眼压力的主要因素，多相流理论和连续气柱理论对气体在井眼中分布的处理方法是不同的，因此，计算结果也是不同的。气体在井眼中积聚越多,井口所需要控制的压力越高,而井眼中的气体不仅取决于地层流体产量,还与积聚时间有关。如果说在循环或钻进时,地层流体产量对井眼压力的影响尚可计算,那么因停钻所造成的地层流体在井底的积聚以及气体在井眼中的滑脱上升就很难进行模拟,欠平衡压差与井口压力之间很难建立定量关系,因此依靠邻井的施工经验是十分必要的。从以上分析可知,地层流体产量,特别是气体产量是影响井控的主要因素。因此,对于高渗高产地层,欠平衡压差要设计得小一些;对于低渗低产地层,欠平衡压差可以设计得高一些。除了致密低渗砂岩,欠平衡压差一般不超过地层压力的 $10\% \sim 20\%$。

除非在钻井时还想进行生产。从井控上看,欠平衡压差应设计得小一些,美国从事欠平衡咨询的 signa 公司推荐压差为 0.7 MPa(100 psi)。根据施工经验,液体欠平衡钻井欠平衡压差取 $0.7 \sim 1.4$ MPa 是比较合理的。当然有的油田欠平衡压差取得大一些,但井口压力相应也要控制高一些。

根据国外手册推荐的数据,充气钻井欠平衡压差一般取 $1.7 \sim 3.5$ MPa,而实测到充气钻井井底压力的波动范围为 3.5 MPa(500 psi)。

气体、雾化钻井不设计欠平衡压差,因为气体和雾密度很小,且密度范围很窄,调节井眼压力没有意义。通常气体、雾化钻井用于非产层、致密低渗气藏或压力衰竭气藏。

四、水力参数设计

欠平衡钻井流体力学设计大都涉及多相流体,所以也称为多相流设计。气体、雾和不稳定泡沫的流体力学设计参见气体钻井设计。

1. 液体欠平衡钻井

液体欠平衡钻井的水力设计相对要简单些,常规钻井工程中钻井液钻井控制地层压力具有广泛的经验和比较完善的理论,携岩不是一个主要问题,钻井液的流量可以按照常规设计。预期的欠平衡压差确定后,按下式可以确定钻井液密度:

$$\rho_m = \frac{102(p_p + \Delta p - \Delta p_{la} - p_a)}{h} \tag{11-10}$$

式中　ρ_m ——钻井液密度,g/cm³;

p_p ——地层压力,MPa;

Δp ——欠压值,MPa;

Δp_{la} ——环空压耗,MPa;

p_a ——套压,MPa;

h ——垂深,m。

一般情况下,设计钻井液密度时,套压 p_a 取零。这是因为式(11-10)实际上是地层流体刚进入环空时的计算式。当溢流进入环空后,环空静液柱压力减小,在井口需要节流控制一定的套压。如果事先设计上套压,会造成井口压力控制过高。

采用式(11-10)是一种简化的设计,设计时没有考虑地层流体的影响,无法计算施加套压的大小。当地层流体的产量已知时,采用多相流模型进行计算,可以得到更佳的设计。下面给出一个采用多相流模型的示例。

某气井地质预告地层压力系数 1.10,天然气无阻流量 20×10^4 m³/d。ϕ241.3 mm 技术套管下至 3 572 m,欠平衡钻井井段 3 572 $\sim$ 4 200 m,井眼尺寸 ϕ152.4 mm。表 11-2 采用稳

态多相流模型计算出了不同欠平衡压力条件下的天然气产量、钻井液密度和需施加的套压。表 11-2 中还给出了未施加套压时的当量循环密度和欠平衡压力。未施加套压时的当量循环密度说明气体产量对井底压力的影响非常显著;而未施加套压时的欠平衡压力意味着,如果不节流将有更多的地层气体进入井内,从而使井底压力进一步降低。从表中可见,欠平衡压力控制在 1~2 MPa 为宜,钻井液密度 1.05~1.07 g/cm³ 时,钻进时需要控制套压 0.9~1.9 MPa。更高的欠平衡压力将导致更多的气体进入井内,尤其在接单根停止循环时,需控制更高的套压。

表 11-2　液体欠平衡钻井多相流设计计算数据

欠平衡压力 /MPa	钻井液密度 /(g·cm⁻³)	天然气产量 /(m³·h⁻¹)	需施加的套压 /MPa	未施加套压时的当量循环密度 /(g·cm⁻³)	未施加套压时的欠平衡压力 /MPa
1	1.07	366	0.9	1.03	2.88
2	1.05	724	1.9	0.97	5.35
3	1.02	1 074	2.6	0.91	7.83
4	1.00	1 416	3.3	0.86	8.87
5	0.97	1 749	3.8	0.81	11.94
6	0.95	2 074	4.3	0.77	13.59
7	0.92	2 391	4.8	0.72	15.65

2.充气钻井

欠平衡压差确定后,可以进行多相流设计。充气钻井液是一种典型的多相流钻井流体,是一种不稳定体系,气液两相存在相对运动。充气钻井一般不控制井口压力,这是因为气体是可压缩的,施加井口压力会使井底压力大幅度增加,一般调节气体和液体流量以控制井底压力(如图 11-1)。基浆密度尽可能低,以减小气体流量的需求。气体和液体流量设计除满足欠平衡压差外,还要满足携岩的要求。充气钻井使用动力钻具时,由于气体的可压缩性,还要校核井下的体积流量能否满足动力钻具的要求。

在液体流量一定的情况下,井底压力与气体流量的关系如图 11-1 所示。可以分为两个区域,静压控制区和摩阻控制区。静压控制区,静液压力占主导,气体流量的影响很敏感;而摩阻控制区,摩阻压降占主导,气体流量的增加对井底压力影响不明显,是相对稳定区。水力设计时,要充分考虑地层气体的影响。充气钻井需要专用多相流软件进行设计。

充气钻井作业参数主要是液体和气体流量,液体流量和气体流量的不同组合产生出多种作业参数,为满足欠平衡压差、携岩和井下动力钻具工作要求的作业参数形成作业窗口。充气钻井需要设计一组合理的作业参数,并据此选配气体注入设备,一旦气体注入设备确定,气体注入量也随之确定,所能调节的就是液相流量,而液相流量受到携岩能力的限制,调整的余地不大。

3.泡沫钻井

泡沫是以液体为连续相、气体为分散相的均匀网状系统,是一种密度低、黏滞性好、可压缩的非牛顿流体。由于泡沫密度可调范围大,携岩性能好,并且结构相对稳定,是一种优良的低密度钻井流体。目前现场所采用的泡沫主要有不稳定泡沫、稳定泡沫、硬胶泡沫和微泡四种,微泡不需要注气设备,泡沫质量小,降密度能力非常有限,大多用于解决井漏问题。欠平衡钻井所使用的泡沫大多是稳定泡沫和硬胶泡沫,二者的区别是硬胶泡沫中加入了增黏剂。

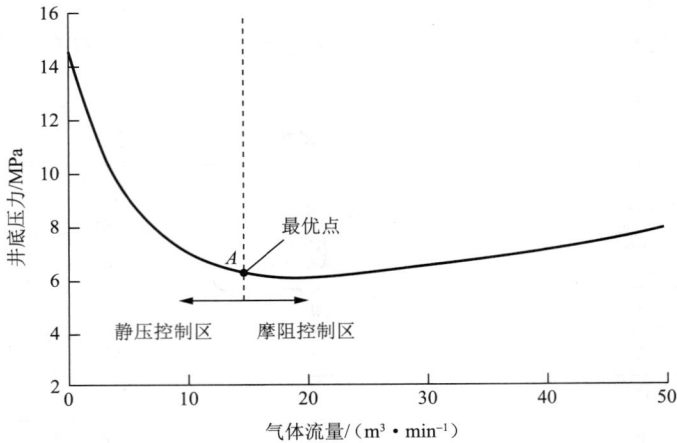

图 11-1 井底压力与气体流量关系图

稳定泡沫的泡沫质量(即泡沫特征值)在 0.55~0.97。小于低限的叫湿泡,高于上限的叫不稳定泡沫。湿泡和不稳定泡沫携岩效果都比较差,因此基本不使用。泡沫质量的上限与发泡剂有关,有的可高达 0.99。

(1)泡沫钻井的水力计算。

① 泡沫流变性。泡沫的主要优点之一是具有良好的黏滞性,因此在其水力计算中,泡沫的流变参数是非常重要的数据。国外对泡沫的流变性进行研究,将其看作宾汉塑性流体或幂律流体。Mitchell 给出的泡沫塑性黏度的计算公式为:

$$\eta_p = \eta(1.0 + 3.6\Gamma), 0 \leqslant \Gamma \leqslant 0.54 \tag{11-11}$$

$$\eta_p = \eta\left(\frac{1}{1-\Gamma^{0.49}}\right), 0.55 \leqslant \Gamma \leqslant 1 \tag{11-12}$$

式中 η_p ——泡沫塑性黏度,mPa·s;

  η ——基液黏度,mPa·s;

  Γ ——泡沫质量。

Krug 给出的动切应力与泡沫质量的相关数据见表 11-3。Okpobiri 和 Ikoku 给出的泡沫幂律流型参数见表 11-4。

Guo 根据美国塔尔萨大学 Sanghani 的工作,给出了计算幂律参数的相关方程:

$$K = 1.488\,16(-0.156\,26 + 56.147\Gamma - 312.77\Gamma^2 + 576.65\Gamma^3 +$$
$$63.960\Gamma^4 - 960.46\Gamma^5 - 154.68\Gamma^6 + 1670.2\Gamma^7 - 937.88\Gamma^8) \tag{11-13}$$

$$n = 0.095\,932 + 2.365\,4\Gamma - 10.467\Gamma^2 + 12.955\Gamma^3 + 14.467\Gamma^4 -$$
$$39.673\Gamma^5 + 20.625\Gamma^6 \tag{11-14}$$

式中 K ——稠度系数,Pa·s^n;

  n ——流性指数,无因次。

表 11-3　泡沫屈服强度

泡沫质量	0～0.6	0.6～0.65	0.65～0.70	0.70～0.75	0.75～0.80	0.80～0.86	0.86～0.90	0.90～0.96
动切应力/Pa	0	6.72	11.04	19.20	23.04	32.64	48.00	120.00

表 11-4　泡沫幂律参数

泡沫质量		稠度系数/(Pa·s^n)	流性指数
范围	平均		
0.96～0.977	0.97	3.819	0.326
0.94～0.96	0.95	4.945	0.290
0.91～0.92	0.915	9.160	0.187
0.89～0.91	0.90	8.404	0.200
0.84～0.86	0.85	7.379	0.214
0.79～0.81	0.80	5.410	0.262
0.77～0.78	0.775	4.975	0.273
0.74～0.76	0.75	4.343	0.295
0.72～0.73	0.715	4.274	0.293
0.69～0.71	0.70	4.133	0.295
0.65～0.69	0.67	4.116	0.290

Ozbayoglu 等在一根 27 m 长的水平管模型上对泡沫的流变性进行试验研究。结果显示,当泡沫质量在 0.7～0.8 时,泡沫的流变性更符合幂律流型;而泡沫质量为 0.9 时,宾汉流型更适合。

② 泡沫质量。所谓泡沫质量是指泡沫的气体体积分数。在泡沫钻井中,该参数是一个非常重要的概念,是计算各种水力参数的关键数据。

根据泡沫质量的定义,则有:

$$\Gamma = \frac{\dfrac{p_a T q_{gs}}{T_a p}}{\dfrac{p_a T q_{gs}}{T_a p} + q_l + q_{fx}} \tag{11-15}$$

式中　q_{fx}——地层流体流量,m³/h;

　　　p_a——标准大气压力,0.101 325×10⁶ Pa;

　　　T——泡沫温度,K;

　　　T_a——标准状态下的温度,288.15 K;

　　　q_l——液体流量,m³/h;

　　　q_{gs}——气体流量,m³/h;

　　　p——泡沫压力,Pa。

③ 泡沫的重度。泡沫的重度用于计算位能,其计算公式为:

$$\gamma_f = \gamma_l - \left(\gamma_l - \frac{gp}{RT}\right)\Gamma \tag{11-16}$$

式中　γ_f ——泡沫的重度，N/m³；

　　　γ_l ——液体的平均重度，N/m³。

④ 泡沫的速度。泡沫与充气钻井液不同，具有一定的稳定性，因此，将其作为均相流加以考虑：

$$v_f = \frac{\frac{p_a T}{p T_a} q_{gs} + q_l + q_{fx}}{3\,600A} \tag{11-17}$$

式中　v_f ——泡沫速度，m/s；

　　　A ——流道横截面积，m²。

⑤ 泡沫的环空压力。根据热力学第一定律：

$$\mathrm{d}p = \gamma_f \left(\cos\alpha + \frac{f v_f^2}{2g D_H} \right) \mathrm{d}L \tag{11-18}$$

式中　α ——井斜角，(°)；

　　　L ——井段长度，m。

将泡沫的重度、速度和泡沫质量等参数代入式(11-18)，用差分方法可以分析泡沫钻井的环空压力。

对于稳定泡沫钻井，流态一般为层流，其摩阻系数和雷诺数分别为：

$$f = \frac{96}{Re} \tag{11-19}$$

$$Re = \frac{\rho_f D_H v_f}{\eta_e} \tag{11-20}$$

式中　ρ_f ——泡沫密度，kg/m³；

　　　η_e ——泡沫有效黏度，mPa·s。

根据式(11-18)可以计算循环状态下的井底压力，但在不循环的情况下，计算泡沫静液柱压力的公式为：

$$\left(\frac{p_{st}}{p_s} \right)^{\frac{1}{z}} = \frac{(z-1)(x+yH_\perp) - \frac{p_{st}}{p_s}}{(z-1)x-1} \tag{11-21}$$

其中

$$x = \frac{\Gamma_s}{1-\Gamma_s}, y = \frac{xG}{T_s}, z = \frac{\gamma_l}{p_s y}。$$

式中　p_{st} ——泡沫静液柱压力，Pa；

　　　$H_\perp$ ——井眼垂深，m。

以基液密度 1.02 g/cm³、井眼垂深 3 000 m 为例，按照式(11-21)计算出不同泡沫质量下的泡沫静液柱压力当量密度，结果见表 11-5。

表 11-5　不同泡沫质量下的静液压力当量密度

井口泡沫质量	泡沫地面密度/(g·cm⁻³)	当量密度/(g·cm⁻³)
0.50	0.51	0.999 9
0.55	0.459	0.995 5
0.60	0.408	0.989 9

井口泡沫质量	泡沫地面密度/(g·cm⁻³)	当量密度/(g·cm⁻³)
0.65	0.357	0.982 8
0.70	0.306	0.973 2
0.75	0.255	0.960 0
0.80	0.204	0.940 1
0.85	0.153	0.907 1
0.90	0.102	0.842 0
0.95	0.051	0.654 9

⑥ 钻头压降与立管压力。泡沫钻井的钻头压降与液体钻井液有所不同,可按下式计算:

$$p_{up} = p_{dn} + \left[\frac{(W_l + W_g)^2}{A_n^2} \right] \left(\frac{1}{\rho_{dn}} - \frac{1}{\rho_{up}} \right) \tag{11-22}$$

式中　p_{up}——上游压力,Pa;

$\quad\quad p_{dn}$——下游压力,Pa;

$\quad\quad W_l$——液相质量流量,kg/s;

$\quad\quad W_g$——气相质量流量,kg/s;

$\quad\quad \rho_{dn}$——下游混合物密度,kg/m³;

$\quad\quad \rho_{up}$——上游混合物密度,kg/m³。

泡沫在钻具内的静液压力与摩擦压耗计算和环空相似,然后确定立管压力。稳定泡沫钻井一般为层流,泡沫在圆管内流动,其摩阻系数为:

$$f = \frac{64}{Re} \tag{11-23}$$

(2) 泡沫钻井水力设计影响因素。

泡沫钻井水力设计应考虑的主要因素有:① 达到的当量循环密度应满足欠平衡压差的设计要求;② 满足携岩的要求;③ 确保泡沫的稳定性;④ 井底泡沫体积流量能够满足井下动力钻具的工作要求。下面主要讨论携岩和泡沫稳定性控制。

a. 携岩。

岩屑的运移速度为:

$$v_{tr} = \frac{R_p}{3\,600 C_a \left[1 - \left(\frac{D_p}{D_h} \right)^2 \right]} \tag{11-24}$$

泡沫速度为:

$$v_f = v_{sl} + v_{tr} \tag{11-25}$$

由于泡沫钻井一般为层流,岩屑下沉速度采用 Moore 公式,则

$$v_{sl} = \frac{0.707 d_s (\rho_s - \rho_f)^{\frac{2}{3}}}{\rho_f^{\frac{1}{3}} \eta^{\frac{1}{3}}} \tag{11-26}$$

式中　C_a——环空岩屑浓度;

$\quad\quad v_{tr}$——岩屑向上运移速度,m/s;

D_p——钻杆直径，mm；

D_h——井眼直径，mm；

R_p——钻杆半径，mm；

v_f——泡沫钻井液在环空中上返速度，m/s；

v_{sl}——岩屑下沉速度，m/s；

d_s——岩屑平均直径，mm；

ρ_s——岩屑密度，g/cm³；

ρ_f——泡沫钻井液密度，g/cm³；

η_e——泡沫钻井液有效黏度。

岩屑浓度小于1%为佳，据报道，0.3 m/s的环空返速仍能满足携岩要求。

b.泡沫稳定性控制：在稳定泡沫钻井过程中，泡沫质量一般控制在0.55～0.97。泡沫质量在环空底部最低，在环空顶部则最高。当泡沫质量大于0.97时，网状的泡沫结构不稳定，形成不稳定泡沫或雾；当泡沫质量小于0.55时，气体形成不依赖于液相的孤立泡，气液两相以不同的速度运行，从而破坏泡沫结构。

根据式(11-15)，可以推导出气液比与泡沫质量之间的关系：

$$GLR = \frac{\Gamma}{1-\Gamma} \frac{p T_a}{p_a T} \left(1 + \frac{q_{fx}}{q_l}\right) \tag{11-27}$$

式中 GLR ——气液比。

假定井口无节流压力且为标准状态，也无地层流体进入井眼，则最大气液比为32.33。如果液体注入量为2 L/s，则最大气体注入量仅为3.9 m³/min。

在给定气液比的情况下，可以根据下式确定需要控制的最小井口压力：

$$p_{s-max} = \frac{1-\Gamma_{max}}{\Gamma_{max}} \frac{GLR p_a T_s}{T_a \left(1 + \frac{q_{fx}}{q_l}\right)} \tag{11-28}$$

假定液体注入量为2 L/s、气体注入量为10 m³/min、无地层流体进入井眼、温度为标准状态下的温度，则为了确保泡沫稳定，在井口至少要控制0.26 MPa的压力（绝对压力）。

随着压力的增加，泡沫质量下降，如果井底泡沫质量小于0.55，则泡沫不稳定。因此，最大井底压力为：

$$p_{max} = \frac{1-\Gamma_{min}}{\Gamma_{min}} \frac{GLR p_a T}{T_a \left(1 + \frac{q_{fx}}{q_l}\right)} \tag{11-29}$$

假定液体注入量为2 L/s、气体注入量为10 m³/min、无地层流体进入井眼、井底温度100 ℃，则允许的最大井底压力为8.95 MPa。由于该压力值较低，也就是说泡沫钻井能够确保泡沫稳定的深度比较浅，这也是深井泡沫钻井效果不佳的原因。若要达到比较好的泡沫钻井效果，需要严格控制泡沫质量在0.55～0.97，由于在井口和井底无法同时兼顾泡沫质量，为此，泡沫钻井的井深受到很大限制。一般在井口和井底无法同时兼顾泡沫质量的条件下，应首先满足井底的泡沫质量要求，其主要原因在于：底部井段环空返速低，需要确保良好的黏滞性携岩，而上部井段环空返速高，可弥补泡沫结构受到破坏而变为雾后的黏滞性降低，因此井口泡沫质量可以适当放宽0.97的限制，有时可以放宽到0.99。

五、欠平衡钻井设备

欠平衡钻井设备包括井口设备、专用节流管汇、地面回流处理系统、流体注入设备等。液体钻井液、充气钻井液、可循环泡沫这些连续循环使用的钻井流体，它们的地面回流处理系统是使地层流体和岩屑分离的装置，而气体、雾和一次性泡沫等不连续循环使用的钻井流体，它们的地面回流处理系统则是排屑管、岩屑取样器、点火装置及喷淋除尘系统等。这里讨论连续循环的地层流体分离装置，不连续循环的地面回流处理系统参见气体钻井设计。

1. 井口设备

防喷器组合按 SY/T 6426 的要求选择。在防喷器组合之上安装旋转控制头或旋转防喷器：地层压力小于等于 35 MPa 时，选择与防喷器组合压力等级相同的旋转控制头或旋转防喷器；地层压力大于 35 MPa 时，选择 35 MPa 的旋转控制头或旋转防喷器。

全过程欠平衡钻井，若钻头直径小于油管头通径，应在钻井四通底下安装油管头；若钻头直径大于油管头通径，则应采用特殊四通。特殊四通应符合 SY/T 5127 的规定，兼有钻井四通和油管头悬挂油管的功能。

2. 专用节流管汇

(1) 液体欠平衡钻井和充气钻井。

应使用欠平衡钻井专用节流管汇并配备液动节流阀控制台，设置气动油泵、手动油泵、储能器、各类阀件以及能远程监测套压和立压的压力变送器和仪表。节流管汇应设置两翼或三翼节流线路，其中至少有一翼设置液控节流阀。液控节流阀应设置阀位开度指示器。

节流管汇应符合 SY/T 5323 的规定。节流阀的公称通径不小于 65 mm。

(2) 气体、雾化和泡沫钻井。

应使用欠平衡钻井专用节流管汇。节流管汇应符合 SY/T 5323 的规定。节流阀的公称通径≥103 mm。节流管汇除配备相同级别的压力表外，还应另外配备读数精度为 0.1 MPa 的小量程压力表。

3. 地层流体分离装置

地层流体分离装置主要分离油气，包括液气分离器、撇油罐和气体燃烧处理装置，其中撇油罐可选择使用。也可以选用四相分离器，该装置能够分离油、气、钻井液和岩屑四相，但目前国内很少使用。

(1) 液气分离器。

液气分离器包括本体、进浆管线、出浆管线、排渣管线、排气管线、压力表和安全阀等。液气分离器与节流管汇连接管线可根据现场情况选择硬管或软管连接：硬管连接应采用壁厚不小于 9 mm、通径不小于 100 mm 的硬管，其工作压力不小于液气分离器额定工作压力，转弯处应采用弯角不小于 90°且具有防冲蚀设计的铸(锻)钢弯头；软管连接应采用通径不小于 100 mm 的高压软管，管线中部用基墩固定。

液气分离器额定工作压力不低于 1 MPa，处理量不小于井口返出流体流量的 1.5～2 倍，液气分离器的气体分离能力应大于设计最大压差下的最大产气量。当一个液气分离器的处理量满足不了要求时，允许采用两台以上的液气分离器并联使用。为了提高分离效率，也允许采用两台以上的液气分离器串联使用。

根据最高产气量，按式(11-30)确定液气分离器的最高工作压力：

$$p_1 = \sqrt{\frac{q_{sc}^2 \gamma_g L \overline{T} \overline{Z}}{114.474 d^{16/3}} + p_2^2} \quad\quad (11\text{-}30)$$

式中　p_1——排气管入口的气体压力,MPa;

　　　q_{sc}——标准状态下的产气量,m^3/d;

　　　γ_g——气体相对密度;

　　　L——管线全长,km;

　　　$\overline{T}$——管内气体温度,K;

　　　$\overline{Z}$——气体平均偏差系数;

　　　d——排气管内径,mm;

　　　p_2——排气管出口的气体压力,MPa。

根据液气分离器最高工作压力来控制液气分离器工作液面,可用节流和静液两种方法控制。按静液法控制时,U 形管高度按式(11-31)计算。

$$h = 102(p_1 - p_2)/\rho \quad\quad (11\text{-}31)$$

式中　h——U 形管高度,m;

　　　ρ——U 形管或分离器内流体密度,g/cm^3。

(2) 撇油罐。

撇油罐应设置进浆装置、撇油装置、分离室、砂泵、油泵等。撇油罐的处理能力应大于井口返出流体量的 1.5 倍。

(3) 气体燃烧处理装置。

气体燃烧处理装置包括排气管线、防回火装置、自动点火装置和火炬等。排气管线的通径应不小于液气分离器气体出口通径,或根据最大产气量和液气分离器的额定压力确定排气管线直径,按 Weymouth 公式计算。

$$q_{sc} = 0.003\,7 \times \frac{T_{sc}}{p_{sc}} \times d^{2.667} \times \left[\frac{p_1^2 - p_2^2}{\gamma_g L \overline{T} \overline{Z}}\right]^{0.5} \quad\quad (11\text{-}32)$$

式中　T_{sc}——标准状态下的温度,K;

　　　p_{sc}——标准状态下的压力,MPa,取 0.101 325 MPa。

排气管线每隔 10~15 m 用基墩进行固定。可采用填充式基墩或水泥基墩。火炬高度不低于 8 m,离井口的距离应大于 75 m,且位于井场的下风方向。所有气体燃烧系统都应配备自动点火装置或自动引燃装置。所有气体燃烧系统都应配备防回火装置。内芯阻火网的有效过流面积应大于所配排气管线的过流面积。

4.流体注入设备

液体和充气欠平衡钻井使用钻井泵注入液相,而雾和泡沫则采用雾化泵注入液相,在大尺寸井眼泡沫钻井也可用无级调速钻井泵。气体、雾化、泡沫和充气钻井液用于产层,则其气体注入设备应选用氮气注入设备,并根据水力设计的气体流量和立管压力配置。雾化泵和氮气注入设备参见气体钻井设计。

六、欠平衡技术要求

1.井身结构

井身结构设计应考虑欠平衡钻井作业可能导致的井壁失稳问题及随钻产出地层流体对

储层的伤害问题。因此,技术套管应封隔可能的破碎带、易坍塌层及出水地层,并尽可能封至储层顶部。

产层采用气体、雾化和泡沫欠平衡钻井技术套管宜封至产层顶部,上层套管抗外挤强度按全掏空进行校核,抗外挤安全系数≥1.00。

2.井下套管阀

套管阀应满足套管强度校核要求,压力等级应大于地层压力。套管阀的下入深度应满足防止管具上顶和下入筛管的要求。

3.钻具组合

液体欠平衡钻井钻柱中至少应接一个钻具止回阀。钻具底部(钻头之上)应至少接一个常闭式止回阀。除定向井、水平井外,可在钻柱上再接一个投入式止回阀。投入式止回阀应放在常闭式止回阀之上。

气体、雾化、泡沫、充气钻井,在钻柱底部(钻头之上)接一只止回阀。每次下完钻,在钻杆顶部接一只能泄压的止回阀(可用旋塞+止回阀代替)。

对于水平井,底部钻具组合按水平井要求设计,底部使用的止回阀放置以不影响测斜为原则。

使用旁通阀时,安装位置应在钻具止回阀之上。使用转盘钻时,使用六方方钻杆。通过旋转控制头或旋转防喷器的钻杆采用18°斜台肩钻杆。

4.压井液、储备液

(1)液体、充气欠平衡钻井。

① 压井液密度。

探井、预探井、预测压力系数范围较大的井,储备压井液密度以地质设计提供的最大压力系数为基准,密度附加 $0.20\sim0.25$ g/cm³。储备加重材料 $30\sim80$ t。开发井储备压井液密度按照 $0.15\sim0.20$ g/cm³ 附加,储备加重材料不少于 20 t。实用压井液密度以实测地层压力为基准,油、水井附加 $0.05\sim0.10$ g/cm³,气井附加 $0.07\sim0.15$ g/cm³。

② 压井液数量。

后勤供应与井场距离小于 100 km,运输路况较好,3 h 内可到达井场:探井、预探井、预测压力系数范围较大的井,井场压井液数量按照最大井筒容积的 1.5 倍储备;开发井压井液数量按照最大井筒容积的 1 倍储备。

后勤供应与井场距离大于 100 km,或距离小于 100 km 但运输路况差,3 h 内不能到达井场:探井、预探井、预测压力系数范围较大的井,井场压井液数量按照最大井筒容积的 2.0 倍储备;开发井压井液数量按照最大井筒容积的 1.5 倍储备。

实际压井液数量按照最大井筒容积的 2 倍准备。

(2)气体、雾化、泡沫钻井。

储层气体欠平衡钻井应储备 1 倍井筒容积以上、密度高于设计地层压力当量密度 $0.2\sim0.40$ g/cm³ 的加重钻井液,后勤供应与井场距离较远,运输路况较差,储备液数量按照最大井筒容积的 2 倍储备。

5.欠平衡钻井终止条件

自井内返出的气体,包括天然气,在未与大气接触之前所含硫化氢浓度等于或大于 75 mg/m³(50 ppm);或者自井内返出的气体,包括天然气,在其与大气接触的出口环境中硫化氢浓度大于 30 mg/m³(20 ppm)应立即终止欠平衡钻井作业。

七、欠平衡钻井对完井技术的要求

开发井实施欠平衡钻井最好采用非固井的完井方式,如筛管完井或裸眼完井等。筛管完井和裸眼完井便于实施欠平衡完井作业,采用井下套管或强行起下钻装置可以实施不压井起下钻、不压井下尾管(或筛管)、不压井下油管等作业。实施不压井测井需要安装专用装置,一套不压井测井装置包括注脂头、防喷管、电缆防喷器和捕捉器四部分组成,如果采用套管阀方式进行不压井作业,防喷管和捕捉器可以省略。

探井一般采用下套管固井完井,即使实施欠平衡钻井,完井一般没有特别技术要求。如果探井也需要欠平衡完井,其要求与开发井类似。

第二节　气体钻井设计

一、气体钻井的设计依据及内容

气体钻井设计所依据的标准有行业标准 SY/T 6543.2—2009《欠平衡钻井技术规范第 2 部分:气相》,中石化的企业标准有 Q/SH 0010—2007《川东北气体钻井技术标准》,Q/SH 0034—2007《气体钻井安全技术规范》和 Q/SH 0278—2009《气体钻井气液转换技术规程》。

气体钻井设计除了常规钻井设计所依据的钻井和油藏地质设计以及邻井的钻井、地质、测井和试井资料外,需要对气体钻井的适应性进行分析。如果邻井有气体钻井成功的案例,则说明气体钻井是适用的,在相应井段设计气体钻井是没有问题的。若区域内没有使用案例,进行适应性分析是必要的,适应性分析包括井壁稳定性分析和地层流体分析。

1. 气体钻井井壁稳定性分析

气体钻井时,在井壁周围通常出现塑性区,实际的岩石达到峰值强度后会表现出应变软化的特性,工程岩石结构具有一个保持稳定的临界状态,因此,气体钻井的井壁稳定性分析与常规钻井不同。

在气体钻井中井眼钻开后会发生应力集中,如果应力集中超过了井壁围岩的强度,井壁进入塑性,在井眼周围出现了弹性区和塑性区;如果地应力载荷很大,井眼周围塑性软化区进一步扩展,在井眼周围会出现残余区,残余区井壁处于失稳状态,如图 11-2(图中 $\sigma_\circ$ 为地应力,$p_\circ$ 为井眼压力,a 为井眼半径)。

把井壁围岩刚好处于应变软化状态、在井壁位置恰好达到塑性残余状态定义为气体钻井的临界状态。通过数值模拟求解临界状态时的井眼内支撑力和塑性区范围,依据临界塑性状态时的井眼内支撑力的计算结果,可以判断气体钻井井壁是否稳定,若井眼内支撑力小于零,则表明

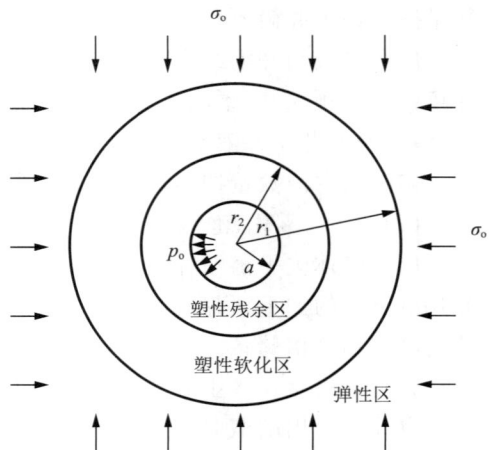

图 11-2　气体钻井井眼分析的力学模型

气体钻井时井壁塑性没有达到临界状态,井壁保持稳定;若井眼内支撑力大于零,则表明气体钻井时井壁周围形成了残余塑性区,井壁发生坍塌,气体钻井不安全。

2. 地层流体分析

油、气、水层的分析是气体钻井技术适应性分析的又一项重要内容。目前气体钻井几乎都用于非产层的提速,非产层往往遇到地层出水的复杂情况。地层出水会将岩屑黏结在一起、在钻杆上形成泥环,造成钻具阻卡、循环阻力增大的情况,严重时会发生卡钻和钻头泥包等复杂情况。钻前对水层的预测是制定气体钻井合理方案的重要一环。通常钻井地质设计对储层的分析局限在目的层,主要分析油气层,非目的层的地层流体信息几乎没有,由于非目的层缺乏试井和生产数据,对其层位和产量的解释只能通过间接的办法,所能利用的资料只有测井资料。

(1)地层流体的判断。

不同测井信息对储层物性、含流体性质有不同的响应特征。综合分析这些差异,能评价储层的含油性、可动油气、可动水显示,进而评价储层产液性质,进行储层流体性质判别。常见的流体性质判别方法比较多,主要有深浅双侧向判别法、P1/2 正态分布法、孔隙度重叠法和交会图法等。

(2)地层物性的解释。

① 地层孔隙度的解释。

岩石孔隙度可以由声波测井、密度测井或中子测井获得。这些方法、仪器的响应都受到地层孔隙度、流体和岩石骨架的影响。如果流体和骨架的影响已知或可以确定,则仪器的响应可以和孔隙度联系起来。因此,这些测井方法经常称为孔隙度测井。

用密度测井计算孔隙度。采用密度曲线计算单矿物岩石水层孔隙度的关系式为:

$$\phi = \frac{\rho_{ma} - \rho_b}{\rho_{ma} - \rho_f} \tag{11-33}$$

式中　ϕ——储层孔隙度;

　　ρ_{ma}、ρ_b、ρ_f——岩石骨架、纯岩性地层和所含流体的密度值,g/cm³。

用补偿中子测井计算孔隙度。用中子曲线计算单矿物岩石水层孔隙度的关系式为:

$$\phi = \frac{\phi_n - \phi_{nma}}{\phi_{nf} - \phi_{nma}} \tag{11-34}$$

式中　ϕ_n、ϕ_{nma}、ϕ_{nf}——纯岩性地层、岩石骨架和所含流体的中子响应。

用怀利公式计算孔隙度。对纯岩性的压实的单矿物岩石水层,用声波时差计算孔隙度的怀利公式为:

$$\phi = \frac{\Delta t - \Delta t_{ma}}{\Delta t_f - \Delta t_{ma}} \tag{11-35}$$

式中　Δt、Δt_{ma}、Δt_f——纯岩性地层、岩石骨架和所含流体的声波时差值,μs/m。

② 地层渗透率的解释。

渗透率是流体流过地层难易程度的度量。可渗透的岩石必须具备连通的孔隙(孔洞、溶洞、毛细管、裂缝或者裂隙)。通常比较高的孔隙度对应比较高的渗透率,但孔洞的尺寸、形状和连通性,与孔隙度一样也影响地层的渗透率。虽然一些细粒砂岩的单个孔洞和孔道相当小,但是仍然可以具有高的连通孔隙度,而供流体运动的狭窄孔洞的路径是相当细小和曲折的。由极细小的颗粒构成的泥岩和黏土,经常显示出很高的孔隙度,但由于孔洞和孔道都很小,从实用角度看,多数泥岩和黏土的渗透率为零。其他一些地层,如石灰岩地层,可能是由一些延伸很广的小缝隙切割的致密岩石构成,致密岩石的孔隙度很低,但是裂隙的渗透率却可能非常高。

既然渗透率主要取决于孔隙度的大小和孔隙的几何形状,因此对测井解释来说,重要的问题在于如何提供能够反映储集层孔隙的几何形状的参数。实际分析表明,砂岩粒间的孔隙结构与组成砂岩骨架颗粒的粒度分布有十分密切的关系。因此,渗透率与粒度中值有较好的相关性,一般随着粒度中值的增大而增大。另外,束缚水饱和度与产层的孔隙结构也有比较密切的关系,可作为反映孔隙结构的一种间接因素,渗透率一般随着束缚水饱和度的增大而减小。所以,渗透率经常可以表示为孔隙度和粒度中值的函数,或者表示为孔隙度和束缚水饱和度的函数。

可以用孔隙度(ϕ)和束缚水饱和度(S_{wi})计算渗透率,适用于中、高孔隙度砂岩地层的渗透率模型为:

$$\lg K = P + 7.11 \times \lg \phi - N \times \lg S_{wi} \tag{11-36}$$

式中 P, N ——方程系数,主要与砂岩的孔隙度和压实程度有关,其表达式为:

$$P = a_0 + \frac{a_1}{\lg \dfrac{\varphi}{a_3}} \tag{11-37}$$

$$N = \frac{1.1}{\lg \dfrac{\varphi}{a_3}} \tag{11-38}$$

式中 a_0, a_1, a_3 ——经验系数,$a_0 = 3.5 \sim 5.0$,$a_1 = 0.2 \sim 0.4$,$a_3 = 0.08 \sim 0.2$。

适用于低孔隙度地层的形式:

$$\lg K = 8.63 + 7.11 \times \lg \varphi + \frac{0.173}{\lg \dfrac{(1-\varphi)}{B_3}} \lg(1 - S_{wi}) \tag{11-39}$$

式中 B_3 ——压实程度的函数,一般取 $0.7 \sim 0.8$。

(3)地层出水量的预测。

根据渗流力学的理论,平面径向流的单井的产量公式为:

$$Q = \frac{2\pi K h (p_e - p_w)}{\mu_w \ln \dfrac{R_e}{R_w}} \tag{11-40}$$

式中 Q ——地层出水量,m^3/s;

h ——水层厚度,m;

p_e ——水层地层压力,Pa;

p_w ——井底流动压力,Pa;

R_e ——出水地层的供给半径,m;

R_w ——井眼半径,m;

K ——渗透率,μm^2;

μ_w ——地层水的黏度,$Pa \cdot s$。

计算出水量需要的基本参数包括:压力、地层水黏度、水层的供给半径、井眼尺寸、水层的厚度、水层的渗透率和水层的地层压力等。

3.气体钻井设计内容

气体钻井设计内容主要包括:气体钻井介质选择,流体力学设计,气体钻井设备及地面流程示意图,对井身结构的要求,钻具组合,气体钻井井口,储备液,钻井方式转换原则,气液转换技术要求以及健康、安全与环保措施等。

对井身结构的要求在井身结构设计中予以考虑,不再单列。钻具组合、气体钻井井口以及储备液通常放在对应的钻具组合、油气井压力控制和钻井液设计部分,流体力学设计一般不放在钻井参数部分中,气体钻井设备也不放在钻井主要设备选择部分中。在钻井工程设计中单独增加气体钻井设计的内容,一般把与气体钻井有关的内容都放在该部分设计中,哪怕相应章节中已有体现,为了保持气体钻井设计的完整性,通常保持重复。雾和不稳定泡沫的基液设计放在气体钻井设计内容中。

二、气体钻井介质选择

气体钻井是指用空气、氮气、天然气和废气等非凝析气体作为钻井循环介质的钻井,根据所使用的气体不同又分为空气钻井、氮气钻井、天然气钻井和柴油机尾气钻井。目前国内采用的是空气钻井和氮气钻井,天然气钻井和柴油机尾气钻井几乎已不再使用。在实际施工中,如遇地层出水,气体钻井往往需要转换为雾化钻井或泡沫钻井,目前在非产层用于提速目的所采用的泡沫实际上属于不稳定泡沫,因此,气体钻井方式包括:空气钻井、氮气钻井、雾化钻井(气相可以是空气或氮气)和不稳定泡沫钻井(气相可以是空气或氮气)。

非产层气体钻井,若地层不产或产出少量天然气,即气体钻井过程中全烃(或天然气)含量小于3%可选择空气,否则应选择氮气。

若地层出水量大于 $1 \sim 2 \ m^3/h$ 应选择雾化钻井或不稳定泡沫钻井。设计上通常先设计气体钻井,同时做好雾化钻井或不稳定泡沫钻井的方案,实际施工中若发现出水不能有效携岩时则及时转换。由于现场不能准确计量地层出水量,具体多少出水量需要转换钻井方式尚没有统一的说法,气体流量大、岩屑量大(井眼大、机械钻速快),其举升和吸附地层水的能力也大。地层临界出水量 $5 \ m^3/h$ 的说法是没有依据的。研究和现场经验表明,地层出水量连续大于 $1 \sim 2 \ m^3/h$,就已经很难携带岩屑了。

若地层少量产油应选择雾化钻井或不稳定泡沫钻井,而且宜采用油基泡沫剂。

这里需要指出的是目前在中石化范围内在非产层出水的情况下,很少使用雾化钻井,主要采用的是不稳定泡沫钻井。

三、流体力学设计

对于以提速为主的气体钻井技术为了发挥提速的优势,一般采用井筒液体压力尽可能小的气体、雾化和不稳定泡沫钻井技术,其流体力学设计的目标主要是设计计算携带岩屑和举水所需要的最小气体流量,目前主要有两种方法:最小动能准则和最小速度准则。

计算参考美国欠平衡钻井手册、空气和气体钻井手册以及 louisiana 大学的欠平衡钻井讲义等资料,并根据气体定律和气体动力学原理采用公制单位重新进行了推导。

1.最小气体流量计算

(1)最小动能准则。

根据空气采矿钻井的经验,有效携岩所需要的最小环空速度在标准状态下为 15.24 m/s,空气的携岩能力可用它的动能来衡量。

$$E_g = \frac{1}{2} \frac{\gamma_g}{g} v_g^2 \qquad (11\text{-}41)$$

式中　E_g——气体动能，J/m^3；

　　　γ_g——气体体积质量，kg/m^3；

　　　v_g——气体速度，m/s。

在标准状态下 15.24 m/s 速度的空气动能为 142.26 J/m^3，最小动能法认为该值为有效携岩所需的最小动能。只要保证井眼任一位置的气体动能大于最小动能，就能确保气体钻井的正常进行。环形空间截面积最大的那一点，比如钻铤顶部，气体流动速度最低，也是气体能量最小的部位，这个部位也是岩屑易于积聚的部位。因此，在设计时必须保证该部位的气体动能大于最小动能。根据气体钻井应用经验，在表层井段由于井眼尺寸大、井深浅，最小环空速度在标准状态下可以控制在 10 m/s。而对于深井，为了提高携岩效果，最小环空速度可以适当增加。

最小动能法具有唯一解，且可获得解析解，简单易行，是国外普遍采用的方法。

（2）最小速度准则。

最小速度准则是钻井环空水力学所普遍采用的方法，该方法考虑了岩屑颗粒的沉降速度。

$$v_g = v_{sl} + v_{tr} \tag{11-42}$$

式中　v_{sl}——岩屑沉降末速，m/s；

　　　v_{tr}——岩屑运移速度，m/s。

$$v_{sl} = \sqrt{\frac{4gd_s(\rho_s - \rho_g)}{3\rho_g C}} \tag{11-43}$$

式中　C——阻力因子，扁平颗粒（页岩和石灰岩）为 1.40，棱角状或次圆颗粒（砂岩）取 0.8；

　　　d_s——岩屑颗粒当量直径，m。

由于岩屑颗粒的形状和尺寸难于准确获得，而且用于确定最小返速的临界携岩能力或环空岩屑浓度缺乏统一的标准，使得该方法具有多解性，国外一般不采用此方法。采用最小速度准则设计，推荐环空岩屑浓度小于 1%。

2.气体流量的计算

气体流量计算公式为：

$$\frac{R\rho_{gs}(T_s + Gh)q_{gs}^2}{3\,600 v_{go}^2 A_a^2} = \sqrt{(p_s^2 + bT_{av}^2)e^{2ah/T_{av}} - bT_{av}^2} \tag{11-44}$$

其中

$$a = \frac{g}{R}\left[1 + \frac{\frac{\pi}{4}d_b^2\rho_s R_p + (\rho_l q_l + \rho_w q_w)}{60 q_{gs}\rho_{gs}}\right] \tag{11-45}$$

$$b = \frac{fq_{gs}^2\rho_{gs}^2 R^2}{7\,200 g A_a^2 d_H} \tag{11-46}$$

式中　p_s——套压，Pa；

　　　T_s——地面温度，K；

　　　G——地温梯度，$℃/m$；

　　　h——井深，m；

　　　T_{av}——平均绝对温度，K；

　　　ρ_s，ρ_l，ρ_w——岩屑、注入液和地层产出水的密度，kg/m^3；

ρ_{gs} ——气体在标准状态下密度，空气为 1.225 8 kg/m³；

q_{gs} ——标准状态下的气体循环流量，m³/min；

q_l, q_w ——注入液和产出水的流量，m³/h；

R_p ——机械钻速，m/h；

d_b ——钻头直径，m；

d_H ——水力直径，m；

A_a ——环空截面积，m²；

f ——摩阻系数；

R ——气体常数，对于空气为 287.06 J/kg·K；

g ——重力加速度，9.807 m/s²。

这里需要说明的是，所谓标准状态指国际标准大气海平面状态，即压力 0.101 325 MPa，温度 15 ℃。而工业标准状态指压力 0.101 325 MPa，温度 20 ℃。两者差别不大。

Angel 采用了 Weymouth 摩阻计算公式：

$$f = 0.009\ 43\ (D_h - D_p)^{-0.333} \tag{11-47}$$

Weymouth 公式适用于光滑的管壁，计算的气体流量偏小，而实际井眼是粗糙的。为此，Boyun Guo 等采用 Von Karman 经验公式，使得计算结果更符合现场实际。

$$f = \left[2\log\left(\frac{D_h - D_p}{e} \right) + 1.74 \right]^{-2} \tag{11-48}$$

式中　D_h ——井眼直径，m；

　　　D_p ——钻杆直径，m；

　　　e ——绝对表面粗糙度，m。

3. 环空压力的计算

环空压力的计算公式为：

$$p_{bh} = \sqrt{(P_s^2 + bT_{av}^2)e^{\frac{2ah}{T_{av}}} - bT_{av}^2} \tag{11-49}$$

式中　p_{bh} ——井底压力，Pa。

钻头压降与气体流经喷嘴的流动特征有关，下式是音速流动的临界条件。

$$\left(\frac{p_{bh}}{p_{ai}} \right) = \left(\frac{2}{k+1} \right)^{\frac{k}{k-1}} \tag{11-50}$$

式中　p_{ai} ——钻头上游压力，Pa；

　　　k ——定熵指数，空气取 1.4。

如果 $p_{ai} \geqslant p_{bh}/0.528$（对于空气），气体通过喷嘴以音速流动，钻头上游压力与井底压力无关。

$$p_{ai} = \frac{M}{A_n} \left\{ \frac{T_a R}{k} \left(\frac{k+1}{2} \right)^{\frac{k+1}{k-1}} \right\}^{0.5} \tag{11-51}$$

式中　M ——气体质量流量，kg/s；

　　　A_n ——钻头喷嘴的总面积，m²；

　　　T_a ——钻头上游温度，K。

如果气体以亚音速流动，则

$$p_{ai} = p_{bh} \left\{ 1 + \frac{R(k-1)M^2 T_b}{2kA_n^2 p_{bh}^2} \right\}^{\frac{k}{k-1}} \tag{11-52}$$

$$M = \frac{q_{gs}\rho_{gs}}{60} \tag{11-53}$$

式中　T_b——钻头下游温度,K。

气体通过喷嘴后会膨胀降温,其温度关系为:

$$T_b = T_a \left(\frac{p_{bh}}{p_{ai}} \right)^{\frac{k-1}{k}} \tag{11-54}$$

立管压力的计算式为:

$$p_d = \sqrt{(p_{ai}^2 - \beta T_{av}^2) e^{\frac{-2ah}{T_{av}}} + \beta T_{av}^2} \tag{11-55}$$

其中

$$a = \frac{g}{R} \left(1 + \frac{\rho_l q_l}{60 q_{gs}\rho_{gs}} \right) \tag{11-56}$$

$$\beta = \frac{f q_{gs}^2 \rho_{gs}^2 R^2}{7\,200 g A_i^2 d_H} \tag{11-57}$$

式中　p_d——立管压力,Pa;

　　　A_i——钻柱内截面积,m^2。

雾化钻井还要设计液体(水、发泡剂和缓蚀剂)注入量,一般由经验确定。国外手册给出的液体注入量一般为 $0.26 \sim 0.88$ L/s。不稳定泡沫的液体流量比雾化钻井大一些。

四、气体钻井设备

气体钻井根据所用的介质不同可细分为:空气钻井、氮气钻井、空气(或氮气)雾化钻井、空气(氮气)不稳定泡沫钻井等。相应的气体钻井设备主要包括井口控制与导流系统、气体/泡沫发生与注入系统和地面回流处理系统等,气体钻井所需设备组合方式见表 11-6。

表 11-6　各种气体钻井所需配套设备的组成表

钻井方式	气体钻井配备设备		
	井口控制与导流系统	气体发生与注入系统	地面回流处理系统
空气	旋转控制头	空气压缩机、增压机、气体注入检测控制系统、连接管汇及其他辅助设备	排砂管线、岩屑取样器、点火装置及喷淋除尘系统等
氮气		空气压缩机、增压机、膜分离制氮设备、气体注入检测控制系统、连接管汇及其他辅助设备	
空气雾化(泡沫)		空气压缩机、增压机、气体注入检测控制系统、雾化泵、泡沫发生器、化学药剂注入泵、连接管汇及其他辅助设备	
氮气雾化(泡沫)		空气压缩机、增压机、膜分离制氮设备、气体注入检测控制系统、雾化泵、泡沫发生器、化学药剂注入泵、连接管汇及其他辅助	

气体钻井设备应按气体钻井方式和流体力学设计的气量要求进行配置,具体要求如下:

1. 井口导流系统

包括旋转控制头、动力冷却/润滑系统、操作控制装置等。其作用是密封、控制井口压力,防止井口环空中的流体溢出。允许旋转控制头压力等级(静态工作压力)低于其下部环型防喷器压力等级。通径选择考虑钻井、完井作业管串及附件的最大外径和施工工艺的要求。

2. 空气压缩机

不同尺寸的井眼所需的气体流量不同,在一口井中上部大井眼所需的气体流量通常最大。对于空气钻井,空气压缩机应按设计的最大气体流量配置,并至少多配置一台压缩机作为备用。进行氮气钻井时,空气压缩机的供气能力按氮气流量的两倍配置。

雾化钻井所需的气体流量通常高于气体钻井的30%~40%,所需的气体流量按出水量计算。

压缩机的标称排量是指吸入空气(大气)在标准状态下的气体流量,其输出压缩空气流量应根据海拔高度、地面温度和湿度进行校正。

3. 制氮设备

制氮气设备有膜氮(膜分离制氮)和液氮两种方式。目前川东北采用的是现场膜制氮机。膜制氮机氮气纯度应连续可调,在纯度为95%的条件下氮气流量应大于设计气体流量。若使用液氮,液氮设备的氮气流量应高于设计气体流量。

4. 增压机

在直径 $\phi444.5$ mm 和 $\phi406.4$ mm 井眼进行空气钻井,应配置 2 台 60 m³/min 的增压机;井深较浅钻进时增压机仅用于排液,因此不需要按设计的气体流量配置增压机;在 $\phi311.2$ mm(或 $\phi314.1$ mm、$\phi316.0$ mm、$\phi320.6$ mm)、$\phi241.3$ mm、$\phi215.9$ mm 和 $\phi152.4$ mm(或 $\phi149.2$ mm)井眼,立管压力可能超过 2.4 MPa,需按气体流量配置增压机。增压机的额定压力不宜低于 10.5 MPa,目前最高为 15 MPa。

5. 雾泵

因为地层出水很难预计,气体钻井一般都配置雾泵,一旦地层出水,就可以转化成雾化钻井或不稳定泡沫钻井。雾化泵的额定压力应高于增压机的额定压力,排量一般为 0.3~6 L/s,推荐最大排量不低于 18 m³/h。在雾泵拖撬上一般配置 2~3 台化学剂注入泵,用以注入发泡剂、缓蚀剂和泥岩抑制剂等化学剂。化学剂注入泵的额定压力应高于雾泵的压力,排量一般为 1.25 L/min。

6. 排屑管

排屑管的内截面积应与井筒环空截面积相当。据此,对于 $\phi311.2$ mm 井眼,排屑管的直径应大于 $\phi284$ mm。但由于大直径管管体重、不便安装,国外一般很少使用内径大于 $\phi228.6$ m 的排屑管。内径大小的选取以满足携岩、抗冲蚀等施工要求为原则。

排屑管出口距井口直线距离不小于 75 m,由于川东北为含硫地区,因此,规定排屑管的长度不小于 100 m。排屑管宜直线连接,需拐弯时应使用防冲蚀短节。

在排屑管上安装有岩屑取样器和除尘喷淋装置;如果地层可能产出天然气,应安装注气抽真空喷管和出口点火装置。

此外,目前在川东北地区空气钻井都配套安装燃爆检测分析系统,但该系统在雾化钻井和泡沫钻井中不能使用。

7. 立管管汇

立管管汇由压缩机旁通阀、立管泄压阀和截止阀组成，国外一般安装在钻台上，并将旁通阀与泄压阀用直径 $\phi50.8$ mm 的管子与排屑管相连，并在排屑管连接处分别安装主喷管和辅喷管。川东地区大都将立管管汇放在地面，旁通阀与泄压阀直接放空，没有与排屑管相连，也没有装主、辅喷嘴。这种简化的做法也是可行的，但在地层产出天然气的情况下，排屑管应安装主喷嘴，用于起下钻排出可燃气体和防止回火。

8. 仪表

除气体钻井专用设备的各种仪表外，在气体集流管上应配备气体流量计，用于读取和记录注入井内的气体排量和总气体流量。气体钻井的立管压力很低，一般在 2 MPa 左右，而且井底环空压力的变化在立管压力上反映并不明显，因此应安装能分辨 0.1 MPa 的立管压力表。

五、气体钻井技术要求

1. 井身结构、套管强度

(1) 在产层段实施氮气欠平衡钻井，技术套管应下至产层顶部。

(2) 气体钻井井段上层套管抗外挤强度按全掏空进行校核，抗外挤安全系数大于等于 1.00。

2. 井场

(1) 井场具备气体钻井设备摆放条件，地面抗压强度大于等于 0.2 MPa。气体钻井设备离井口大于 15 m，保证足够的安全通道。

(2) 岩屑池位置便于管线安装；岩屑池容量满足岩屑沉降、降尘水沉淀分离的要求，并且满足环保要求。

(3) 在产层段实施氮气钻井，应修建燃烧池，其外周应建防火墙，内侧和底面应作防渗处理，燃烧池位于井场下风方向 75 m 以外安全地带，并具备堆积钻屑和降尘水回收利用条件。

3. 钻机底座

钻机底座净空高度应满足防喷器组合及气体钻井井口装置的安装要求，旋转控制头的顶面与转盘底面应留有空间，便于井口操作。

4. 钻具与钻头

(1) 转盘方式钻井时，宜选用六方钻杆。方钻杆上、下应装接旋塞。

(2) 采用 18°斜台肩钻杆。

(3) 在钻柱底部(钻头之上)接一只止回阀。

(4) 每次下完钻，在钻杆顶部接一只能泄压的止回阀(可用旋塞＋止回阀代替)。

(5) 应定期检查钻具本体、丝扣、台肩和接头的磨损情况，钻铤应定期进行探伤检查。入井钻具应达到 API 规定的一级钻杆的标准。

(6) 易斜井段优先选用空气锤和空气锤钻头。

(7) 应优先选择 IADC 空气钻井系列的牙轮钻头，也可采用普通镶齿牙轮钻头。

(8) 钻头喷嘴的选择以不出现音速流动为原则，或可不装喷嘴。

5.储备浆

非产层气体钻井应储备 1 倍井筒容积以上的近平衡钻井液,并储备足够的加重材料及各种处理剂。

6.钻井方式转换原则

(1)地层出水不能进行气体钻井时,应转换成雾化、泡沫或常规钻井液钻井。

(2)污水池不能容纳产出的地层水和返出的泡沫时,应转换成常规钻井液钻井。

(3)采用空气钻井时,若天然气含量连续大于 3%,或井下连续发生两次以上燃爆,应转换成氮气、雾化、泡沫或常规钻井液钻井。

(4)采用氮气钻井时,若天然气产量连续高于 $14×10^4$ m^3/d,应压井转换为常规钻井液钻井。

(5)地层流体所含 H_2S 浓度≥75 mg/m^3(50 ppm),或者自井内返出的气体在其与大气接触的出口环境中,H_2S 浓度>30 mg/m^3(20 ppm)时,应终止气体钻井并转换成常规钻井液钻井。

(6)井眼、井壁条件不能满足正常施工要求,应转换成常规钻井液钻井。

(7)钻具内防喷工具失效,不能满足井控要求,应转换成常规钻井液钻井。

六、气液转换技术要求

在气液转换过程中,往往出现井壁失稳垮塌,轻则阻卡划眼,重则造成卡钻等钻井复杂问题,将使气体钻井的实际应用效果受到极大影响。气液转换后出现严重坍塌的主要原因有:

(1)气体钻井条件下在井壁周围由于微裂纹的萌生、扩展和汇合,形成了一个裂缝发育的损伤区,损伤区范围越大、坍塌越严重。

(2)转换成钻井液钻井后,由于裂缝的存在而使损伤区内流体压力与井眼液柱压力一致,使得原本稳定的井壁因压力穿透而失稳。

(3)泥岩地层富含高岭石和伊利石,吸水产生水化剥落掉块或强度降低加剧井壁垮塌。

川东北地区在钻井介质的转换中,广泛应用了气液转换润湿反转技术。气液转换过程中,可以在替钻井液之前首先注入一定量的润湿反转剂作为前置隔离液,对井壁进行涂敷预处理,改变地层岩石表面润湿特性,将其表现为疏水性。随钻井液充满环空,钻井液中的抑制剂、封堵剂等处理剂发挥作用,为液柱力学平衡的建立赢得时间,提高气液转换施工过程中井壁的稳定性,防止气液转化时泥页岩垮塌掉块。

1.疏水性前置液的技术要求

当井深为 750~1 500 m 且气体钻井井段≥500 m 或井深≥1 500 m 时,气液转换应使用疏水性前置液,其性能要求见表 11-7。

表 11-7　前置液的性能要求

项　目	指　标
外　观	均匀黏稠液体
密度/(g·cm^{-3})	0.95~1.25
pH	8.0~12.0

项　目	指　标
相对膨胀率/%	≤20
试验用土为评价土,测量时间为 8 h。	

2. 转化用钻井液技术要求

被转换的钻井液应具备强抑制性、强封堵能力、低滤失量、合适的钻井液密度及良好的润滑性。气液转换用钻井液的性能指标参见表 11-8。

表 11-8　气液转换用钻井液性能基本要求

钻井液性能参数	密度/(g·cm⁻³)	漏斗黏度/s	塑性黏度/(mPa·s)	动切力/Pa	初/终切力/Pa	中压失水/mL	高温高压失水/mL	pH	润滑系数
性能指标	设计值	≥60	20～35	10～20	2～5/8～15	≤4	≤12	9～11	≤0.15

若气体钻井中未出现井下掉块,可使用表 11-8 中性能的下限;若气体钻井出现井下掉块,则使用具有性能指标上限的钻井液。

第十二章 钻井工程周期预测 和成本预算

钻井工程周期预测和成本预算是钻井设计的重要组成部分。钻井工程周期预测体现着设计的科学性。准确的钻井周期预测不仅能为施工提供依据,也为制定合理的施工方案提供重要的基础数据。钻井成本预算以钻井周期为基础,钻井周期的长短直接影响着成本预算的高低。钻井工程成本预算是造价管理信息系统的重要环节,不仅对控制单井成本至关重要,也是钻井结算的主要依据。

第一节 钻井工程周期预测

一、钻井工程材料计划

钻井工程材料计划的内容包括一口井钻井工程施工中将要消耗材料的名称、规范、数量。钻井工程材料计划必须在开钻前提交相关器材供应单位。

钻井工程主要消耗材料有:

(1)钻头(各开次钻头及对应数量)。

(2)钻井液材料(加重剂、各种处理剂材料等)。

(3)钻具(钻杆、钻铤、方钻杆、保护接头、配合接头、稳定器、减震器、打捞工具及动力钻具等)。

(4)各开次对应的套管、水泥、水泥添加剂。

(5)油料(柴油、汽油、机油)。

(6)其他(如钢丝绳、丝扣油等)。

(7)井口工具(吊卡、卡瓦、吊钳、安全卡瓦、提升短接、液压大钳及配件等)。

二、生产井周期定额预测

钻井周期定额由钻进作业钻时定额、其他基本作业钻时定额、非生产作业钻时定额、取心钻时定额组成。

计算钻井周期时,根据钻井工程设计中的油田、区块、井别、井型、完钻层位、井身结构、水平位移、井斜角、造斜率、水平段长等基本数据,用地层厚度乘以相应每米钻进作业钻时,然后再累加得出该井钻进作业定额时间;其他基本作业钻时相加再乘以井深,得出该井的其他基本作业定额时间;非生产作业钻时乘以井深得出该井非生产作业定额时间。把钻进作业定额时间、其他基本作业定额时间和非生产作业定额时间相加就是钻井周期,钻机拆迁安装时间加钻井周期等于建井周期,其周期计算公式如下:

$$钻井周期(d) = [\sum (钻进作业钻时 \times 段长) + (其他基本作业钻时 + 非生产作业钻时) \times$$

$$井深 + \sum (取心钻时 \times 取心进尺)]/24。$$

$$建井周期(d) = 钻井周期(d) + 搬迁安装时间/24。$$

钻机搬迁安装时间:指从开始搬迁起至第一次开钻止的时间。

钻进作业时间包括:纯钻进时间、起下钻时间、接单根时间、循环时间、辅助维修时间。

其他基本作业时间包括:表层作业时间、技套作业时间、完井作业时间、测井作业时间,有些井可能进行中途测试,可以列入其他作业时间或单列。

完井作业时间:指钻至目的层井深起钻完到测完固井质量(裸眼完井除外)的时间,有些井可能进行原钻机试油气,作业时间也可以列入完井作业时间或单列。

非生产时间包括:组织停工、事故、复杂情况处理时间。

取心作业时间:指从钻至取心目的层起钻完到取心完毕或扩眼起钻完的时间,包括循环处理时间、取心钻进时间、割心时间、起下钻时间、扩眼时间。

如果缺少某一地层或某一井眼尺寸的钻时定额可参照相邻或相近区块同类型钻时定额取值。

三、探井周期预测

因探井是以了解地层年代、岩性、厚度、生储盖层的组合和区域地质构造、地层剖面局部构造,或在确定的有利圈闭上,已发现油气藏或在已发现的圈闭上,进一步探明含油气边界和储量,了解油气层结构等目的所钻的各种探井,包括地层探井、预探井、详探井、评价井等。

正因为探井的特殊钻探目的,因此,在做探井周期测算时,有很大一部分井钻时定额数据库中是没有的,这就要参考周围邻井的钻井资料。如果没有周围邻井的钻井资料,也可参考相邻区块的钻井资料。

对于钻时数据库中有钻时数据的探井,在周期测算时,计算方法和生产井周期的计算方法相同。

对于钻时数据库中没有钻时数据的探井,就要收集周围邻井或者相邻区块井的井史数据,对井史资料进行认真仔细的分析和整理,特别是针对井史中的钻头钻进资料和钻井日志要进行细致的整理,分别计算出不同井段的纯钻进时间、起下钻时间、接单根时间、循环时间,表层作业时间、技套作业时间、完井作业时间、测井作业时间。根据这些整理的数据,以及要测算钻井周期井的工程设计,对该探井进行周期测算。

测算方法如下:

纯钻进作业时间:根据周围邻井不同井段的钻头进尺和时间求得邻井不同井段的机械钻速,再根据邻井不同井段的机械钻速,依据测算井对应的井身结构、进尺,对应计算出该井不同井段的纯钻进时间。

即:纯钻进作业时间=进尺/机械钻速/24。

起下钻时间:根据周围邻井相同井段的起下钻时间,再依据测算井的井身结构、井深的不同分别取不同的时间。

循环时间:根据井身结构、地层情况的不同,参考邻井的实际情况而定。

表层作业时间、技套作业时间、完井作业时间:根据套管下深以及周围邻井的实际情况而定。

测井作业时间:根据测井项目的不同以及地层情况和邻井测井情况而定。

第二节 钻井工程成本预算

钻井工程成本预算包括:钻井工程费用、钻前劳务费用、钻井液劳务费用、管具劳务费用、固井劳务费用、定向井技术服务费用、其他技术服务费用,见表 12-1。

表 12-1 ××钻井工程设计预算汇总表

建设单位: ××采油厂
预算日期:

序 号	项 目	金额/元	备 注
1	钻井工程费用		
2	钻前劳务费用		
3	钻井液劳务费用		
4	管具劳务费用		
5	固井劳务费用		
6	定向井技术服务费用		
7	其他技术服务费用		
合 计			
钻井工程设计费			
单位造价			

一、钻井工程费用预算

钻井工程费用:由工程直接费、间接费、风险费、计划利润、计价依据维护费、基地服务费及税金构成。其中:

工程直接费:由直接费和其他直接费构成。

(1)直接费:由直接材料费、燃料动力费、人工费和折旧费构成。

直接材料包括:套管及附件、钻头、钻具使用、润滑油、水泥及添加剂、钻井液、石粉(重晶石)、一般材料。

燃料动力费包括柴油和水电费。

(2)其他直接费:由钻前准备工程费、井控及固控摊销费、运输费、设备修理费、钻井工具修理费、保温费、设备保险费、其他、科技进步发展费及健康安全环保费构成。

钻前准备工程费包括:施工补偿费、钻机搬迁费、设备校安费、水电讯工程费、锅炉工程费、拖拉机使用费、野营房摊销费。

间接费：由企业管理费和财务费用构成。

钻井工程费用预算样式见表12-2。

表 12-2　××钻井工程设计预算书

基本参数	井号：　×× 油区：　×× 区块：　×× 井别：　××		井型： 井深： 钻机月： 封井器类型：		新老井距： 驻地至老井： 驻地至新井：	
固井工程参数	套管规格		套管长度/m	水泥型号		水泥质量/t

项　目	金额/元	项　目	金额/元
一、工程直接费		2.燃料及动力	
（一）直接费		（1）柴油	
1.直接材料		（2）水电费	
（1）套管及附件		3.人工费	
套管		4.折旧费	
套管附件		（二）其他直接费	
套管扶正器		1.钻前准备工程	
（2）钻头		（1）施工补偿费	
钻进钻头		（2）钻机搬迁	
取心钻头		（3）设备校安	
（3）钻具使用		（4）水电讯工程费	
普通钻具使用		（5）锅炉工程费	
特殊钻具使用		（6）拖拉机费	
（4）润滑油（机油）		（7）野营房摊销费	
（5）水泥及添加剂		2.井控及固控摊销	
水泥		（1）井控摊销	
添加剂		（2）固控摊销	
隔离液		3.运输费	
（6）钻井液		4.设备修理费	
钻井液材料		5.钻井工具修理费	
材料供井		6.保温费	
（7）石粉（重晶石）		7.设备保险费	
（8）一般材料		8.其他	

项　目	金额/元	项　目	金额/元
9.科技进步发展费		四、利润	
10.健康安全环保费		五、计价依据维护费	
二、间接费		六、基地服务费	
(一)企业管理费		七、合计	
(二)财务费用		其他预(结)算费用	
三、风险费		税金	
		总计	

二、钻井工程费计算方法

1. 工程直接费

(1) 套管及附件。

① 套管。

套管费用由钻井工程设计或实际完井资料中的不同尺寸、不同钢级、不同壁厚的套管段长度乘以套管单重及附重系数再乘以相应的套管价格而得。计算公式如下:

套管费用 = $\sum$ [套管段长度×套管单重×(1+套管附重系数)×套管价格]

② 套管附件。

套管附件费用分两部分计算。

常规附件(包括套管引鞋、浮箍、回压阀等)费用从《套管附件预算定额》表中选定。管外封隔器、分级注水泥、尾管悬挂器、套管头等特殊附件消耗按设计中的型号和数量计算。

特殊附件费用 = 特殊附件消耗数量×套管附件价格

套管附件费用 = 常规附件费用+特殊附件费用

③ 套管扶正器。

套管扶正器费用由钻井工程设计中设计的不同规格的扶正器消耗数量乘以相应的扶正器价格而得。计算公式如下:

套管扶正器费用(元) = $\sum$ [扶正器消耗量(个)×扶正器价格(元/个)]

(2) 钻头。

钻头费用(元) = 井深(m)×钻进钻头定额(元/m)+取心进尺(m)×取心钻头定额(元/m)

(3) 钻具使用。

① 普通钻具使用费。

普通钻具:是指 ϕ127 mm 钻杆。

普通钻具使用费(元) = 井深(m)÷单根钻杆平均长度(m/根)×钻井周期(d)×
单根钻杆使用定额(元/根·d)×120%

120%是指钻杆按设计井深的120%供井。

② 特殊钻具使用费。

特殊钻具:包括普通钻铤、方钻杆,各种规格的小钻杆、小方钻杆、加重钻杆、无磁钻铤、无磁承压钻杆,各种规格的动力钻具、取心工具、随钻震击器等。

(4) 润滑油(机油)费用。

$$润滑油(元) = 定额(t/台月) \times 钻井周期(台月) \times 机油单价(元/t)$$

(5) 水泥及添加剂。

水泥:水泥费用由钻井工程设计中的不同型号的水泥消耗数量乘以相应的水泥价格而得。计算公式如下:

$$水泥费用(元) = \sum [水泥消耗量(t) \times 水泥价格(元/t)]$$

水泥添加剂:水泥添加剂费用由钻井工程设计中的不同类型的水泥添加剂消耗量乘以相应的水泥添加剂价格而得。计算公式如下:

$$水泥添加剂费用(元) = \sum [水泥添加剂消耗量(t) \times 水泥添加剂价格(元/t)]$$

隔离液:隔离液费用由钻井工程设计中的不同类型的隔离液消耗量乘以相应的隔离液价格而得。计算公式如下:

$$隔离液费用(元) = \sum [隔离液消耗量(t) \times 隔离液价格(元/t)]$$

(6) 钻井液。

① 钻井液材料费。

钻井液材料费由钻井工程设计中的不同类型的钻井液材料消耗量乘以相应的钻井液材料价格而得。计算公式如下:

$$钻井液材料费用(元) = \sum [钻井液材料消耗量(t) \times 钻井液材料价格(元/t)]$$

② 钻井液材料供井运费。

钻井液材料供井运费以各种钻井液材料消耗量为基数,配车系数为 2.0,按 8 t 卡车、每 120 km 为一个台班计算。

(7) 石粉(重晶石)。

$$石粉(元) = 石粉消耗量(t) \times 石粉价格(元/t)$$

(8) 一般材料费。

一般材料主要包括钻机零配件、柴油机零配件、钻井液泵零配件、各种油脂密封脂等。

$$一般材料费(元) = 一般材料消耗定额(元/台月) \times 钻井周期(台月)$$

(9) 柴油。

$$柴油(元) = 柴油定额(t/台月) \times 钻井周期(台月) \times 柴油单价(元/t)$$

(10) 水电费。

$$水、电费(元) = 水、电费定额(元/台月) \times 钻井周期(台月)$$

(11) 人工费。

$$人工费(元) = 人工费定额(元/台月) \times 钻井周期(台月)$$

(12) 折旧费。

$$折旧费(元) = 设备折旧定额(元/台月) \times 钻井周期(台月)$$

2.其他直接费

(1) 施工补偿费。

$$施工补偿费(元) = 永久征地费(元/口井) + 临时占地费(元/口井) +$$
$$其他补偿费用(元/口井)$$

（2）钻机搬迁费。

计算钻机搬迁费用应根据钻机搬迁距离,查钻机搬迁系数定额表确定钻机搬迁系数。

$$钻机搬迁距离＝（驻地到老井距离＋新老井距＋新井到驻地距离）÷ 2$$

$$钻机搬迁费用（元）＝钻机搬迁费用定额（元/口井）×钻机搬迁系数$$

（3）设备校安费、水电讯工程费及锅炉工程费。

设备校安费、水电讯工程费及锅炉工程费按定额分别取值。

（4）拖拉机费。

$$拖拉机费（元）＝拖拉机费定额（元/台月）×钻井周期（台月）$$

（5）野营房摊销费。

$$野营房摊销（元）＝野营房摊销定额（元/台月）×钻井周期（台月）$$

（6）井控及固控设备摊销费。

① 井控设备摊销费。

井控装置摊销包括各种规格型号的防喷器、控制台、钻井四通、气体分离器、各种管汇等,井控装置分 16 种井口类型。根据实际情况,套用对应型号定额。

$$井控装置摊销费（元）＝\sum\left[使用套数（套）×井控装置定额（元/套）\right]$$

② 固控设备摊销。

$$固控设备摊销（元）＝固控设备摊销（元/台月）×钻井周期（台月）$$

（7）运输费。

运输费主要包括钻井队的值班车（卡车、客车）、生活用水罐车、运送柴油、机油的罐车、用于生产配合的各类车辆（一般材料供井、生产指挥车、送拉设备、临时照明及发电车、应急吊车及卡车、上井维修车等各类车辆）。

$$运输费（元）＝运输费定额（元/台月）×钻井周期（台月）$$

（8）设备修理费。

$$设备修理费（元）＝设备修理费定额（元/台月）×钻井周期（台月）$$

（9）钻井工具修理费。

$$钻井工具修理费（元）＝钻井工具修理费定额（元/台月）×钻井周期（台月）$$

（10）保温费。

$$保温费（元）＝保温费定额（元/台月）×钻井周期（台月）$$

（11）设备保险费。

$$设备保险费（元）＝设备保险费定额（元/台月）×钻井周期（台月）$$

（12）其他费用。

$$其他费用（元）＝其他费用定额（元/台月）×钻井周期（台月）$$

（13）科技进步发展费。

按照工程直接费（直接材料、燃料及动力、人工费、折旧费、钻前准备工程、井控及固控摊销、运输费、设备修理费、钻井工具修理费、保温费、设备保险费和其他费用之和）的百分比系数提取。

（14）健康安全环保费。

按照工程直接费（直接材料、燃料及动力、人工费、折旧费、钻前准备工程、井控及固控摊销、运输费、设备修理费、钻井工具修理费、保温费、设备保险费和其他费用之和）的百分比系数提取。

3. 间接费

（1）企业管理费。

企业管理费包括上级管理费、公司管理费、大队管理费，按照一线人工工资的百分比系数提取。

（2）财务费用。

按照工程直接费与企业管理费之和的百分比系数提取。

4. 风险费

按照工程直接费与间接费合计的百分比系数提取。

5. 利润

按照工程直接费、间接费、风险费合计的百分比系数提取。

6. 计价依据维护费

按照工程直接费、间接费、风险费、计划利润之和的百分比系数提取。

7. 基地服务费

按照一线人工工资的百分比系数提取。

8. 工程总造价

$$工程总造价＝工程直接费＋其他直接费＋间接费＋风险费＋利润＋$$
$$计价依据维护费＋基地服务费$$

9. 单位造价

$$单位造价＝工程总造价/井深$$

附　录

附录 1　钻井工程设计格式

附录 1.1　中石油钻井工程设计基本内容

1　设计依据

1.1　地理及环境资料

1.2　地质要求

1.3　地质分层及油气水层

1.4　储层简要描述

2　技术指标及质量要求

2.1　井身质量技术指标

2.2　井身质量要求

2.3　固井质量

2.4　录井资料

3　工程设计

3.1　井身结构示意图

3.2　井身结构设计数据及说明

3.4　钻机选型及钻井主要设备

3.5　钻具组合

3.6　钻井液

3.7　油气层保护设计

3.8　钻头及钻井参数设计

3.9　油气井压力控制

3.10　固井设计

3.13　完井及井口要求

3.14　钻井工程资料

3.15　施工工艺过程设计与钻井周期预测

4　健康、安全与环境管理

4.1　基本要求

4.2 健康管理要求

4.3 安全管理要求

4.4 环保管理要求及措施

5 生产信息及完井提交资料

5.1 生产信息类

5.2 完井提交资料

6 附则

6.1 钻井施工设计要求

6.2 特殊施工作业要求

6.3 特殊工艺井特殊要求

附录1.2 中石化钻井工程设计基本内容

第一部分 钻井地质设计

第二部分 钻井工程设计

1 设计依据

2 技术指标及质量要求

2.1 井身质量要求

2.2 固井质量要求

2.3 取心质量要求

2.4 完井井口质量要求

2.5 其他

3 轨道设计

3.1 轨道设计表

3.2 井眼轨道垂直投影图

3.3 井眼轨道水平投影图

3.4 防碰计算表

3.5 防碰扫描图

3.6 其他

4 井身结构

4.1 地层岩性剖面

4.2 地层压力和破裂压力预测

4.3 井身结构设计参数

4.4 井身结构设计表

4.5 井身结构总体说明

4.6 井身结构示意图

5 钻机选型及钻井主要设备

5.1 设备选择要求

5.2 主要设备参数

6 钻具组合

附录 1.3 中海油钻井工程设计基本内容

附录2　钻井设计参考标准

附表1　胜利钻井院设计所用钻井设计参考标准

序号	标准编号	标准名称
1	SY/T 5051—2009	钻具稳定器
2	SY/T 5087—2005	含硫化氢油气井安全钻井推荐做法
3	SY/T 5088—2008	钻井井身质量控制规范
4	SY/T 5172—2007	直井井眼轨迹控制技术规范
5	SY/T 5225—2005	石油天然气钻井、开发、储运防火防爆安全生产技术规程
6	SY/T 5234—2004	优选参数钻井基本方法及应用
7	SY/T 5313—2006	钻井工程术语
8	SY/T 5333—2012	钻井工程设计格式

序号	标准编号	标准名称
9	SY/T 5347—2005	钻井取心作业规程
10	SY/T 5374.1—2006	固井作业规程 第1部分:常规固井
11	SY/T 5374.2—2006	固井作业规程 第2部分:特殊固井
12	SY/T 5412—2005	下套管作业规程
13	SY/T 5415—2003	钻头使用基本规则和磨损评定方法
14	SY/T 5426—2000	岩石可钻性测定及分级方法
15	SY/T 5431—2008	井身结构设计方法
16	SY/T 5435—2012	定向井轨道设计与轨迹计算
17	SY/T 5466—2004	钻前工程及井场布置技术要求
18	SY/T 5467—2007	套管柱试压规范
19	SY/T 5480—2007	固井设计规范
20	SY/T 5505—2006	丛式井平台布置
21	SY/T 5596—2009	钻井液和处理剂类型代号
22	SY/T 5619—2009	定向井下部钻具组合设计方法
23	SY/T 5623—2009	地层孔隙压力预测检测方法
24	SY/T 5678—2003	钻井完井交接验收规则
25	SY/T 5724—2008	套管柱结构与强度设计
26	SY/T 5729—1995	稠油热采井固井作业规程
27	SY/T 5731—1995	套管柱井口悬挂载荷计算方法
28	SY/T 5792—2003	侧钻井施工作业及完井工艺要求
29	SY/T 5954—2004	开钻前验收项目及要求
30	SY/T 5955—2004	定向井井身轨迹质量
31	SY/T 5964—2006	钻井井控装置组合配套、安装调试与维护
32	SY/T 5972—2009	钻机基础选型与计算
33	SY/T 6137—2005	含硫化氢的油气生产和天然气处理装置作业的推荐做法
34	SY/T 6199—2004	钻井设施基础规范
35	SY/T 6218—2010	套管段铣和定向开窗作业方法
36	SY/T 6223—2005	钻井液净化设备配套、安装、使用和维护
37	SY/T 6277—2005	含硫油气田硫化氢监测与人身安全防护规程
38	SY/T 6228—2010	油气井钻井及修井作业职业安全的推荐做法
39	SY/T 6283—1997	石油天然气钻井健康、安全与环境管理体系指南
40	SY/T 6332—2004	定向井轨迹控制
41	SY/T 6396—2009	钻井井眼防碰技术要求
42	SY/T 6426—2005	钻井井控技术规程

序号	标准编号	标准名称
43	SY/T 6427—1999	钻柱设计和操作限度的推荐做法
44	SY/T 6464—2010	水平井完井工艺技术要求
45	SY/T 6524—2010	石油工业作业场所劳动防护用具配备要求
46	SY/T 6543.2—2009	欠平衡钻井技术规范 第2部分:气相
47	SY/T 6544—2003	油井水泥浆性能要求
48	SY/T 6592—2004	固井质量评价方法
49	SYT 6558—2003	海上油气水井抗冰隔水管设计与建造规范
50	SY/T 6608—2004	海上石油作业人员安全救生培训要求
51	SY/T 6613—2005	钻井液流变学与水力学计算程序推荐做法
52	SY/T 6616—2005	含硫油气井钻井井控装置配套、安装和使用规范
53	SY/T 6629—2005	陆上钻井作业环境保护推荐做法
54	SY/T 6633—2005	海上石油设施应急报警信号规定
55	SY/T 6634—2005	滩海陆岸石油作业安全规程
56	SY/T 6789—2010	套管头使用规范
57	SY/T 10022.1—2001	海洋石油固井设计规范第1部分:水泥浆设计和试验
58	SY/T 10022.2—2000	海洋石油固井设计规范第2部分:固井工艺
59	SY/T 10025—2009	钻井平台钻前检验规范
60	SY/T 10047—2003	海上油(气)田开发工程环境保护设计规范
61	SY 5593—1993	钻井取心质量指标
62	SY 5742—2007	石油与天然气井井控安全技术考核管理规则
63	SY 5974—2007	钻井井场、设备、作业安全技术规程
64	SY 6303—2008	海上石油设施动火作业安全规程
65	SY 6307—2008	浅海钻井安全规程
66	SY 6345—2008	浅海石油作业人员安全资格
67	SY 6355—2010	石油天然气生产专用安全标志
68	SY 6429—2010	浅海石油天然气作业消防规程
69	SY 6432—2010	浅海石油作业井控规范
70	SY 6444—2010	石油工程建设施工安全规程
71	SY 6502—2010	浅(滩)海石油设施逃生和救生设备安全管理规定
72	SY 6504—2010	浅海石油作业硫化氢防护安全规定
73	Q/SH 0010—2009	川东北气体钻井技术规范
74	Q/SH 0012—2011	川东北井身结构设计技术规范
75	Q/SH 0013—2011	川东北复杂压力条件下钻井技术规范
76	Q/SH 0014—2009	川东北天然气井固井技术规范

序号	标准编号	标准名称
77	Q/SH 0017—2007	川东北深井超深井钻井套管保护技术规范
78	Q/SH 0020—2009	川东北钻前施工作业技术规范
79	Q/SH 0022—2007	川东北含硫化氢天然气井试气推荐做法
80	Q/SH 0027—2006	川东北山地地震勘探资料采集技术规范
81	Q/SH 0028—2007	川东北山地地震资料处理技术规范
82	Q/SH 0032—2007	川东北地区 PDC 钻头钻井条件下的录井技术规范
83	Q/SH 0033—2009	川东北天然气井钻井与井下作业工程安全技术规范
84	Q/SH 0034—2007	气体钻井安全技术规范
85	Q/SH 0081—2011	探井(直井)钻井工程设计
86	Q/SH 0082—2007	水平井钻井工程设计要求
87	Q/SH 0083—2007	水平井测量规程
88	Q/SH 0089—2007	钻井现场安全标志的设置
89	Q/SH 0096—2007	油田企业职工个人劳动防护用品管理及配备要求
90	Q/SH 0097—2007	浅层常压天然气井钻井工程安全技术规范
91	Q/SH 0099.1—2009	川东北地区天然气勘探开发环境保护规范 第1部分:钻井与井下作业工程
92	Q/SH 0165—2008	钻井完井工程质量技术规范
93	Q/SH 0241.2—2009	套管侧钻井油藏地质、钻井工程设计技术规范 第2部分:钻井工程设计
94	Q/SH 0437—2011	非常规油气井钻前工程技术要求
95	Q/SH 0438—2011	非常规油气井钻机选型与配套
96	Q/SH 0439—2011	非常规油气井钻井井身质量要求
97	Q/SH 0440—2011	非常规油气水平井固井技术要求
98	Q/SH 1020 0005.3—2003	钻井质量 第3部分:固井质量
99	Q/SH 1020 0005.4—2010	钻井质量 第4部分:完井井口质量
100	Q/SH 1020 0100—2003	油气井套管固井现场检查及施工
101	Q/SH 1020 0101—2010	固井工具附件使用技术要求
102	Q/SH 1020 0106—2003	牙轮钻头选型方法
103	Q/SH 1020 0154—2003	油、气、水井钻井完井交接验收规则
104	Q/SH 1020 0255—2010	地层压力检测 dc 指数法
105	Q/SH 1020 0323—2004	螺杆钻具使用规程
106	Q/SH 1020 0446—2008	钻井井控装置配套、安装及检查验收
107	Q/SH 1020 0577—2008	钻井液净化系统配套与安装
108	Q/SH 1020 0578—2005	聚合物乳化钻井液工艺技术推荐做法
109	Q/SH 1020 0579—2004	聚合物防塌钻井液工艺技术推荐做法
110	Q/SH 1020 0580—2005	聚合物抑制性钻井液工艺技术推荐做法

序号	标准编号	标准名称
111	Q/SH 1020 0600—2007	分区开发井钻井设计
112	Q/SH 1020 0692.1—2004	钻井工程设计 第1部分:开发井(直井)钻井设计
113	Q/SH 1020 0692.2—2004	钻井工程设计 第2部分:丛式井钻井设计
114	Q/SH 1020 0692.3—2004	钻井工程设计 第3部分:多目标定向井钻井设计
115	Q/SH 1020 0692.4—2012	钻井工程设计 第4部分:探井(直井)钻井设计
116	Q/SH 1020 0692.5—2006	钻井工程设计 第5部分:探井(定向井)钻井设计
117	Q/SH 1020 0692.6—2010	钻井工程设计 第6部分:水平井钻井设计
118	Q/SH 1020 0692.7—2006	钻井工程设计 第7部分:定向井钻井设计
119	Q/SH 1020 0699—2008	内管注水泥施工工程
120	Q/SH 1020 0700.2—2006	双作用分级注水泥器施工方法
121	Q/SH 1020 0701—2006	ϕ244.5mm×ϕ139.7mm 液压尾管悬挂器固井规程
122	Q/SH 1020 0703—2007	钻机井场布置图及技术要求
123	Q/SH 1020 0708—2006	现场钻井液资料录取
124	Q/SH 1020 0709—2012	聚磺高温钻井液工艺技术要求
125	Q/SH 1020 0845—2004	探井钻井技术规程
126	Q/SH 1020 0846—2004	开发井(直井)钻井技术规程
127	Q/SH 1020 0848—2012	钻井工程故障预防推荐做法
128	Q/SH 1020 0850—2011	海上固井设计与施工作业规程
129	Q/SH 1020 0851—2012	浅海钻井平台井控装置配套、安装与检查
130	Q/SH 1020 0853—2006	钻井队钻井工程资料录取
131	Q/SH 1020 0885—2010	ϕ139.7 mm 和 ϕ177.8 mm 套管组合回压阀
132	Q/SH 1020 0890—2008	直井防斜和纠斜工艺推荐做法
133	Q/SH 1020 0960—2008	海洋钻井平台固控设备配套
134	Q/SH 1020 0995—2010	钻井现场安全标志的设置
135	Q/SH 1020 1160—2011	钻井一级井控技术
136	Q/SH 1020 1175—2003	油井探井井位设计
137	Q/SH 1020 1206—2010	钻井设计资格认证条件
138	Q/SH 1020 1322—2004	水平井用聚合物水包油钻井液工艺技术要求
139	Q/SH 1020 1323—2005	水平井用正电胶钻井液工艺技术推荐做法
140	Q/SH 1020 1324—2010	保护油气层钻井完井液工艺技术要求
141	Q/SH 1020 1331—2006	YZFQ型压差重力双作用分级注水泥器
142	Q/SH 1020 1383—2008	油气井注水泥设计
143	Q/SH 1020 1384—2008	调整井钻井工程设计
144	Q/SH 1020 1462—2008	油溶树脂复合屏蔽剂通用技术条件

序号	标准编号	标准名称
145	Q/SH 1020 1557—2010	固井施工安全技术规定
146	Q/SH 1020 1624—2003	水平井测量技术
147	Q/SH 1020 1625—2003	水平井井眼轨迹控制技术
148	Q/SH 1020 1626—2010	浅海探井井身结构设计规范
149	Q/SH 1020 1680—2010	钻井施工现场环境保护管理规定
150	Q/SH 1020 1694—2009	海上石油工程术语
151	Q/SH 1020 1714—2005	ZJ30/2250L 石油钻机
152	Q/SH 1020 1730—2006	健康、安全与环境管理体系要求
153	Q/SH 1020 1780—2006	天然气井钻井设计
154	Q/SH 1020 1979—2009	ϕ108mm 膨胀套管侧钻完井技术规程
155	Q/SH 0198.3—2008	天然气井工程安全技术规范第三部分:海上天然气作业
156	Q/SHS 0001.1—2001	中国石油化工集团公司安全、环境与健康(HSE)管理体系
157	Q/SHS 0003.1—2004	天然气井工程安全技术规范第一部分:钻井与井下作业
158	Q/SHSLJ 0001—2002	制定、修订企业标准的规定
159	Q/SHSLJ 0005.1—2002	井身质量
160	Q/SHSLJ 0431—2002	井壁取心质量控制
161	Q/SHSLJ 1207—2002	定向井井眼轨迹资料录取要求
162	Q/SHSLJ 1551—2002	探井钻探任务书编制规范
163	Q/SL 0005.2—2001	钻井质量 第2部分:钻井取心质量
164	Q/SL 0025—1986	喷射钻井水力参数选择推荐方法
165	Q/SL 0314—1989	多目标井钻井工艺技术推荐做法
166	Q/SL 0697—2000	油基钻井液 SYZ
167	Q/SL 0705—2000	套管开窗侧钻工艺做法
168	Q/SL 0900—1999	裸眼定向侧钻工艺技术做法
169	Q/SL 1082—2000	填井侧钻工艺规程
170	Q/SL 1204—1996	可复位式预应力固井　地锚
171	Q/SL 1227—1996	ZJ32—SL1 石油钻机
172	Q/SL 1379—1998	钻开油气层要求
173	Q/SL 1381—1998	定向井钻井液技术要求
174	Q/SL 1431—1999	水平井钻具组合设计方法
175	Q/SL 1479—2000	固井协作会规定
176	Q/SL 1480—2000	水平井固井作业规程

附录 3　常用固井泵技术参数

附表 2　HT-400 固井泵（1）

柱塞外径/in	6	5	4½	4	3⅜
最高压力/psi	6 250	9 000	11 200	15 000	20 000
最高泵速/(冲·min⁻¹)，曲轴转速为 275 r/min	19.3	13.3	10.8	8.6	6.1
最大输入功率/kW	600	600	600	600	600

备注：上表数据适用于间断固井作业。

附表 2　HT-400 固井泵（2）

柱塞外径/in	6	5	4½	4	3⅜
最高压力/psi	3 000	4 500	5 600	7 000	10 000
最高泵速/(冲·min⁻¹)，曲轴转速为 75 r/min	5.3	3.6	2.9	2.3	1.5
最大输入功率/kW	275	275	275	275	275

备注：上表数据适用于连续固井作业。

附表 3　DS-R622J 固井泵

柱塞外径/in	3¾	4½	5
最高压力/psi	10 500	7 500	6 000
最高泵速/(冲·min⁻¹)	6.9	9.9	12.2

备注：以上数据要求曲轴转速为 260 r/min。

附表 4　SPM-TWS600S 固井泵

柱塞外径/in	在每分钟不同泵冲数下的顶替速度									
	50 冲		120 冲		200 冲		300 冲		450 冲	
	排量/(L·s⁻¹)	压力/MPa	排量/(L·s⁻¹)	压力/MPa	排量/(L·s⁻¹)	压力/MPa	排量/(L·s⁻¹)	压力/MPa	排量/(L·s⁻¹)	压力/MPa
3	1.8	97.6	4.2	96.6	6.9	58.0	10.4	38.6	15.6	25.8
4½	3.9	43.4	9.4	42.9	15.6	25.8	23.4	17.2	35.2	11.5

附表 5　CPT-800D 型双机双泵水泥车

制造单位	TULSA EQUIPMENT MFG.（U.S.）
最高工作压力（前泵）	71.68 MPa
最高工作压力下排量（后泵）	170 L/min
最大排量（双泵）	2 770 L/min
最大排量下压力（前泵）	16.39 MPa
最大排量下压力（后泵）	18.64 MPa

计量罐容积	5 000 L
混浆槽容积	650 L

附表 6　CPT-986 型水泥车

制造公司	美国首威尔-斯伦贝谢公司
最高工作压力（前泵）	48.3 MPa
最高工作压力下排量（后泵）	170 L/min
最大排量（双示）	2 980 L/min
最大排量下压力（前泵）	13.7 MPa
最大排量下压力（后泵）	11.0 MPa
计量罐容积	6 000 L
混浆槽容积	650 L

附表 7　SJX70-25 型水泥车主要技术参数

挡位	冲次	5 in 柱塞端 TH06		3¾ in 柱塞端 TG06	
		排量	压力	排量	压力
		L/min	MPa	L/min	MPa
Ⅰ	42	144	70	202	35
Ⅱ	102	276	48.6	492	27
Ⅲ	162	439	30.5	781	17.2
Ⅳ	238	646	20.7	1148	11.7
Ⅴ	328	890	15	1583	8.5

附表 8　SJX40-17 型双机双泵水泥车主要技术参数

传动箱挡位	冲次	排量	压力/MPa	压力/MPa
	min^{-1}	L/min	100% 功率	70% 功率
Ⅰ	61	0.294	40	28
Ⅱ	152	0.733	18.32	13
Ⅲ	241	1.16	11.6	8.1
Ⅳ	352	1.699	10	5.6

附表 9　ACF-700B 固井水泥车

制造公司	罗马尼亚 LMAT 机器厂
最高工作压力/MPa	68.7
最高工作压力下排量/（L·min^{-1}）	156
最大排量/（L·min^{-1}）	1 910

续表附表 9

最大排量下压力/MPa	5.4
额定输出水功率/kW	200
水柜容量/L	2 000×2
混浆槽容量/L	290

附表 10   肯沃斯 500 型水泥车

制造公司	美国西方公司
最高工作压力/MPa	49
最高工作压力下排量/(L·min⁻¹)	329
最大排量/(L·min⁻¹)	2 492
最大排量下压力/MPa	13.0
最高工作泵冲数/min⁻¹	87
最大排量泵冲数/min⁻¹	329
额定输出水功率（单泵）/kW	266
计量柜容积/L	3 200×2
混浆池容积/L	700

附表 11   SJX5201 水泥车

制造公司	中国石油天然气总公司第四机械厂
最高工作压力/MPa	34.6
最高工作压力下排量/(L·min⁻¹)	400
最大排量/(L·min⁻¹)	1 530
最大排量下压力/MPa	8.6
最大排量下泵冲数/min⁻¹	328
计量罐容积/L	4 000
混浆槽容积/L	650

附表 12   SNC-400Ⅱ型水泥车

最高工作压力/MPa	39.4
最高工作压力下排量/(L·min⁻¹)	261
最大排量/(L·min⁻¹)	1 197
最大排量下泵冲数/min⁻¹	192
最大排量下压力/MPa	8.6
额定输出水功率/kW	171
计量罐容积/L	4 000
混浆槽容量/L	290

参 考 文 献

[1]　刘希圣.钻井工艺原理(上、中、下册).北京:石油工业出版社,1988.

[2]　陈庭根,管志川.钻井工程理论与技术.东营:石油大学出版社,2000.

[3]　郝俊芳.平衡压力钻井与井控.北京:石油工业出版社,1992.

[4]　万仁溥.现代完井工程(第三版).北京:石油工业出版社,2008.

[5]　鄢捷年.钻井液优化设计与实用技术.东营:石油大学出版社,1993.

[6]　钻井手册(甲方)编写组.钻井手册.北京:石油工业出版社,1990.

[7]　高德利.井眼轨迹控制.东营:石油大学出版社,1994.

[8]　刘刚,金业权.钻井井控风险分析与控制.北京:石油工业出版社,2011.

[9]　楼一珊,金业权.岩石力学与石油工程.北京:石油工业出版社,2006.

[10]　刘瑞文.现代完井技术.北京:石油工业出版社,2009.

[11]　步玉环,王德新.完井与井下作业.东营:石油大学出版社,2006.

[12]　陈平.钻井与完井工程.北京:石油工业出版社,2005.

[13]　张明昌.固井工艺技术.北京:中国石化出版社,2007.

[14]　赵敏,徐同台.保护储层技术.北京:石油工业出版社,1995.

[15]　金业权,刘刚.钻井装备与工具.北京:石油工业出版社,2012.

[16]　李克向.实用完井工程.北京:石油工业出版社,2002.

[17]　孙松尧.钻机机械.北京:石油工业出版社,2006.

[18]　孙振纯,夏月泉,徐明辉.井控技术.北京:石油工业出版社,1997.

[19]　周开吉,郝俊芳.钻井工程设计.东营:石油大学出版社,1996.

[20]　韩志勇.定向井设计与计算.北京:石油工业出版社,1989.

[21]　刘伟,蒲晓林,白小东,等.油田硫化氢腐蚀机理及防护的研究现状及进展.石油钻探技术,2008,36(1):83-86.

[22]　胡建修,宫万祥,张桂新.H_2S 对钻具的危害和内涂层技术的应用.全面腐蚀控制,2009,23(8):27-29.

[23]　尹忠,廖刚,梁发书,等.硫化氢的危害与防治.油气田环境保护,2004,14(4):37-39.

[24]　路民旭.H_2S 腐蚀机理、规律、选材和控制措施.西部油田腐蚀与防护论坛,2006,58-70.

[25]　油气田腐蚀与防护技术手册编委会.油气田腐蚀与防护技术手册(下).北京:石油工业出版社,1999.

[26]　卢绮敏.石油工业中的腐蚀与保护.北京:化学工业出版社,2001.

[27]　冯秀梅,薛莹.炼油设备中的湿硫化氢腐蚀与防护.化工设备与管道,2003,40(6):

57-60.

[28] 张勇,王家辉.石化设备湿硫化氢应力腐蚀失效及防护.石油工程建设,1995(6):11-14.

[29] 宋建建.CO_2 气井输气管线的腐蚀防护研究.大庆:大庆石油学院,2009.

[30] Sridhar Srinivasan,Saadedine Tebbal. Critical factors in predicting CO_2/H_2S corrosion in multiphase systems. Houston:NACE,1998.

[31] Pots B F M,John R C. Improvement on De Waard-Milliams corrosion prediction and application to corrosion management. Houston:NACE,2002.

[32] Masamura K,Hashizume S,Sakai J. Polarization behavior of high-alloy OCTG in CO_2 environment as affected by chlorides and sulfides. Corrosion,1987,43(6):359.

[33] Kvarekval J,Nyborg R,Choi H. Formation of multilayer iron sulfide films during high temperature CO_2/H_2S corrosion of carbon steel//NACE International Corrosion /03 [C]. Houston,TX:NACE,2003:339-354.

[34] 闫伟,邓金根,董星亮,等.普通油井钢在 CO_2 和 H_2S 共存环境中的腐蚀试验研究.中国海上油气,2011,23(3):205-209.

[35] Zhang G A,Zeng Y,Guo X P,et al. Electrochemical corrosion behavior of carbon steel under dynamic high pressure H_2S/CO_2 environment. Corrosion Science,2012,65(12):37-47.

[36] Ugryumov O V,Varnavskaya O A,Khlebnikov V N. Corrosion inhibitors of the SNPKh brand(Ⅱ):The P,N-containing corrosion inhibitor for protection of oil-field equipment [J]. Protection of Metals,2007,43(1):87-94.

[37] 董猛,刘烈炜,刘月学,等.高温高压 H_2S/CO_2 环境缓蚀剂分子结构与缓蚀性能关系的研究.中国腐蚀与防护学报,2012,32(2):157-162.

[38] He W,Knudsen O,Diplas S. Corrosion of stainless steel 316L in simulated formation water environment with CO_2-H_2S-Cl-[J]. Corrosion Science, 2009, 51 (12): 2811-2819.

[39] 李自力,程远鹏,毕海胜,等.油气田 CO_2/H_2S 共存腐蚀与缓蚀技术研究进展.化工学报,2014,6(2):406-414.

[40] Gururaja T R. IEEE Trans. Sonics Ultrason,1985(4):499-513.

[41] 沈崇棠,刘鹤年.非牛顿流体力学及其应用.北京:高等教育出版社,1989.

[42] 郑永刚.偏心环空注水泥顶替机理研究.天然气工业,1995,15(3):46-49.

[43] 刘春辉.扇区水泥胶结测井解释方法应用.石油仪器,2014,28(1):71-73.

[44] 高伟勤,孙培恒,赵士华,等.分区水泥胶结测井(SBT)的解释方法研究及应用.石油仪器,2005,19(3):56-57.

[45] 丁次乾.矿场地球物理.东营:石油大学出版社,2008.

[46] 张俊,夏宏南,孙清华,等.几种固井质量评价测井方法分析.石油地质与工程,2008,22(5):121-123.

[47] 姚京坤,杨荣起,姬铜芝,等.分区水泥胶结测井仪(SBT)及其应用.石油仪器,2003,17(1):29-31.

[48] 李世平,李建国,于东.国内固井质量检测技术发展现状分析.石油钻探技术,2008,36(5):84-86.

[49] 戴月祥,魏强,黄思赵,等.扇区水泥胶结测井(SBT)相应的影响因素分析.石油天然气学报,2009,31(5):78-81.

[50] 王培禹,高新营.小直径扇区声波固井质量成像测井仪的研制.西部探矿工程,2012,24(3):74-75.

[51] 王爱民.扇区水泥胶结测井仪在套管井的应用.测井技术.2003,27(s1):56-58.

[52] 赵晨光,申梅英,王祥,等.SBT固井质量测井技术及应用.断块油气田.2010,17(2):253-256.

[53] 霍树义,朱留芳,刘呈冰.水泥胶结评价测井仪的应用.石油仪器,1992(s1):1-5.

[54] 韩祥龙.川东北超深高酸性环境钻井防腐技术.中国高新技术企业,2012,03:126-130.